中文版

Premiere Pro 2020
完全自学教程

唐闻◎编著

北京大学出版社

PEKING UNIVERSITY PRESS

内 容 提 要

《中文版Premiere Pro 2020完全自学教程》是一本系统讲解Premiere Pro 2020软件影视制作与编辑的自学宝典。全书共5篇，分为16章，本书以"完全精通Premiere Pro 2020"为出发点，以"用好Premiere"为目标来安排内容，以循序渐进的方式详细讲解了Premiere Pro 2020软件的基础操作、核心功能、高级功能以及片头动画、电子相册和网络短视频等常见领域的实战应用。

全书内容安排系统全面，写作语言通俗易懂，实例题材丰富多样，操作步骤清晰准确，非常适用于从事影视编辑、短视频制作、片头栏目制作、电子相册等工作的广大初、中级人员学习使用，也可以作为相关职业院校、计算机培训班的教材参考书。

图书在版编目(CIP)数据

中文版Premiere Pro 2020完全自学教程 / 唐闻编著. — 北京：北京大学出版社，2022.1
ISBN 978-7-301-32625-1

Ⅰ.①中… Ⅱ.①唐… Ⅲ.①视频编辑软件—教材 Ⅳ.①TN94

中国版本图书馆CIP数据核字（2021）第207630号

书　　　名	中文版Premiere Pro 2020完全自学教程
	ZHONGWEN BAN Premiere Pro 2020 WANQUAN ZIXUE JIAOCHENG
著作责任者	唐　闻　编著
责 任 编 辑	王继伟　吴秀川
标 准 书 号	ISBN 978-7-301-32625-1
出 版 发 行	北京大学出版社
地　　　址	北京市海淀区成府路205号　100871
网　　　址	http://www.pup.cn　　新浪微博：@北京大学出版社
电 子 信 箱	pup7@pup.cn
电　　　话	邮购部 010-62752015　发行部 010-62750672　编辑部 010-62570390
印 刷 者	北京宏伟双华印刷有限公司
经 销 者	新华书店
	787毫米×1092毫米　16开本　25.5印张　795千字
	2022年1月第1版　2022年1月第1次印刷
印　　　数	1-3000册
定　　　价	119.00元

前　言

本书适合哪些人学习

- Premiere 初学者。
- Premiere 爱好者。
- 缺少 Premiere 影视制作行业经验和实战经验的读者。
- 想提高短视频制作技术和设计水平的读者。
- 想学习电子相册后期处理的摄影爱好者。

本书特色

Premiere Pro 2020 是由 Adobe 公司推出的影视制作软件，它被广泛应用于电视台、广告制作、电影剪辑等众多领域，并且在这些行业领域发挥着不可替代的作用。经过二十多年的发展，Premiere 功能也越来越强大。本书以 Premiere Pro 2020 版本为蓝本进行讲解，具有以下优势。

（1）内容全面，注重学习规律。

本书是市场上内容最全面的图书之一，全书分 5 篇，共计 16 章。前 4 篇采用循序渐进的方式详细地讲解了 Premiere Pro 2020 工具和命令的使用方法；第 5 篇通过具体的案例讲解 Premiere Pro 2020 的实战应用，旨在提高读者对 Premiere Pro 2020 的综合应用能力。为了便于读者学习，书中还标识出了 Premiere Pro 2020 的"新功能"及"重点"知识。

（2）案例丰富，实操性强。

全书安排了 185 个"知识实战案例"，9 个"过关练习"，41 个"妙招技法"，3 个"大型综合实战案例"。读者在学习中，结合书中案例同步练习，既能学会软件功能，又能掌握 Premiere Pro 2020 的实战技能。

（3）任务驱动+图解操作，一看即懂、一学就会。

为了让读者更易学习和理解，本书采用"任务驱动+图解操作"的写作方式，将知识点融合到相关案例中进行讲解。而且，在步骤讲述中以"❶，❷，❸……"的方式分解出操作小步骤，并在图上进行对应标识，非常方便读者学习掌握。读者只要按照书中讲述的步骤方法操作练习，就可以做出与书中同样的效果。另外，为了解决读者在自学过程中可能遇到的问题，在书中设置了"技术看板"栏目板块，解释在讲解中出现的或者在操作过程中可能会遇到的一些疑难问题；还添设了"技能拓展"栏目板块，其目的是教会大家通过其他方法来解决同样的问题，从而达到举一反三的效果。

（4）同步视频学习，学习更轻松。

本书配备有同步讲解视频，如同老师在身边手把手教学，学习更轻松。

除了本书，您还可以获得什么

本书还配套赠送相关的学习资源，内容丰富、实用，全是干货，包括同步学习文件、设计资源、电子书、视频教程等，让读者花一本书的钱，得到超值而丰富的学习套餐。内容包括以下几个方面。

（1）**素材与效果文件**。提供全书所有案例相关的同步素材文件及效果文件，方便读者学习和参考。

（2）**同步视频讲解**。本书为读者提供了 248 节与书同步的视频教程。读者参考后面方法下载后即可播放书中的讲解视频，像看电视一样轻松学会。

（3）**额外赠送以下 11 项资源**。

① 设计必学，美学修炼。

- ●《平面 / 立体构图宝典》电子书
- ●《色彩构成宝典》电子书
- ●《色彩搭配宝典》电子书

② 拓展知识，精进技能。

- ●《PS 抠图技法宝典》电子书
- ●《PS 修图技法宝典》电子书
- ●《PS 图像合成与特效技法宝典》电子书

- ●《Pre 工具与命令快捷键速查表》电子书

③ 素材模板，设计无忧。

- ● 赠送 1200 个设计素材
- ● 赠送 150 个视频模板

④ 职场办公，快学快用。

- ●《手机办公宝典》电子书
- ●《高效人士效率倍增手册》电子书

温馨提示：以上资源，读者可用微信扫描下方任意二维码关注微信公众号，并输入代码 r4320E 获取下载地址及密码。另外，在微信公众号中，还为读者提供了丰富的图文教程和视频教程，可随时随地给自己充电学习。

资源下载

官方微信公众号

这是一本多维一体的 Premiere Pro 2020 全能宝典图书！匠心打造，绝对超值。

创作者说

本书由凤凰高新教育策划并组织编写，由具有丰富的 Premiere 应用技巧和实战经验的 Premiere 教育专家唐闻老师执笔编写！同时，由于计算机技术发展非常迅速，书中疏漏和不足之处在所难免，敬请广大读者及专家指正。

编　者

目　　录

第1篇　基础学习篇

人类文明发展之初，人们主要通过绘画来记录生活画面。此后，摄影、电影、电视等技术的出现，使得记录形式逐步由静态图像转变为动态影像，并实现了忠实记录和回放生活片段的愿望。随着数字技术的兴起，影片编辑由直接剪接胶片过渡到了借助计算机进行数字化编辑的阶段。然而，无论是通过怎样的方法来编辑视频，其实质都是组接视频片段的过程。不过，要怎样组接这些片段才能符合人们的逻辑思维，并使其具有艺术性和欣赏性，便需要视频编辑人员掌握相应的理论和视频编辑知识。本篇主要详细讲解 Premiere Pro 2020 中相关的视频编辑基础知识。

第2篇 技能入门篇

Premiere Pro 2020 软件主要用于对影视视频文件进行编辑，但在编辑之前需要掌握软件入门知识、常用操作和剪辑手法。本篇主要详细讲解 Premiere Pro 2020 中技能入门的基础知识。

第3篇　技能进阶篇

Premiere Pro 2020 软件中包含视频特效和过渡效果，通过添加视频效果和过渡效果可以让枯燥乏味的视频作品充满生趣，还可以让每个视频片段之间产生自然、平滑、流畅的过渡效果。本篇主要详细讲解 Premiere Pro 2020 中技能进阶的相关知识。

第4篇 软件精通篇

Premiere Pro 2020 软件中不仅可以为视频效果添加特效和过渡，还可以对视频效果进行调色，为视频添加字幕和音频，使视频效果呈现得更加完美。本篇主要详细讲解 Premiere Pro 2020 中软件精通的相关知识。

第 5 篇　实战应用篇

没有实战的学习只是纸上谈兵，为了让大家更好地理解和掌握学习到的知识和技巧，希望大家不要犹豫，马上动手来练习本篇中的这些具体案例制作。

第 14 章 ▶

片头动画——制作科技和企业
片头……323

第 15 章 ▶

网络短视频——制作淘宝主图
视频……349

第 16 章 ▶

电子相册——制作旅游电子
相册……371

基础学习篇

人类文明发展之初，人们主要通过绘画来记录生活画面。此后，摄影、电影、电视等技术的出现，使得记录形式逐步由静态图像转变为动态影像，并实现了忠实记录和回放生活片段的愿望。随着数字技术的兴起，影片编辑由直接剪接胶片过渡到了借助计算机进行数字化编辑的阶段。然而，无论是通过怎样的方法来编辑视频，其实质都是组接视频片段的过程。不过，要怎样组接这些片段才能符合人们的逻辑思维，并使其具有艺术性和欣赏性，便需要视频编辑人员掌握相应的理论和视频编辑知识。本篇主要详细讲解 Premiere Pro 2020 中相关的视频编辑基础知识。

第 1 章 视频编辑基础知识

➥ 视频是什么，和数字视频有什么区别？

➥ 视频编辑的类型有哪几种？

➥ 蒙太奇的含义和功能有哪些？

➥ 影视编辑中的视频、图像和音频格式有哪些？

学完这一章的内容，你将了解到视频编辑的基础知识，并能获得上述问题的答案。

1.1 视频概述

在人类接收的信息中，70%来自视觉，其中视频是最直观、最具体、信息量最丰富的。在进行视频制作之前，需要先了解视频的含义、压缩标准、分辨率和颜色深度等基础知识，以便为后期的学习打下基础。下面介绍视频的相关基础知识。

1.1.1 什么是视频

视频是指将一系列静态影像以电信号的方式加以捕捉、记录、处理、储存、传送与重现的各种技术。视频是内容随时间变化的一组动态图像，所以视频又叫作运动图像或活动图像。

视频的概念最早源于电视系统，是指由一系列静止图像所组成，但能够通过快速播放使其"运动"起来的影像记录技术。

早在电视、电影出现之前，人们便发现燃烧的木炭在被挥动时会由一个"点"变成一条"线"。根据该现象，人们发现了"视觉滞留"的原理：当眼前物体的位置发生变化时，该物体反映在视网膜上的影像不会立即消失，而是会短暂滞留一定时间。如此一来，当多幅内容相近的画面被快速、连续播放时，人类的大脑便会在"视觉滞留"原理的影响下认为画面中的内容在运动。

通常来说，物体影像会在人的视网膜上停留0.1~0.4秒，导致视觉停留时间不同的原因在于物体的运动速度和每个人之间的个体差异，如图1-1所示。

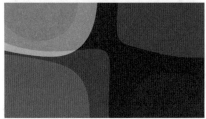

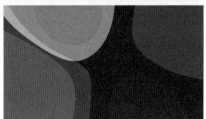

图 1-1

技术看板

视频中的一帧就是一幅静态图像，快速连续地显示帧，便能形成运动的图像，每秒钟显示帧数越多，即帧频越高，所显示的动作就会越流畅。

1.1.2 了解电视制式

电视制式是用来实现电视图像信号、伴音信号或其他信号传输的方法。电视制式可以遵循一样的技术标准，从而实现电视机正常接收电视信号、播放电视节目。

目前各国的电视制式各不相同，制式的区分主要在于其帧频（场频）、分辨率、信号带宽及载频、色彩空间转换的不同等。电视制式主要包含PAL制式、NTSC制式和SECAM制式3种，下面将一一进行介绍。

1. PAL制式

PAL制式是正交平衡调幅逐行倒相制，其彩色副载波频率为4.43MHz，场频为50Hz。一般用于中国、英国、新加坡、澳大利亚、新西兰等国家。PAL制式的帧速率为25fps，每帧625行312线，标准分辨率为720×576。图1-2所示为在Premiere软件中执行【新建序列】命令时，新建序列中PAL制式的类型。

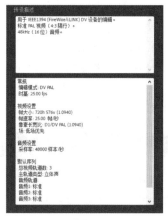

图 1-2

2. NTSC制式

NTSC制式是正交平衡调幅制，其彩色副载波频率为3.58MHz，场频为60Hz。在美国、加拿大等大部分西半球国家，以及日本、韩国、菲律宾等国家采用这种制式，该制式的帧速率为29.97fps，每帧525行262线，标准分辨率为720×480。图1-3所示为在Premiere软件中执行【新建序列】命令时，新建序列中NTSC制式的类型。

图 1-3

3. SECAM制式

SECAM制式是一种顺序传送彩色信号与存储恢复彩色信号的制式，一般用于英国、法国等国家。

1.1.3 什么是数字视频

数字视频是对模拟视频信号进行数字化后的产物，它是基于数字技术记录视频信息的。

数字视频的应用非常广泛，可以在直接广播卫星、有线电视、数字电视等通信工具中应用。

数字视频可以大大降低视频的传输和存储费用，增加交互性，带来更精确稳定的图像。

在Premiere中编辑的视频属于数字视频，下面来了解一下数字视频的基础知识。

1. 数字视频的特点

数字视频具有以下3大特点。

（1）适合于网络应用。在网络

环境中，视频信息可以实现资源共享，还可以长距离传输视频的数字信号。

（2）再现性好。数字视频可以在失真的情况下进行无限次拷贝操作，其抗干扰能力是模拟图像无法比拟的。它不会因存储、传输和复制而产生图像质量的退化，能准确再现图像。

（3）便于计算机编辑处理。数字视频信号可以传送到计算机内进行存储、处理，很容易进行创造性的编辑与合成，并进行交互。

2. 数字视频的记录方式

数字视频的记录方式有两种：一种是以数字信号的方式记录，另一种是以模拟信号的方式记录。

（1）数字信号。数字信号主要通过有线和无线的方式传播，传输的质量不会随着传输距离的变化而变化，在传输过程中不受外部因素的影响。使用数字信号传输时，是用"0"和"1"记录数据内容。

（2）模拟信号。模拟信号也是通过有线和无线的方式传播，但传输质量会随着传输距离的增加而衰减，使用模拟信号传输时，是以连续的波形记录数据内容。

3. 数字视频量化和采样

模拟波形中包含时间和幅度，其中，幅度表示一个整数值，而时间表示一系列按时间轴等步长的整数距离值。数字视频为了把模拟信号转换成数字信号，必须把这两个量纲转换成不连续的值。在数字视频中，把时间转化成离散值的过程称为采样，而把幅度值转换成离散值的过程称为量化。

1.1.4 数字视频的发展

数字视频的发展与计算机的处理能力密切相关。数字视频在个人计算机上的发展，可以大致分为初级、主流和高级几个历史阶段。

1. 初级阶段

其主要特点就是在计算机上增加简单的视频功能，利用计算机来处理活动画面，这给人展示了一番美好的前景。但是由于设备还未能普及，该功能都是面向视频制作领域的专业人员，普通PC用户还无法奢望在自己的计算机上实现数字视频功能。

2. 主流阶段

这个阶段数字视频在计算机中得到广泛应用，成为主流。早期数字视频的发展没有人们期望得那么快，主要是因为对数字视频的处理很费力。那时数字视频的数据量非常大，1分钟的满屏真彩色数字视频需要1.5GB的存储空间，而在早期一般台式机配备的硬盘容量大约是几百兆，显然无法胜任如此大的数据量处理工作。

3. 高级阶段

在这一阶段，普通个人计算机进入了成熟的多媒体计算机时代。各种计算机外设产品日益齐备，数字影像设备争奇斗艳，视音频处理硬件与软件技术高度发达，这些都为数字视频的流行起到了推动的作用。

1.1.5 数字视频的分辨率和颜色深度

数字视频中的分辨率和颜色深度影响着视频的质量和颜色，下面将对数字视频的分辨率和颜色深度进行介绍。

1. 数字视频的分辨率

像素和分辨率都是影响视频质量的主要因素，与视频的播放效果有着密切关系。在电视机、计算机显示器及其他类似的显示设备中，像素是组成图像的最小单位，而每个像素则由多个（通常为3个）不同颜色的点组成。而分辨率则是指屏幕上的像素数量，通常用"水平方向像素数量×垂直方向像素数量"的方式来表示，如 $720×480$、$1280×720$、$1920×1080$ 等，每幅视频画面的分辨率越大、像素数量越多，整个视频的清晰度也就越高；反之，视频画面便会模糊不清。图1-4所示分别为 $1920×1080$（上）和 $720×480$（下）分辨率的图像效果。

图 1-4

2. 数字视频的颜色深度

颜色深度是指最多支持的颜色种类，一般用"位"来描述。不同格式的图像呈现出的颜色种类会有所不同，如GIF格式图片所支持的是 256 种颜色，则需要使用 256 个不同的数值来表示不同的颜色，即从 0 到 255。

颜色深度越小，色彩的鲜艳度就相对较低，如图 1-5 所示。

图 1-5

反之，颜色的深度越大，图片占用的空间也会越大，色彩的鲜艳度也会越高，如图 1-6 所示。

图 1-6

1.1.6 视频和音频压缩标准

数字视频和音频对象具有一定的压缩标准，下面将分别进行介绍。

1. 视频压缩标准

数字视频压缩标准是指按照某种特定算法，采用特殊记录方式来保存数字视频信号的技术。目前，使用较多的数字视频压缩标准有 MPEG 系列和 H.26X 系列，下面将分别进行介绍。

（1）MPEG 系列。MPEG 压缩标准是针对运动图像而设计的，可以实现帧之间的压缩，还可以在单位时间内采集并保存第一帧信息，然后只存储其余帧相对第一帧发生变化的部分，以达到压缩的目的。

MPEG 压缩标准包含 MPEG-1、MPEG-2 和 MPEG-4 等标准技术，下面将分别进行介绍。

① MPEG-1：MPEG-1 标准用于数字存储体上活动图像及其伴音的编码，数码率为 1.5Mb/s。其视频压缩特点有随机存取、快速正向/逆向搜索、逆向重播、视听同步、容错性和编/解码延迟。

② MPEG-2：MPEG-2 在 MPEG-1 的基础上做了许多重要的扩展和改进，主要运用于存储媒体、数字电视、高清晰等应用领域。MPEG-2 视频相对 MPEG-1 提升了分辨率，满足了用户高清晰的要求，但由于压缩性能没有多大提高，使得存储容量还是太大，也不适合网络传输。

③ MPEG-4：与 MPEG-1 和 MPEG-2 相比，MPEG-4 不再只是一种具体的数据压缩算法，而是一种为满足数字电视、交互式绘图应用、交互式多媒体等方面内容整合及压缩需求而制定的国际标准，该标准将众多的多媒体应用集成于一个完整框架内，旨在为多媒体通信及应用环境提供标准的算法及工具，从而建立起一种能够被多媒体传输、存储、检索等应用领域普遍采用的统一数据格式。

（2）H.26X 系列。H.26X 系列压缩标准是由 ITU（International Telecommunication Union，国际电信联盟）所主导，旨在使用较少的带宽传输较多的视频数据，以便用户获得更为清晰的高质量视频画面。

① H.261：H.261 标准主要采用运动补偿的帧间预测、DCT 变换、自适应量化、熵编码等压缩技术。只有 I 帧和 P 帧，没有 B 帧，运动估计精度只精确到像素级，主要针对实时编码和解码设计，压缩和解压缩的信号延时不超过 150ms。

② H.263：是国际电联 ITU-1 专为低码流通信而设计的视频压缩标准，其编码算法与之前版本的 H.261 相同，但在低码率下能够提供较 H.261 更好的图像质量。

③ H.264：是目前 H.26X 系列标准中最新版本的压缩标准，其设置目的是解决高清数字视频体积过大的问题。H.264 由 MPEG 组织和 ITU-T 联合推出，因此它既是 ITU-T 的 H.264，又是 MPEG-4 的第 10 部分，因此无论是 MPEG-4AVC、MPEG-4Part10，还是 ISO/IEC 14496-10，实质上与 H.264 都完全相同。与 H.263 及以往的 MPEG-4 相比，H.264 最大的优势在于拥有很高的数据压缩比率。在同等图像质量条件下，H.264 的压缩比是 MPEG-2 的 2 倍以上，是原有 MPEG-4 的 1.5~2 倍。这样一来，观看 H.264 数字视频将大大节省用户的下载时间和数据流量费用。

2. 音频压缩标准

数字音频压缩技术标准分为电话语音压缩、调幅广播语音压缩、调频广播及 CD 音质的宽带音频压缩 3 种，下面将分别进行介绍。

（1）电话（200Hz-3.4kHz）语音压缩标准：主要有 ITU 的 g.722（64kb/s）、g721（32kb/s）、g.728（16kb/s）和 g.729（8kb/s）等建议，

用于数字电话通信。

（2）调幅广播（50Hz-7kHz）语音压缩标准：主要采用itu的g.722（64kb/s）建议，用于优质语音、音乐、音频会议和视频会议等。

（3）调频广播（20Hz-15kHz）及CD音质（20Hz-20kHz）的宽带音频压缩标准：主要采用MPEG-1或MPEG-2双杜比AC-3等建议，用于CD、MD、MPC、VCD、DVD、HDTV和电影配音等。

★重点 1.1.7　视频编辑术语

在进行视频编辑之前，首先需要了解清楚视频的相关编辑术语，如帧、剪辑、时基及获取等术语。本节将对视频编辑术语的相关知识进行详细介绍。

1. 帧

帧是传统影视和数字视频中的基本信息单元，就是影像动画中最小单位的单幅影像画面。帧相当于电影胶片上的每一格镜头。任何视频在本质上都是由若干个静态画面构成的，每一幅静态的画面即为一个单独帧。如果按时间顺序放映这些连续的静态画面，图像就会动起来。

2. 剪辑

剪辑可以说是视频编辑中最常提到的专业术语，一部完整的好电影通常都需要经过无数的剪辑操作。

视频剪辑技术在发展过程中也经历了几次变革，最初的传统影像剪辑采用的是机械和电子剪辑两种方式，下面对其分别进行介绍。

（1）机械剪辑：是指直接性地

对胶卷或者录像带进行物理的剪辑，并重新连接起来。这种剪辑方式相对比较简单，也容易理解。

（2）电子剪辑：也称为线性录像带电子剪辑，通过新的顺序重新录制信息过程，是目前比较流行的剪辑方式。

3. 时基

时基是指时间显示的基本单位。时基作为一个基准，其振荡周期某些部分的出现瞬时，能用来确定时间间隔的振荡。时基越小，可以使波形放大，当然，也可通过缩放功能实现放大波形，以便观察细微处。

4. 时：分：秒：帧

Hours：Minutes：Seconds：Frames（时：分：秒：帧）是电影电视工程师协会规定的，用来描述剪辑持续时间的时间代码标准。在Premiere Pro 2020中，用户可以很直观地在【时间线】面板中查看到持续时间，如图1-7所示。

图 1-7

5. 获取

获取是将模拟的原始影像或声音素材数字化。使用【获取】功能可以通过Premiere软件程序将影音素材存入计算机，比如拍摄电影的过程就是典型的实时获取。

6. 压缩

压缩是用于重组或删除数据以减小剪辑文件大小的特殊方法，可

在第一次获取到计算机时进行压缩，或者在Premiere Pro 2020中进行编辑时再压缩。

7. 复合视频信号

复合视频信号包括亮度和色度的单路模拟信号，即从全电视信号中分离出伴音后的视频信号，色度信号间插在亮度信号的高端。这种信号一般可通过电缆输入或输出至视频播放设备上。由于该视频信号不包含伴音，与视频输入端口、输出端口配套使用时还须设置音频输入端口和输出端口，以便同步传输伴音，因此复合式视频端口也称AV端口。

8. 帧速率

帧速率是每秒被捕获的帧数或每秒播放的视频或动画序列的帧数。

9. 关键帧

关键帧是一个在素材中特定的帧，它被标记是为了特殊编辑或控制整个动画。当创建一个视频时，在需要大量数据传输的部分指定关键帧有助于控制视频回放的平滑程度。

10. 导入

导入是将一组数据从一个程序置入另一个程序的过程。文件一旦被导入，数据将被改变以适应新的程序而不会改变源文件。

11. 导出

导出是在应用程序之间分享文件的过程。导出文件时，要使数据转换为接收程序可以识别的格式，源文件将保持不变。

12. 动画

动画指通过迅速显示一系列连

续的图像而产生动作模拟效果。

13. 渲染

渲染是为输出服务，应用了转

场和其他效果之后，将源信息组合成单个文件的过程。

1.2 视频编辑类型

视频编辑的方式有线性编辑和非线性编辑两种。不同的编辑方式，得到不同的视频编辑效果。下面介绍视频编辑类型的相关基础知识。

★重点 1.2.1 线性编辑

线性编辑是指源文件从一端进来做标记、分割和剪辑，然后从另一端出去。该编辑的主要特点是录像带必须按照顺序进行编辑。

线性编辑的优点是技术比较成熟，操作相对比较简单。线性编辑可以直接、直观地对素材录像带进行操作，因此操作起来较为简单。

线性编辑系统所需的设备为编辑过程带来了众多的不便，全套的设备不仅需要投入较高的资金，而且设备的连线多，故障发生也频繁，维修起来更是比较复杂。这种线性编辑技术的编辑过程只能按时间顺序进行，无法删除、缩短以及加长中间某一段的视频。

★重点 1.2.2 非线性编辑

非线性编辑是指应用计算机图形、图像技术等，在计算机中对各种原始素材进行编辑操作，并将最终结果输出到计算机硬盘、光盘以及磁带等记录设备上的这一系列完整工艺过程。一个完整的非线性编辑系统主要由计算机、视频卡（或IEEE1394 卡）、声卡、高速硬盘、专用特效卡以及外围设备构成。

相对于线性编辑的制作途径，非线性编辑是在计算机中利用数字信息进行的视频、音频编辑，只需要使用鼠标和键盘就可以完成视频编辑的操作。取得数字视频素材的方式主要有两种。

（1）先将录像带上的片段采集下来，即把模拟信号转换为数字信号，然后存储到硬盘中再进行编辑。现在的电影、电视中很多特效的制作过程就是采用这种方式取得数字化视频，在计算机中进行特效处理后再输出影片。

（2）用数码摄像机直接拍摄得到数字视频。数码摄像机在拍摄中，就即时将拍摄的内容转换成了数字信号，只需在拍摄完成后，将需要的片段输入计算机中即可。

1.3 蒙太奇

蒙太奇是一种在影视中将影片内容展现给观众的叙述手法和表现形式。下面将对蒙太奇、镜头组接规律以及镜头组接节奏等基础知识进行详细讲解。

1.3.1 蒙太奇的含义

蒙太奇是"剪接"的意思，可以将不同的镜头拼接在一起，产生新的镜头效果。

蒙太奇一般包括画面剪辑和画面合成两方面。其中，画面合成是指由许多画面或图样并列并叠化而成的一个统一图画作品；而画面剪辑是指通过艺术组合的方式将电影中一系列在不同地点、不同距离、不同角度和不同拍摄方法所拍摄出

的镜头排列组合起来，形成一个完整的故事情节。图 1-8 所示为蒙太奇在电影中的运用效果。

图 1-8

在视频编辑领域，蒙太奇的含义存在狭义和广义之分。

➔ 狭义的蒙太奇专指对镜头画面、声音、色彩等诸元素编排、组合的手段。也就是说，是在后期制作过程中，将各种素材按照某种意图进行排列，从而使之构成一部影视作品。由此可见，蒙太奇是将摄像机拍摄下来的镜头，按照生活逻辑、推理顺序、作者的观点倾向及其美学原则连接起来

的手段，是影视语言符号系统中的一种修辞手法。

➡ 广义的蒙太奇不仅仅包含后期视频编辑时的镜头组接，还包含影视剧作从开始到完成的整个过程中创作者们的一种艺术思维方式。

1.3.2　蒙太奇的功能

在现代影视作品中，一部影片通常由 500~1000 个镜头组成。每个镜头的画面内容、运动形式，以及画面与音响组合的方式，都包含着蒙太奇元素。可以说，一部影片从拍摄镜头时就已经使用蒙太奇了，而蒙太奇的主要功能体现在以下几个方面。

（1）通过镜头、场面、段落的分切与组接，对素材进行选择和取舍，以使表现内容主次分明，达到高度的概括和集中。

（2）引导观众的注意力，激发观众的联想。每个镜头虽然只表现一定的内容，但组接一定顺序的镜头，能够规范和引导观众的情绪和心理，启迪观众思考。

（3）创造独特的影视时间和空间。每个镜头都是对现实时空的记录，经过剪辑，实现对时空的再造，形成独特的影视时空。

1.3.3　表现蒙太奇

表现蒙太奇是以镜头队列为基础，通过相连镜头在形式或内容上相互对照、冲击，从而产生单个镜头本身所不具有的丰富含义，以表达某种情绪或思想。其目的在于激发观众的联想，启迪观众的思考。表现蒙太奇包含抒情、心理、隐喻和对比 4 种类型。

1. 抒情蒙太奇

抒情蒙太奇是在保证叙事和描写的连贯性的同时，表现超越剧情之上的思想和情感。其本意是叙述故事，然后对故事进行绘声绘色的渲染。

2. 心理蒙太奇

心理蒙太奇在剪接技巧上多用交叉、穿插等手法，是描写人物心理的重要手段，通过画面镜头组接或声画有机结合，形象生动地展示出人物的内心世界，常用于表现人物的梦境、回忆、闪念、幻觉、遐想、思索等精神活动。心理蒙太奇的特点是画面和声音形象的片段性、叙述的不连贯性和节奏的跳跃性，声画形象带有剧中人强烈的主观性。

3. 隐喻蒙太奇

隐喻蒙太奇手法往往将不同事物之间某种相似的特征突现出来，以引起观众的联想，领会导演的寓意和领略事件的情绪色彩。隐喻蒙太奇将巨大的概括力和极度简洁的表现手法相结合，往往具有强烈的情绪感染力。不过，运用这种手法应当谨慎，隐喻与叙述应有机结合，避免生硬牵强。

4. 对比蒙太奇

对比蒙太奇类似文学中的对比描写，即通过镜头或场面之间在内容（如贫与富、苦与乐、生与死、高尚与卑下、胜利与失败等）或形式（如景别大小、色彩冷暖、声音强弱、动静等）的强烈对比，产生相互冲突的作用，以表达创作者的某种寓意或强化所表现的内容和思想。

1.3.4　叙事蒙太奇

叙事蒙太奇是按照事物的发展规律、内存联系以及时间顺序，把不同的镜头连接在一起，叙述一个情节，展示一系列事件的剪接方法。叙事蒙太奇又包含以下几种蒙太奇。

1. 平行蒙太奇

平行蒙太奇以不同时空（或同时异地）发生的两条或两条以上的情节线并列表现，分头叙述而统一在一个完整的结构之中。

2. 交叉蒙太奇

交叉蒙太奇可以将同一时间不同地域发生的两条或数条情节线迅速而频繁地交替剪接在一起，其中一条线索的发展往往影响另一线线索，各条线索相互依存，最后汇合在一起。交叉蒙太奇的剪辑技巧极易引起悬念，造成紧张激烈的气氛，加强矛盾冲突的尖锐性，是掌控观众情绪的有力手法，常用在惊险片、恐怖片和战争片等影片中。

3. 颠倒蒙太奇

颠倒蒙太奇是一种打乱结构的蒙太奇方式，先展现故事或事件的当前状态，再介绍故事的始末，表现为时间概念上"过去"与"现在"的重新组合。它常借助叠印、划变、画外音、旁白等转入倒叙。

4. 连续蒙太奇

连续蒙太奇可以沿着一条单一的情节线索，按照事件的逻辑顺序，有节奏地连续叙事。这种叙事自然流畅，朴实平顺，但由于缺乏时空与场面的变换，无法直接展示同时发生的情节，难于突出各条情节线之间的对列关系，不利于概括，易有拖沓冗长、平铺直叙之感。因此，在一部影片中较少单独使用，多与平行、交叉蒙太奇手法交混使用，相辅相成。

1.3.5 理性蒙太奇

理性蒙太奇是通过画面之间的关系，而不是通过单纯的一环接一环的连贯性叙事表情达意。理性蒙太奇与连贯性叙事的区别在于，即使它的画面属于实际经历过的事实，按这种蒙太奇组合在一起的事实总是主观视像。理性蒙太奇又包含以下几种蒙太奇。

1. 杂耍蒙太奇

杂耍蒙太奇是一种更注重理性、更抽象的蒙太奇形式，通过该种表现手法可以将某个特殊时刻的一切元素传达给观众，使观众进入引起这一思想的精神状况或心理状态中，以造成情感的冲击。这种手法在内容上可以随意选择，不受原剧情约束，促使造成最终能说明主题的效果。

2. 反射蒙太奇

反射蒙太奇是将所描述的事物和用来做比喻的事物放在一个空间，使它们互为依存；或是为了与该事件形成对照；或是为了确定组接在一起的事物之间的反应；或是为了通过反射联想揭示剧情中包含的类似事件，以此作用于观众的感官和意识。

3. 思想蒙太奇

思想蒙太奇是利用新闻影片中的文献资料进行重新加工，编排成一个新的思想。这种蒙太奇形式是一种抽象的形式，因为它只表现一系列思想和被理智所激发的情感。观众冷眼旁观，在银幕和他们之间造成一定的"间离效果"，其参与完全是理性的。

★重点 1.3.6 镜头组接规律

将电影或者电视里面单独的画面有逻辑、有构思、有意识、有创意和有规律地连贯在一起，就形成了镜头组接。一部影片是由许多镜头合乎逻辑地、有节奏地组接在一起，从而阐释或叙述某件事情的发生和发展。

为了清楚地传达某种思想或信息，组接镜头时必须遵循一定的规律，归纳后可以分为以下几点。

1. 符合观众的思维方式与影片表现规律

镜头的组接必须要符合生活与思维的逻辑关系。如果影片没有按照上述原则进行编排，必然会由于逻辑关系的颠倒而使观众难以理解。

2. 景别的变化要采用"循序渐进"的方法

通常来说，一个场景内"景"的发展不宜过分剧烈，否则便不易与其他镜头进行组接。相反，如果"景"的变化不大，同时拍摄角度的变换亦不大，也不利于其他镜头的组接。

在拍摄时"景"的发展变化需要采取循序渐进的方法，并通过渐进式地变换不同视觉距离进行拍摄，以便各镜头之间的顺利连接。在应用这一技巧的过程中，还总结出了一些典型的组接句型。

→ 前进式句型：用来表现由低沉到高昂向上的情绪和剧情的发展。用户在组接前进式句型镜头的时候，如果遇到同一机位、同一景别又是同一主体的画面是不能进行组接的。因为这样的镜头组接在一起看起来雷同。

→ 后退式句型：该句型是与前进式句型相反的一种表现形式，表示由高昂到低沉、压抑的情绪，在影片中表现细节到扩展的全部，如图1-9所示。

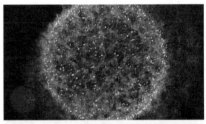
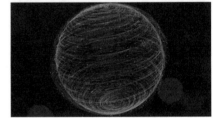

图1-9

→ 循环式句型：该句型由全景→中景→近景→特写，再由特写→近景→中景→远景，甚至还可以反过来运用。表现情绪由低沉到高昂，再由高昂转向低沉，这类句型一般在影视故事片中较为常用。

3. 镜头组接中的拍摄方向与轴线规律

所谓"轴线规律"，是指在多个镜头中，摄像机的位置应始终位于主体运动轴线的同一线，以保证不同镜头内的主体在运动时能够保持一致的运动方向。否则，在组接镜头时，便会出现主体"撞车"的现象，此时的两组镜头便互为跳轴画面。在视频的后期编辑过程中，跳轴画面除了特殊需要外基本无法与其他镜头相组接。

4. 遵循"动接动""静接静"的原则

当两个镜头内的主体始终处于运动状态，且动作较为连贯时，可以将动作与动作组接在一起，从而达到顺畅过渡、简洁过渡的目的，该组接方法称为"动接动"。

与之相反的是，如果两个镜头

的主体运动不连贯，或者它们的画面之间有停顿时，则必须在前一个镜头内的主体完成一套动作后，才能与第二个镜头相组接。并且，第二个镜头必须是从静止的镜头开始，该组接方法便称为"静接静"。

★重点 1.3.7　镜头组接节奏

镜头组接节奏是指通过演员的表演、镜头的转换和运动等因素，让观众直观地感受到人物的情绪、剧情的跌宕起伏、环境气氛的变化。影片内的每一个镜头的组接都

需要以影片内容为出发点，并在此基础上调整或控制影片的节奏。处理影片节目的任何一个情节或一组画面，都是从影片表达的内容出发来处理节奏问题。如果在一个宁静祥和的环境里用了快节奏的镜头转换，就会使得观众觉得突兀跳跃，心理难以接受。然而在一些节奏强烈，激荡人心的场面中，就应该考虑到种种冲击因素，使镜头的变化速度与观众的心理要求一致，增强观众的激动情绪以达到吸引和模仿的目的。

1.4　影视编辑的常用格式

在学习使用 Premiere Pro 2020 进行视频编辑之前，读者首先需要了解数字视频与音频技术的一些基本知识。下面将介绍常见视频格式和常见音频格式的知识。

1.4.1　数字视频的格式

为了更加灵活地使用不同格式的素材视频文件，用户必须了解当前最流行的几种视频文件格式，如 MJPEG、MPEG、AVI、MOV、RM、RMVB 以及 WMV 等。

1. MJPEG 格式

该格式广泛应用于非线性编辑领域，可精确到帧编辑和多层图像处理，把运动的视频序列作为连续的静止图像来处理，这种压缩方式单独完整地压缩每一帧，在编辑过程中可随机存储每一帧，可进行精确到帧的编辑，此外 MJPEG 的压缩和解压缩是对称的，可由相同的硬件和软件实现。但 MJPEG 只对帧内的空间冗余进行压缩，不对帧间的时间冗余进行压缩，故压缩效率不高。

2. MPEG 格式

该格式标准的视频压缩编码技术主要利用了具有运动补偿的帧间压缩编码技术以减小时间冗余度，利用 DCT 技术以减小图像的空间冗余度，利用编码在信息表示方面减小了统计冗余度。这几种技术的综合运用，大大增强了压缩性能。

3. AVI 格式

该格式对视频文件采用了一种有损压缩方式，但压缩比较高，所以其应用范围仍然非常广泛。AVI 支持 256 色和 RLE 压缩。AVI 信息主要应用在多媒体光盘上，用来保存电视、电影等各种影像信息。AVI 视频格式的优点是兼容性好、调用方便以及图像质量好；其缺点是尺寸过大，文件的体积十分庞大占用太多空间。

4. MOV 格式

该格式是 QuickTime 影片格式，它是 Apple 公司开发的一种音频、视频文件格式，用于存储常用数字媒体类型。当选择 QuickTime（*.mov）作为"保存类型"时，动画将保存为 .mov 文件。

5. RM 格式

该格式是 RealNetworks 公司开发的一种流媒体视频文件格式，可以根据网络数据传输的不同速率制定不同的压缩比率，从而实现在低速率的 Internet 上进行视频文件的实时传送和播放。它主要包含 RealAudio、RealVideo 和 RealFlash 三部分。

6. RMVB 格式

该格式是一种视频文件格式，RMVB 中的 VB 指 VBR（Variable Bit Rate，可改变之比特率），较上一代

RM 格式画面清晰了很多，原因是降低了静态画面下的比特率，可以用 RealPlayer、暴风影音、QQ 影音等播放软件来播放。

7. WMV 格式

该格式是微软推出的一种流媒体格式。在同等视频质量下，WMV 格式的体积非常小，因此很适合在网上播放和传输。WMV 格式的主要优点在于可扩充的媒体类型、本地或网络回放、可伸缩的媒体类型、多语言支持以及可扩展性等。

1.4.2 数字音频的格式

在编辑视频作品的过程中，除了需要熟悉视频文件格式外，还必须熟悉各种类型的音频格式，如 WAV、MP3、MIDI 以及 WMA 等。

1. WAV 格式

该格式用于保存 Windows 平台的音频信息资源，被 Windows 平台及其应用程序所广泛支持，该格式也支持 MSADPCM、CCITT A LAW 等多种压缩运算法，支持多种音频数字，取样频率和声道，标准格式化的 WAV 文件和 CD 格式一样，也是 44.1K 的取样频率，16 位量化数字，因此声音文件质量和 CD 相差无几。WAV 音频文件的音质在各种音频文件中是最好的，同时其体积也是最大的，因此不适合在网络上进行传播。

2. MP3 格式

MP3 音频的编码采用了 10:1 到 12:1 的高压缩率，并且保持低音频部分不失真，为了减小文件的尺寸，MP3 音频牺牲了声音文件中的 12kHz 到 16kHz 高音频部分的质量。

3. MIDI 格式

MIDI 又称乐器数字接口，是数字音乐电子合成乐器的国际统一标准。它定义了计算机音乐程序、数字合成器及其他电子设备交换音乐信号的方式，规定了不同厂家的电子乐器与计算机连接的电缆和硬件及设备数据传输的协议，可以模拟多种乐器的声音。

4. WMA 格式

该格式是微软公司推出的，与 MP3 格式齐名的一种新的音频格式。WMA 在压缩比和音质方面都超过了 MP3，更是远胜于 RA（Real Audio），即使在较低的采样频率下也能产生较好的音质。一般使用 Windows Media Audio 编码格式的文件以 WMA 作为扩展名，一些使用 Windows Media Audio 编码格式编码其所有内容的纯音频 ASF 文件也使用 WMA 作为扩展名。

1.4.3 数字图像的格式

常见的数字图像格式主要有 BMP、PCX、GIF、TIFF、JPEG、TGA、EXIF、FPX、PSD/PDD 以及 CDR 等。

1. BMP 格式

该格式是一种与硬件设备无关的图像文件格式，使用非常广。它采用位映射存储格式，除了图像深度可选以外，不采用其他任何压缩，因此 BMP 文件所占用的空间很大。BMP 格式支持 1~24 位颜色深度，该格式的特点是包含图像信息较丰富，几乎不对图像进行压缩，但占用磁盘空间大。

2. PCX 格式

该格式的图像文件由文件头和实际图像数据构成。文件头由 128 字节组成，描述版本信息和图像显示设备的横向、纵向分辨率以及调色板等信息，在实际图像数据中，表示图像数据类型和彩色类型。PCX 图像文件中的数据都是用 PCXREL 技术压缩后的图像数据。

3. GIF 格式

该格式也是一种非常通用的图像格式，由于最多只能保存 256 种颜色，且使用 LZW 压缩方式压缩文件，因此 GIF 格式保存的文件非常轻便，不会占用太多的磁盘空间，非常适合在 Internet 上传输，GIF 格式还可以保存动画。

4. TIFF 格式

该格式用于在不同的应用程序和不同的计算机平台之间交换文件，几乎所有的绘画、图像编辑和页面版式应用程序均支持该文件格式。TIFF 是现存图像文件格式中最复杂的一种，具有扩展性、方便性。

5. JPEG 格式

该格式支持多种压缩级别，压缩比率通常在 10:1~4:1 之间，压缩比越大，品质就越低；相反，压缩比越小，品质就越好。JPEG 是一种高压缩比、有损压缩真彩色的图像文件格式，其最大的特点是文件比较小，可以进行高倍率的压缩，因而在注重文件大小的领域应用广泛，比如网络上的绝大部分要求高颜色深度的图像都是使用 JPEG 格式。

6. TGA 格式

该格式是计算机上应用最广泛的图像格式，在兼顾 BMP 图像效果清晰的同时又兼顾了 JPEG 的体积小的优势，并且还有自身的特点：通道效果、方向性。其在 CG 领域常作为影视动画的序列输出格式。

7. EXIF 格式

该格式就是在 JPEG 格式头部插入了数码照片的信息，包括拍摄时的光圈、快门、白平衡、ISO、焦距、日期时间等各种拍摄条件，以及相机品牌、型号、色彩编码、拍摄时录制的声音和全球定位系统（GPS）、缩略图等。简单地说，EXIF=JPEG＋拍摄参数。因此，用户可以利用任何可以查看 JPEG 文件的看图软件浏览 EXIF 格式的照片，但并不是所有的图形程序都能处理 EXIF 信息。

8. FPX 格式

该格式的好处是当影像被放大时仍可维持影像的质量。另外，当修饰 FPX 影像时，只会处理被修饰的部分，不会把整幅影像一并处理，从而减小处理器及记忆体的负担，使影像处理时间减少。

9. PSD/PDD 格式

该格式是 Adobe 公司的图形设计软件 Photoshop 的专用格式。PSD 文件可以存储成 RGB 或 CMYK 模式，还能够自定义颜色数并加以存储，还可以保存 Photoshop 的层、通道、路径等信息，是目前唯一能够支持全部图像色彩模式的格式，但体积庞大。其在大多数平面软件内部可以通用，另外在一些其他类型编辑软件内也可使用，如 Office 系列。但是 PSD 格式的图像文件很少为其他软件和工具所支持，所以在图像制作完成后，通常需要转化为一些比较通用的图像格式，以便输出到其他软件中继续编辑。

10. CDR 格式

该格式文件属于 CorelDraw 专用文件存储格式，必须使用匹配软件才能打开浏览，用户需要安装 CorelDraw 相关软件后才能打开该图形文件。

本章小结

通过对本章基础知识的学习，相信读者朋友已经掌握了视频编辑的基础知识。在剪辑视频之前，掌握视频编辑的基础知识至关重要，可以为后面的学习打下坚实的基础。

第2章

影视制作的前期准备

➡ 影视制作的过程有哪些？

➡ 如何获取影视素材？

➡ 视频怎么采集，有哪些方法？

在制作视频之前，做好影视制作的前期准备可以帮助我们更好地完成视频制作，也会让视频的制作更加完整。学完这一章的内容，你就能获得上述问题的答案了。

2.1 影视制作过程

一段完整的视频需要经过烦琐的编制过程，包括取材、整理与策划、剪辑与编辑、后期加工、添加字幕及后期配音等。下面将具体介绍影视的制作过程。

2.1.1 取材

取材可以简单地理解为收集原始素材或收集未处理的视频及音频文件。在进行视频取材时，用户可以通过录像机、数码相机、扫描仪及录音机等数字设备进行收集。

2.1.2 整理与策划

进行整理和策划，可以整理出一个完美的视频片段制作思路。

当拥有了众多的素材文件后，用户需要做的第一件事就是整理杂乱的素材，并将其策划出来。策划是一个简单的编剧过程，一部影视节目往往需要从剧本编写到分镜头脚本的编写，最终到交付使用或放映。相对影视节目来说，家庭影视在制作过程中会显得随意一些。

2.1.3 剪辑与编辑

视频的剪辑与编辑是整个制作过程中最重要的一个项目。视频的剪辑与编辑决定着最终的视频效果。因此，用户除了需要拥有充足的素材外，还要对使用视频编辑软件有一定的熟练程度。

2.1.4 后期加工

后期加工主要是指完成视频的简单编辑后，对视频进行一些特殊的编辑操作。经过了剪辑和编辑后，用户可以为视频添加一些特效和转场动画。这些后期加工可以增加视频的艺术效果，图 2-1 所示为添加视频过渡效果后的效果。

图 2-1

2.1.5 添加字幕

在制作视频时，为视频文件添加字幕效果，可以突显出视频的主题。在众多视频编辑软件中都提供了独特的文字编辑功能，用户可以展现自己的想象力，利用这些工具添加各种字幕效果，图 2-2 所示为字幕效果。

图 2-2

2.1.6 后期配音

后期配音是指为影片或多媒体加入声音的过程。大多数视频制作都会将配音放在最后一步，这样可以节省很多不必要的重复工作。音乐的加入可以很直观传达视频中的情感和氛围，图 2-3 所示为音乐效果。

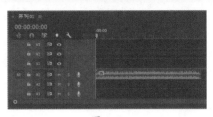

图 2-3

2.2 获取影视素材

获取影视素材可以直接从已有的素材库中提取，也可以在实地拍摄后，通过捕获视频信号的方式来实现。视频的捕获包括数字视频的捕获和模拟信号的捕获。

2.2.1 实地拍摄

实地拍摄是取得素材的最常用方法，在进行实地拍摄之前，需要做好充分的准备工作，其准备工作如下。

➡ 充满电池电量。

➡ 备足 DV 带。

➡ 安装好三脚架。

➡ 计划好拍摄主题。

➡ 实地考察拍摄现场的大小、灯光情况、主场景的位置。

➡ 选择好拍摄位置，以确定拍摄的内容。

★重点 2.2.2 数字视频捕获

拍摄完毕后，可以在 DV 机中回放所拍摄的片段，也可以通过 DV 机器的 S 端子或 AV 输出与电视机连接，在电视机上欣赏，还可以将 DV 带里所存储的视频素材传输到计算机中，对所拍片段进行编辑。

★重点 2.2.3 模拟信号捕获

在计算机上通过视频采集卡可以接收来自视频输入端的模拟视频信号，对该信号进行采集，量化成数字信号，然后压缩编码成视频数字。由于模拟视频输入端可以提供不间断的信息源，视频采集卡要采集模拟视频序列中的每帧图像，并在采集下一帧图像之前把这些数据传入 PC 系统。因此，实时采集的关键是每一帧所需的处理时间。如果每帧视频图像的处理时间超过相邻两帧之间的相隔时间，则会出现数据的丢失，即丢帧现象。

2.3 视频的采集操作

Premiere Pro 2020 项目中视频素材的质量通常决定着作品之间的不同效果，一种能吸引观众并紧紧抓住他们的注意力，另一种则会驱使观众去寻找其他娱乐资源。因此，决定素材源质量的主要因素之一是如何采集视频，在采集好视频后，则需要对视频进行编辑和添加操作。

2.3.1 素材采集的硬件知识

在开始为作品采集素材之前，首先应该认识到最终采集影片的品质取决于数字化设备的复杂程序和采集素材所使用的硬盘驱动速度。Premiere Pro 2020 既能使用低端硬件，又能使用高端硬件采集音频和视频。常用的采集硬件有 1394 采集卡、数据采集卡、带有 SDI 输入的 HD 或 SD 采集卡。下面将详细介绍采集素材硬件的基础知识。

1. 1394 采集卡

1394 采集卡支持外设热插拔，可为外设提供电源，省去了外设自带的电源，能连接多个不同设备，支持同步数据传输，如图 2-4 所示。

1394 采集卡包含 Backplane 和 Cable 两种传输模式，下面将逐一介绍。

➡ Backplane 模式最小的速率也比

USB1.1 最高速率高，分别为 12.5 Mbps、25 Mbps、50 Mbps，可以用于多数的高带宽应用。

➡ Cable模式是速度非常快的模式，分为 100 Mbps、200 Mbps 和 400 Mbps 几种，在 200Mbps 下可以传输不经压缩的高质量数据电影。

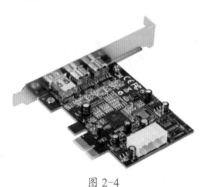

图 2-4

2. 数据采集卡

数据采集卡可以采集模拟视频信号并对它进行数字化，如图 2-5 所示。

图 2-5

通过数据采集卡可以从传感器和其他待测设备等模拟和数字被测单元中自动采集非电量或者电量信号，传输到上位机中进行分析处理。还可以通过 USB、PXI、PCI、PCI Express、火线（IEEE 1394）、PCMCIA、ISA、Compact Flash、485、232、以太网、各种无线网络等总线接入个人计算机。

3. 带有 SDI 输入的 HD 或 SD 采集卡

如果正在采集 HD 影片，则需要在系统中安装一张 Premiere Pro 2020 兼容的 HD 采集卡，此采集卡就是 SDI 采集卡，如图 2-6 所示。

图 2-6

2.3.2 正确连接采集设备

在开始采集视频之前，要确保采集设备的正确连接。许多采集设备包含了插件，以便直接采集到 Premiere Pro 2020 中，而不是先采集到另一个软件应用程序，然后再导入 Premiere Pro 2020 中。下面将详细讲解正确连接采集设备的操作方法。

1. IEEE 1394 的连接

IEEE 1394 的连接非常简单，其方法是将 IEEE 1394 线缆插进摄像机的 DV 入/出插孔，然后将另一端插进计算机的 IEEE 1394 插孔。

2. 模拟数据采集

多数模拟—数据采集卡使用复式视频或 S 视频系统，某些板卡既提供了复式视频也提供了 S 视频。连接复式视频系统通常需要使用三个 RCA 插孔的线缆，将摄像机或录音机的视频和声音输出插孔连接到计算机采集卡的视频和声音输入插

孔。S 视频连接提供了从摄像机到采集卡的视频输出。一般来说，只需简单地将一根线缆从摄像机或录音机的 S 视频输出插孔连接到计算机的 S 视频输入插孔即可。

3. 串行设备控制

使用 Premiere Pro 2020 可以通过计算机的串行通信（COM）端口控制专业的录像带录制设备。计算机的串行通信端口通常用于调制解调器通信和打印。串行控制允许通过计算机的串行端口传输与发送时间码信息。使用串行设备控制，就可以采集重放和录制视频。

2.3.3 采集时需要注意的问题

视频采集对计算机来说是一项相当耗费资源的工作，要在现有的计算机硬件条件下最大限度地发挥计算机的效能，需要注意以下几项。

1. 释放现有的系统资源

关闭所有常驻内存中的应用程序，包括防毒程序、电源管理程序等，只保留运行的 Premiere Pro 2020 和 Windows 资源管理器这两个应用程序，且最好在开始采集前重新启动。

2. 释放计算机的磁盘空间

为了在捕获视频时能够有足够大的磁盘空间，可以将计算机中不常用的资料和文件备份到光盘或者其他存储设备上。

3. 优化系统

如果没有进行过磁盘碎片整理，最好先运行磁盘碎片整理程序和磁盘清理程序。这些整理程序可以在【开始】菜单中的【Windows 管理工具】列表框下选择对应的命令，

如图 2-7 所示。

图 2-7

采集视频时需要选中一个空余空间较大的磁盘盘符。因此，在整理磁盘碎片后，可以释放一定的磁盘空间，从而优化影片的存取速度。

4. 校正时间码

如果要更好地采集影片和更顺畅地控制设备，则必须校正 DV 录像带的时间码。而要校正时间码，则必须在拍摄视频前先使用标准的播放模式从头到尾不中断地录制视频，也可以采用在拍摄时用不透明的纸或布来盖住摄像机的方法。

5. 关闭屏幕保护程序

在采集视频前一定要关闭屏幕保护程序。如果在采集时打开屏幕保护程序，则会终止采集工作。

2.3.4 采集设置

在开始采集过程之前，需要检查 Premiere Pro 2020 的项目和默认设置，因为它们会影响采集过程。设置完默认值之后，再次启动程序时，这些设置也会继续保存。影响采集的默认值包括暂存盘设置和设备控制设置。

1. 设置暂存盘参数

无论是正在采集数字视频还是数字化模拟视频，初始步骤应该是确保恰当设置 Premiere Pro 2020 的采集暂存盘位置。

在 Premiere Pro 2020 中，可以为视频和音频设置不同的暂存盘。设置暂存盘的具体方法是：在菜单栏中，单击【文件】|【项目设置】|【暂存盘】，打开【项目设置】对话框，在【暂存盘】选项卡中，可以对捕捉的视频和音频等存储位置进行设置，如图 2-8 所示。

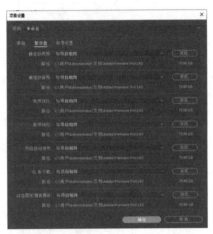

图 2-8

如果要重新更改已经采集的视频或音频的暂存盘位置，则可以单击相应选项右侧的【浏览】按钮，然后在弹出的【选择文件夹】对话框中，重新选择特定的硬盘和文件夹，设置新的采集路径即可，如图 2-9 所示。

图 2-9

2. 设置采集参数

使用 Premiere Pro 2020 的采集参数可以指定是否因为丢帧而中断采集、报告丢帧或者在失败时生成批量日志文件。

设置采集参数的具体方法是：单击【编辑】|【首选项】|【常规】，打开【首选项】对话框，在【捕捉】选项中可以查看采集参数，如图 2-10 所示。

图 2-10

在对话框中，如果想采用外部设备创建的时间码，而不是素材源的时间码，则在【首选项】对话框的【捕捉】选项卡中，勾选【使用设备控制时间码】复选框即可。

3. 设置设备控制参数

如果系统允许设备控制，就可以使用 Premiere Pro 2020 屏幕上的按钮启动或停止录制，并设置入点和出点。也可以执行批量采集操作，使 Premiere Pro 2020 自动采集多个素材。

设置设备控制参数的具体方法是：单击【编辑】|【首选项】|【常规】，打开【首选项】对话框，在【设备控制】选项中可以查看采集参数，如图 2-11 所示。

图 2-11

在【首选项】对话框中的【设备控制】选项卡，单击【选项】按钮，打开【DV/HDV 设备控制设置】对话框，如图 2-12 所示。在该对话框中可以设置特定的视频标准（NTSC 或 PAL）、设备品牌、设备类型（标准或 HDV）和时间码格式（丢帧或非丢帧）等参数。

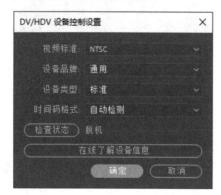

图 2-12

4. 设置采集项目参数

项目的采集设置决定了如何采集视频和音频，采集设置是由项目预置决定的。如果想从 DV 摄像机或 DV 录像机中采集视频，那么采集过程很简单，因为 DV 摄像机能压缩和数字化，所以几乎不需要更改任何设置。但是，为了保证最好品质的采集，必须在采集素材之前创建一个 DV 项目。

设置采集项目参数的具体方法是：单击【文件】|【新建】|【项目】命令，打开【新建项目】对话框，单击【捕捉格式】下三角按钮，展开列表框，选择所需的采集格式即可，如图 2-13 所示。

图 2-13

2.3.5 采集视频或音频

在设置完采集参数后，可以对视频和音频文件进行采集操作，下面将介绍其操作方法。

1. 采集视频

在连接好采集设备后，就可以进行视频的采集操作了。采集视频的具体方法是：单击【文件】中的【捕捉】命令，如图 2-14 所示。

图 2-14

打开【捕捉】窗口，如果仅采集视频，则在【记录】选项卡的【捕捉】列表框中，选择【视频】选项，如图 2-15 所示，即可开始进行视频的采集，完成后单击播放设备上的【停止】按钮，停止素材的采集。

图 2-15

2. 采集音频

如果仅采集音频素材，则在【捕捉】窗口的【记录】选项卡的【捕捉】列表框中，选择【音频】选项，如图 2-16 所示，即可开始进行音频的采集。

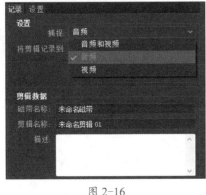

图 2-16

2.3.6　批量采集

在采集视频和音频素材时，不仅可以单个采集，还可以进行批量采集操作。

批量采集的具体方法是：在

【项目】面板中，选择脱机文件，然后单击【文件】菜单中的【批量捕捉】命令，如图 2-17 所示。

图 2-17

打开【批量捕捉】对话框，单击【确定】按钮，如图 2-18 所示，将开始批量采集视频素材。

图 2-18

本章小结

通过对本章基础知识的学习，相信读者朋友已经掌握了影视制作的前期准备知识，并做好了影视编辑的前期准备工作。在进行影视素材准备工作时，最难的就是影视素材的获取与采集。因此，读者朋友需要根据本章讲解的素材获取与采集方法，来解决这一难题。

第 **2** 篇　**技能入门篇**

Premiere Pro 2020 软件主要用于对影视视频文件进行编辑，但在编辑之前需要掌握软件入门知识、常用操作和剪辑手法。本篇主要详细讲解 Premiere Pro 2020 中技能入门的基础知识。

第 **3** 章　Premiere Pro 2020 入门知识

➡ Premiere Pro 2020 的要素有哪些？
➡ Premiere Pro 2020 的新增功能有哪些？
➡ Premiere Pro 2020 的工作界面由哪些部分组成？
➡ 如何在 Premiere Pro 2020 软件中进行项目、序列和首选项设置？

Premiere Pro 2020 软件为视频编辑人员提供了创建复杂数字视频作品时的所需功能，使用该软件可以直接从台式机或笔记本电脑中创建数字电影、纪录片、销售演示和音频视频等。在使用 Premiere Pro 2020 软件制作视频之前，要先掌握好 Premiere Pro 2020 软件的入门知识，如工作界面组成、功能、程序设置等。学完这一章的内容，你就能解决上述问题了。

3.1　Premiere Pro 2020 三大要素

在利用 Premiere Pro 2020 制作视频时，需要掌握画面、声音和色彩三大元素，才能更好地制作出完美的视频。本节将详细讲解 Premiere Pro 2020 的要素内容。

★重点 3.1.1　画面

无论在电影、电视或其他视频形式中，画面是传递信息的主要媒介。通过画面，可以给观众带来视觉上最直观的冲击。画面是用来叙述故事情节、表达思想感情的主要方式。

Premiere Pro 2020 是编辑和处理视频的非常重要的软件，在其中可以添加字幕、调色和特效效果，使画面更加生动、丰富，如图 3-1 所示。

图 3-1

★重点 3.1.2　声音

在 Premiere Pro 2020 中是无法看到声音变化的，需要通过听觉去判断。和画面一样，也可以在软件中添加声音特效，使其变得更加适合当前的画面、情绪，如图 3-2 所示。

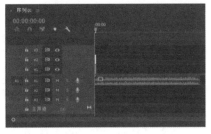

图 3-2

★重点 3.1.3 色彩

色彩是视频情感传递的一个非常重要的部分，不同的画面颜色可以产生不同的视觉情感。图 3-3 所示为不同色彩的画面效果。

图 3-3

在画面中使用色彩效果时，要清楚画面的用色规律。颜色丰富虽然看起来会吸引人，但是一定要把握住少而精的原则，即颜色搭配尽量要少，这样画面会显得较为整体、不杂乱。但如果需要体现出绚丽、缤纷、丰富等色彩时，色彩需要多一些。一般来说，一张图像中的颜色不宜超过 5 种，如图 3-4 所示。

图 3-4

当画面中的颜色过多时，虽然显得很丰富，但是会感觉画面很杂乱、跳跃、无重心。

3.2 Premiere Pro 2020 的主要功能

Premiere Pro 2020 是一款具有强大编辑功能的视频编辑软件，其简单的操作步骤、简明的操作界面、多样化的特效受到广大用户的青睐。本节将对 Premiere Pro 2020 的主要功能进行介绍。

3.2.1 捕捉功能

捕捉功能是 Premiere Pro 2020 中最常用的一种功能，主要用来捕捉素材至软件程序中，然后才可以进行其他操作。在 Premiere Pro 2020 软件中，通过【捕捉】命令，在打开的【捕捉】对话框中，如图 3-5 所示，可以直接从便携式数字摄像机、数字录像机、麦克风或者其他输入设备进行素材的捕捉。

图 3-5

3.2.2 剪辑与编辑功能

Premiere Pro 2020 中的剪辑与编辑功能，除了可以轻松剪辑视频与音频素材外，还可以直接改变素材的播放速度、排列顺序等。

3.2.3 视频效果添加功能

在 Premiere Pro 2020 中，系统自带许多不同风格的特效滤镜。为视频或素材图像添加特效滤镜，可以增加素材的美感度。图 3-6 所示为 Premiere Pro 2020 软件中的视频效果。

图 3-6

3.2.4 视频过渡效果功能

段落与段落、场景与场景之间的过渡或转换，就叫作转场。Premiere Pro 2020 软件中能够让各种镜头实现自然的过渡，如黑场、淡入、淡出、闪烁、翻滚以及 3D 转场效果，如图 3-7 所示。

图 3-7

3.2.5 字幕工具功能

字幕是在电影银幕或电视机荧光屏下方出现的外语对话的译文或其他解说文字，如影片的片名、演职员表、唱词、对白、说明词、人物介绍、地名和年代等。

字幕工具能够创建出各种效果的静态或动态字幕，灵活运用这些工具可以使影片的内容更加丰富多彩，如图 3-8 所示。

图 3-8

3.2.6 音频处理功能

用户在 Premiere Pro 2020 软件中不仅可以处理视频素材，还可以处理音频素材。用户能直接剪辑音频素材，还可以在【效果】面板的【音频效果】和【音频过渡】列表框中，选择音频特效进行添加，如图 3-9 所示。

图 3-9

3.2.7 效果输出功能

Premiere Pro 2020 软件拥有强大的输出功能，可以将制作完成后的视频文件输出为多种格式的视频或图片文件，还可以将文件输出到硬盘或刻录成 DVD 光盘。图 3-10 所示为【导出设置】对话框。

图 3-10

3.2.8 强大的项目管理功能

在 Premiere Pro 2020 软件中，独有的 Rapid Find 搜索功能能让用户查看并搜索需要的结果。除此之外，独立设置每个序列还可以让用户方便地将多个序列分别应用不同的编辑和渲染设置。

3.2.9 兼容性与协调性

所谓兼容性，就是指几个硬件之间、几个软件之间或者是几个软硬件之间相互配合的程度。在 Premiere Pro 2020 软件中对多格式视频文件的兼容性进行了调整，让更多格式的文件与 Premiere Pro 2020 软件得到兼容。

协调性是指各个不同软件中的一些功能通过协调后，可以进行使用。Premiere Pro 2020 与 Adobe 公司的其他产品组件之间有着优良的协调性。比如，支持 Photoshop 中的混合模式、能够与 Adobe Illustrator 协调使用等。

3.2.10 时间的精确显示功能

Premiere Pro 2020 软件拥有更加完善的时间显示功能，使得影片的每一个环节都能得到精确的控制。

3.3 Premiere Pro 2020 的新增功能

Premiere Pro 2020 除继承以前版本的优点以外，还增加了一些新的功能，使视频编辑更加方便快捷。

★新功能 3.3.1 新增自动重构功能

Premiere Pro 2020 软件新增了【自动重构】功能，通过该功能可以重构序列用于方形、纵向和电影的 16:9 屏幕，或用于裁剪高分辨率素材。

【自动重构】功能可以针对不同的社交媒体和移动观看平台轻松优化内容。无须手动裁剪和为素材添加关键帧，【自动重构】可使用 Adobe Sensei AI 技术自动完成处理。

自动重构既可作为效果应用于单一剪辑，也可应用到整个序列。在新的长宽比屏幕中保留图形和其他编辑内容。

★新功能 3.3.2 增强图形和文本

Premiere Pro 2020 软件中提供了诸多图形和文本增强功能，下面将逐一进行讲解。

1. 新增重命名形状和剪辑图层功能

在 Premiere Pro 2020 软件中，可以在基本图形面板中对形状和剪辑进行重命名，其方式为单击其名称并编辑出现的文本字段。然后，通过按【Enter】键或单击文本字段以外的任意位置，提交新名称即可，如图 3-11 所示。

图 3-11

2. 文本下划线

在 Premiere Pro 2020 软件中，可使用新的【下划线】样式按钮，为文本添加下划线，如图 3-12 所示。

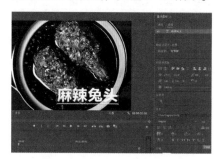

图 3-12

3. 动态图形模板中提供了多行文本字段

Premiere Pro 2020 软件中创建的动态图形模板可包含用于多行文本字段的选项。在 Premiere Pro 2020 软件中的【基本图形】面板的【浏览】列表框中，包含多个模板效果，通过模板可添加和编辑多行文本，而不需要为每行使用单独的文本字段，如图 3-13 所示。

图 3-13

4. 动态图形模板中提供了新的下拉菜单选项

Premiere Pro 2020 软件中的动态图形模板可包含下拉菜单，简化了 Premiere Pro 2020 中的工作流程。自定义动态图形时，使用下拉菜单列表中的控件可选择不同的样式或图形元件，如图 3-14 所示。

图 3-14

5. 用于基本图形面板的新键盘快捷键

Premiere Pro 2020 软件新增了用于图层操作的键盘快捷键，包括图层重新排序、添加文本和选择图层。例如，可以使用熟悉的快捷键【Ctrl+Shift】或快捷键【Cmd+Shift+方括号】将图层置于底层，或者将它们置于顶层。

★新功能 3.3.3 增强音频功能

Premiere Pro 2020 软件中具有多项音频增强功能，下面将逐一进行讲解。

1. 在 Premiere Pro 中更高效地混合多声道音频

➡ 提升性能：重新设计的音频效果路由，优化了多声道项目的音频工作流程。

➡ 音频效果：为音频效果添加了用于自适应轨道的原生声道化选项，并可设置路由到所需的输出配置。

➥ 雷达响度计：使用精度更高的此效果可测量所需的正确声道配置，以确保内容符合广播标准。

2. 增大了音频增益的范围

以前添加音频增益的上限是6分贝。但是在 Premiere Pro 2020 软件中可以为音频剪辑添加最高15分贝的增益。为音频提供更大的调整空间，而无须使用 Adobe Audition 中的额外放大效果和匹配增益功能。

★新功能 3.3.4　新增了时间重映射速度

时间重映射的最高速度已增至20000%，以便用户使用非常冗长的源剪辑，生成延时镜头素材。

★新功能 3.3.5　新增和改进的文件格式支持

Premiere Pro 2020 软件改进了在 Mac OS 和 Windows 版本上使用 H264、H265（HEVC）和 ProRes（包括 ProRes HDR）的性能。

★新功能 3.3.6　导出带 HDR10 元数据的 HDR 内容

Premiere Pro 2020 软件可以导出带有 HDR10 元数据的 HDR 内容，并确保内容的外观适用于启用了 HDR 的显示器。

★新功能 3.3.7　增加了系统兼容性报告中接受审核的驱动程序数量

Premiere Pro 2020 软件引入了系统兼容性报告实用程序，以确保当前系统上运行的驱动程序符合 Premiere Pro 2020 的要求。

3.4　安装 Premiere Pro 2020 软件

Premiere Pro 2020 是 Windows 操作系统环境下的视频剪辑和编辑软件，启动 Premiere Pro 2020 程序，首先需要学习安装 Premiere Pro 2020 软件的方法，安装完该程序后，方可应用该程序。本节将详细讲解安装 Premiere Pro 2020 软件的具体知识。

3.4.1　Premiere Pro 2020 的安装要求

在安装 Premiere Pro 2020 软件之前，必须先了解所用计算机配置是否能够满足安装此软件版本的最低要求。因为随着软件不断升级，软件的总体结构在不断膨胀，其中有些新增功能对硬件的要求也在不断增加。只有满足了软件的配置要求，计算机才可以顺利安装和运行该软件。在安装 Premiere Pro 2020 软件时需要满足以下配置。

➥ 处理器：Intel 第 7 代或更新款的 CPU 或 AMD 同等产品。

➥ Microsoft Windows 10（64 位）版本 1809 或更高版本。

➥ 内存：8GB 的 RAM（建议使用 16GB）。

➥ 显卡：采用 16 GB RAM，用于 HD 媒体；如果是 32 GB，用于 4K 媒体或更高分辨率。

➥ 占用硬盘空间：安装占用 8GB 可用硬盘空间；安装期间需要额外的可用空间（无法安装在卸除式储存装置上），预览档案和其他工作档案需要额外的磁盘空间（建议使用 10GB）。

➥ 显示器：1920×1080 像素或更高像素显示器。

➥ 声卡：采用与 ASIO 兼容或 Microsoft Windows Driver Model 的声卡。

➥ 网络存储连接：10 GB 以太网，用于 4K 共享网络工作流程。

★重点 3.4.2　实战：安装 Premiere Pro 2020

实例门类	软件功能

下载了 Premiere Pro 2020 软件之后，需要运行该软件程序才能进行安装，其具体的操作步骤如下。

Step① 打开 Premiere Pro 2020 的安装文件夹，选择【Set-up】文件，单击鼠标右键，在弹出的快捷菜单中，选择【打开】命令，如图 3-15 所示。

图 3-15

🎬 技术看板

除了通过快捷菜单可以运行 Premiere Pro 2020 软件程序外，还可以直接双击 Set-up 文件运行 Premiere Pro 2020 软件程序。

Step02 打开【Premiere Pro 2020 安装程序】对话框，❶在【位置】选项区中，单击【文件夹】按钮，❷展开列表框，选择【更改位置】命令，如图 3-16 所示。

图 3-16

Step03 打开【浏览文件夹】对话框，❶在列表框中选择【premiere】文件夹，❷然后单击【确定】按钮，如图 3-17 所示。

图 3-17

Step04 ❶完成安装路径的更改，❷单击【继续】按钮，如图 3-18 所示。

图 3-18

Step05 开始安装 Premiere Pro 2020 软件，并显示软件的安装进度，如图 3-19 所示。

图 3-19

Step06 稍后将打开【安装完成】对话

框，单击【关闭】按钮，如图 3-20 所示，完成 Premiere Pro 2020 软件的安装。

图 3-20

3.5 Premiere Pro 2020 的工作界面

启动 Premiere Pro 2020 之后，会有几个面板自动出现在工作界面中，Premiere Pro 2020 的工作界面主要由标题栏、菜单栏、工具面板、项目面板、源监视器面板、节目监视器面板、时间轴面板、特效控制台面板、效果面板、项目面板、信息面板等部分组成，如图 3-21 所示。

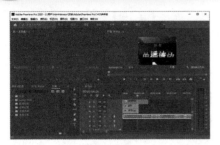

图 3-21

在 Premiere Pro 2020 软件中，用户可以根据平时的操作习惯设置不同模式的工作界面，下面将逐一进行介绍。

1.【编辑】模式

在菜单栏中单击【窗口】菜单，在弹出的下拉菜单中，选择【工作区】选项中的【编辑】命令，如图 3-22 所示，将进入【编辑】模式的工作界面。该模式的界面主要适用于视频编辑，如图 3-23 所示。

图 3-22

图 3-23

2.【所有面板】模式

在菜单栏中单击【窗口】菜单，在弹出的下拉菜单中，选择【工作区】选项中的【所有面板】命令，将进入【所有面板】模式的工作界面，如图 3-24 所示。

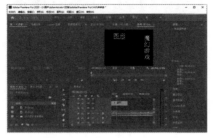

图 3-24

3.【元数据记录】模式

在菜单栏中单击【窗口】菜单，在弹出的下拉菜单中，选择【工作区】选项中的【元数据记录】命令，将进入【元数据记录】模式的工作界面，如图 3-25 所示。

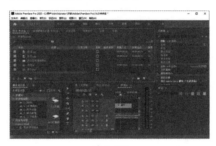

图 3-25

4.【学习】模式

在菜单栏中单击【窗口】菜单，在弹出的下拉菜单中，选择【工作区】选项中的【学习】命令，将进入【学习】模式的工作界面，如图 3-26 所示。

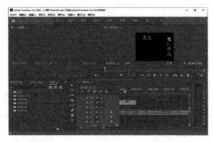

图 3-26

5.【效果】模式

在菜单栏中单击【窗口】菜单，

在弹出的下拉菜单中，选择【工作区】选项中的【效果】命令，将进入【效果】模式的工作界面，如图 3-27 所示。

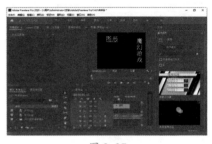

图 3-27

6.【图形】模式

在菜单栏中单击【窗口】菜单，在弹出的下拉菜单中，选择【工作区】选项中的【图形】命令，将进入【图形】模式的工作界面，如图 3-28 所示。

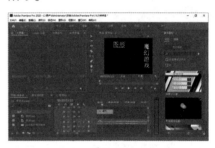

图 3-28

7.【库】模式

在菜单栏中单击【窗口】菜单，在弹出的下拉菜单中，选择【工作区】选项中的【库】命令，将进入【库】模式的工作界面，如图 3-29 所示。

图 3-29

8.【方便制作的工作区】模式

在菜单栏中单击【窗口】菜单，在弹出的下拉菜单中，选择【工作区】选项中的【方便制作的工作区】命令，将进入【方便制作的工作区】模式的工作界面，如图 3-30 所示。

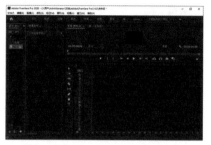

图 3-30

9.【组件】模式

在菜单栏中单击【窗口】菜单，在弹出的下拉菜单中，选择【工作区】选项中的【组件】命令，将进入【组件】模式的工作界面，如图 3-31 所示。

图 3-31

10.【音频】模式

在菜单栏中单击【窗口】菜单，在弹出的下拉菜单中，选择【工作区】选项中的【音频】命令，将进入【音频】模式的工作界面，如图 3-32 所示。

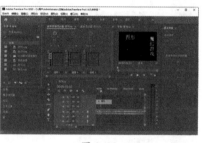

图 3-32

11.【颜色】模式

在菜单栏中单击【窗口】菜单，在弹出的下拉菜单中，选择【工作区】选项中的【颜色】命令，将进入【颜色】模式的工作界面，如图 3-33 所示。

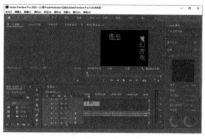

图 3-33

3.6　Premiere Pro 2020 的菜单栏

菜单栏提供了 9 组菜单选项，位于标题栏的下方。Premiere Pro 2020 的菜单栏由【文件】【编辑】【剪辑】【序列】【标记】【图形】【视图】【窗口】和【帮助】菜单组成。下面将对各菜单的含义进行介绍。

3.6.1　【文件】菜单

【文件】菜单主要用于对项目文件进行操作。在【文件】菜单中包含【新建】【打开项目】【关闭项目】【保存】【另存为】【捕捉】【批量捕捉】【导入】【导出】以及【退出】等命令，如图 3-34 所示。

图 3-34

3.6.2　【编辑】菜单

【编辑】菜单主要用于一些常规编辑操作。在【编辑】菜单中包含【撤消】【重做】【剪切】【复制】【粘贴】【清除】【全选】【查找】【快捷键】以及【首选项】等命令，如图 3-35 所示。

图 3-35

3.6.3 【剪辑】菜单

【剪辑】菜单用于实现对素材的具体操作。Premiere Pro 2020 中剪辑影片的大多数命令都位于该菜单中，如【重命名】【修改】【视频选项】【捕捉设置】【覆盖】以及【替换素材】等命令，如图 3-36 所示。

图 3-36

3.6.4 【序列】菜单

【序列】菜单主要用于对项目中当前活动的序列进行编辑和处理。在【序列】菜单中包含【序列设置】【渲染音频】【提升】【提取】【放大】【缩小】【添加轨道】以及【删除轨道】等命令，如图 3-37 所示。

图 3-37

3.6.5 【标记】菜单

【标记】菜单用于对素材和场景序列的标记进行编辑处理。在【标记】菜单中包含【标记入点】【标记出点】【转到入点】【转到出点】【添加标记】以及【清除所选（有）标记】等命令，如图 3-38 所示。

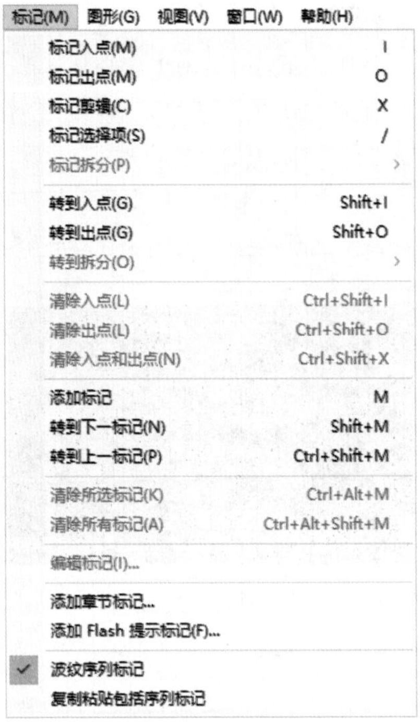

图 3-38

3.6.6 【图形】菜单

【图形】菜单用于实现静态字幕和动态字幕制作过程中的各项编辑和调整操作。在【图形】菜单中包含【安装动态图形模板】【新建图层】【对齐】【排列】【选择】【升级为主图】【替换项目中的字体】等命令，如图 3-39 所示。

图 3-39

3.6.7 【视图】菜单

【视图】菜单主要用于图像中的分辨率、显示模式以及参考线的编辑操作。在【视图】菜单中包含【回放分辨率】【暂停分辨率】【显示模式】【显示标尺】【显示参考线】【锁定参考线】【清除参考线】以及【参考线模板】等命令，如图 3-40 所示。

图 3-40

3.6.8 【窗口】菜单

【窗口】菜单主要用于实现对各种编辑窗口和控制面板的管理操作。在【窗口】菜单中包含【工作区】【扩展】【事件】【信息】【字幕】等命令，如图 3-41 所示。

图 3-41

3.6.9 【帮助】菜单

【帮助】菜单可以为用户提供在线帮助。在【帮助】菜单中包含【Premiere Pro 帮助】【Premiere Pro 在线教程】及【更新】等命令，如图 3-42 所示。

图 3-42

3.7 Premiere Pro 2020 的功能面板

了解和掌握 Premiere 的面板是学好 Premiere 的基础，通过各面板之间的贯通，即可轻松畅快地制作出完整的视频。本节将对 Premiere Pro 2020 中的功能面板进行详细讲解。

3.7.1 【项目】面板

【项目】面板用于显示、存放和导入素材文件，如图 3-43 所示。

图 3-43

在【项目】面板中包含了多个选项和按钮，下面将介绍其含义。

➥ 素材显示区：用于存放素材文件和序列。同时【项目】面板底部包括了多个工具按钮。

➥【项目可写】按钮■：单击该按钮，可以将项目切换为只读模式。

➥【列表视图】按钮■：单击该按钮，可以将素材以列表形式显示。

➥【图标视图】按钮■：单击该按钮，可以将素材以图标形式显示。

➥【自由变换视图】按钮■：单击该按钮，可以从当前视图切换到自由视图模式。

➥【调整图标和缩览图的大小】按钮■：拖动该按钮上的滑块，可以放大或缩小显示。

➥【排列图标】按钮■：单击该按钮，可以在展开的列表框中选择排列选项，如图 3-44 所示。

图 3-44

图 3-46

➡【自动匹配序列】按钮：单击该按钮，可以将文件存放区中选择的素材按顺序排列。

➡【查找】按钮：单击该按钮，将弹出【查找】窗口，如图 3-45 所示，在该窗口中可以查找所需的素材文件。

图 3-45

➡【新建素材箱】按钮：单击该按钮，可以在文件存放区中新建一个文件夹，将素材文件移至文件夹中，方便素材的整理。

➡【新建项】按钮：单击该按钮，可以在弹出的快捷菜单中，选择命令进行执行，如图 3-46 所示。

3.7.2 【监视器】面板

【监视器】面板主要用于在创建作品时对它进行预览。预览作品时，在素材源监视器或节目监视器中单击【播放-停止切换】按钮可以播放作品，如图 3-47 所示。

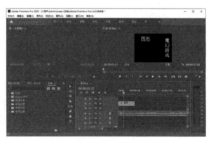

图 3-47

Premiere Pro 2020 软件提供了 4 种不同的监视器面板：素材源监视器、节目监视器、参考监视器和多机位监视器。通过节目监视器的面板菜单可以快速访问其他的监视器。

1. 素材源监视器

素材源监视器显示还未放入时间轴的视频序列中的源影片，可以使用素材源监视器设置素材的入点和出点，然后将它们插入或覆盖到自己的作品中。素材源监视器也可以显示音频素材的音频波形，如图 3-48 所示。

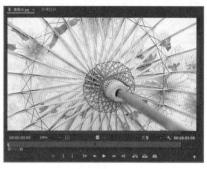

图 3-48

2. 节目监视器

节目监视器显示视频节目：在【时间轴】面板中的视频序列中组装的素材、图形、特效和切换效果；也可以使用节目监视器中的【提升】和【提取】按钮移除影片，要在节目监视器中播放序列，只需单击窗口中的【播放-停止切换】按钮或按空格键即可。

3. 参考监视器

在许多情况下，参考监视器是另一个节目监视器。许多 Premiere Pro 2020 编辑使用它进行颜色和音调的调整，因为在参考监视器中查看视频示波器（它可以显示色调和饱和度级别）的同时，可以在节目监视器中查看实际的影片，如图 3-49 所示。参考监视器可以设置为与节目监视器同步播放或统调，也可以设置为不统调。

图 3-49

4. 多机位监视器

使用多机位监视器可以在一个监视器中同时查看多个不同的素材，如图3-50所示。在监视器中播放影片时，可以使用鼠标或键盘选定一个场景，将它插入节目序列中。在编辑从不同机位同步拍摄的事件影片时，使用多机位监视器最有用。

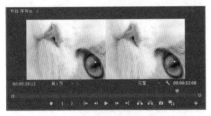

图 3-50

3.7.3 【时间轴】面板

【时间轴】面板可以编辑和剪辑视频、音频文件，还可以为文件添加字幕、效果等，是Premiere Pro 2020界面中重要的面板之一，如图3-51所示。

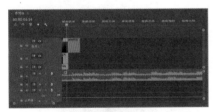

图 3-51

在【时间轴】面板中，各选项的含义如下。

➡ 【播放指示器位置】00:00:04:14：用于显示当前时间线所在的位置。

➡ 【当前时间显示】：单击并拖动【当前时间显示】，即可显示当前素材的时间位置。

➡ 【切换轨道锁定】按钮：单击该按钮，可以禁止使用该轨道。

➡ 【切换同步锁定】按钮：单击

该按钮，可以限制在修剪期间的轨道转移。

➡ 【切换轨道输出】按钮：单击该按钮，即可隐藏该轨道中的素材文件，以黑场视频的形式呈现在【节目监视器】面板中。

➡ 【静音轨道】按钮 M：单击该按钮，则音频轨道会将当前的声音静音。

➡ 【独奏轨道】按钮 S：单击该按钮，该轨道可以成为独奏轨道。

➡ 【画外音录制】按钮：单击该按钮，可以进行录音操作。

➡ 【轨道音量】数值框 0.0：数值越大，轨道音量越高。

➡ 【更改缩进级别】按钮：用于更改时间轴的时间间隔，向左滑动级别增大，占屏幕面积较小；反之，级别变小，素材占屏幕面积较大。

➡ 视频轨道：可以在该轨道中编辑静帧图像、序列、视频文件等素材。

➡ 音频轨道：可以在轨道中编辑音频素材。

3.7.4 【字幕】面板

【字幕】面板可以编辑文字、形状或为文字、形状添加描边、阴影等效果。

默认情况下，【字幕】面板是没有显示的，如果要显示【字幕】面板，则可以单击【文件】|【新建】|【旧版标题】命令，打开【新建字幕】对话框，单击【确定】按钮，将打开【字幕】面板，如图3-52所示。

图 3-52

3.7.5 【效果】面板

【效果】面板中包括【预置】【视频特效】【音频特效】【音频切换效果】和【视频切换效果】选项。在【效果】面板中各种选项以效果类型分组的方式存放视频、音频的特效和转场。通过对素材应用视频特效，可以调整素材的色调、明度等效果，应用音频效果可以调整素材音频的音量和均衡等效果，如图3-53所示。

图 3-53

在【效果】调板中，单击调板右上角的三角形按钮，弹出调板菜单，如图3-54所示。

图 3-54

在调板菜单中，各选项的含义如下。

➡【关闭面板】命令：选择该命令，可以将当前面板关闭。

➡【浮动面板】命令：选择该命令，可以将面板以独立的形式呈现在界面中，变为浮动的独立面板。

➡【关闭组中的其他面板】命令：选择该命令，可以关闭组中的其他面板。

➡【面板组设置】命令：选择该命令，将展开子菜单，该子菜单中包含 6 个命令，如图 3-55 所示。

图 3-55

➡【新建自定义素材箱】命令：选择该命令，可以在【效果】面板中新建一个自定义素材箱。这个素材箱就类似于上网使用的浏览器中的【收藏夹】，用户可以将各类自己经常用的特效拖到这个素材箱里并保存。

➡【新建预设素材箱】命令：选择该命令，可以新建预设的素材箱。

➡【删除自定义项目】命令：选择该命令，可以删除手动建立的素材箱。

➡【将所选过渡设置为默认过渡】命令：选择该命令，可以将选中的转场设置为系统默认的转场过渡效果，这样用户在使用插入视频到时间线功能时，所使用到的转场即为设定好的转场效果。

➡【设置默认过渡持续时间】命令：选择该命令，将弹出【首选项】对话框，如图 3-56 所示，在其中可以设置默认转场的持续时间。

图 3-56

➡【音频增效工具管理器】命令：选择该命令，将弹出【音频增效工具管理器】对话框，如图 3-57 所示，在该对话框中可以设置音频的增效功能。

图 3-57

3.7.6　【音轨混合器】面板

【音轨混合器】面板可以调整音频素材的声道、效果及音频录制等信息，如图 3-58 所示。

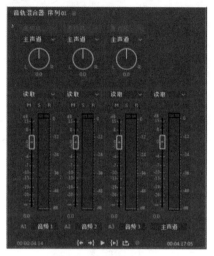

图 3-58

3.7.7　【工具】面板

Premiere Pro 2020 的【工具】面板中的工具主要用于时间轴中编辑素材，如图 3-59 所示，在【工具】面板中，单击相应的工具按钮，即可激活工具。

图 3-59

在【工具】面板中各主要选项的含义如下。

➡ 选择工具 ▶：该工具主要用于选择素材、移动素材以及调节素材关键帧。将该工具移至素材的边缘，光标将变成拉伸图标，可以拉伸素材为素材设置入点和出点。

➡ 向前选择轨道工具 ⟶：该工具主要用于选择某一轨道上的所有素材，按住【Shift】键的同时单击鼠标左键，可以选择所有轨道。

➡ 波纹编辑工具 ⟷：该工具主要用于拖动素材的出点来改变所选素材的长度，而轨道上其他素材的长度不受影响。

➡ 滚动编辑工具 ⟷：该工具主要用于调整两个相邻素材的长度，两个被调整的素材长度变化是一种此消彼长的关系，在固定的长度范围内，一个素材增加的帧数必然会从相邻的素材中减去。

➡ 比率拉伸工具 ⟷：该工具主要用于调整素材的速度。缩短素材则速度加快，拉长素材则速度减慢。

➡ 剃刀工具 ✎：该工具主要用于分割素材，将素材分割为两段，产生新的入点和出点。

➡ 外滑工具 ⟷：该工具用于改变所选素材的出入点位置。

➡ 内滑工具 ⟷：该工具用于改变相邻素材的出入点位置。

➡ 钢笔工具 ✎：该工具主要用于调整素材的关键帧。

➡ 矩形工具 ⬜：该工具可以在【监视器】面板中绘制矩形形状。

➡ 椭圆工具 ⬭：该工具可以在【监视器】面板中绘制椭圆形状。

➡ 手形工具 ✋：该工具主要用于改变【时间轴】面板的可视区域，在编辑一些较长的素材时，使用该工具非常方便。

➡ 缩放工具 🔍：该工具主要用于调整【时间轴】面板中显示的时间单位，按住【Alt】键，可以在放大和缩小模式间进行切换。

➡ 文字工具 T：使用该工具可以在【监视器】面板中单击鼠标左键输入横排文字。

➡ 垂直文字工具 T：使用该工具可以在【监视器】面板中单击鼠标左键输入直排文字。

3.7.8 【效果控件】面板

使用【效果控件】面板可以快速创建与控制音频和视频特效和切换效果。例如，在【效果】面板中选定一种特效，然后将它拖动到时间轴中的素材上或直接拖到【效果控件】面板中，就可以对素材添加这种特效，如图3-60所示。

图3-60

3.7.9 【历史记录】面板

使用Premiere Pro 2020的【历史记录】面板可以无限制地执行撤销操作。进行编辑工作时，【历史记录】面板会记录作品制作步骤，要返回到项目的以前状态，只需单击【历史记录】面板中的历史状态即可，如图3-61所示。

图3-61

单击并重新开始工作之后，所

返回历史状态的所有后续步骤都会从面板中移除，被新步骤取代。如果想在面板中清除所有历史，可以单击面板右侧的下拉菜单按钮，然后选择【清除历史记录】选项，如果要删除某个历史状态，可以在面板中选中它并单击【删除重做操作】按钮即可。

3.7.10 【信息】面板

【信息】面板提供了关于素材、切换效果和时间轴中空白间隙的重要信息。信息窗口将显示素材或空白间隙的大小、持续时间以及起点和终点，如图3-62所示。

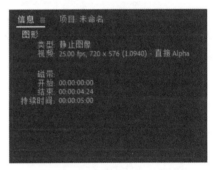

图3-62

3.7.11 【媒体浏览器】面板

在【媒体浏览器】面板中可以查看计算机中各磁盘信息，同时可以在【源监视器】面板中预览所选择的路径文件，如图3-63所示。

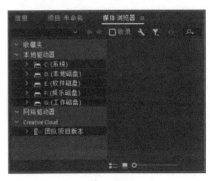

图3-63

3.7.12 【标记】面板

【标记】面板可以随素材文件添加标记，快速定位到标记的位置，为操作者提供方便，如图 3-64 所示。

图 3-64

若想更改标记颜色或添加注释，可以在【时间轴】面板中将光标放置在标记上方，双击鼠标左键，在弹出的【标记】对话框中进行标记的编辑，如图 3-65 所示。

图 3-65

3.8 Premiere Pro 2020 的程序设置

在熟悉 Premiere Pro 2020 之后，会发现该软件为键盘和程序自定义提供了许多实用的工具和命令。本节介绍各种程序设置方法。

★重点 3.8.1 项目和序列设置

在 Premiere Pro 2020 软件中创建项目时可以更好地选择设置，仔细选择项目设置能制作出更高品质的视频和音频。

1. 设置【常规】项目

【常规】项目的设置主要在【新建项目】对话框中完成，在启动 Premiere Pro 2020 后，单击欢迎界面中的【新建项目】按钮，或者在载入 Premiere Pro 2020 后单击【文件】|【新建】|【项目】命令，将打开【新建项目】对话框，如图 3-66 所示。

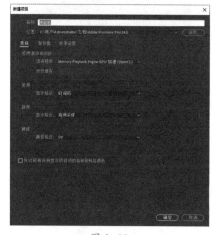

图 3-66

在【新建项目】对话框中，各常用选项的含义如下。

➥【名称】文本框：用于为该项目命名。

➥【位置】文本框：用于选择该项目的存储位置。

➥【视频显示格式】列表框：用于决定帧在时间轴中播放时，Premiere Pro 所使用的帧数目，以及是否使用丢帧或不丢帧时间码。

➥【音频显示格式】列表框：用于在处理音频素材时，可以更改【时间轴】面板和【节目监视器】面板显示，以显示音频单位而不是视频帧。

➥【捕捉格式】列表框：在该列表框中可以选择所要采集视频或音频的格式，其中包括 DV 和 HDV 格式。

➥【暂存盘】选项卡：用于设置项目中捕捉视频和音频等文件的暂存位置。

➥【收录设置】选项卡：用于设置项目中收录文件的收录、预设和目标等信息。

2. 预设序列

在【新建序列】对话框中，可以选择所需的预设序列，选择预设序列后，在该对话框的【预设描述】区域中，将显示该预设的编辑模式、画面大小、帧速率、像素纵横比和位数深度设置以及音频设置等，如图 3-67 所示。

图 3-67

3. 设置序列常规

序列常规的设置是在【新建序列】对话框中的【设置】选项卡中进行的，如图 3-68 所示，在该选项卡中可以设置编辑模式、时基、帧大小以及像素长度比等参数。

图 3-68

在【设置】选项卡中，各常用选项的含义如下。

【编辑模式】列表框：该模式是由【序列预设】选项卡中选定的预设所决定的。使用编辑模式选项可以设置时间轴播放方法和压缩设置。选择 DV 预设，编辑模式将自动设置为 DV NTSC 或 DV PAL。如果想选择其他的预设，则可以从【编辑模式】下拉列表中选择一种编辑模式，如图 3-69 所示。

图 3-69

➡ 【时基】选项：用于在计算编辑精度时，决定 Premiere Pro 2020 如何划分每秒的视频帧。

➡ 【帧大小】选项：用于决定视频的画面大小。

➡ 【像素长宽比】列表框：用于设置应该匹配的图像像素形状——图像中一个像素的宽与高比值，如图 3-70 所示。

图 3-70

➡ 【场】列表框：用于设置视频帧的场，包含【无场（逐行扫描）】【高场优先】和【低场优先】3 个选项。

➡ 【采样率】列表框：用于决定音频的品质，其采样率越高，提供的音质越好。

➡ 【视频预览】选项区：用于指定使用 Premiere Pro 2020 时如何预览视频。大多数选项是由项目编辑模式决定的，因此不能更改。

4. 设置【轨道】序列

【轨道】序列的设置是在【新建序列】对话框中的【轨道】选项卡中进行的，在该选项卡中可以设置【时间轴】面板中的视频和音频轨道数，也可以选择是否创建子混合轨道和数字轨道，如图 3-71 所示。

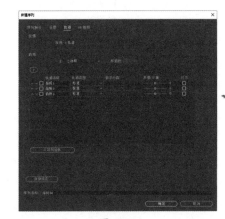

图 3-71

3.8.2 实战：设置键盘快捷键

实例门类	软件功能

使用快捷键的方式可以使重复性的工作更轻松，并提高制作速度。下面将详细讲解设置键盘快捷键的操作方法。

Step01 ❶单击【编辑】菜单，❷在弹出的下拉菜单中，选择【快捷键】命令，如图 3-72 所示。

图 3-72

Step02 打开【键盘快捷键】对话框，在键盘区中单击【选择相机 7】图标，如图 3-73 所示。

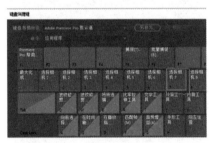

图 3-73

Step03 在【键盘快捷键】对话框中的【键】选项区中，❶选择需要清除的键盘命令，❷然后单击【清除】按钮，清除命令的快捷键，如图 3-74

所示。

图 3-74

Step04 清除命令快捷键后，在【键盘快捷键】对话框中，单击【另存为】按钮，如图 3-75 所示。

图 3-75

Step05 打开【键盘布局设置】对话框，❶修改【键盘布局预设名称】为【删除快捷键】，❷单击【确定】按钮，如图 3-76 所示，完成键盘快捷键的设置操作。

图 3-76

3.8.3 【首选项】对话框

Premiere Pro 2020 软件中的首选项控制着每次打开项目时所载入的各种设置。通过【首选项】功能可以对软件界面的外观颜色、常规选项、音频参数等进行设置。

1.【常规】首选项

【常规】首选项的主要作用是用于自定义从【过渡持续时间】到【工具提示】等各项设置。

单击【编辑】菜单，在弹出的

下拉菜单中，选择【首选项】|【常规】命令，打开【首选项】对话框，且在对话框中将显示【常规】列表框的内容，如图 3-77 所示。

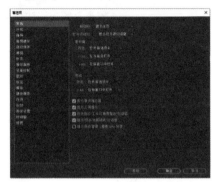

图 3-77

【常规】列表框中的各选项的含义如下。

➥【启动时】列表框：该列表框包含【显示主页】和【打开最近使用的项目】两个选项，用于指定启动软件时，显示的是 Premiere Pro 2020 的欢迎屏幕，还是显示最近打开过的文件。

➥【打开项目时】列表框：该列表框包含【显示主页】和【显示打开的对话框】两个选项，用于指定在打开项目时是显示【开始】屏幕，还是显示【打开】对话框。

➥【素材箱】选项区：用于控制双击某素材箱、按住【Shift】或【Option】键并双击素材箱时的素材箱行为。

➥【项目】选项区：用于控制双击某个项目或按住【Alt】键单击某个项目时的项目行为。

➥【显示事件指示器】复选框：用于打开或关闭显示在用户界面右下角的事件通知弹出窗口。

➥【显示工具提示】复选框：用于打开或关闭工具提示。

➡ 【双击显示"工作区重置警告"对话框】复选框：用于打开或关闭【工作区重置警告】对话框。

➡ 【显示"项目加载错误"对话框】复选框：用于打开或关闭【项目加载错误】对话框。

➡ 【显示色彩管理（需要 GPU 加速）】复选框：勾选该复选框，则 Premiere Pro 2020 会读取在操作系统中选取的 ICC 配置文件并执行转换，从而使监视器的色彩显示更加出色。当屏幕与时间轴中的媒体相匹配时，则取消勾选该复选框。

2.【外观】首选项

【外观】首选项的主要作用是可以设置用户界面的总体亮度。还可以控制高亮蓝色、交互控件和焦点指示器的亮度和饱和度。

单击【编辑】菜单，在弹出的下拉菜单中，选择【首选项】|【外观】命令，打开【首选项】对话框，在对话框中将显示【外观】列表框的内容，如图 3-78 所示。

图 3-78

【外观】列表框中的各选项的含义如下。

➡ 【亮度】选项区：用于控制软件界面的亮度颜色，当滑块向左移动时，则软件界面颜色变暗；当滑块向右移动时，则软件界面颜色变亮。

➡ 【交互控件】选项区：用于控制软件中交互控件的亮度。

➡ 【焦点指示器】选项区：用于控制软件中焦点指示器的亮度。

3.【音频】首选项

【音频】首选项的主要作用是设置音频中的匹配时间、混音类型等音频参数。

单击【编辑】菜单，在弹出的下拉菜单中，选择【首选项】|【音频】命令，打开【首选项】对话框，且在对话框中将显示【音频】列表框的内容，如图 3-79 所示。

图 3-79

【音频】列表框中的各选项的含义如下。

➡ 【自动匹配时间】数值框：用于指定已调整的任何控件返回到其先前设置的时间（在调音台中）。

➡ 【5.1 混音类型】列表框：该列表框中包含了指定 Premiere Pro 2020 将源声道与 5.1 音轨混合的方式，如图 3-80 所示。

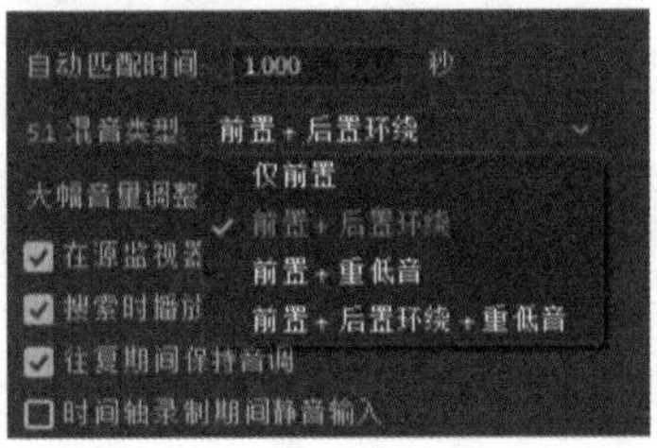

图 3-80

➡ 【大幅音量调整】数值框：用于设置在使用【大幅提升剪辑音量】命令时增加的分贝数。

➡ 【在源监视器中将多通道输出汇总为单声道】复选框：选中该复选框，可以将音频中的多通道输出为单声道。

➡ 【搜索时播放音频】复选框：用于控制是否在时间轴或监视器面板中搜索走带时播放音频。

➡ 【往复期间保持音调】复选框：在使用 J、K、L 键进行划动和播放期间，保持音频的音调。

➡ 【时间轴录制期间静音输入】复选框：勾选该复选框，可以避免在录制时间轴时监测音频输入。

➡ 【自动生成音频波形】复选框：勾选该复选框，可以在导入音频时自动生成波形；取消勾选该复选框，则可以避免显示音频波形。

➡ 【渲染视频时渲染音频】复选框：勾选该复选框，可以在每次渲染视频预览时自动渲染音频。

➡ 【线性关键帧细化】复选框：勾选该复选框，仅在与开始和结束关键帧没有线性关系的点创建关键帧。

➡ 【减少最小时间间隔】复选框：勾选该复选框，仅在大于指定值的间隔处创建关键帧。

➡ 【将 Audition 文件中的编辑渲染至】选项区：在将剪辑发送到 Audition 时，可将这些文件保存在暂存盘或原始媒体文件中。

➡ 【音频增效工具管理器】按钮：单击该按钮，打开【音频增效工具管理器】对话框，如图 3-81 所示，在该对话框中可以使用第三方 VST3 增效工具以及 Mac 平台的 Audio Units（AU）增效工具。

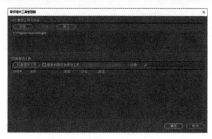

图 3-81

4.【音频硬件】首选项

【音频硬件】首选项用于指定计算机音频设备和设置，包括 ASIO 和 MME 设置（仅限 Windows），或 Premiere Pro 2020 用于播放和录制音频的 CoreAudio 设置（仅限 Mac OS）。

单击【编辑】菜单，在弹出的下拉菜单中，选择【首选项】|【音频硬件】命令，打开【首选项】对话框，且在对话框中将显示【音频硬件】列表框的内容，如图 3-82 所示。

图 3-82

【音频硬件】列表框中的各选项的含义如下。

➥【设备类型】列表框：用于指定音频设备的类型。

➥【默认输入】列表框：用于选择默认的音频输入设备。

➥【默认输出】列表框：用于选择默认的音频输出设备。

➥【主控时钟】列表框：用于选择想要其他数字音频硬件与其同步（确保样本精确对齐）的输入或

输出。

➥【等待时间】数值框：用于设置音频的延迟时间。

➥【设置】按钮：单击该按钮，可以打开外部硬件的设置对话框，如图 3-83 所示。

图 3-83

➥【输出映射】选项区：用于在计算机的音响系统中为每个支持的音频声道指定目标扬声器。

5.【自动保存】首选项

【自动保存】首选项用于设置软件中项目文件的自动保存时间。

单击【编辑】菜单，在弹出的下拉菜单中，选择【首选项】|【自动保存】命令，打开【首选项】对话框，且在对话框中将显示【自动保存】列表框的内容，如图 3-84 所示。

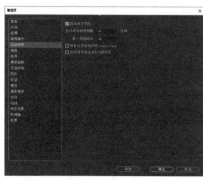

图 3-84

【自动保存】列表框中的各选项的含义如下。

➥【自动保存项目】复选框：勾选该复选框，在默认情况下，Premiere Pro 2020 会每 15 分钟自动保存一次项目，并将项目文件的 5 个最近版本保留在硬盘上。

➥【自动保存时间间隔】数值框：用于设置两次保存之间间隔的分钟数。

➥【最大项目版本】数值框：用于输入要保存的项目文件的版本数。

➥【将备份项目保存到 Creative Cloud】复选框：勾选该复选框，可以直接将项目自动保存到基于 Creative Cloud 的存储空间。

➥【自动保存也会保存当前项目】复选框：勾选该复选框，可以为当前项目创建一个存档副本，同时也保存当前工作的项目。

6.【捕捉】首选项

【捕捉】首选项用于控制 Premiere Pro 2020 软件直接从磁带盒或摄像机传输视频和音频的方式。单击【编辑】菜单，在弹出的下拉菜单中，选择【首选项】|【捕捉】命令，打开【首选项】对话框，且在对话框中将显示【捕捉】列表框的内容，如图 3-85 所示。

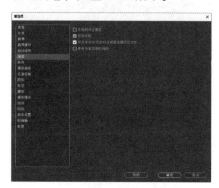

图 3-85

【捕捉】列表框中，各选项的含义如下。

➡ 【丢帧时中止捕捉】复选框：勾选该复选框，可以在丢帧时中断捕捉。

➡ 【报告丢帧】复选框：勾选该复选框，可以在屏幕上查看关于捕捉过程和丢失帧的报告。

➡ 【仅在未成功完成时生成批处理日志文件】复选框：勾选该复选框，可以在硬盘中保存日志文件，列出未能成功批量采集时的结果。

➡ 【使用设备控制时间码】复选框：勾选该复选框，可以使用捕捉设备来控制时间码。

7.【协作】首选项

【协作】首选项用于控制软件中团队协作方式。单击【编辑】菜单，在弹出的下拉菜单中，选择【首选项】|【协作】命令，打开【首选项】对话框，且在对话框中将显示【协作】列表框的内容，如图3-86所示。

图 3-86

8.【操纵面板】首选项

【操纵面板】首选项用于配置硬件控制设备。

单击【编辑】菜单，在弹出的下拉菜单中，选择【首选项】|【操纵面板】命令，打开【首选项】对话

框，且在对话框中将显示【操纵面板】列表框的内容，如图3-87所示。在对话框中利用【编辑】【添加】和【删除】按钮可在配置中添加、编辑或删除操纵面。

图 3-87

9.【设备控制】首选项

【设备控制】首选项用于控制播放/录制设备（如VTR或摄像机）的设置。

单击【编辑】菜单，在弹出的下拉菜单中，选择【首选项】|【设备控制】命令，打开【首选项】对话框，且在对话框中将显示【设备控制】列表框的内容，如图3-88所示。

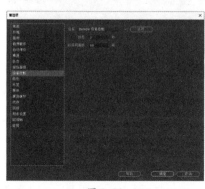

图 3-88

在【设备控制】列表框中，各常用选项的含义如下。

➡ 【设备】列表框：用于选择播放和录制的设备。

➡ 【选项】按钮：单击该按钮，将打

开【选项】对话框，在该对话框中可以选择采集设备的品牌、设置时间码格式，并检查设备的状态是在线还是离线等。

➡ 【预卷】数值框：用于设置磁盘卷动时间和采集开始时间之间的间隔。

➡ 【时间码偏移】数值框：用于指定四分之一帧的时间间隔，以补偿采集材料和实际磁带的时间码之间的偏差。

10.【图形】首选项

【图形】首选项可以为使用【基本图形】面板设置首选项。所有更改将在下次创建文本图层时生效。

单击【编辑】菜单，在弹出的下拉菜单中，选择【首选项】|【图形】命令，打开【首选项】对话框，且在对话框中将显示【图形】列表框的内容，如图3-89所示。

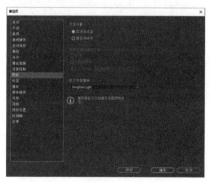

图 3-89

在【图形】列表框中，各常用选项的含义如下。

➡ 【文本引擎】选项区：用于选择文本的语言。如果需要英文、中文、日文、拉丁文或韩文支持，则选中【欧洲和东亚】单选按钮；如果需要【中东或印度】语言支持，则选中【南亚和中东】单选按钮。

➡ 【用中东语言编辑文本】选项区：

用于选择连体字符和文本阅读方向。

➡ 【缺少字体替换】选项区：用于选择缺少的字体进行替换。在【图形】选项卡中，可以定义一种自定义替换字体。如果无法同步动态图形模板中的字体，那么会将该替换字体作为默认字体。

11.【标签】首选项

【标签】首选项用于设置标签的颜色和默认值。

单击【编辑】菜单，在弹出的下拉菜单中，选择【首选项】|【标签】命令，打开【首选项】对话框，且在对话框中将显示【标签】列表框的内容，如图 3-90 所示。

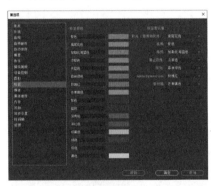

图 3-90

在【标签】列表框中，各常用选项的含义如下。

➡ 【标签颜色】选项区：用于更改默认颜色和颜色名称。

➡ 【标签默认值】选项区：用于更改已分配给素材箱、序列和不同类型媒体的默认颜色。

12.【媒体】首选项

【媒体】首选项用于设置媒体素材的各个参数值。

单击【编辑】菜单，在弹出的下拉菜单中，选择【首选项】|【媒体】命令，打开【首选项】对话框，

且在对话框中将显示【媒体】列表框的内容，如图 3-91 所示。

图 3-91

在【媒体】列表框中，各常用选项的含义如下。

➡ 【不确定的媒体时基】列表框：该列表框可以为导入的静止图像序列指定帧速率。该列表框中包含多种帧速率，如图 3-92 所示。

图 3-92

➡ 【时间码】列表框，指用于指定 Premiere Pro 2020 是显示所导入剪辑的原始时间码，还是新分配的时间码。

➡ 【帧数】列表框：指定软件中所导入剪辑的第一帧分配数，该列表框中包含【从 0 开始】【从 1 开始】和【时间码转换】3 个选项。

➡ 【默认媒体缩放】列表框：用于指定导入的资源自动缩放大小。该列表框中包含【无】【缩放为帧大小】和【设置为帧大小】3 个选项。

➡ 【导入时将 XMP ID 写入文件】复选框：勾选该复选框，可以将 ID 信息写入 XMP 元数据字段。

➡ 【将剪辑标记写入 XMP】复选框：勾选该复选框，可以将剪辑标记随媒体文件一并保存；取消勾选该复选框，则剪辑标记会保存在 Premiere Pro 2020 项目文件中。

➡ 【启用剪辑与 XMP 元数据链接】复选框：勾选该复选框，可以链接剪辑元数据与 XMP 元数据。

➡ 【导入时包含字幕】复选框：勾选该复选框，检测并自动导入某个嵌入式隐藏说明性字幕文件中的嵌入式隐藏说明性字幕数据。

➡ 【启用代理】复选框：勾选该复选框，可以在代理作业完成后自动切换为显示时间轴中的代理视频。

➡ 【项目导入期间允许重复媒体】复选框：勾选该复选框，可以在导入项目时复制媒体。

➡ 【创建用于导入项目的文件夹】复选框：勾选该复选框，可以创建用于导入项目的文件夹。

➡ 【自动隐藏从属剪辑】复选框：勾选该复选框，当从其他项目拖入某个序列时，Premiere Pro 2020 会隐藏主剪辑。

➡ 【启用硬件加速解码（需要重新启动）】复选框：勾选该复选框，可以使用系统中的硬件解码器加快 H.264 编辑速度。

➡ 【生成文件】选项区：用于生成 OP1A MXF 文件，并可以直接在项目中使用这些文件进行编辑。

13.【媒体缓存】首选项

【媒体缓存】首选项用于设置 Premiere Pro 2020 存储加速器文

件包括peak文件（.pek）和合规音（.cfa）的位置。

单击【编辑】菜单，在弹出的下拉菜单中，选择【首选项】|【媒体缓存】命令，打开【首选项】对话框，且在对话框中将显示【媒体缓存】列表框的内容，如图3-93所示。

图 3-93

在【媒体缓存】列表框中，各常用选项的含义如下。

➡ 【媒体缓存文件】选项区：用于更改和删除媒体缓存文件的位置。

➡ 【媒体缓存数据库】选项区：用于设置媒体的缓存数据库。

➡ 【媒体缓存管理】选项区：用于设置媒体自动缓存的选项参数。

14.【内存】首选项

【内存】首选项用于可以指定保留用于其他应用程序和Premiere Pro 2020 的 RAM 量。

单击【编辑】菜单，在弹出的下拉菜单中，选择【首选项】|【内存】命令，打开【首选项】对话框，且在对话框中将显示【内存】列表框的内容，如图3-94所示。

图 3-94

15.【回放】首选项

【回放】首选项可以选择音频或视频的默认播放器，并设置预卷和过卷首选项。也可以访问第三方采集卡的设备设置。

单击【编辑】菜单，在弹出的下拉菜单中，选择【首选项】|【回放】命令，打开【首选项】对话框，且在对话框中将显示【回放】列表框的内容，如图3-95所示。

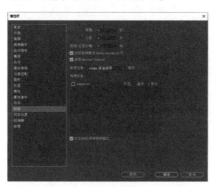

图 3-95

在【回放】列表框中，各常用选项的含义如下。

➡ 【预卷】数值框：用于设置当回放素材以利用多项编辑功能时，编辑点之前存在的秒数。

➡ 【过卷】数值框：用于设置当回放素材以利用多项编辑功能时，编辑点之后存在的秒数。

➡ 【前进/后退多帧】数值框：用于设置使用键盘快捷键【Shift+向左或向右箭头键】时要移动的帧数。

➡ 【回放期间暂停 Media Encoder 队列】复选框：勾选该复选框，可以在 Premiere Pro 2020 中播放序列或项目时，暂停 Adobe Media Encoder 中的编码队列。

➡ 【音频设备】列表框：在【音频设备】菜单中选择音频设备。

➡ 【视频设备】选项区：通过单击【设置】按钮设置输出 DV 和第三方设备。如果已安装第三方采集卡，请单击【设置】按钮以访问【Mercury 传送】对话框中的视频格式和像素格式。

16.【同步设置】首选项

【同步设置】首选项用于将常规首选项、键盘快捷键、预设和库同步到 Creative Cloud。

单击【编辑】菜单，在弹出的下拉菜单中，选择【首选项】|【同步设置】命令，打开【首选项】对话框，且在对话框中将显示【同步设置】列表框的内容，如图3-96所示。

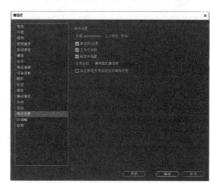

图 3-96

17.【时间轴】首选项

【时间轴】首选项用于设置 Premiere Pro 2020 中的音频、视频和静止图像的默认持续时间。

单击【编辑】菜单，在弹出的

下拉菜单中,选择【首选项】|【时间轴】命令,打开【首选项】对话框,且在对话框中将显示【时间轴】列表框的内容,如图3-97所示。

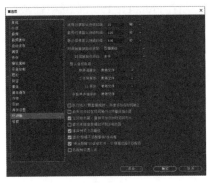

图 3-97

在【时间轴】列表框中,各常用选项的含义如下。

➥【视频过渡默认持续时间】数值框:用于指定视频过渡的默认持续时间。

➥【音频过渡默认持续时间】数值框:用于指定音频过渡的默认持续时间。

➥【静止图像默认持续时间】数值框:用于显示静止图像的默认持续时间。

➥【时间轴播放自动滚动】列表框:该列表框包含【不滚动】【页面滚动】和【平滑滚动】3个选项。当某个序列的时长超过可见时间轴长度时,在回放期间,可以选择不同的选项来自动滚动时间轴。

➥【时间轴鼠标滚动】列表框:在该列表框中,可以选择垂直或水平滚动。

➥【默认音频轨道】选项区:用于显示在剪辑添加到序列之后的剪辑音频声道的轨道类型。

➥【执行插入/覆盖编辑时,将重点放在时间轴上】复选框:勾选该

复选框,可以在进行编辑后,显示时间轴画面而不是源监视器画面。

➥【启用对齐时在时间轴内对齐播放指示器】复选框:勾选该复选框,可以开启对齐功能。

➥【在回放末尾,重新开始回放时返回开头】复选框:勾选该复选框,可以控制在达到序列末尾并重新开始回放时将会进行的操作。

➥【显示未链接剪辑的不同步指示器】复选框:勾选该复选框,可以在当音频和视频断开链接并变为不同步状态时,显示不同步指示器。

➥【渲染预览之后播放】复选框:勾选该复选框,可以在渲染后从头开始播放整个项目。

➥【显示"剪辑不匹配警告"对话框】复选框:勾选该复选框,在将剪辑拖入序列时,将自动检测剪辑的属性是否与序列设置相匹配。如果属性不匹配,将会显示出【剪辑不匹配警告】对话框。

➥【"适合剪辑"对话框打开,以编辑范围不匹配项】复选框:勾选该复选框,在源监视器和节目监视器中的入点和出点设置不同时,将会显示出【适合剪辑】对话框。

➥【匹配帧设置入点】复选框:勾选该复选框,会在源监视器中打开主剪辑,并在当前播放指示器位置处添加一个点。

18.【修剪】首选项

【修剪】首选项用于设置修剪监视器中的选项参数值。

单击【编辑】菜单,在弹出的下拉菜单中,选择【首选项】|【修

剪】命令,打开【首选项】对话框,且在对话框中将显示【修剪】列表框的内容,如图3-98所示。

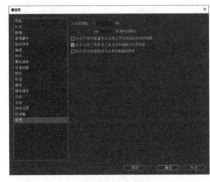

图 3-98

★重点 3.8.4 自定义工作区

Premiere Pro 2020 提供了可自定义的工作区,在默认工作区状态下包含面板组和独立面板,用户可以根据自己的工作需要和使用习惯对工作区中的面板进行重新排列。

1. 修改工作区顺序

修改工作区的顺序很简单,用户只需要在【编辑工作区】窗口中,拖动各面板的顺序即可。

修改工作区顺序的具体方法是:单击【窗口】菜单,在弹出的下拉菜单中,选择【工作区】|【编辑工作区】命令,如图3-99所示。

图 3-99

或者单击工作区菜单右侧的 »» 按钮,在弹出的菜单中,单击【编辑工作区】命令,如图3-100所示。

图 3-100

执行以上任意一种方法，均可以打开【编辑工作区】对话框，在对话框的列表框中，选择需要移动的面板选项，然后按住鼠标左键并拖曳，如图 3-101 所示，至合适位置后，释放鼠标左键，即可完成移动，然后单击【确定】按钮，完成工作区界面的修改。

图 3-101

2. 保存工作区

在自定义工作区后，工作区界面也会随之发生变化。为了方便自定义工作区的持续使用，可以通过【另存为新工作区】命令实现。

保存工作区的具体方法是：单击【窗口】菜单，在弹出的下拉菜单中，选择【工作区】|【另存为新工作区】命令，打开【新建工作区】对话框，修改新工作区名称，如图 3-102 所示，单击【确定】按钮，即可保存工作区。

图 3-102

3. 重置工作区

当需要将工作区恢复到默认的界面布局时，可以通过【重置为保存的工作区】命令实现。

重置工作区的具体方法是：单击【窗口】菜单，在弹出的下拉菜单中，选择【工作区】|【重置为保存的布局】命令，如图 3-103 所示，即可重置工作区。

图 3-103

4. 调整工作区中面板大小

将鼠标光标放置在相邻面板组之间的隔条上时，则鼠标光标会变成双向箭头形状，按住鼠标左键并拖曳，即可调整面板的大小，如图 3-104 所示。

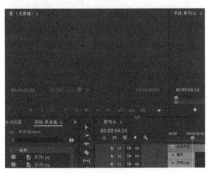

图 3-104

如果想同时调整多个面板的大小，则可以将鼠标光标放置在多个面板之间的交叉位置，当鼠标光标

变成相应的双向箭头形状时，按住鼠标左键并拖曳，即可调整多个面板的大小，如图 3-105 所示。

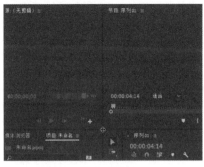

图 3-105

5. 浮动工作区中的面板

显示浮动面板的具体方法是：在拖动面板的同时按住【Ctrl】键，即可使面板自动浮动，如图 3-106 所示。

图 3-106

技术看板

显示浮动面板的方法有多种，除了通过拖曳鼠标和按住【Ctrl】键外，还可以在面板的左上角或右上角上单击按钮，在弹出的菜单中，单击【浮动面板】命令，如图 3-107 所示。

图 3-107

41

妙招技法

通过对前面知识的学习，相信读者朋友已经掌握了 Premiere Pro 2020 软件的入门知识了。下面结合本章内容，给大家介绍一些实用技巧。

技巧 01：显示与隐藏面板

有时 Premiere Pro 2020 的主要面板会自动在屏幕上打开。如果想隐藏某个面板，则可以通过【关闭面板】命令实现；如果想显示被隐藏的面板，则可以在【窗口】菜单中将其显示，具体操作方法如下。

Step(01) 在 Premiere Pro 2020 的工作界面中，单击【Learn】面板中的 ▤ 按钮，展开列表框，选择【关闭面板】命令，如图 3-108 所示，即可隐藏面板。

图 3-108

Step(02) ❶单击【窗口】菜单，❷在弹出的下拉菜单中，选择【项目】命令，如图 3-109 所示，即可显示【项目】面板。

图 3-109

技巧 02：显示素材信息

在【项目】面板中，图标视图切换到列表视图可以查看素材的信息，具体操作方法如下。

Step(01) 在【项目】面板中，单击【列表视图】按钮 ▤，如图 3-110 所示。

图 3-110

Step(02) 则以列表方式显示素材，并可以查看到素材的视频入点和视频出点等信息，如图 3-111 所示。

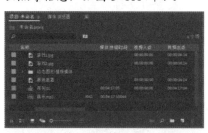

图 3-111

技巧 03：更改并保存序列

在【新建序列】对话框中还可以更改序列预设，并将更改后的序列预设进行保存，以用于其他项目，具体操作方法如下。

Step(01) ❶单击【文件】菜单，❷在弹出的下拉菜单中，选择【新建】|【序列】命令，如图 3-112 所示。

图 3-112

Step(02) 打开【新建序列】对话框，在【设置】选项卡中，❶修改【编辑模式】为【DV NTSC】，❷修改【采样率】为【88200Hz】，如图 3-113 所示。

图 3-113

Step(03) ❶在对话框的底部修改【序列名称】为【序列DV】，❷然后单击【保存预设】按钮，如图 3-114 所示。

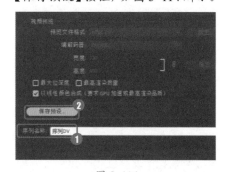

图 3-114

Step(04) 打开【保存序列预设】对话

框，❶修改【名称】为【序列DV预设】、【描述】为【NTSC编辑模式】，❷单击【确定】按钮，如图 3-115 所示，即可保存序列。

图 3-115

技巧 04：删除键盘布局

如果快捷键设置错误或者不想用某个键盘布局，可以通过【删除】功能实现，具体操作方法如下。

Step01 单击【编辑】菜单，在弹出的下拉菜单中，选择【快捷键】命令，打开【键盘快捷键】对话框，❶在【键盘布局预设】列表框中选择需要删除的键盘布局，❷单击【删除】按钮，如图 3-116 所示。

图 3-116

Step02 打开提示对话框，提示是否删除键盘布局，单击【确定】按钮，如图 3-117 所示，即可删除快捷键的键盘布局。

图 3-117

本章小结

通过对本章知识的学习和案例练习，相信读者朋友已经掌握好 Premiere Pro 2020 软件的入门知识了。在制作视频前对 Premiere Pro 2020 软件的主要要素、主要功能和新增功能进行了解，才能更深入地理解 Premiere Pro 2020 软件的应用操作；熟悉 Premiere Pro 2020 软件中的工作界面、菜单栏和面板，才能进行后期的程序设置。

第4章 Premiere Pro 2020 常用操作

➡ 项目文件的基本操作有哪些，该怎么操作？

➡ Premiere Pro 2020 有哪些新元素？

➡ 如何在 Premiere Pro 2020 中导入视频、图像等素材文件？

➡ 导入后的素材文件还可以进行什么操作？

在掌握了 Premiere Pro 2020 软件的入门知识后，还要对 Premiere Pro 2020 软件中的项目文件、新元素和素材文件等进行新建、导入、打包以及嵌套操作。学完这一章的内容，你就能掌握软件的各种常用功能的操作了。通过掌握软件的各种常用操作，可以快速地完成项目的新建，还可以进行后续的素材添加与编辑。

4.1 项目文件的基本操作

在制作视频时，首先需要掌握项目文件的基本操作，才能制作出精美的视频效果。项目文件中包含了视频中所用到的所有媒体素材。本节将详细讲解项目文件的基本操作方法。

★重点 4.1.1 实战：新建项目

实例门类	软件功能

在启动 Premiere Pro 2020 软件后，需要新建一个项目文件，才能进行其他的编辑操作。具体的操作方法如下。

Step01 在 Premiere Pro 2020 软件界面中，❶单击【文件】菜单，❷在弹出的下拉菜单中选择【新建】命令，展开子菜单，选择【项目】命令，如图 4-1 所示。

图 4-1

技术看板

新建项目文件的方法有多种，除了通过菜单栏中的【新建】|【项目】命令进行新建外，可以按快捷键【Ctrl + Alt + N】进行新建项目操作，还可以在启动 Premiere Pro 2020 软件后，在【欢迎界面】窗口中，单击【新建项目】按钮同样可以新建项目。

Step02 打开【新建项目】对话框，❶修改【名称】为【4.1.1】，❷单击【位置】选项右侧的【浏览】按钮，如图 4-2 所示。

图 4-2

Step03 打开【请选择新项目的目标路径】对话框，❶在【素材与效果】文件夹中，选择【第 4 章】文件夹，❷单击【选择文件夹】按钮，如图 4-3 所示。

图 4-3

Step04 ❶返回到【新建项目】对话框，完成项目路径的更改，❷单击【确定】按钮，如图 4-4 所示。

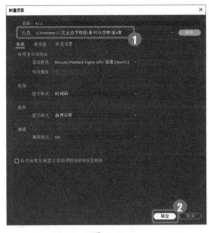

图 4-4

Step05 完成新项目文件的创建操作，如图 4-5 所示。

图 4-5

技能拓展——新建团队项目

单击【文件】菜单，在弹出的下拉菜单中，选择【新建】命令，展开子菜单，选择【团队项目】命令，可以新建团队项目。在新建团队项目时，需要注意 Premiere Pro 2020 必须先登录 Adobe Creative Cloud 才能使用【团队项目】功能。

4.1.2 实战：打开项目

实例门类	软件功能

使用 Premiere Pro 2020 进行视频编辑操作时，常常需要对项目文件进行改动或再设计，这时就需要打开原来已有的项目文件。

打开项目的具体操作方法如下。

Step01 在 Premiere Pro 2020 软件界面中，❶单击【文件】菜单，❷在弹出的下拉菜单中选择【打开项目】命令，如图 4-6 所示。

图 4-6

Step02 打开【打开项目】对话框，❶在【素材和效果\第4章】文件夹中，选择【4.1.2】项目文件，❷然后单击【打开】按钮，如图 4-7 所示。

图 4-7

Step03 完成项目文件的打开操作，其效果如图 4-8 所示。

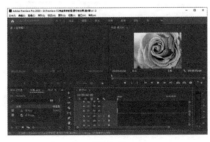

图 4-8

技术看板

打开项目文件的方法有多种，除了通过菜单栏中的【打开项目】命令进行打开外，可以按快捷键【Ctrl + O】进行打开项目操作，还可以在启动 Premiere Pro 2020 软件后，在【欢迎界面】窗口中，单击【打开项目】按钮同样可以打开项目文件。

4.1.3 保存与另存为项目

通过【保存】和【另存为】功能可以在视频编辑的过程中随时对项目文件进行保存，以避免意外情况发生导致项目文件不完整。

1. 保存项目

在完成项目文件的制作后，通过【保存】命令可以保存项目。保存项目的方法主要有以下几种。

（1）第一种方法：单击【文件】菜单，在弹出的下拉菜单中选择【保存】命令，如图 4-9 所示。

（2）第二种方法：按快捷键【Ctrl + S】。

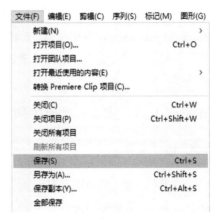

图 4-9

2. 另存为项目

使用【另存为】命令，可以以新名称保存项目文件，或者将项目文件保存到不同的磁盘位置。此命令将使用户停留在最新创建的文件中。

另存为项目文件的方法主要有以下几种。

（1）第一种方法：单击【文件】菜单，在弹出的下拉菜单中选择【另存为】命令，如图 4-10 所示。

（2）第二种方法：按快捷键【Ctrl + Shift+S】。

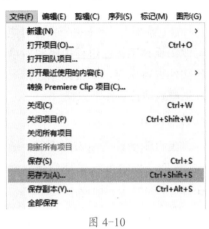

图 4-10

执行以上任意一种方法，均可以打开【保存项目】对话框，如图 4-11 所示，在对话框中设置项目的另存为名称和路径，再单击【保存】按钮，即可另存为项目文件。

图 4-11

4.1.4 保存项目副本

使用【保存副本】命令，可以在磁盘上创建一份项目的副本，但用户仍停留在当前项目中。

保存项目副本的方法主要有以下几种。

（1）第一种方法：单击【文件】菜单，在弹出的下拉菜单中选择【保存副本】命令，如图 4-12 所示。

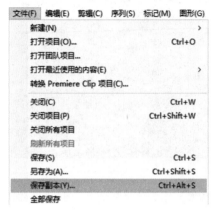

图 4-12

（2）第二种方法：按快捷键【Ctrl + Alt+S】。

执行以上任意一种方法，同样可以打开【保存项目】对话框，在对话框中设置项目的另存为名称和路径，再单击【保存】按钮，即可保存项目的副本文件。

4.2 使用 Premiere Pro 2020 创建新元素

在创建了项目文件后，还需要在项目文件中新建序列、脱机文件等新元素，才能进行视频的后续操作。在 Premiere Pro 2020 软件中使用【新建】功能除了可以创建项目文件外，还可以创建序列、素材箱、调整图层、脱机文件、彩条、黑场视频、颜色遮罩以及透明视频等文件。本节将详细讲解使用 Premiere Pro 2020 创建新元素的操作方法。

★重点 4.2.1 实战：新建序列

实例门类	软件功能

使用【新建】菜单中的【序列】命令，可以为当前项目添加新序列。具体的操作方法如下。

Step01 新建一个项目文件，❶单击【文件】菜单，❷在弹出的下拉菜单中选择【新建】命令，在展开的子菜单中，选择【序列】命令，如图 4-13 所示。

图 4-13

技术看板

新建序列的方法有多种，除了通过菜单栏中的【新建】|【序列】命令进行新建外，可以在【项目】面板的空白处单击鼠标右键，在弹出的快捷菜单中，选择【新建项目】|【序列】命令即可新建序列，还可以按快捷键【Ctrl+N】创建序列。

Step02 打开【新建序列】对话框，❶在【可用预设】列表框中，选择【宽屏 48kHz】选项，❷单击【确定】按钮，如图 4-14 所示。

图 4-14

Step 03 即可新建序列文件，并在【项目】面板和【时间轴】面板上显示，如图 4-15 所示。

图 4-15

技能拓展——新建剪辑中的序列

在新建序列时，还可以通过【项目】面板中已有的媒体素材创建出来自剪辑中的序列。其具体方法是：在【项目】面板中选择视频或图像素材，然后单击【文件】菜单，在弹出的下拉菜单中，选择【新建】命令，展开子菜单，选择【来自剪辑的序列】命令，即可通过选择的媒体素材创建序列，且序列的名称将自动以媒体素材的名称命名。

4.2.2 新建素材箱

使用【新建】菜单中的【素材箱】命令，可以在【项目】面板中创建新的文件夹。新建素材箱的方法有以下几种。

（1）第一种方法：单击【文件】菜单，在弹出的下拉菜单中选择

【新建】命令，在展开的子菜单中，选择【素材箱】命令，如图 4-16 所示。

图 4-16

（2）第二种方法：在【项目】面板的空白处单击鼠标右键，在弹出的快捷菜单中，选择【新建素材箱】命令，如图 4-17 所示。

图 4-17

（3）第三种方法：在【项目】面板的左上角，单击 ≡ 按钮，在弹出的菜单中，选择【新建素材箱】命令，如图 4-18 所示。

图 4-18

（4）第四种方法：按快捷键【Ctrl + B】。

执行以上任意一种方法，均可以在【项目】面板中，新建一个文件夹图标的素材箱，如图 4-19 所示。

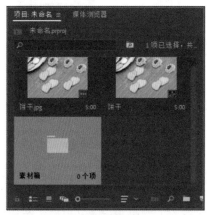

图 4-19

4.2.3 新建调整图层

通过【调整图层】命令，可以在【项目】面板中创建 Photoshop 文件，并将创建的文件自动放置在 Premiere Pro 2020 项目下，而不需要重新导入。

新建调整图层的方法有以下几种。

（1）第一种方法：单击【文件】菜单，在弹出的下拉菜单中选择【新建】命令，在展开的子菜单中，选择【调整图层】命令，如图 4-20 所示。

图 4-20

（2）第二种方法：在【项目】面板的空白处单击鼠标右键，在弹出的快捷菜单中，选择【新建项目】命令，展开子菜单，选择【调整图层】命令，如图4-21所示。

图 4-21

执行以上任意一种方法，均可以打开【调整图层】对话框，如图4-22所示。

图 4-22

在对话框中设置【宽度】【高度】【时基】和【像素长宽比】参数值，然后单击【确定】按钮，即可在【项目】面板中新建一个调整图层，如图4-23所示。

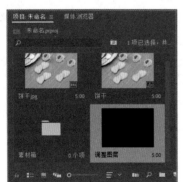

图 4-23

4.2.4　新建脱机文件

脱机文件用于采集影片，通过【脱机文件】命令可以直接在【项目】面板中创建脱机文件。

新建脱机文件的方法有以下几种。

（1）第一种方法：单击【文件】菜单，在弹出的下拉菜单中选择【新建】命令，在展开的子菜单中，选择【脱机文件】命令，如图4-24所示。

图 4-24

（2）第二种方法：在【项目】面板的空白处单击鼠标右键，在弹出的快捷菜单中，选择【新建项目】命令，展开子菜单，选择【脱机文件】命令，如图4-25所示。

图 4-25

执行以上任意一种方法，均可以打开【新建脱机文件】对话框，如图4-26所示。

图 4-26

在对话框中设置好【宽度】【高度】【时基】和【像素长宽比】参数值，然后单击【确定】按钮，打开【脱机文件】对话框，如图4-27所示。

图 4-27

在【脱机文件】对话框中，各选项的含义如下。

➡【包含】列表框：该列表框选择是要从源素材中捕捉【视频】【音频】还是【音频和视频】。

➡【音频格式】列表框：该列表框用于选择匹配源素材音频格式的格式，其格式包括有【单声道】【立体声】或【5.1】。

➡【磁带名称】文本框：用于输入脱机剪辑源视频的磁带的名称。

➡【文件名】文本框：用于输入Premiere Pro 2020捕捉文件时要在磁盘上显示的文件的名称。

➡【描述】文本框：用于输入捕捉文件的描述信息。

➡【时间码】选项区：用于为整个未修剪的剪辑设置媒体开始点和媒体结束点，包括编辑和过渡所需的任何额外的过渡帧。

在对话框中设置各参数值，单击【确定】按钮，即可在【项目】面板中新建一个脱机文件，如图4-28所示。

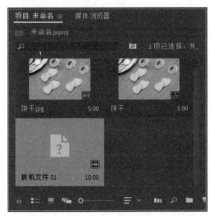

图4-28

4.2.5 新建彩条

使用【新建】菜单中的【彩条】命令，可以在【项目】面板中的文件夹中添加彩条文件。

新建彩条的方法有以下几种。

（1）第一种方法：单击【文件】菜单，在弹出的下拉菜单中选择【新建】命令，展开子菜单，选择【彩条】命令，如图4-29所示。

图4-29

（2）第二种方法：在【项目】面板的空白处单击鼠标右键，在弹出的快捷菜单中，选择【新建项目】命令，展开子菜单，选择【彩条】命令，如图4-30所示。

图4-30

执行以上任意一种方法，均可以打开【新建彩条】对话框，如图4-31所示。

图4-31

在对话框中设置各参数值，然后单击【确定】按钮，即可在【项目】面板中新建一个彩条文件，如图4-32所示。

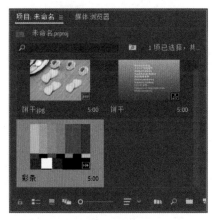

图4-32

4.2.6 新建黑场视频

使用【新建】菜单中的【黑场视频】命令，可以在【项目】面板添加纯黑色的视频素材。

新建黑场视频的具体方法有以下几种。

（1）第一种方法：单击【文件】菜单，在弹出的下拉菜单中选择【新建】命令，展开子菜单，选择【黑场视频】命令，如图4-33所示。

图4-33

（2）第二种方法：在【项目】面板的空白处单击鼠标右键，在弹出的快捷菜单中，选择【新建项目】命令，展开子菜单，选择【黑场视频】命令，如图4-34所示。

图 4-34

执行以上任意一种方法，均可以打开【新建黑场视频】对话框，如图 4-35 所示。

图 4-35

在对话框中设置各参数值，然后单击【确定】按钮，即可在【项目】面板中新建一个黑场视频，如图 4-36 所示。

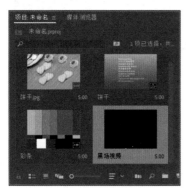

图 4-36

4.2.7 实战：新建颜色遮罩

实例门类	软件功能

使用【新建】菜单中的【颜色遮罩】命令，可以在【项目】面板中创建新彩色蒙版。其具体的操作方法如下。

Step① 新建一个项目文件，❶单击【文件】菜单，在弹出的下拉菜单中选择【新建】命令，❷展开子菜单，选择【颜色遮罩】命令，如图 4-37 所示。

图 4-37

Step② 打开【新建颜色遮罩】对话框，保持默认参数设置，单击【确定】按钮，如图 4-38 所示。

图 4-38

Step③ 打开【拾色器】对话框，❶修改 RGB 参数分别为 208、210、61，❷单击【确定】按钮，如图 4-39 所示。

图 4-39

Step④ 打开【选择名称】对话框，❶修改【名称】为【颜色遮罩】，❷单击【确定】按钮，如图 4-40 所示。

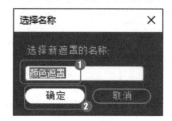

图 4-40

Step⑤ 在【项目】面板中将新建一个颜色遮罩文件，如图 4-41 所示。

图 4-41

技术看板

新建颜色遮罩方法有多种，除了通过菜单栏中的【新建】|【颜色遮罩】命令进行新建外，在【项目】面板的空白处单击鼠标右键，在弹出的快捷菜单中，选择【新建项目】命令，展开子菜单，选择【颜色遮罩】命令也可新建颜色遮罩。

★重点 4.2.8 实战：新建倒计时片头

实例门类	软件功能

倒计时片头的主要作用是为影片在播放前提供一个倒数的片头播放效果。使用【新建】菜单中的【通用倒计时片头】命令，可以在【项目】面板中新建一个倒计时的片头素材。具体的操作方法如下。

Step01 新建一个项目文件，❶单击【文件】菜单，在弹出的下拉菜单中选择【新建】命令，❷展开子菜单，选择【通用倒计时片头】命令，如图4-42所示。

图 4-42

Step02 打开【新建通用倒计时片头】对话框，保持默认参数设置，单击【确定】按钮，如图4-43所示。

图 4-43

Step03 打开【通用倒计时设置】对话框，❶修改【擦除颜色】的RGB参数分别为197、15、15，❷单击【确定】按钮，如图4-44所示。

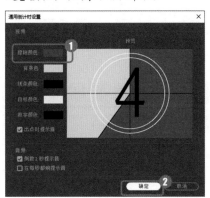

图 4-44

技术看板

在【通用倒计时设置】对话框中，各选项的含义如下。

➡ 擦除颜色：为圆形一秒擦除区域指定一种颜色。

➡ 背景色：为擦除颜色后的区域指定一种颜色。

➡ 线条颜色：为水平和垂直线条指定一种颜色。

➡ 目标颜色：为数字周围的双圆形指定一种颜色。

➡ 数字颜色：为倒数数字指定一种颜色。

➡ 出点时提示音：勾选该复选框，可以在片头的最后一帧中显示提示圈。

➡ 倒数2秒提示音：勾选该复选框，可以在两秒标记处播放嘟嘟声。

➡ 在每秒都响提示音：勾选该复选框，可以在片头每秒开始时播放提示音。

Step04 在【项目】面板中将新建一个通用倒计时片头文件，如图4-45所示。

图 4-45

技术看板

新建通用倒计时片头的方法有多种，除了通过菜单栏中的【新建】|【通用倒计时片头】命令进行新建外，在【项目】面板的空白处单击鼠标右键，在弹出的快捷菜单中，选择【新建项目】命令，展开子菜单，选择【通用倒计时片头】命令也可新建倒计时片头。

4.2.9 新建HD彩条

HD彩条和彩条的类型一样，唯一的区别在于颜色的色调和分布不一样。使用【新建】菜单中的【HD彩条】命令，可以在【项目】面板中新建一个HD彩条的素材。

新建HD彩条的具体方法有以下几种。

（1）第一种方法：单击【文件】菜单，在弹出的下拉菜单中选择【新建】命令，展开子菜单，选择【HD彩条】命令，如图4-46所示。

图 4-46

（2）第二种方法：在【项目】面板的空白处单击鼠标右键，在弹出的快捷菜单中，选择【新建项目】命令，展开子菜单，选择【HD彩条】命令，如图4-47所示。

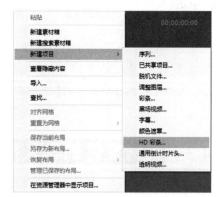

图 4-47

执行以上任意一种方法，均可以打开【新建HD彩条】对话框，如

图 4-48 所示。

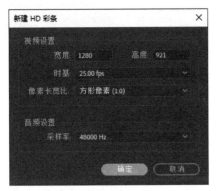

图 4-48

在对话框中设置各参数值，然后单击【确定】按钮，即可在【项目】面板中新建一个 IID 彩条文件，如图 4-49 所示。

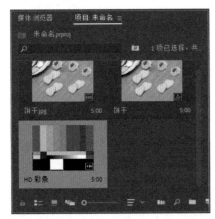

图 4-49

4.2.10 新建透明视频

透明视频和黑场视频很相像，其主要作用是在轨道中显示时间码。使用【新建】菜单中的【透明视频】命令，可以在【项目】面板中新建一个透明视频的素材。

新建透明视频的具体方法有以下几种。

（1）第一种方法：单击【文件】菜单，在弹出的下拉菜单中选择【新建】命令，展开子菜单，选择【透明视频】命令，如图 4-50 所示。

图 4-50

（2）第二种方法：在【项目】面板的空白处单击鼠标右键，在弹出的快捷菜单中，选择【新建项目】命令，展开子菜单，选择【透明视频】命令，如图 4-51 所示。

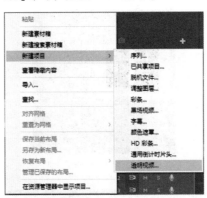

图 4-51

执行以上任意一种方法，均可以打开【新建透明视频】对话框，如图 4-52 所示。

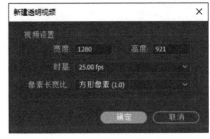

图 4-52

在对话框中设置各参数值，然后单击【确定】按钮，即可在【项目】面板中新建一个透明视频文件，如图 4-53 所示。

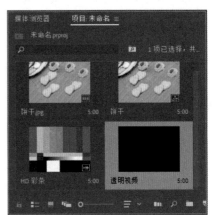

图 4-53

4.3 素材文件的导入操作

制作视频影片的首要操作就是添加素材。Premiere Pro 2020 提供了多种影视素材的添加方法，用户可以根据自己的项目情况选择对应的媒体素材。下面介绍媒体素材的添加方法。

★重点 4.3.1 实战：导入视频素材

实例门类	软件功能

导入一段视频素材是一个将源素材导入素材库，并将素材库的源素材添加到【时间轴】面板中的视频轨道上的过程。例如，要在项目中添加视频素材，具体操作方法如下。

Step01 新建一个名称为【4.3.1】的项目文件，然后在【项目】面板的空白处单击鼠标右键，❶ 在弹出的快捷菜单中，选择【新建项目】命令，❷ 展开子菜单，选择【序列】命令，如图 4-54 所示。

图 4-54

Step02 打开【新建序列】对话框，❶ 选择【宽屏 48kHz】选项，❷ 单击【确定】按钮，如图 4-55 所示。

图 4-55

Step03 完成序列的新建操作，在【项目】面板中，单击鼠标右键，打开快捷菜单，选择【导入】命令，如图 4-56 所示。

图 4-56

Step04 打开【导入】对话框，❶ 选择【茶】视频文件，❷ 单击【打开】按钮，如图 4-57 所示。

图 4-57

Step05 将选择的视频导入【项目】面板中，如图 4-58 所示。

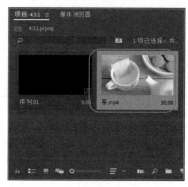

图 4-58

Step06 在【项目】面板中选择新导入的视频文件，按住鼠标左键并拖曳至【视频1】轨道上，释放鼠标左键，打开【剪辑不匹配警告】提示对话框，单击【更改序列设置】按钮，如图 4-59 所示。

图 4-59

Step07 将选择的视频文件添加至【时间轴】面板的视频轨道上，如图 4-60 所示。

图 4-60

技术看板

在 Premiere Pro 2020 中支持的视频格式有限，普遍支持的视频格式为 WMV、MPEG 等，若视频格式为其他类型，则可以使用【格式工厂】软件转换视频格式。

Step08 在【节目监视器】面板中，调整视频的画面显示大小，如图 4-61 所示。

图 4-61

★重点 4.3.2　实战：导入序列素材

实例门类	软件功能

使用【导入】命令还可以将序列文件导入项目文件中，具体的操作方法如下。

Step01 新建一个名称为【4.3.2】的项目文件，然后在【项目】面板的空白处单击鼠标右键，在弹出的快捷菜单中，选择【新建项目】命令，展开子菜单，选择【序列】命令，打开【新建序列】对话框，❶选择【宽屏 48kHz】选项，❷修改序列名称，❸单击【确定】按钮，如图 4-62

所示。

图 4-62

Step02 在【项目】面板中新建一个序列文件，在【项目】面板的空白处单击鼠标右键，在弹出的快捷菜单中，选择【导入】命令，如图 4-63 所示。

图 4-63

Step03 打开【导入】对话框，❶选择【菊花茶】图像序列文件，❷勾选【图像序列】复选框，❸单击【打开】按钮，如图 4-64 所示。

图 4-64

Step04 将序列文件添加至【项目】面板中，如图 4-65 所示。

图 4-65

Step05 在【项目】面板中选择新导入的序列文件，按住鼠标左键并拖曳至【视频 1】轨道上，如图 4-66 所示。

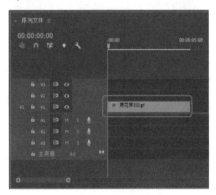

图 4-66

Step06 拖动时间线进行查看，即可以动画的形式进行呈现，如图 4-67 所示。

图 4-67

★重点 4.3.3 实战：导入 PSD 格式素材

实例门类	软件功能

在使用【导入】功能导入素材时，可以直接将PSD格式的素材添加至【项目】面板中，具体的操作方法如下。

Step 01 新建一个名称为【4.3.3】的项目文件，然后通过【文件】|【新建】|【序列】命令，新建一个【宽屏 48kHz】的序列预设，如图 4-68 所示。

图 4-68

Step 02 在【项目】面板的空白处双击鼠标左键，打开【导入】对话框，❶选择【苹果广告】PSD 文件，❷单击【打开】按钮，如图 4-69 所示。

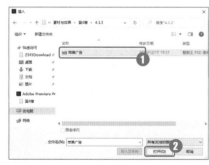

图 4-69

Step 03 打开【导入分层文件：苹果广告】对话框，保持默认参数设置，单击【确定】按钮，如图 4-70 所示。

图 4-70

Step 04 将PSD分层文件添加至【项目】面板中，如图 4-71 所示。

图 4-71

Step 05 在【项目】面板中选择新导入的PSD分层文件，按住鼠标左键并拖曳至【视频1】轨道上，如图 4-72 所示。

图 4-72

Step 06 在【节目监视器】面板中，调整PSD分层文件的画面显示大小，如图 4-73 所示。

图 4-73

技能拓展——导入 PSD 格式文件时，导入各个图层

若在导入PSD格式的文件时，在【导入分层】对话框中，将【导入为】修改为【各个图层】选项，此时在【项目】面板中将出现PSD文件的各个图层。

4.3.4 实战：导入其他素材

实例门类	软件功能

在使用【导入】功能导入素材时，还可以将图像和音频素材添加至【项目】面板中，具体的操作方法如下。

Step 01 新建一个名称为【4.3.4】的项目文件，然后通过【文件】|【新建】|【序列】命令，新建一个【宽屏 48kHz】的序列预设，如图 4-74 所示。

图 4-74

Step 02 在【项目】面板的空白处双击鼠标左键，打开【导入】对话框，❶选择【布偶猫】图像文件，❷单击

【打开】按钮，如图 4-75 所示。

图 4-75

Step03 将图像文件添加至【项目】面板中，如图 4-76 所示。

图 4-76

Step04 在【项目】面板的空白处单击鼠

标左键，打开【导入】对话框，❶选择【音乐】音频文件，❷单击【打开】按钮，如图 4-77 所示。

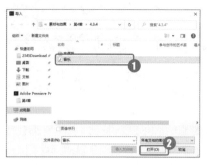

图 4-77

Step05 将音频文件添加至【项目】面板中，如图 4-78 所示。

图 4-78

Step06 在【项目】面板中依次选择新导入的图像和音频，按住鼠标左键并拖曳至【视频 1】和【音频】轨道上，如图 4-79 所示。

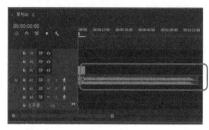

图 4-79

Step07 在【节目监视器】面板中，调整图像文件的画面显示大小，如图 4-80 所示。

图 4-80

4.4 对素材文件的其他操作

　　在项目文件中导入媒体素材，还可以对媒体素材进行打包、编组、嵌套、重命名以及替换等操作。本节将详细讲解对素材文件的其他操作方法。

★重点 4.4.1 实战：打包素材文件

实例门类	软件功能

　　在项目中添加了视频、图像、音频、字幕等元素并做了相应处理后，如果想将项目中的文件放到另一台计算机上渲染，就要打包保存素材，具体操作方法如下。

Step01 新建一个名称为【4.4.1】的项目文件，然后通过【文件】|【新

建】|【序列】命令，新建一个【标准 48kHz】的序列预设，如图 4-81 所示。

图 4-81

Step02 在【项目】面板的空白处单击鼠标左键，打开【导入】对话框，❶选择【饼干】图像文件，❷单击【打开】按钮，如图 4-82 所示。

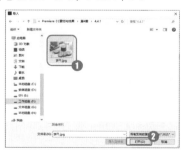

图 4-82

Step(03) 将图像文件添加至【项目】面板中，如图 4-83 所示。

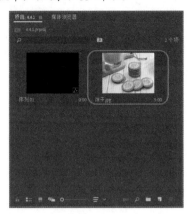

图 4-83

Step(04) 在【项目】面板中选择新导入的【饼干】图像文件，按住鼠标左键并拖曳至【视频 1】轨道上，如图 4-84 所示。

图 4-84

Step(05) ❶单击【文件】菜单，❷在弹出的下拉菜单中，选择【项目管理】命令，如图 4-85 所示。

图 4-85

Step(06) 打开【项目管理器】对话框，❶选中【收集文件并复制到新位置】单选按钮，❷单击【浏览】按钮，如图 4-86 所示。

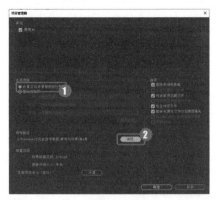

图 4-86

Step(07) 打开【请选择生成项目的目标路径】对话框，❶选择【第 4 章】文件夹，❷单击【选择文件夹】按钮，如图 4-87 所示。

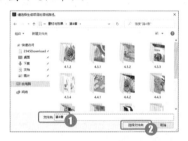

图 4-87

Step(08) 返回到【项目管理器】对话框，完成目标路径的更改，单击【确定】按钮，打开【项目管理器进度】对话框，开始打包素材文件，稍后完成素材文件的打包操作，然后在本地磁盘中查看打包后文件夹效果，如图 4-88 所示。

图 4-88

4.4.2 实战：编组素材文件

实例门类	软件功能

使用【编组】功能，可以在添加两个或两个以上的素材文件时，同时对多个素材进行整体编辑操作，具体的操作方法如下。

Step(01) 新建一个名称为【4.4.2】的项目文件，然后通过【文件】|【新建】|【序列】命令，新建一个【标准 48kHz】的序列预设。

Step(02) 在【项目】面板中导入【花朵1】和【花朵2】图像文件，如图 4-89 所示。

图 4-89

Step(03) 在【项目】面板中选择【花朵1】和【花朵2】图像文件，按住鼠标左键并拖曳，将其添加至【时间轴】面板的【视频 1】轨道上，如图 4-90 所示。

图 4-90

Step(04) 在【时间轴】面板中选择图

像素材，然后单击鼠标右键，在弹出的快捷菜单中，选择【编组】命令，如图4-91所示，即可编组图像素材。

图 4-91

4.4.3 实战：嵌套素材文件

实例门类	软件功能

使用【嵌套】功能可以将一个时间线嵌套至另一个时间线中，成为一整段素材使用，并且在很大程度上提高工作效率，具体的操作方法如下。

Step 01 新建一个名称为【4.4.3】的项目文件，然后通过【文件】|【新建】|【序列】命令，新建一个【标准48kHz】的序列预设。

Step 02 在【项目】面板中导入【黄杏1】和【黄杏2】图像文件，如图4-92所示。

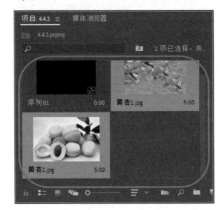

图 4-92

Step 03 在【项目】面板中选择【黄杏1】和【黄杏2】图像文件，按住鼠标左键并拖曳，将其添加至【时间轴】面板的【视频1】轨道上，如图4-93所示。

图 4-93

Step 04 在【时间轴】面板中选择图像素材，然后单击鼠标右键，在弹出的快捷菜单中，选择【嵌套】命令，如图4-94所示。

图 4-94

Step 05 打开【嵌套序列名称】对话框，❶修改【名称】为【嵌套序列01】，❷单击【确定】按钮，如图4-95所示。

图 4-95

Step 06 完成素材文件的嵌套操作，并在【项目】面板中显示嵌套序列名称，如图4-96所示。

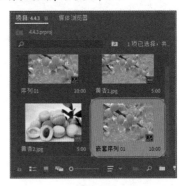

图 4-96

4.4.4 重命名素材

如果想将【项目】面板中的素材以名称顺序进行排序，可以通过【重命名】命令实现。【重命名】命令可以对素材进行重命名操作，让重命名后的素材更加便于管理。

重命名素材的方法有以下几种。

（1）第一种方法：在【项目】面板中选择素材，单击鼠标右键，在弹出的快捷菜单中，选择【重命名】命令，如图 4-97 所示。

图 4-97

（2）第二种方法：在【项目】面板中选择素材，在素材名称上单击鼠标左键，显示文本框输入框，输入新名称即可，如图 4-98 所示。

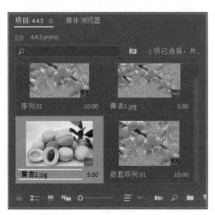

图 4-98

★重点 4.4.5 实战：替换素材

实例门类	软件功能

在创建视频后，如果已经对某个素材添加了效果，并修改了参数。但这时我们想要更换该素材，则可以通过【替换素材】命令实现。使用【替换素材】命令可以在替换素材的同时还保留原来素材的效果，具体的操作方法如下。

Step01 新建一个名称为【4.4.5】的项目文件，然后通过【文件】|【新建】|【序列】命令，新建一个【宽屏48kHz】的序列预设。

Step02 在【项目】面板中导入【蛋糕1】图像文件，如图 4-99 所示。

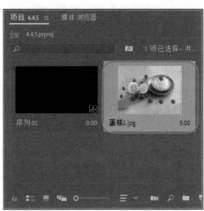

图 4-99

Step03 在【项目】面板中选择【蛋糕1】图像文件，按住鼠标左键并拖曳，将其添加至【时间轴】面板的【视频1】轨道上，如图 4-100 所示。

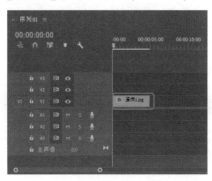

图 4-100

Step04 选择视频轨道上的图像素材，在【效果控件】面板中，修改【旋转】为20°，如图 4-101 所示。

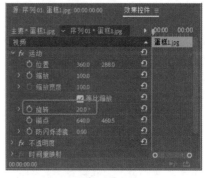

图 4-101

Step05 完成图像的旋转操作，然后在【节目监视器】面板中预览旋转后的图像效果，如图 4-102 所示。

图 4-102

Step06 在【项目】面板的【蛋糕1】图像素材上，单击鼠标右键，在弹出的快捷菜单中，选择【替换素材】命令，如图 4-103 所示。

图 4-103

Step07 打开【替换"蛋糕1.jpg"素材】对话框，❶选择【蛋糕2】图像素材，❷单击【选择】按钮，如

图 4-104 所示。

图 4-104

Step08【项目】面板中的【蛋糕 1】图像素材自动替换为【蛋糕 2】图像素材，如图 4-105 所示。

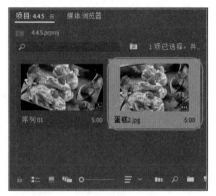

图 4-105

Step09【节目监视器】面板中的图像的旋转角度不发生变化，效果如图 4-106 所示。

图 4-106

4.4.6 失效和启用素材

在打开已经制作完成的项目文件时，有时由于压缩或转码会导致素材失效，此时则可以使用【启用】功能，启用已经失效的素材。如果要将素材失效，则可以禁用【启用】功能，下面将逐一进行讲解。

1. 失效素材

将【启用】命令取消勾选状态，则可以失效素材。失效素材的方法主要有以下几种。

（1）第一种方法：在视频轨道的素材上，单击鼠标右键，在弹出的快捷菜单中，选择【启用】命令，如图 4-107 所示。

图 4-107

（2）第二种方法：在视频轨道上选择素材，然后单击【剪辑】菜单，在弹出的下拉菜单中，选择【启用】命令，如图 4-108 所示。

图 4-108

（3）第三种方法：按快捷键【Shift + E】。

执行以上任意一种方法，均可以失效素材，在【时间轴】面板中失效后的素材将会变成深紫色，如图 4-109 所示。

图 4-109

2. 启用素材

当【启用】命令呈勾选状态时，则可以启用素材。启用素材的方法与失效素材的方法相同，当启用素材后，则【节目监视器】面板中的画面将会重新显示出来。

妙招技法

通过对前面知识的学习，相信读者朋友已经掌握了 Premiere Pro 2020 软件的常用操作方法了。下面结合本章内容，给大家介绍一些实用技巧。

技巧01：创建来自剪辑的序列

使用【新建】菜单中的【来自剪辑的序列】命令，可以通过素材来创建素材序列，具体操作方法如下。

Step01 新建一个名称为【技巧01】的项目文件。

Step02 在【项目】面板中导入【桂花】图像文件，如图4-110所示。

图4-110

Step03 在【项目】面板中选择【桂花】图像素材，❶然后单击【文件】菜单，在弹出的下拉菜单中，选择【新建】命令，❷展开子菜单，选择【来自剪辑的序列】命令，如图4-111所示。

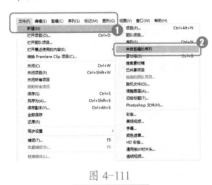

图4-111

Step04 创建素材序列，并在【项目】面板中显示，如图4-112所示。

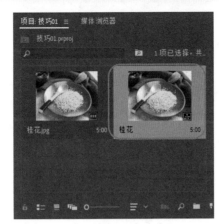

图4-112

技巧02：还原项目文件

使用【还原】功能，可以丢弃项目文件中所做的所有操作，将项目文件还原到以前的状态，具体操作方法如下。

Step01 新建一个名称为【技巧02】的项目文件。

Step02 ❶单击【文件】菜单，在弹出的下拉菜单中，选择【新建】命令，❷展开子菜单，选择【彩条】命令，如图4-113所示。

图4-113

Step03 打开【新建彩条】对话框，保持默认参数设置，单击【确定】按钮，如图4-114所示。

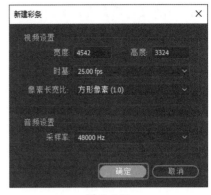

图4-114

Step04 将新建一个彩条文件，并在【项目】面板中显示，如图4-115所示。

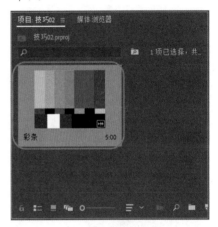

图4-115

Step05 ❶单击【文件】菜单，❷在弹出的下拉菜单中，选择【还原】命令，如图4-116所示。

图4-116

Step06 打开【还原】提示对话框,提示是否放弃更改,单击【是】按钮,如图4-117所示,将还原项目文件。

图 4-117

技巧03:关闭项目的多种方法

当用户完成所有的视频编辑操作后,则可以使用【关闭】功能,将项目文件关闭。

关闭项目文件的方法有以下几种。

(1)第一种方法:单击【文件】菜单,在弹出的下拉菜单中,选择【关闭项目】或【关闭所有项目】命令,如图4-118所示。

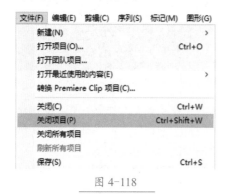

图 4-118

(2)第二种方法:按快捷键【Ctrl+W】,或按快捷键【Ctrl+Shift+W】。

(3)第三种方法:在【项目】面板的左上角,单击 按钮,在弹出的菜单中,选择【关闭项目】命令,如图4-119所示。

图 4-119

技巧04:导入透明素材

使用【导入】命令,可以将透明素材导入【项目】面板中,具体操作方法如下。

Step01 新建一个名称为【技巧04】的项目文件,然后通过【文件】|【新建】|【序列】命令,新建一个【宽屏48kHz】的序列预设。

Step02 在【项目】面板上双击鼠标左键,打开【导入】对话框,❶选择【棒棒糖】图像文件,❷单击【打开】按钮,如图4-120所示。

图 4-120

Step03 将选择的透明图像素材添加至【项目】面板中,如图4-121所示。

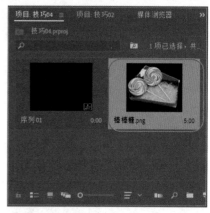

图 4-121

Step04 将选择的透明图像素材添加至【时间轴】面板中的视频轨道上,然后在【节目监视器】面板中预览透明素材效果,如图4-122所示。

图 4-122

技巧05:删除导入素材

当不需要【项目】面板中已导入的素材时,可以使用【清除】命令删除。删除导入素材的方法有以下几种。

(1)第一种方法:在【项目】面板中选择需要删除的素材,单击【编辑】菜单,在弹出的下拉菜单中,选择【清除】命令,如图4-123所示。

编辑(E)	剪辑(C)	序列(S)	标记(M)	图形(G)	视图(V)	
撤消(U)					Ctrl+Z	
重做(R)					Ctrl+Shift+Z	
剪切(T)					Ctrl+X	
复制(Y)					Ctrl+C	
粘贴(P)					Ctrl+V	
粘贴插入(I)					Ctrl+Shift+V	
粘贴属性(B)...					Ctrl+Alt+V	
删除属性(R)...						
清除(E)					Backspace	
波纹删除(T)					Shift+删除	
重复(C)					Ctrl+Shift+/	

图 4-123

（2）第二种方法：在【项目】面板中选择需要删除的素材，然后单击鼠标右键，在弹出的快捷菜单中，选择【清除】命令，如图4-124所示。

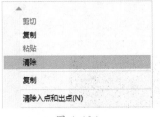

图 4-124

（3）第三种方法：选择需要删除的素材按【Backspace】键。

过关练习——新建与导入【蝴蝶飞舞】视频

实例门类	软件新建＋导入操作

本实例将结合新建项目、保存项目、关闭项目、新建序列以及导入素材等功能，来制作【蝴蝶飞舞】的项目文件，完成后的效果如图 4-125 所示。

图 4-125

Step① 启动 Premiere Pro 2020 软件程序，在【主页】窗口中，单击【新建项目】按钮，如图 4-126 所示。

图 4-126

Step② 打开【新建项目】对话框，❶修改【名称】为【4.6】，❷设置项目文件的保存路径，❸单击【确定】按钮，如图 4-127 所示。

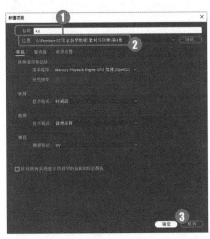

图 4-127

Step③ 完成新项目文件的创建操作，然后在【项目】面板中，单击鼠标右键，❶在弹出的快捷菜单中，选择【新建项目】命令，❷展开子菜单，选择【序列】命令，如图 4-128所示。

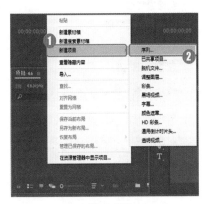

图 4-128

Step④ 打开【新建序列】对话框，❶在【序列预设】列表框中，选择【宽屏 48kHz】选项，❷单击【确定】按钮，如图 4-129 所示。

图 4-129

Step⑤ 在【项目】面板中将新建一个序列文件，如图 4-130 所示。

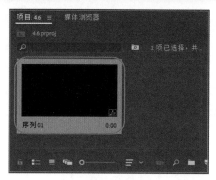

图 4-130

Step⑥ 在【项目】面板的空白处单击鼠标右键，在弹出的快捷菜单中，选择【导入】命令，如图 4-131 所示。

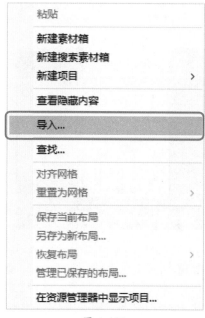

图 4-131

Step⑦ 打开【导入】对话框，❶选择【蝴蝶飞舞】视频文件，❷单击【打开】按钮，如图 4-132 所示。

图 4-132

Step⑧ 将选择的视频导入【项目】面板中，如图 4-133 所示。

图 4-133

Step⑨ 在【项目】面板中选择新导入的视频文件，按住鼠标左键并拖曳至【视频 1】轨道上，释放鼠标左键，

打开【剪辑不匹配警告】提示对话框，单击【更改序列设置】按钮，如图 4-134 所示。

图 4-134

Step⑩ 将选择的视频文件添加至【时间轴】面板的视频轨道上，如图 4-135 所示。

图 4-135

Step⑪ 在【节目监视器】面板中，调整视频的画面显示大小，如图 4-136 所示。

图 4-136

本章小结

　　通过对本章知识的学习和案例练习，相信读者朋友已经掌握 Premiere Pro 2020 软件的一些常用操作方法了。在制作视频时需要先掌握好项目文件的操作方法，才能在项目中对素材进行各种操作。

第 1 篇

第 5 章 Premiere Pro 2020 的剪辑手法

> ➜ 素材剪辑的基本操作有哪些？
> ➜ 如何对视频进行高级剪辑？
> ➜ Premiere Pro 2020 中的工具有哪些，该如何运用这些工具？

视频剪辑是对视频进行非线性编辑的一种方式。在剪辑过程中可以对加入的图片、配乐、特效等素材与视频进行重新组合，以分割、合并、分离等方式生成一个更加精彩、全新的视频效果。学完这一章的内容，你就能掌握软件中的素材基本剪辑、高级剪辑以及工具剪辑的手法了。

5.1 素材剪辑的基本操作

在项目中添加了素材文件后，可以对素材文件进行复制、粘贴操作，可以在素材文件上添加标记点和标记，还可以对素材的播放速度、播放时间和播放位置等进行设置。本节将详细讲解素材剪辑的基本操作方法。

5.1.1 在【源监视器】面板中播放素材

在【源监视器】面板中可以查看【项目】面板中已有的媒体素材，还可以单击【播放-停止切换】按钮 ▶，播放素材，如图 5-1 所示。

图 5-1

在【源监视器】面板中，各选项的含义如下。

➜【添加标记】按钮 ▼：单击该按钮，可以在素材文件需要编辑的位置添加标记。

➜【标记入点】按钮 ⬚：单击该按钮，可以定义媒体素材的起始位置。

➜【标记出点】按钮 ⬚：单击该按钮，可以定义媒体素材的结束位置。

➜【转到入点】按钮 ⬚：单击该按钮，可以将时间线快速移到入点位置。

➜【后退一帧（左侧）】按钮 ◀：单击该按钮，可以使时间线向左侧移动一帧。

➜【播放-停止切换】按钮 ▶：单击该按钮，可以播放或停止播放媒体素材。

➜【前进一帧（右侧）】按钮 ▶：单击该按钮，可以使时间线向右侧移动一帧。

➜【转到出点】按钮 ⬚：单击该按钮，可以将时间线快速移动到出点位置。

➜【插入】按钮 ⬚：单击该按钮，可以将出入点之间的区段自动裁剪掉，并且该区域以空白的形式呈现在【时间轴】面板中，后方视频素材不自动向前跟进。

➜【覆盖】按钮 ⬚：单击该按钮，可以将出入点之间的区段自动裁剪掉，素材后方的其他素材会随着剪辑自动向前跟进。

➜【导出帧】按钮 ⬚：单击该按钮，可以将当前帧导出为图片。

5.1.2 实战：添加、删除轨道

实例门类	软件功能

默认情况下，只有 3 条视频轨道和 3 条音频轨道，在制作视频项目时，有时不能满足编辑需要，此时需要对轨道进行添加操作，也可以对多余的轨道进行删除操作，具体的操作方法如下。

Step01 新建一个名称为【5.1.2】的项目文件，然后单击【文件】菜单，在弹出的下拉菜单中，选择【新建】命令，展开子菜单，选择【序列】命令，新建一个【宽屏 48kHz】的序列预设，如图 5-2 所示。

图 5-2

Step02 在【时间轴】面板的视频轨道上单击鼠标右键，在弹出的快捷菜单中，选择【添加单个轨道】命令，如图 5-3 所示。

图 5-3

Step03 在【时间轴】面板上将添加一条视频轨道，如图 5-4 所示。

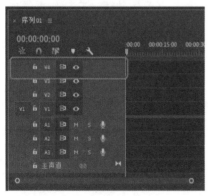

图 5-4

Step04 在【时间轴】面板的视频轨道

上单击鼠标右键，在弹出的快捷菜单中，选择【添加轨道】命令，如图 5-5 所示。

图 5-5

Step05 打开【添加轨道】对话框，❶修改视频轨道和音频轨道的添加参数值，❷然后单击【确定】按钮，如图 5-6 所示。

图 5-6

Step06 完成多条轨道的添加操作，如图 5-7 所示。

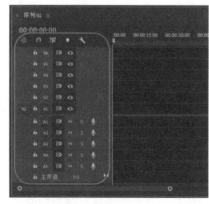

图 5-7

技能拓展 —— 添加音频子混合轨道

在添加轨道时，在轨道快捷菜单中选择【添加音频子混合轨道】命令，可以直接在【时间轴】面板中添加音频子混合轨道，如图 5-8 所示。

图 5-8

Step07 在【时间轴】面板音频轨道上单击鼠标右键，弹出快捷菜单，选择【删除单个轨道】命令，如图 5-9 所示。

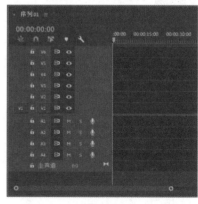

图 5-9

Step08 将删除单条音频轨道，【时间轴】面板中的轨道数量也随之发生变化，如图 5-10 所示。

图 5-10

Step09 在【时间轴】面板的音频轨道上单击鼠标右键，在弹出的快捷菜单中，选择【删除轨道】命令，如图 5-11 所示。

图 5-11

Step⑩ 打开【删除轨道】对话框，❶勾选【删除音频轨道】复选框，❷单击【确定】按钮，如图 5-12 所示。

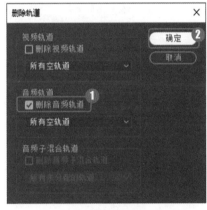

图 5-12

Step⑪ 将删除多条音频轨道，【时间轴】面板中的轨道数量也随之发生变化，如图 5-13 所示。

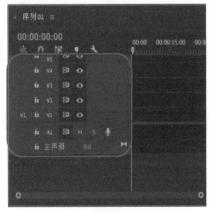

图 5-13

5.1.3 实战：复制和粘贴视频素材

实例门类	软件功能

在项目文件中添加了视频素材后，有时为了制作需要，需要通过【复制】和【粘贴】命令将视频素材进行复制粘贴操作。具体的操作方法如下。

Step① 新建一个名称为【5.1.3】的项目文件和一个序列预设【宽屏48kHz】的序列。

Step② 在【项目】面板中导入【采花蜜】视频文件，如图 5-14 所示。

图 5-14

Step③ 在【项目】面板中选择新添加的视频素材，按住鼠标左键并拖曳，将其添加至【时间轴】面板的【视频1】轨道上，如图 5-15 所示。

图 5-15

Step④ 在【项目】面板中选择视频素材，单击鼠标右键，在弹出的快捷菜单中，选择【复制】命令，复制视频素材，如图 5-16 所示。

图 5-16

技术看板

复制素材的方法有多种，除了通过快捷菜单中的【复制】命令进行复制外，还可以按快捷键【Ctrl + C】或单击【编辑】菜单，在弹出的下拉菜单中，选择【复制】命令进行复制。

Step⑤ 将时间线移至 00：00：03：28 的位置，❶单击【编辑】菜单，❷在弹出的下拉菜单中，选择【粘贴】命令，如图 5-17 所示。

图 5-17

技术看板

粘贴素材的方法有多种，除了通过菜单栏中的【粘贴】命令进行粘贴外，还可以按快捷键【Ctrl + V】

或在【时间轴】面板中单击鼠标右键，在弹出的快捷菜单中，选择【粘贴】命令即可。

Step06 在时间线位置处完成视频素材的粘贴操作，其效果如图 5-18 所示。

图 5-18

技能拓展——剪切素材

使用【剪切】命令，可以剪切素材，剪切后的素材将不会在原位置显示。剪切素材的方法很简单，用户在【时间轴】面板中选择视频素材后，然后单击【编辑】菜单，在弹出的下拉菜单中，选择【剪切】命令，剪切素材。

★重点 5.1.4 实战：设置标记点

实例门类	软件功能

使用【标记入点】和【标记出点】功能，可以标识素材起始点时间和结束点时间的可用部分。具体的操作方法如下。

Step01 新建一个名称为【5.1.4】的项目文件和一个序列预设【宽屏48kHz】的序列。

Step02 在【项目】面板中导入【粉色花朵】视频文件，如图 5-19 所示。

图 5-19

Step03 在【项目】面板中选择新添加的视频素材，按住鼠标左键并拖曳，将其添加至【时间轴】面板的【视频1】轨道上，如图 5-20 所示。

图 5-20

Step04 将时间线移至 00：00：04：11 的位置，❶ 单击【标记】菜单，❷ 在弹出的下拉菜单中，选择【标记入点】命令，如图 5-21 所示。

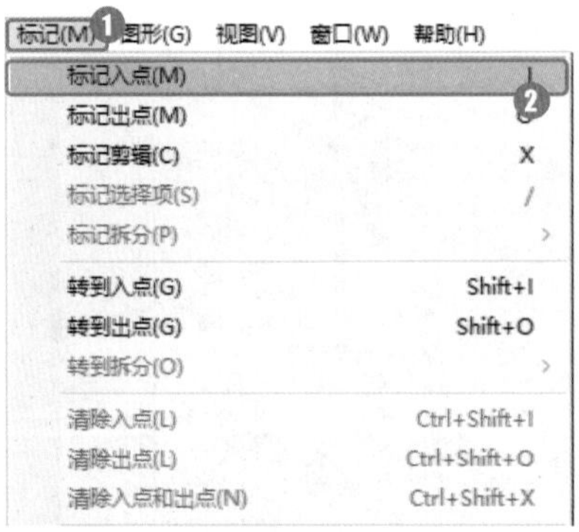

图 5-21

Step05 在时间线位置处将添加一个入点标记，效果如图 5-22 所示。

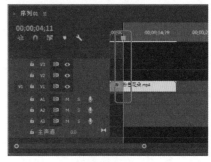

图 5-22

技术看板

添加标记入点的方法有多种，除了通过菜单栏中的【标记入点】命令进行添加外，还可以按快捷键【I】或在【时间轴】面板中播放指示器上单击鼠标右键，在弹出的快捷菜单中，选择【标记入点】命令，同样可以添加。

Step06 将时间线移至 00：00：17：15 的位置，❶ 单击【标记】菜单，❷ 在弹出的下拉菜单中，选择【标记出点】命令，如图 5-23 所示。

图 5-23

技术看板

添加标记出点的方法有多种，除了通过菜单栏中的【标记出点】命令进行添加外，还可以按快捷键【O】或在【时间轴】面板中播放指示器上单击鼠标右键，在弹出的快捷菜单中，选择【标记出点】命令，同样可以添加。

Step07 在时间线位置处将添加一个

入出点标记，如图 5-24 所示。

图 5-24

5.1.5 实战：调整素材的播放速度

实例门类	软件功能

每一个素材都具有特定的播放速度，因此可以通过调整视频素材的播放速度制作出快镜头或慢镜头效果。具体的操作方法如下。

Step01 新建一个名称为【5.1.5】的项目文件和一个序列预设【宽屏48kHz】的序列。

Step02 在【项目】面板中导入【百合花】视频文件，如图 5-25 所示。

图 5-25

Step03 在【项目】面板中选择新添加的视频素材，按住鼠标左键并拖曳，将其添加至【时间轴】面板的【视频1】轨道上，如图 5-26 所示。

图 5-26

Step04 在视频素材上单击鼠标右键，在弹出的快捷菜单中，选择【速度/持续时间】命令，如图 5-27 所示。

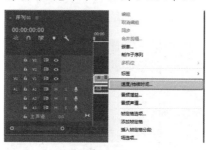

图 5-27

Step05 打开【剪辑速度/持续时间】对话框，❶修改【速度】参数为150%，❷单击【确定】按钮，如图 5-28 所示。

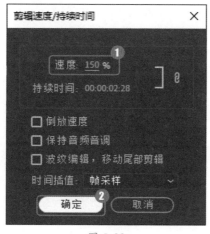

图 5-28

Step06 完成视频快镜头的制作，且视频素材的持续时间将自动缩短，如图 5-29 所示。

图 5-29

技术看板

调整素材的播放速度的方法有多种，除了通过菜单栏中的【速度/持续时间】命令或快捷菜单中的【速度/持续时间】命令进行调整播放速度外，还可以按快捷键【Ctrl+R】进行播放速度的调整操作。

Step07 选择视频素材，❶单击【剪辑】菜单，❷在弹出的下拉菜单中，选择【速度/持续时间】命令，如图5-30 所示。

图 5-30

Step08 打开【剪辑速度/持续时间】对话框，❶修改【速度】参数为80%，❷单击【确定】按钮，如图5-31 所示。

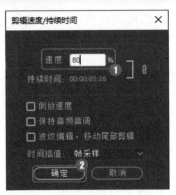

图 5-31

Step⑨ 完成视频慢镜头的制作，且视频素材的持续时间将自动延长，如图 5-32 所示。

图 5-32

★重点 5.1.6 **实战：为素材设置标记**

实例门类	软件功能

标记的作用是在素材或时间线上添加一个可以达到快速查找视频帧的记号，还可以快速对齐其他素材。使用【标记】命令可以快速添加标记，具体的操作方法如下。

Step① 新建一个名称为【5.1.6】的

项目文件和一个序列预设【宽屏 48kHz】的序列。

Step② 在【项目】面板中导入【彩色铅笔】视频文件，如图 5-33 所示。

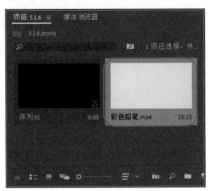

图 5-33

Step③ 在【项目】面板中选择新添加的视频素材，按住鼠标左键并拖曳，将其添加至【时间轴】面板的【视频 1】轨道上，如图 5-34 所示。

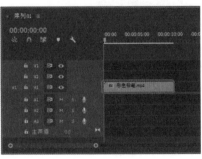

图 5-34

Step④ 将时间线移至 00：00：02：13 的位置，❶单击【标记】菜单，❷在弹出的下拉菜单中，选择【添加标记】命令，如图 5-35 所示。

图 5-35

Step⑤ 在时间线位置处将添加一个标记，效果如图 5-36 所示。

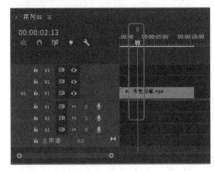

图 5-36

Step⑥ 使用同样的方法，在时间线 00：00：06：12 的位置，通过【添加标记】命令添加一个标记，如图 5-37 所示。

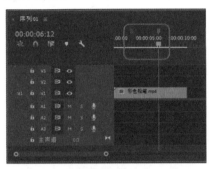

图 5-37

5.1.7 调整素材显示方式

素材拥有多种显示方式，如默认的【合成视频】模式、【Alpha】模式以及【所有示波器】模式等。

调整素材显示方式的方法有以下几种。

（1）第一种方法：在【节目监视器】面板或【源监视器】面板中，单击【设置】按钮，在展开的列表框中，选择显示方式进行切换即可，如图5-38所示。

图5-38

（2）第二种方法：单击【视图】菜单，在弹出的下拉菜单中，选择【显示模式】命令，在展开的子菜单中，选择显示方式进行切换即可，如图5-39所示。

图5-39

5.1.8 调整播放时间

在编辑影片的过程中，很多时候需要对素材本身的播放时间进行

调整。在Premiere Pro 2020软件中通过【速度/持续时间】命令可以对素材的持续时间进行修改，从而加长或缩短视频的播放时间。

调整播放时间的具体方法是：在【时间轴】面板中选择视频素材，然后单击【剪辑】菜单，在弹出的下拉菜单中，选择【速度/持续时间】命令，打开【剪辑速度/持续时间】对话框，修改【持续时间】参数即可，如图5-40所示。

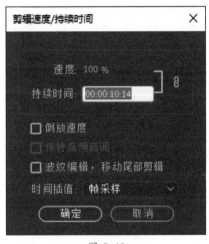

图5-40

在【剪辑速度/持续时间】对话框中，各选项的含义如下。

➡ 【速度】数值框：用于设置在修剪剪辑视频时设置的速度百分比。

➡ 【持续时间】数值框：用于设置在更改速度后的持续时间。

➡ 【链接】按钮：单击该按钮，可以在不更改选定剪辑的速度的情况下同时更改持续时间，如果需要取消绑定操作，则可以再次单击该按钮，单独设置速度和持续时间参数。

➡ 【倒放速度】复选框：勾选该框，可以倒放剪辑视频素材。

➡ 【保持音频音调】复选框：勾选该复选框，在速度或持续时间变化

时保持音频的当前音调。

➡ 【波纹编辑，移动尾部剪辑】复选框：勾选该复选框，可以保持剪辑位于与其相邻的变化剪辑之后。

5.1.9 调整播放位置

当对已经添加到视频轨道上的素材位置不满意时，可以通过鼠标操作将素材调整到不同的轨道位置。

例如，在【时间轴】面板中选择需要调整轨道的视频素材，按住鼠标左键并拖曳，如图5-41所示，至合适的轨道上，释放鼠标左键，完成视频播放位置的调整。

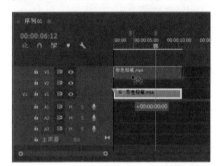

图5-41

★重点 5.1.10 实战：三点剪辑素材

实例门类	软件功能

三点编辑是通过指定视频素材的入点、出点和插入点进行视频剪辑操作，具体的操作方法如下。

Step01 新建一个名称为【5.1.10】的项目文件和一个序列预设【宽屏48kHz】的序列。

Step02 在【项目】面板中导入【海中珊瑚】视频文件，如图5-42所示。

图 5-42

Step 03 在【项目】面板中选择新添加的视频素材,按住鼠标左键并拖曳,将其添加至【时间轴】面板的【视频1】轨道上,如图 5-43 所示。

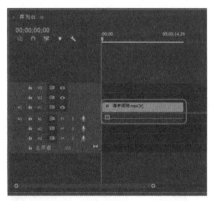

图 5-43

Step 04 在【项目】面板中双击视频素材,在【源监视器】面板中预览视频效果,如图 5-44 所示。

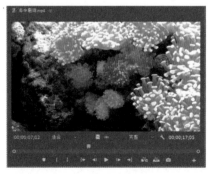

图 5-44

Step 05 在【源监视器】面板中将播放指示器移动至 00:00:02:22 的位置,然后单击【标记入点】按钮,

标记入点,如图 5-45 所示。

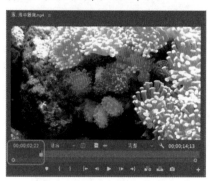

图 5-45

Step 06 在【源监视器】面板中将播放指示器移动至 00:00:11:02 的位置,然后单击【标记出点】按钮,标记出点,如图 5-46 所示。

图 5-46

Step 07 ❶在【时间轴】面板中,将时间线移至 00:00:04:20 的位置,❷在【源监视器】面板中,单击【插入】按钮,如图 5-47 所示。

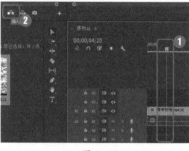

图 5-47

Step 08 在指定的时间线位置处将自动添加一段视频素材,完成三点剪辑的操作,如图 5-48 所示。

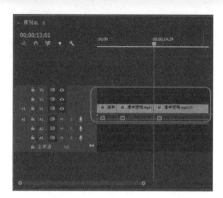

图 5-48

★新功能 5.1.11 实战:智能裁剪视频

实例门类	软件功能

使用【自动重构序列】命令,可以将视频自动裁剪为正方形、纵向或 16:9 的电影屏幕等比例的画面,具体的操作方法如下。

Step 01 新建一个名称为【5.1.11】的项目文件和一个序列预设【宽屏48kHz】的序列。

Step 02 在【项目】面板中导入【海边风光】视频文件,如图 5-49 所示。

图 5-49

Step 03 在【项目】面板中选择新添加的视频素材,按住鼠标左键并拖曳,将其添加至【时间轴】面板的【视频1】轨道上,如图 5-50 所示。

图 5-50

Step04 在【节目监视器】面板中预览视频效果，如图 5-51 所示。

图 5-51

Step05 在【时间轴】面板中选择视频素材，❶单击【序列】菜单，❷在弹出的下拉菜单中，选择【自动重构序列】命令，如图 5-52 所示。

图 5-52

Step06 打开【自动重构序列】对话框，❶在【长宽比】列表框中，选择【垂直 4:5】选项，❷单击【创建】按钮，如图 5-53 所示。

图 5-53

技能拓展——自定义裁剪长宽比

在裁剪视频时，除了可以用已有的预设的长宽比进行裁剪，还可以通过【自定义】选项，重新定义新的长宽比。自定义裁剪长宽比的方法很简单，在【自动重构序列】对话框中的【长宽比】列表框中，选择【自定义】选项，然后修改【自定义比率】参数值即可。

在【自动重构序列】对话框中，各选项的含义如下。

➡ 【长宽比】列表框：在该列表框中可以选择来自可用预设的新长宽比，也可以指定自定义的长宽比。

➡ 【动作预设】列表框：该列表框中包含【慢动作】【默认】和【加快动作】3 个选项，选择列表框合适的运动预设，来微调自动裁剪效果。

➡ 【剪辑嵌套】选项区：用于在重构后的序列中保留原始运动调整。

Step07 将视频按照 4:5 的比例垂直裁剪，并在【节目监视器】面板中预览裁剪后的视频效果，如图 5-54 所示。

图 5-54

★新功能 5.1.12 **实战：创建定格动画**

实例门类	软件功能

使用【帧定格】命令，可以从视频剪辑中捕捉静止帧，从而制作出定格动画效果，具体的操作方法如下。

Step01 新建一个名称为【5.1.12】的项目文件和一个序列预设【宽屏 48kHz】的序列。

Step02 在【项目】面板中导入【城市】视频文件，如图 5-55 所示。

图 5-55

Step03 在【项目】面板中选择新添加的视频素材，按住鼠标左键并拖曳，将其添加至【时间轴】面板的【视频 1】轨道上，如图 5-56 所示。

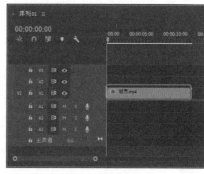

图 5-56

Step04 将时间线移至 00：00：03：16 的位置，然后选择视频素材，单击鼠标右键，在弹出的快捷菜单中，选择【添加帧定格】命令，如图 5-57 所示。

图 5-57

技术看板

创建定格动画的方法有多种，除了通过快捷菜单中，选择【添加帧定格】命令添加，还可以使用快捷键【Ctrl+Shift+K】进行添加。

Step05 将在时间线位置处创建定格动画，且【时间轴】面板中的视频素

材也将一分为二，如图 5-58 所示。

图 5-58

Step06 在【节目监视器】面板中，单击【播放-停止切换】按钮，预览视频效果，在预览视频效果时，可以看出前面部分的视频效果是可以动的，而后面部分的视频效果则是静止的，如图 5-59 所示。

图 5-59

技能拓展——添加冻结帧

在视频剪辑时，通过【插入帧定格】命令，可以在时间线位置处，拆分视频素材，并在拆分的两段视频素材之间添加一个两秒钟的冻结帧。添加冻结帧的具体方法是：在【时间轴】面板中指定时间线位置，然后选择视频素材，单击鼠标右键，在弹出的快捷菜单中，选择【插入帧定格】命令即可实现。

5.2 视频的高级剪辑

在 Premiere Pro 2020 软件中还可以对视频素材进行覆盖、提升、提取、分离和插入等高级编辑。对视频素材进行高级剪辑，可以使视频效果呈现得更加完美。本节将详细讲解视频的高级剪辑方法。

★重点 5.2.1 实战：覆盖剪辑素材

实例门类	软件功能

使用【覆盖】命令，可以在时间线位置处将新的素材覆盖到原素材上，具体的操作方法如下。

Step01 新建一个名称为【5.2.1】的项目文件和一个序列预设【标准48kHz】的序列。

Step02 在【项目】面板中导入【花型蛋糕】图像文件，如图 5-60 所示。

图 5-60

Step03 在【项目】面板中选择新添加的图像素材，按住鼠标左键并拖曳，将其添加至【时间轴】面板的【视频

1】轨道上，如图 5-61 所示。

图 5-61

Step04 将时间线移至 00：00：01：15 的位置，如图 5-62 所示。

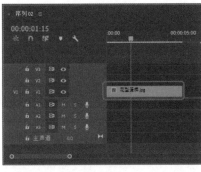

图 5-62

Step 05 在【项目】面板中选择【花型蛋糕】图像素材，❶单击【剪辑】菜单，❷在弹出的下拉菜单中，选择【覆盖】命令，如图 5-63 所示。

图 5-63

Step 06 在时间线位置处，将覆盖一个图像素材，其【时间轴】面板中的图像长度也随之发生变化，其效果如图 5-64 所示。

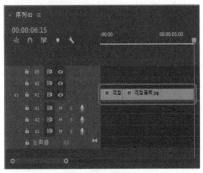

图 5-64

Step 07 在【节目监视器】面板中，单击【播放-停止切换】按钮，预览覆盖编辑后的图像效果，如图 5-65 所示。

图 5-65

技术看板

覆盖剪辑素材的方法有多种，除了通过选择菜单栏中的【覆盖】命令进行剪辑，还可以在指好时间线位置后，在【源监视器】面板中，单击【覆盖】按钮 ，同样可以覆盖剪辑素材。

★重点 5.2.2 实战：提升剪辑素材

实例门类	软件功能

使用【提升】命令可以将入出点之间的区段自动删除，并以空白的形式呈现。具体的操作方法如下。

Step 01 新建一个名称为【5.2.2】的项目文件和一个序列预设【宽屏48kHz】的序列。

Step 02 在【项目】面板中导入【树林】视频文件，如图 5-66 所示。

图 5-66

Step 03 在【项目】面板中选择新添加

的视频素材，按住鼠标左键并拖曳，将其添加至【时间轴】面板的【视频1】轨道上，如图 5-67 所示。

图 5-67

Step 04 将时间线移至 00：00：01：03 的位置，在【节目监视器】面板中，单击【标记入点】按钮 ，添加标记入点，如图 5-68 所示。

图 5-68

Step 05 将时间线移至 00：00：02：12 的位置，在【节目监视器】面板中，单击【标记出点】按钮 ，添加标记出点，如图 5-69 所示。

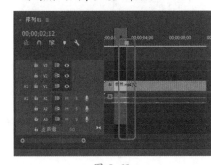

图 5-69

Step 06 在【节目监视器】面板中，单击【提升】按钮 ，如图 5-70 所示。

图 5-70

Step07 完成素材的提升剪辑操作，且提升后的素材将以空白的形式呈现在【时间轴】面板中，如图 5-71 所示。

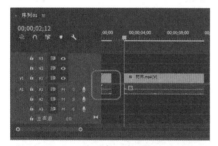

图 5-71

技术看板

提升剪辑素材的方法有多种，除了通过【节目监视器】面板中的【提升】按钮进行提升，还可以在指定好视频素材的入点和出点后，单击【序列】菜单，在弹出的下拉菜单中，选择【提升】命令即可。

5.2.3 实战：提取剪辑素材

实例门类	软件功能

使用【提取】命令可以将入出点之间的区段自动删除，且在删除的同时后方的素材将会自动填充。其具体的操作方法如下。

Step01 新建一个名称为【5.2.3】的项目文件和一个序列预设【标准48kHz】的序列。

Step02 在【项目】面板中导入【红珊瑚】图像文件，如图 5-72 所示。

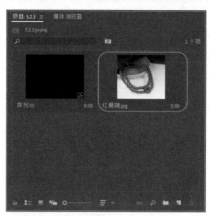

图 5-72

Step03 在【项目】面板中选择新添加的图像素材，按住鼠标左键并拖曳，将其添加至【时间轴】面板的【视频1】轨道上，如图 5-73 所示。

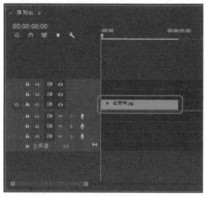

图 5-73

Step04 将时间线移至 00：00：00：21 的位置，在【节目监视器】面板中，单击【标记入点】按钮，添加标记入点，如图 5-74 所示。

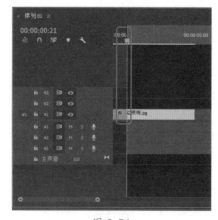

图 5-74

Step05 将时间线移至 00：00：02：03 的位置，在【节目监视器】面板中，单击【标记出点】按钮，添加标记出点，如图 5-75 所示。

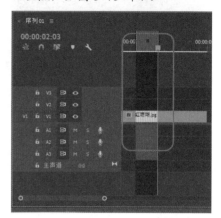

图 5-75

Step06 在【节目监视器】面板中，单击【提取】按钮，如图 5-76 所示。

图 5-76

技术看板

提取剪辑素材的方法有多种，除了通过【节目监视器】面板中的【提取】按钮进行提升，还可以在指定好视频素材的入点和出点后，单击【序列】菜单，在弹出的下拉菜单中，选择【提取】命令即可。

Step07 完成素材的提取剪辑操作，且提取后的右侧素材将自动往前移动，如图 5-77 所示。

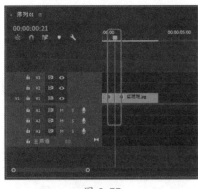

图 5-77

5.2.4 分离和链接素材

使用【分离】和【链接】功能，可以对视频文件中的音频进行分离和组合操作。

1. 分离素材

使用【分离】功能，可以对视频文件中的音频进行分离操作，将其分离出来，进行重新配音或其他编辑操作。分离素材的方法有以下几种。

（1）第一种方法：单击【剪辑】菜单，在弹出的下拉菜单中选择【取消链接】命令，如图 5-78 所示。

图 5-78

（2）第二种方法：在【时间轴】面板的视频素材上单击鼠标右键，

在弹出的快捷菜单中，选择【取消链接】命令，如图 5-79 所示。

图 5-79

执行以上任意一种方法，均可以将视频素材中的音频素材单独分离出来，分离后的音频和视频素材可以单独进行移动和编辑，如图 5-80 所示。

图 5-80

2. 链接素材

使用【链接】功能，可以在对视频文件和音频文件重新进行编辑后，对其进行链接操作。链接素材的方法有以下几种。

（1）第一种方法：单击【剪辑】菜单，在弹出的下拉菜单中选择【链接】命令，如图 5-81 所示。

图 5-81

（2）第二种方法：在【时间轴】面板中，选择视频素材和音频素材，单击鼠标右键，在弹出的快捷菜单中，选择【链接】命令，如图 5-82 所示。

图 5-82

执行以上任意一种方法，均可以链接视频和音频素材。

5.2.5 实战：在素材中间插入新的素材

实例门类	软件功能

使用【插入】命令可以在指定的时间线位置处，插入一个新的素材效果。具体的操作方法如下。

Step01 新建一个名称为【5.2.5】的项目文件和一个序列预设【宽屏48kHz】的序列。

Step02 在【项目】面板中导入【粉色玫瑰】和【多色玫瑰】图像文件，如图5-83所示。

图 5-83

Step03 在【项目】面板中选择【粉色玫瑰】图像素材，按住鼠标左键并拖曳，将其添加至【时间轴】面板的【视频1】轨道上，如图5-84所示。

图 5-84

Step04 将时间线移至00：00：01：24的位置，如图5-85所示。

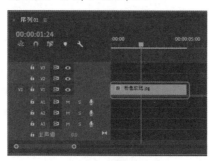

图 5-85

Step05 在【项目】面板中选择【多色玫瑰】图像素材，❶单击【剪辑】菜单，❷在弹出的下拉菜单中，选择【插入】命令，如图5-86所示。

图 5-86

Step06 在时间线位置处，将插入一个图像素材，【时间轴】面板中的图像长度也随之发生变化，效果如图5-87所示。

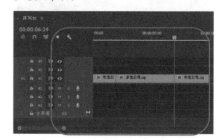

图 5-87

Step07 在【节目监视器】面板中，单击【播放-停止切换】按钮，预览覆盖编辑后的图像效果，如图5-88所示。

图 5-88

> **技术看板**
>
> 插入剪辑素材的方法有多种，除了通过选择菜单栏中的【插入】命令进行剪辑，还可以在指定时间线位置后，在【源监视器】面板中，单击【插入】按钮，同样可以插入剪辑素材。

5.3 使用工具剪辑视频

在编辑影片时，还可以通过选择工具、剃刀工具、滑动工具、比率拉伸工具、波纹编辑工具、轨道选择工具以及滚动编辑工具等对视频素材进行修饰操作。本节将详细讲解使用工具剪辑视频的具体方法。

5.3.1　使用选择工具

选择工具是 Premiere Pro 2020 软件中使用最频繁的工具之一，通过选择工具可以选择单个或多个媒体素材。

单击【工具】面板中的【选择工具】按钮▶，或在键盘上按快捷键【V】，然后在【时间轴】面板中的视频轨道上的素材上，单击鼠标左键，即可选中素材，选中的素材四周将显示一个灰色的矩形框，效果如图 5-89 所示。

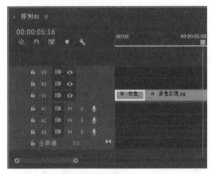

图 5-89

★重点 5.3.2　实战：使用剃刀工具

实例门类	软件功能

剃刀工具用于将视频轨道中的素材分割成两段或者多段，具体的操作方法如下。

Step01 新建一个名称为【5.3.2】的项目文件和一个序列预设【宽屏 48kHz】的序列。

Step02 在【项目】面板中导入【捣药】图像文件，如图 5-90 所示。

图 5-90

Step03 在【项目】面板中选择新添加的图像素材，按住鼠标左键并拖曳，将其添加至【时间轴】面板的【视频1】轨道上，如图 5-91 所示。

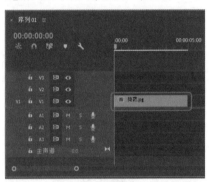

图 5-91

Step04 在【工具】面板中，单击【剃刀工具】按钮◈，如图 5-92 所示。

图 5-92

Step05 当鼠标指针呈◈形状时，在相应的时间线位置处，单击鼠标左键，切割素材，如图 5-93 所示。

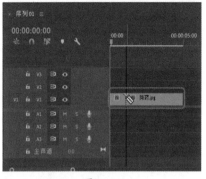

图 5-93

Step06 使用同样的方法，在其他的时间线位置处，单击鼠标左键，将图像素材切割成多段，如图 5-94 所示。

图 5-94

> **技术看板**
>
> 使用剃刀工具的方法有多种，除了【工具】面板可以使用外，直接按快捷键【C】也可运用剃刀工具。

5.3.3　实战：使用外滑工具

实例门类	软件功能

使用外滑工具，可以改变所选素材的出入点位置，具体的操作方法如下。

Step01 新建一个名称为【5.3.3】的项目文件和一个序列预设【标准 48kHz】的序列。

Step02 在【项目】面板中导入【城市风光】图像文件，如图 5-95 所示。

图 5-95

Step03 在【项目】面板中选择新添加的图像素材，按住鼠标左键并拖曳，将其添加至【时间轴】面板的【视频1】轨道上，如图 5-96 所示。

图 5-96

Step04 在【工具】面板中，单击【外滑工具】按钮，如图 5-97 所示。

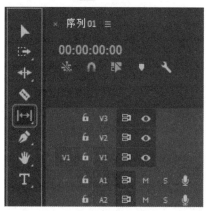

图 5-97

Step05 当鼠标指针呈形状时，在素材的入点位置，按住鼠标左键并向右拖曳至合适位置，通过外滑工

具完成素材入点的调整，如图 5-98 所示。

图 5-98

Step06 当鼠标指针呈形状时，在素材的出点位置，按住鼠标左键并向左拖曳至合适位置，通过外滑工具完成素材出点的调整，如图 5-99 所示。

图 5-99

技术看板

使用外滑工具的方法有多种，除了【工具】面板可以使用外，直接按快捷键【Y】也可运用外滑工具。

★重点 5.3.4 实战：使用波纹编辑工具

实例门类	软件功能

使用波纹编辑工具拖曳素材的出点可以改变所选素材的长度，而轨道上其他素材的长度不受影响，具体的操作方法如下。

Step01 新建一个名称为【5.3.4】的项目文件和一个序列预设【宽屏48kHz】的序列。

Step02 在【项目】面板中导入【绿色植物】图像文件，如图 5-100 所示。

图 5-100

Step03 在【项目】面板中选择新添加的图像素材，按住鼠标左键并拖曳，将其添加至【时间轴】面板的【视频1】轨道上，如图 5-101 所示。

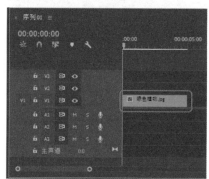

图 5-101

Step04 在【工具】面板中单击【波纹编辑工具】按钮，如图 5-102 所示。

技术看板

使用波纹编辑工具的方法有多种，除了【工具】面板可以使用外，直接按快捷键【B】也可运用波纹编辑工具。

图 5-102

Step05 将鼠标指针移至图像素材的入点位置，当鼠标指针呈[B]形状时，按住鼠标左键并向右拖曳，如图5-103所示。

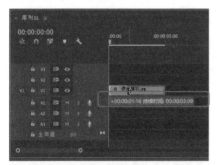

图 5-103

Step06 至合适位置后，释放鼠标左键，即可使用波纹编辑工具缩短图像素材的长度，如图5-104所示。

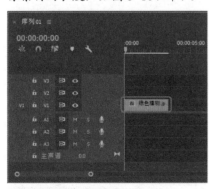

图 5-104

Step07 将鼠标指针移至图像素材的出点位置，当鼠标指针呈[B]形状时，按住鼠标左键并向右拖曳，如图5-105所示。

图 5-105

Step08 至合适位置后，释放鼠标左键，即可使用波纹编辑工具加长图像素材的长度，如图5-106所示。

图 5-106

5.3.5 实战：使用内滑工具

实例门类	软件功能

使用内滑工具，可以改变相邻素材的出入点位置，具体操作方法如下。

Step01 新建一个名称为【5.3.5】的项目文件和一个序列预设【宽屏48kHz】的序列。

Step02 在【项目】面板中导入【橘子】图像文件，如图5-107所示。

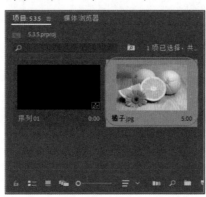

图 5-107

Step03 在【项目】面板中选择新添加的图像素材，按住鼠标左键并拖曳，将其两次添加至【时间轴】面板的【视频1】轨道上，如图5-108所示。

图 5-108

Step04 在【工具】面板中，❶单击【外滑工具】下三角按钮[↔]，在展开的列表框中，❷单击【内滑工具】按钮[⊕]，如图5-109所示。

图 5-109

技术看板

使用内滑工具的方法有多种，除了【工具】面板可以使用外，直接按快捷键【U】也可运用内滑工具。

Step05 在【时间轴】面板中选择右侧的图像素材，将鼠标指针移至选择的素材的左侧入点位置上，当鼠标指针呈[⊬]形状时，按住鼠标左键并向右拖曳，如图5-110所示。

图 5-110

Step06 至合适的位置后，释放鼠标左键，即可使用内滑工具改变素材的出入点位置，如图 5-111 所示。

图 5-111

5.3.6 实战：使用比率拉伸工具

实例门类	软件功能

　　使用比率拉伸工具，可以调整素材的速度，缩短素材则速度加快，拉长素材则速度减慢，具体的操作方法如下。

Step01 新建一个名称为【5.3.6】的项目文件和一个序列预设【宽屏 48kHz】的序列。

Step02 在【项目】面板中导入【粉色客厅】图像文件，如图 5-112 所示。

图 5-112

Step03 在【项目】面板中选择【粉色客厅】图像文件，按住鼠标左键并拖曳，将其添加至【时间轴】面板的【视频 1】和【视频 2】轨道上，如图 5-113 所示。

图 5-113

Step04 在【工具】面板中，❶单击【波纹编辑工具】下三角按钮 ，在展开的列表框中，❷单击【比率拉伸工具】按钮 ，如图 5-114 所示。

图 5-114

🎬 技术看板

　　使用比率拉伸工具的方法有多种，除了【工具】面板可以使用外，直接按快捷键【R】也可运用比率拉伸工具。

Step05 将鼠标指针移至【视频 1】轨道上的素材的末尾处，当鼠标指针呈 形状时，按住鼠标左键并向右拖曳，如图 5-115 所示。

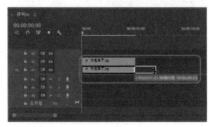

图 5-115

Step06 释放鼠标左键，即可使用比率拉伸工具拉长素材，将素材的播放速度调慢，且拉长后的素材上将显示素材比率，如图 5-116 所示。

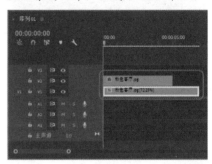

图 5-116

Step07 将鼠标指针移至【视频 2】轨道上的素材的末尾处，当鼠标指针呈 形状时，按住鼠标左键并向左拖曳，如图 5-117 所示。

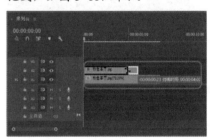

图 5-117

Step08 释放鼠标左键，即可使用比率拉伸工具缩短素材，将素材的播放速度调快，且缩短后的素材上将显示素材比率，如图 5-118 所示。

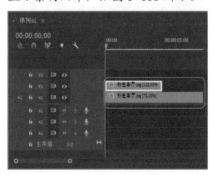

图 5-118

5.3.7 实战：使用轨道选择工具

实例门类	软件功能

使用轨道选择工具，可以选择轨道上的所有素材。轨道选择工具包含向前选择轨道工具和向后选择轨道工具，下面将详细讲解使用轨道选择工具选择素材的具体的操作方法。

Step01 新建一个名称为【5.3.7】的项目文件和一个序列预设【标准48kHz】的序列。

Step02 在【项目】面板中导入【果蔬】图像文件，如图5-119所示。

图 5-119

Step03 在【项目】面板中选择【果蔬】图像文件，按住鼠标左键并拖曳，将其添加至【时间轴】面板的【视频1】【视频2】和【视频3】轨道上，如图5-120所示。

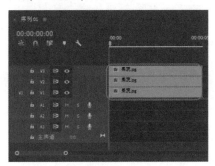

图 5-120

Step04 在【工具】面板中，单击【向前选择轨道工具】按钮，如图5-121所示。

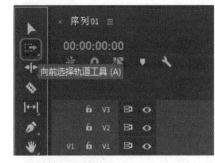

图 5-121

Step05 当鼠标指针呈 形状时，在【视频3】轨道上单击鼠标左键，即可使用轨道选择工具选择轨道上的所有素材，如图5-122所示。

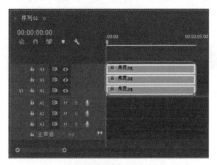

图 5-122

技术看板

使用轨道选择工具的方法有多种，除了【工具】面板可以使用外，直接按快捷键【A】和【Shift+A】即也运用轨道选择工具。

★重点 5.3.8 实战：使用滚动编辑工具

实例门类	软件功能

使用滚动编辑工具，可以在不影响轨道总长度的情况下，调整其中某个视频的长度。值得注意的是，使用该工具时，视频必须已经修改过长度，有足够剩余的时间长度来进行调整，具体的操作方法如下。

Step01 新建一个名称为【5.3.8】的项目文件和一个序列预设【宽屏48kHz】的序列。

Step02 在【项目】面板中导入【彩色糖果】图像文件，如图5-123所示。

图 5-123

Step03 在【项目】面板中选择【彩色糖果】图像文件，按住鼠标左键并拖曳，将其添加至【时间轴】面板的【视频1】轨道上，如图5-124所示。

图 5-124

Step04 在【工具】面板中，❶单击【波纹编辑工具】下三角按钮，❷在展开的列表框中，选择【滚动编辑工具】工具，如图5-125所示。

图 5-125

Step05 将鼠标指针移至图像素材的

出点位置，当鼠标指针呈 形状时，按住鼠标左键并向左拖曳，如图5-126所示。

图 5-126

Step06 释放鼠标左键，即可使用滚动编辑工具调整素材的时间长度，如图5-127所示。

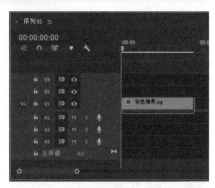

图 5-127

技术看板

使用滚动编辑工具的方法有多种，除了【工具】面板可以使用外，直接按快捷键【N】也可运用滚动编辑工具。

5.3.9 使用缩放工具

使用【缩放工具】功能，可以调整【时间轴】面板的显示时间长短。

单击【工具】面板中的【缩放工具】按钮，或在键盘上按快捷键【Z】，在视频轨道的素材上单击鼠标左键，即可使用缩放工具调整时间显示长度，如图5-128所示。

图 5-128

妙招技法

通过对前面知识的学习，相信读者朋友已经掌握了 Premiere Pro 2020 软件的剪辑手法了。下面结合本章内容，给大家介绍一些实用技巧。

技巧01：锁定与解锁轨道

使用【切换轨道锁定】功能可以对当前轨道进行锁定与解锁操作，具体操作方法如下。

Step01 新建一个名称为【技巧01】的项目文件和一个序列预设【宽屏48kHz】的序列。

Step02 在【时间轴】面板中，单击【视频3】轨道上的【切换轨道锁定】按钮，如图5-129所示。

图 5-129

Step03 完成【视频3】轨道的锁定，锁定的【切换轨道锁定】按钮显示为 状态，且轨道上也显示网格线，如图5-130所示。

图 5-130

Step04 使用同样的方法，依次锁定【视频2】和【音频1】轨道，如图5-131所示。

图 5-131

Step05 如果要解锁轨道，可以在已经锁定的【视频3】轨道上，单击【切换轨道锁定】按钮，即可解锁轨道，如图5-132所示。

图 5-132

技巧 02：清除标记点和标记

在添加了标记点和标记后，如果不需要使用标记点和标记，则可以使用【清除】功能将多余的标记点和标记清除，具体操作方法如下。

Step01 单击【文件】菜单，在弹出的下拉菜单中，选择【打开项目】命令，打开本书提供的【素材与效果\素材\第 5 章\5.4\技巧 02.prproj】项目文件，其图像效果如图 5-133 所示。

图 5-133

Step02 在【时间轴】面板中的入点标记上，单击鼠标右键，在弹出的快捷菜单中，选择【清除入点和出点】命令，如图 5-134 所示。

图 5-134

技术看板

清除入点和出点的方法有多种，除了通过选择快捷菜单中的【清除入点】【清除出点】和【清除入点和出点】命令进行清除操作外，还可以单击【标记】菜单，在弹出的下拉菜单中，选择【清除入点】【清除出点】和【清除入点和出点】命令，或按快捷键【Ctrl+Shift+I】、【Ctrl+Shift+O】或【Ctrl+Shift+X】，同样可以进行入点和出点的清除操作。

Step03 完成图像上入点和出点的清除，其效果如图 5-135 所示。

图 5-135

Step04 在【时间轴】面板中的第一个标记上，单击鼠标右键，在弹出的快捷菜单中，选择【清除所选的标记】命令，如图 5-136 所示。

图 5-136

技术看板

清除标记的方法有多种，除了

通过选择快捷菜单中的【清除所选的标记】命令进行清除操作外，还可以单击【标记】菜单，在弹出的下拉菜单中，选择【清除所选的标记】命令，或按快捷键【Ctrl+Shift+M】同样可以进行标记的清除操作。

Step05 完成所选标记的清除操作，【时间轴】面板如图 5-137 所示。

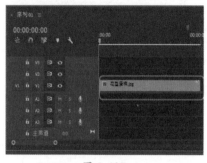

图 5-137

技能拓展——清除所有标记

使用【清除所有标记】命令，可以将整个项目文件中的标记全部清除。清除所有标记的方法很简单，用户在【时间轴】面板中单击鼠标右键，然后在弹出的快捷菜单中，选择【清除所有标记】命令，或者单击【标记】菜单，在弹出的下拉菜单中，选择【清除所有标记】命令，可清除整个项目文件中的标记。

技巧 03：自动匹配序列

使用【自动匹配序列】功能，可以将素材从【项目】面板放置到时间线中，还可以在素材之间添加默认转场。具体的操作方法如下。

Step01 新建一个名称为【技巧 03】的项目文件和一个序列预设【宽屏 48kHz】的序列。

Step02 在【项目】面板中导入【杜鹃花】视频文件，如图 5-138 所示。

图 5-138

Step03 在【项目】面板中选择【杜鹃花】视频文件，❶单击【剪辑】菜单，❷在弹出的下拉菜单中，选择【自动匹配序列】命令，如图 5-139所示。

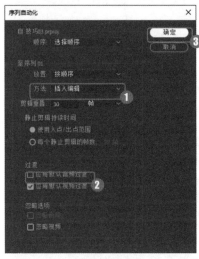

图 5-140

Step05 完成序列的自动匹配操作，且在【时间轴】面板中自动添加一个视频文件，如图 5-141 所示。

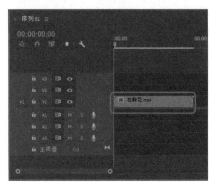

图 5-141

Step04 弹出【序列自动化】对话框，❶在【方法】列表框中选择【插入编辑】选项，❷取消勾选【应用默认音频过渡】复选框，❸单击【确定】按钮，如图 5-140 所示。

Step06 在【节目监视器】面板中，单击【播放-停止切换】按钮，预览视频效果，如图 5-142 所示。

图 5-142

过关练习——剪辑【白色玫瑰】视频效果

实例门类	视频编辑 + 剪辑

本实例将结合新建项目、导入素材、复制和粘贴视频素材、分割素材、设置标记点和标记、设置播放速度、三点剪辑素材等功能，来制作【白色玫瑰】的项目文件，完成后的效果如图 5-143 所示。

图 5-143

Step01 新建一个名称为【5.5】的项目文件和一个序列预设【宽屏 48kHz】的序列。

Step02 在【项目】面板中导入【白色玫瑰】视频文件，如图 5-144 所示。

图 5-144

Step03 在【项目】面板中选择新添加的视频素材，按住鼠标左键并拖曳，将其添加至【时间轴】面板的【视频1】轨道上，如图 5-145 所示。

图 5-145

Step04 在【时间轴】面板中选择视频素材，单击鼠标右键，在弹出的快捷菜单中，选择【复制】命令，复制视频素材，如图 5-146 所示。

图 5-146

Step05 将时间线移至 00：00：03：28 的位置，然后单击【编辑】菜单，在弹出的下拉菜单中，选择【粘贴】命令，完成视频素材的粘贴操作，如图 5-147 所示。

图 5-147

Step06 在【项目】面板中双击视频素材，在【源监视器】面板中预览视频效果，如图 5-148 所示。

图 5-148

Step07 在【源监视器】面板中将播放指示器移动至 00：00：06：09 的位置，然后单击【标记入点】按钮，标记入点，如图 5-149 所示。

图 5-149

Step08 在【源监视器】面板中将播放指示器移动至 00：00：13：08 的位置，然后单击【标记出点】按钮，标记出点，如图 5-150 所示。

图 5-150

Step09 在【时间轴】面板中，将时间线移至 00：00：04：20 的位置，然后在【源监视器】面板中，单击【插入】按钮，即可使用三点剪辑功能插入一段视频素材，如图 5-151 所示。

图 5-151

Step10 在【工具】面板中，单击【剃刀工具】按钮，当鼠标指针呈形状时，在相应的时间线位置处，单击鼠标左键，切割第2个视频素材，如图5-152所示。

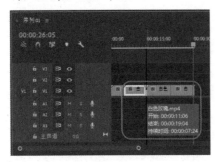

图 5-152

Step11 将时间线移至00：00：04：23的位置，然后单击【标记】菜单，在弹出的下拉菜单中，选择【标记入点】命令，在时间线位置处将添加一个入点，如图5-153所示。

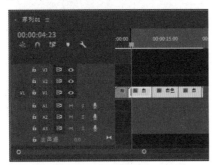

图 5-153

Step12 将时间线移至00：00：06：16的位置，然后单击【标记】菜单，在弹出的下拉菜单中，选择【标记出点】命令，在时间线位置处将添加一个出点，如图5-154所示。

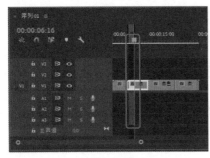

图 5-154

Step13 在【节目监视器】面板中，单

击【提升】按钮，如图5-155所示。

图 5-155

Step14 完成素材的提升剪辑操作，且提升后的素材将以空白的形式呈现在【时间轴】面板中，如图5-156所示。

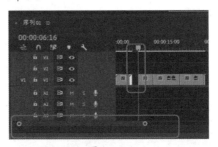

图 5-156

Step15 在【时间轴】面板中选择需要调整轨道的视频素材，按住鼠标左键并拖曳，至【视频2】轨道上，释放鼠标左键，完成视频播放位置的调整，如图5-157所示。

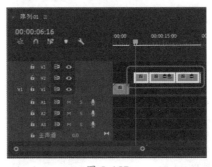

图 5-157

Step16 选择在【视频1】轨道的第一段视频素材上，单击鼠标右键，在弹出的快捷菜单中，选择【速度/持续时间】命令，打开【剪辑速度/持续时间】对话框，①修改【速度】参数为75%，②单击【确定】按钮，

如图5-158所示，完成素材播放速度的调整。

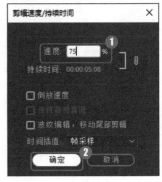

图 5-158

Step17 在【工具】面板中，单击【滚动编辑工具】工具，将鼠标指针移至【视频1】轨道的第2段视频素材的出点位置，当鼠标指针呈形状时，按住鼠标左键并向右拖曳至合适的位置，释放鼠标左键，即可调整视频的持续时间长度，如图5-159所示。

图 5-159

Step18 至此本项目的案例效果制作完成，①然后单击【文件】菜单，②在弹出的下拉菜单中，选择【保存】命令，完成项目文件的保存，如图5-160所示。

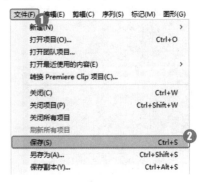

图 5-160

本章小结

通过对本章知识的学习和案例练习，相信读者朋友已经掌握好 Premiere Pro 2020 软件中的剪辑手法了。在制作视频时需要先掌握好视频素材的基本剪辑和高级剪辑手法，才能通过各种工具对视频进行更为复杂的剪辑操作。

Premiere Pro 2020 软件中包含视频特效和过渡效果，通过添加视频效果和过渡效果可以让枯燥乏味的视频作品充满生趣，还可以让每个视频片段之间产生自然、平滑、流畅的过渡效果。本篇主要详细讲解 Premiere Pro 2020 中技能进阶的相关知识。

第**6**章　视频效果的应用

➥ 视频效果主要有哪些，应该怎么进行添加、复制与粘贴操作？

➥ 变换类视频效果有哪些种类？

➥ 生成类视频效果有哪些？

➥ 在使用视频效果时还有哪些操作？

视频效果是 Premiere Pro 2020 中非常强大的功能，由于视频效果可以模拟出各种质感和风格效果，常被应用于视频、电影和广告制作等设计领域。学完这一章的内容，你就能掌握添加视频效果的应用技巧了。

6.1　认识视频效果

Premiere Pro 2020 中的视频效果可以使最枯燥乏味的视频作品也能充满生趣。由于效果种类繁多，可以模拟出各种质感、风格、调色等效果，因此深受视频用户的喜爱，常用于视频、电视、电影、广告制作等设计领域。本节详细讲解添加视频效果的相关基础知识。

6.1.1　视频效果概述

视频效果是 Premiere Pro 2020 中的重要部分之一。在制作影视视频时，使用视频效果可以很好地烘托画面氛围，让影片呈现出更加震撼的视觉效果。

Premiere Pro 2020 软件中的视频效果可以应用于视频素材或其他素材图层。通过添加视频效果并设置参数值可以制作出多种绚丽的效果。在【效果】面板的【视频效果】列表框中包含了很多效果分类组，而每个效果组中又包含了很多的效果，如图 6-1 所示，选择不同的效果，可以制作出不同的视频效果。

图 6-1

6.1.2 【效果控件】面板

【效果控件】面板主要用于修改某个视频效果的参数。在【效果】面板中选择需要的视频效果后，按住鼠标左键并拖曳，可以将其添加至【时间轴】面板的媒体素材上，然后单击被添加视频效果的素材，此时在【效果控件】面板中就可以看到该视频效果所对应的参数值，如图 6-2 所示。

图 6-2

6.1.3 【效果控件】面板菜单

在【效果控件】面板中，单击 ≡ 按钮，展开面板菜单，如图 6-3 所示。

图 6-3

在【效果控件】面板菜单中，各主要选项的含义如下。

➡ 【存储预设】命令：选择该命令，打开【保存预设】对话框，如图 6-4 所示，在该对话框中可以设置保存的视频效果的名称、类型等信息。

图 6-4

➡ 【效果已启用】命令：选择该命令，可以启用或关闭视频效果。

➡ 【移除所选效果】命令：选择该命令，可以删除选择的视频效果。

➡ 【移除效果】命令：选择该命令，可以打开【删除属性】对话框，如图 6-5 所示，在该对话框中可以删除视频属性和音频属性。

图 6-5

6.2 视频效果的基本操作

在制作视频的过程中，为视频添加视频效果，可以打破画面枯燥、乏味的局面，为画面效果增添新意。本节将对 Premiere Pro 2020 软件中视频效果的添加、复制与粘贴等操作进行详细的介绍。

★重点 6.2.1 实战：添加单个视频效果

实例门类	软件功能

在 Premiere Pro 2020 软件中可以将选择的视频效果添加至【视频】轨道的素材图像上，完成单个视频效果的添加操作，具体的操作方法如下。

Step 01 新建一个名称为【6.2.1】的项目文件和一个序列预设【标准 48kHz】的序列。

Step 02 在【项目】面板中导入【美味蔬菜】图像文件，如图 6-6 所示。

图 6-6

Step**03** 在【项目】面板中选择新添加的图像素材，按住鼠标左键并拖曳，将其添加至【时间轴】面板的【视频1】轨道上，如图 6-7 所示。

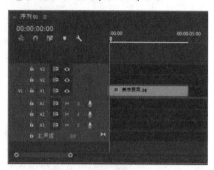

图 6-7

Step**04** 在【效果】面板中，❶展开【视频效果】列表框，选择【杂色与颗粒】选项，❷再次展开列表框，选择【杂色】视频效果，如图 6-8 所示。

图 6-8

Step**05** 在选择的视频效果上，按住鼠标左键并拖曳，将其添加至【视频1】轨道的图像素材上，如图 6-9 所示，释放鼠标左键，完成单个视频效果的添加操作。

Step**06** 选择图像素材，在【效果控件】面板中的【杂色】列表框中，修改【杂色数量】参数为 25.0%，如图 6-10 所示。

图 6-9

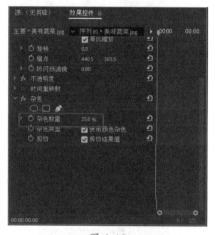

图 6-10

Step**07** 完成视频效果的修改，然后在【节目监视器】面板中，调整图像的显示大小，并预览添加视频效果后的图像效果，如图 6-11 所示。

图 6-11

6.2.2 复制与粘贴视频效果

在编辑视频的过程中，往往需要对多个素材使用同样的视频效果。此时，用户可以使用【复制】和【粘贴】的方法来制作多个相同的视频效果。

1. 复制视频效果

对需重复使用的视频效果可以

进行复制操作。复制视频效果的具体方法是：在【时间轴】面板中选择已经添加视频效果的源素材，并在【效果控件】面板中，选择视频效果，单击鼠标右键，在弹出的快捷菜单中选择【复制】命令即可，如图 6-12 所示。

图 6-12

2. 粘贴视频效果

在编辑视频的过程中，往往需要对多个素材使用同样的视频效果。此时，用户可以使用粘贴的方法来制作多个相同的视频效果。粘贴视频效果的具体方法是：在复制了视频效果后，在【效果控件】面板的空白处，单击鼠标右键，打开快捷菜单，选择【粘贴】命令，即可粘贴视频效果，如图 6-13 所示。

图 6-13

6.3 变换类视频效果

变换类的视频效果可以使素材产生变化效果。【变换】效果组中包含【垂直翻转】【自动重新构图】【水平翻转】和【羽化边缘】等效果。本节将详细讲解使用变换类视频效果的具体方法。

★重点 6.3.1 实战：使用【垂直翻转】效果

实例门类	软件功能

使用【垂直翻转】视频效果可以将原始素材上下颠倒呈现，具体的操作方法如下。

Step01 新建一个名称为【6.3.1】的项目文件和一个序列预设【标准48kHz】的序列。

Step02 在【项目】面板中导入【美丽小鸟】图像文件，如图6-14所示。

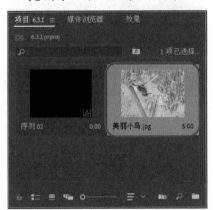

图 6-14

Step03 在【项目】面板中选择新添加的图像素材，按住鼠标左键并拖曳，将其添加至【时间轴】面板的【视频1】轨道上，如图6-15所示。

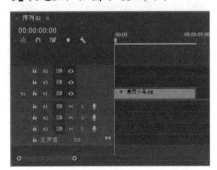

图 6-15

Step04 在【效果】面板中，❶展开【视频效果】列表框，选择【变换】选项，❷再次展开列表框，选择【垂直翻转】视频效果，如图6-16所示。

图 6-16

Step05 在选择的视频效果上，按住鼠标左键并拖曳，将其添加至【视频1】轨道的图像素材上，释放鼠标左键，完成【垂直翻转】视频效果的添加操作，然后在【节目监视器】面板中，调整图像的显示大小，并预览添加【垂直翻转】视频效果后的图像效果，如图6-17所示。

图 6-17

★新功能 6.3.2 自动重新构图

自动重新构图是Premiere Pro 2020软件中的新功能。使用【自动重新构图】视频效果，可以智能识别视频中的动作，并针对不同的长宽比重构剪辑。

使用【自动重新构图】效果的方法很简单，在【效果】面板中，展开【视频效果】列表框，选择【变换】选项，再次展开列表框，选择【自动重新构图】视频效果，按住鼠标左键并拖曳，将其添加至【时间轴】面板的【视频1】轨道的视频素材上，在添加了视频效果后，在【效果控件】面板的【自动重新构图】选项区中，展开【动作预设】列表框，选择动作预设，即可自动重新构图，如图6-18所示。

图 6-18

在【动作预设】列表框中，各选项的含义如下。

➡【减慢动作】选项：该选项适用于摄像机运动很少或没有时使用。在选择该选项后，视频画面基本上都是静态的，且在剪辑中只包含极少数关键帧。

➡【默认】选项：该默认适用于大多数的视频内容。在选择该选项后，自动重构效果会跟随动作。

➡【加快动作】选项：该选项适用于素材中存在大量运动对象时使用。在选择该选项后,【自动重构】功能会确保运动对象始终位于帧范围内,并在剪辑中添加大量关键帧。

★重点 6.3.3 使用【水平翻转】效果

实例门类	软件功能

【水平翻转】视频效果可以翻转素材,其结果是将原始素材左右颠倒呈现,具体的操作方法如下。

Step01 新建一个名称为【6.3.3】的项目文件和一个序列预设【宽屏48kHz】的序列。

Step02 在【项目】面板中导入【粉色玫瑰】视频文件,如图6-19所示。

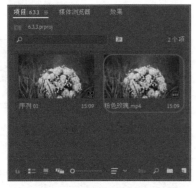

图 6-19

Step03 在【项目】面板中选择新添加的视频素材,按住鼠标左键并拖曳,将其添加至【时间轴】面板的【视频1】轨道上,如图6-20所示。

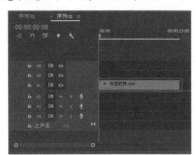

图 6-20

Step04 在【节目监视器】面板中,调整图像的显示大小,如图6-21所示。

图 6-21

Step05 在【效果】面板中,❶展开【视频效果】列表框,选择【变换】选项,❷再次展开列表框,选择【水平翻转】视频效果,如图6-22所示。

图 6-22

Step06 在选择的视频效果上,按住鼠标左键并拖曳,将其添加至【视频1】轨道的视频素材上,释放鼠标左键,完成【水平翻转】视频效果的添加操作,然后在【节目监视器】面板中预览添加【水平翻转】视频效果后的视频效果,如图6-23所示。

图 6-23

6.3.4 实战：使用【羽化边缘】效果

实例门类	软件功能

使用【羽化边缘】视频效果可以对所处理的图像素材的边缘创建三维羽化特效,具体的操作方法如下。

Step01 新建一个名称为【6.3.4】的项目文件和一个序列预设【标准48kHz】的序列。

Step02 在【项目】面板中导入【小西红柿】图像文件,如图6-24所示。

图 6-24

Step03 在【项目】面板中选择新添加的图像素材,按住鼠标左键并拖曳,将其添加至【时间轴】面板的【视频1】轨道上,如图6-25所示。

图 6-25

Step04 在【节目监视器】面板中,调整图像的显示大小,如图6-26所示。

图 6-26

Step05 在【效果】面板中，❶展开【视频效果】列表框，选择【变换】选项，❷再次展开列表框，选择【羽化边缘】视频效果，如图 6-27 所示。

图 6-27

Step06 在选择的视频效果上，按住鼠标左键并拖曳，将其添加至【视频 1】轨道的图像素材上，释放鼠标左键，完成【羽化边缘】视频效果的添加操作。

Step07 选择图像素材，在【效果控件】面板中的【羽化边缘】选项区中，修改【数量】参数为 35，如图 6-28 所示。

图 6-28

技术看板

【数量】参数用于控制素材边缘的羽化度。在调整【羽化边缘】选项区中的【数量】参数时，不仅可以直接在数值框输入修改，还可以展开【数量】列表框，拖曳列表框中的滑块进行参数更改。

Step08 完成【羽化边缘】视频效果的修改，然后在【节目监视器】面板中预览添加【羽化边缘】视频效果后的图像效果，如图 6-29 所示。

图 6-29

6.3.5 裁剪

【裁剪】视频效果用于调整画面裁剪的大小。

使用【裁剪】视频效果的方法很简单，在【效果】面板中，依次展开【视频效果】列表框，选择【变换】选项，再次展开列表框，选择【裁剪】视频效果，按住鼠标左键并拖曳，将其添加至【时间轴】面板的【视频 1】轨道的视频素材上，在添加了视频效果后，在【效果控件】面板的【裁剪】选项区中，修改各裁剪参数即可，如图 6-30 所示。

图 6-30

在【裁剪】选项区中，各选项的含义如下。

➡【左侧】数值框：设置画面左侧的裁剪大小，如图 6-31 所示。

图 6-31

➡【顶部】数值框：设置画面顶部的裁剪大小，如图 6-32 所示。

图 6-32

➡【右侧】数值框：设置画面右侧的裁剪大小，如图 6-33 所示。

图 6-33

图 6-34

图 6-35

➡【底部】数值框：设置画面底部的
裁剪大小，如图 6-34 所示。

➡【缩放】复选框：勾选该复选框，
则会根据画布大小自动将裁减后
的图片素材平铺在整个画面中，
其前后对比效果如图 6-35 所示。

6.4 扭曲类视频效果

扭曲类视频效果主要通过旋转、收聚或筛选来扭曲图像。【扭曲】效果组中包含【偏移】【旋转扭曲】【波形变形】
【镜像】和【镜头扭曲】等效果。本节将详细讲解使用扭曲类视频效果的具体方法。

6.4.1 偏移

【偏移】视频效果可以使画面
进行水平或垂直移动，在进行移动
后，画面中空缺的像素会自动进行
补充。

使用【偏移】视频效果的方法
很简单，在【效果】面板中，展开
【视频效果】列表框，选择【扭曲】
选项，再次展开列表框，选择【偏
移】视频效果，按住鼠标左键并拖
曳，将其添加至【时间轴】面板的
【视频 1】轨道的视频素材上即可。
图 6-36 所示为添加【偏移】视频效
果的前后对比效果。

图 6-36

在添加了视频效果后，在【效
果控件】面板的【偏移】选项区中，
修改各偏移参数即可，如图 6-37

所示。

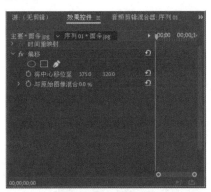

图 6-37

在【偏移】选项区中，各选项
的含义如下。

➡【将中心移位至】数值框：根据偏
移程度调整画面的中心位置。

➡【与原始图像混合】数值框：用于
设置调整完成的效果与原始图像
进行混合处理的参数值。

★重点 6.4.2　实战：使用【变换】效果

实例门类	软件功能

【变换】视频效果用于移动图像的位置，调整高度比例和宽度比例，倾斜或旋转图像，还可以修改不透明度，具体的操作方法如下。

Step01 新建一个名称为【6.4.2】的项目文件和一个序列预设【标准48kHz】的序列。

Step02 在【项目】面板中导入【面条】图像文件，如图6-38所示。

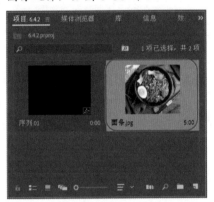

图 6-38

Step03 在【项目】面板中选择新添加的图像素材，按住鼠标左键并拖曳，将其添加至【时间轴】面板的【视频1】轨道上，如图6-39所示。

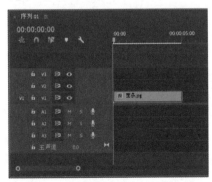

图 6-39

Step04 在【节目监视器】面板中，调整图像的显示大小，如图6-40所示。

图 6-40

Step05 在【效果】面板中，❶展开【视频效果】列表框，选择【扭曲】选项，❷再次展开列表框，选择【变换】视频效果，如图6-41所示。

图 6-41

Step06 在选择的视频效果上，按住鼠标左键并拖曳，将其添加至【视频1】轨道的图像素材上，释放鼠标左键，完成【变换】视频效果的添加操作。

Step07 选择图像素材，在【效果控件】面板中的【变换】选项区中，❶修改【缩放】参数为115，❷修改【旋转】参数为-10°，如图6-42所示。

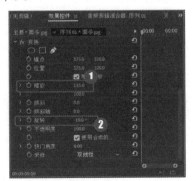

图 6-42

在【变换】选项区中，各选项的含义如下。

- 锚点：用于调整素材中心点的位置。
- 位置：用于调整素材位置的坐标。
- 等比缩放：勾选该复选框，素材将以序列比例进行等比例缩放。
- 缩放：用于调整素材的缩放宽度和高度。
- 倾斜：用于设置素材的倾斜角度。
- 倾斜轴：用于设置素材的倾斜方向。
- 旋转：用于设置素材的旋转角度。
- 不透明度：用于设置素材画面的透明度参数。
- 使用合成的快门角度：勾选该复选框，在运动着的画面中可以使用混合图像的快门角度。
- 快门角度：用于设置运动模糊时拍摄画面的快门角度。
- 采样：用于设置素材的【双线性】或【双立方】采样效果。

Step08 完成【变换】视频效果的修改，然后在【节目监视器】面板中预览添加【变换】视频效果后的图像效果，如图6-43所示。

图 6-43

6.4.3　放大

使用【放大】视频效果可以放大素材的某个部分或整个素材，在应用【放大】视频效果后图像素材的透明度和混合模式也将会发生变化。

使用【放大】视频效果的方法很简单，在【效果】面板中，展开【视频效果】列表框，选择【扭曲】选项，再次展开列表框，选择【放大】视频效果，按住鼠标左键并拖曳，将其添加至【时间轴】面板的【视频1】轨道的视频素材上即可。图6-44所示为添加【放大】视频效果的前后对比效果。

图 6-44

在添加了视频效果后，在【效果控件】面板的【放大】选项区中，修改各放大参数即可，如图6-45所示。

在【放大】选项区中，各选项的含义如下。

➡ 形状：用于以圆形或正方形的方式放大素材中的某部分画面。

➡ 中央：用于设置放大区域的位置。

➡ 放大率：用于设置放大镜的放大倍数。

➡ 链接：用于设置放大镜与放大倍数的关系。

➡ 大小：用于设置放大区域的显示面积。

➡ 羽化：用于设置放大形状的边缘模糊程度。

➡ 不透明度：用于设置放大镜的透明度参数。

➡ 缩放：用于设置放大镜的缩放类型，包含【标准】【柔和】和【扩散】3个缩放类型。

➡ 混合模式：用于设置放大区域的混合模式。

➡ 调整图层大小：勾选该复选框，将根据源素材文件来调整图层的大小情况。

图 6-45

6.4.4　变形稳定器

使用【变形稳定器】视频效果可以消除因摄像机移动而导致的画面抖动，将抖动效果转化为稳定的平滑拍摄效果。

使用【变形稳定器】视频效果的方法很简单，在【效果】面板中，展开【视频效果】列表框，选择【扭曲】选项，再次展开列表框，选择【变形稳定器】视频效果，按住鼠标左键并拖曳，将其添加至【时间轴】面板的【视频1】轨道的视频素材上即可。

在添加了视频效果后，在【效

果控件】面板的【变形稳定器】选项区中，修改各【变形稳定器】参数即可，如图6-46所示。

图 6-46

在【变形稳定器】选项区中，各选项的含义如下。

➡ 分析：在首次使用【变形稳定器】视频效果时无须单击该按钮，在发生某些更改之前，【分析】按钮将保持灰暗状态。单击该按钮，可以重新分析素材。

➡ 取消：单击该按钮，可以取消正在进行的分析。

➡ 结果：用于控制素材的预期效果，包含【平滑运动】和【不运动】2个选项。

➡ 平滑度：用于调整稳定摄像机原运动的程度。当值越低越接近摄像机原来的运动，值越高越平滑。

➡ 方法：用于指定变形稳定器为稳定素材而对其执行的最复杂的操作，包含【位置】【位置、缩放和旋转】【透视】和【子空间变形】4个选项。

➡ 帧：用于控制素材边缘在稳定结果中的显示，包含【仅稳定】【稳定、裁切】【稳定、裁切、自动缩放（默认）】和【稳定、人工合成边缘】4个选项。

➡ 自动缩放：用于调整素材的当前

自动缩放量。

→ 附加缩放：用于在【变换】下同时使用【缩放】属性放大剪辑素材。

→ 高级：用于详细分析画面内容。

6.4.5 实战：使用【旋转扭曲】效果

实例门类	软件功能

使用【旋转扭曲】视频效果可以将图像扭曲成旋转的数字迷雾，具体的操作方法如下。

Step01 新建一个名称为【6.4.5】的项目文件和一个序列预设【横屏48kHz】的序列。

Step02 在【项目】面板中导入【流水】图像文件，如图6-47所示。

图 6-47

Step03 在【项目】面板中选择新添加的图像素材，按住鼠标左键并拖曳，将其添加至【时间轴】面板的【视频1】轨道上，如图6-48所示。

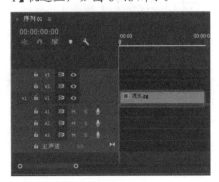

图 6-48

Step04 在【节目监视器】面板中，调整图像的显示大小，如图6-49所示。

图 6-49

Step05 在【效果】面板中，❶展开【视频效果】列表框，选择【扭曲】选项，❷再次展开列表框，选择【旋转扭曲】视频效果，如图6-50所示。

图 6-50

Step06 在选择的视频效果上，按住鼠标左键并拖曳，将其添加至【视频1】轨道的图像素材上。

Step07 选择图像，在【效果控件】面板中的【旋转扭曲】选项区中，❶修改【角度】参数为30°，❷修改【旋转扭曲半径】为49，❸修改【旋转扭曲中心】参数为332和290，如图6-51所示。

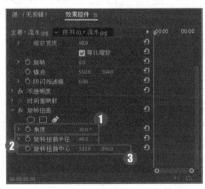

图 6-51

技术看板

在【旋转扭曲】选项区中，各选项的含义如下。

→ 角度：用于在旋转时设置素材的旋转角度。

→ 旋转扭曲半径：用于调整素材在旋转扭曲过程中的半径值。

→ 旋转扭曲中心：用于调整素材的旋转轴点。

Step08 完成【旋转扭曲】视频效果的修改，然后在【节目监视器】面板中预览添加【旋转扭曲】视频效果后的图像效果，如图6-52所示。

图 6-52

6.4.6 实战：使用【波形变形】效果

实例门类	软件功能

使用【波形变形】视频效果可以使素材产生类似水波的波形形状，具体的操作方法如下。

Step01 新建一个名称为【6.4.6】的项目文件和一个序列预设【标准48kHz】的序列。

Step02 在【项目】面板中导入【湖水】图像文件，如图6-53所示。

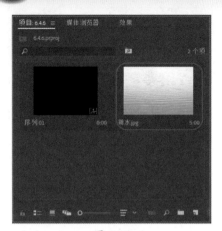

图 6-53

Step03 在【项目】面板中选择新添加的图像素材，按住鼠标左键并拖曳，将其添加至【时间轴】面板的【视频1】轨道上，如图 6-54 所示。

图 6-54

Step04 在【节目监视器】面板中，调整图像的显示大小，如图 6-55 所示。

图 6-55

Step05 在【效果】面板中，❶展开【视频效果】列表框，选择【扭曲】

选项，❷再次展开列表框，选择【波形变形】视频效果，如图 6-56 所示。

图 6-56

Step06 在选择的视频效果上，按住鼠标左键并拖曳，将其添加至【视频1】轨道的视频素材上。

Step07 选择视频素材，在【效果控件】面板中的【波形变形】选项区中，❶修改【波形高度】参数为5、【波形宽度】为50、【方向】为114°、【波形速度】为3.9，❷修改【相位】为11°，如图 6-57 所示。

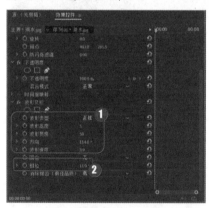

图 6-57

技术看板

在【波形变形】选项区中，各选项的含义如下。

➡ 波形类型：用于选择波形的形状，包含【正弦】【正方形】【三角形】【锯齿】【圆形】【半圆形】【逆向圆形】【杂色】和【平滑杂色】9个形状。

➡ 波形高度：用于调整素材的波纹高度，数值越大高度越高。

➡ 波形宽度：用于调整素材的波纹宽度，数值越大宽度越宽。

➡ 方向：用于调整波浪的旋转角度。

➡ 波形速度：用于调整波浪产生速度的快慢。

➡ 固定：用于选择波浪的目标固定类型。

➡ 相位：用于设置波浪的水平移动位置。

➡ 消除锯齿：用于消除波浪边缘的锯齿像素。

Step08 完成【波形变形】视频效果的修改，然后在【节目监视器】面板中预览添加【波形变形】视频效果后的图像效果，如图 6-58 所示。

图 6-58

6.4.7 球面化

【球面化】视频效果可以将平面图像转换成球面图像。

使用【球面化】视频效果的方法很简单，在【效果】面板中，依次展开【视频效果】|【扭曲】列表框，选择【球面化】视频效果，按住鼠标左键并拖曳，将其添加至【时间轴】面板的【视频1】轨道的视频素材上即可。图 6-59 所示为添加【球面化】视频效果的前后对比效果。

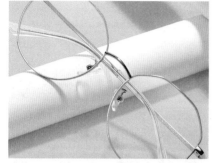

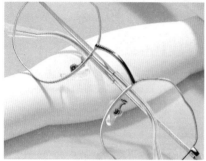

图 6-59

在添加了视频效果后，在【效果控件】面板的【球面化】选项区中，修改各球面化参数即可，如图 6-60 所示。

图 6-60

在【球面化】选项区中，各选项的含义如下。

➡ 半径：用于控制球面化程度。向右拖动滑块增加半径值，将生成较大的球面。

➡ 球面中心：用于修改球面的位置。

6.4.8　湍流置换

【湍流置换】视频效果用于使用不规则噪波置换素材。使用该视频效果能够使图像看起来具有动感，有时还可以将此效果用于海浪信号或流动的水。

使用【湍流置换】视频效果的方法很简单，在【效果】面板中，展开【视频效果】列表框，选择【扭曲】选项，再次展开列表框，选择【湍流置换】视频效果，按住鼠标左键并拖曳，将其添加至【时间轴】面板的【视频 1】轨道的视频素材上即可。图 6-61 所示为添加【湍流置换】视频效果的效果。

图 6-61

在添加了视频效果后，在【效果控件】面板的【湍流置换】选项区中，修改各湍流置换参数即可，如图 6-62 所示。

图 6-62

在【湍流置换】选项区中，各选项的含义如下。

➡ 置换：该列表框中包含【湍流】【凸出】【扭转】【湍流较平滑】【凸出较平滑】【扭转较平滑】【垂直置换】【水平置换】和【交叉置换】等命令。

➡ 数量：用于控制画面的变形程度。

➡ 大小：用于控制画面的扭曲幅度。

➡ 偏移（湍流）：用于设置扭曲的坐标位置。

➡ 复杂度：用于控制画面的复杂程度。

➡ 演化：用于控制画面中像素的变形程度。

➡ 演化选项：用于设置画面放大区域中的出入点、剪辑和抗锯齿等参数。

6.4.9　边角定位

使用【边角定位】视频效果可以通过上左、上右、下左和下右参数来扭曲图像。

使用【边角定位】视频效果的方法很简单，在【效果】面板中，展开【视频效果】列表框，选择【扭曲】选项，再次展开列表框，选择【边角定位】视频效果，按住鼠标左键并拖曳，将其添加至【时间轴】面板的【视频1】轨道的视频素材上即可。图6-63所示为添加【边角定位】视频效果的前后对比效果。

图6-63

在添加了视频效果后，在【效果控件】面板的【边角定位】选项区中，修改各边角定位参数即可，如图6-64所示。

图6-64

在【边角定位】选项区中，各选项的含义如下。

➥ 左上：用于调整素材左上角的坐标位置。其中，第一个参数用于设置素材左上角在水平方向的坐

标；第二个参数用于设置素材左上角的垂直方向的坐标。

➥ 右上：用于调整素材右上角的坐标位置。其中，第一个参数用于设置素材右上角在水平方向的坐标；第二个参数用于设置素材右上角的垂直方向的坐标。

➥ 左下：用于调整素材左下角的坐标位置。其中，第一个参数用于设置素材左下角在水平方向的坐标；第二个参数用于设置素材左下角的垂直方向的坐标。

➥ 右下：用于调整素材右下角的坐标位置。其中，第一个参数用于设置素材右下角在水平方向的坐标；第二个参数用于设置素材右下角的垂直方向的坐标。

★重点 6.4.10 实战：使用【镜像】效果

实例门类	软件功能

【镜像】视频效果用于对素材图像进行镜像操作，具体的操作方法如下。

Step01 新建一个名称为【6.4.10】的项目文件和一个序列预设【宽屏48kHz】的序列。

Step02 在【项目】面板中导入【美丽长岛】图像文件，如图6-65所示。

图6-65

Step03 在【项目】面板中选择新添加的图像素材，按住鼠标左键并拖曳，将其添加至【时间轴】面板的【视频1】轨道上，如图6-66所示。

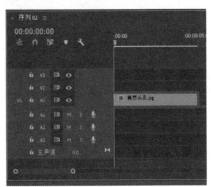

图6-66

Step04 在【节目监视器】面板中，调整图像的显示大小，如图6-67所示。

图6-67

Step05 在【效果】面板中，❶展开【视频效果】列表框，选择【扭曲】选项，❷再次展开列表框，选择【镜像】视频效果，如图6-68所示。

图6-68

Step06 在选择的视频效果上，按住鼠标左键并拖曳，将其添加至【视频1】轨道的图像素材上，释放鼠

标左键，完成【镜像】视频效果的添加操作。

Step07 选择图像素材，在【效果控件】面板中的【镜像】选项区中，修改【反射角度】参数为47°，如图6-69所示。

图 6-69

📹 **技术看板**

在【镜像】选项区中，各选项的含义如下。

➦ 反射中心：用于指定素材反射线的X和Y坐标。

➦ 反射角度：允许选择反射的位置。

Step08 完成【镜像】视频效果的修改，然后在【节目监视器】面板中预览添加【镜像】视频效果后的图像效果，如图6-70所示。

图 6-70

6.4.11 实战：使用【镜头扭曲】效果

实例门类	软件功能

使用【镜头扭曲】视频效果可

以对所处理的图像素材的画面效果进行改变，让图像素材的画面更具特点。

Step01 新建一个名称为【6.4.11】的项目文件和一个序列预设【宽屏48kHz】的序列。

Step02 在【项目】面板中导入【铅笔】视频文件，如图6-71所示。

图 6-71

Step03 在【项目】面板中选择新添加的视频素材，按住鼠标左键并拖曳，将其添加至【时间轴】面板的【视频1】轨道上，如图6-72所示。

图 6-72

Step04 在【节目监视器】面板中，调整视频素材的显示大小，如图6-73所示。

图 6-73

Step05 在【效果】面板中，❶展开【视频效果】列表框，选择【扭曲】选项，❷再次展开列表框，选择【镜头扭曲】视频效果，如图6-74所示。

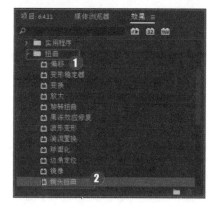

图 6-74

Step06 在选择的视频效果上，按住鼠标左键并拖曳，将其添加至【视频1】轨道的视频素材上，释放鼠标左键，完成【镜头扭曲】视频效果的添加操作。

Step07 选择视频素材，在【效果控件】面板中的【镜头扭曲】选项区中，❶修改【曲率】参数为-19，❷修改【垂直偏移】和【水平偏移】参数分别为6和-6，如图6-75所示。

图 6-75

技术看板

在【镜头扭曲】选项区中，各选项的含义如下。

➡ 曲率：更改镜头曲线。其中负值使得弯曲更加内向凹陷；正值使得弯曲更加向外凸出。

➡ 垂直偏移：更改镜头的垂直焦点。

➡ 水平偏移：更改镜头的水平焦点。

➡ 垂直棱镜效果：创建类似于垂直棱镜的效果。

➡ 水平棱镜效果：创建类似于水平棱镜的效果。

➡ 填充颜色：用填充色样本可以更改背景色。

Step 08 完成【镜头扭曲】视频效果的修改，然后在【节目监视器】面板中预览添加【镜头扭曲】视频效果后的图像效果，如图 6-76 所示。

图 6-76

6.4.12 果冻效应修复

可以利用 Premiere Pro 2020 中的【果冻效应修复】效果来去除扭曲伪像。

使用【果冻效应修复】视频效果的方法很简单，在【效果】面板中，展开【视频效果】列表框，选择【扭曲】选项，再次展开列表框，选择【果冻效应修复】视频效果，按住鼠标左键并拖曳，将其添加至【时间轴】面板的【视频1】轨道的视频素材上即可。图 6-77 所示为添加【果冻效应修复】视频效果的前后对比效果。

图 6-77

在添加了视频效果后，在【效果控件】面板的【果冻效应修复】选项区中，修改各果冻效应修复参数即可，如图 6-78 所示。

图 6-78

在【果冻效应修复】选项区中，各选项的含义如下。

➡ 果冻效应比率：制定帧速率（扫描时间）的百分比。

➡ 扫描方向：指定发生果冻效应扫描的方向。大多数摄像机从顶部到底部扫描传感器。对于智能手机，可颠倒或旋转式操作摄像机，这样可能需要不同的扫描方向。

➡ 方法：指示是否使用光流分析和像素运动再定时来生成无变形的帧（像素运动），或者是否可以使用某种稀疏点跟踪和变形方法（变形）。

➡ 详细分析：在变形中执行更为详细的点分析。在使用【变形】方法时可用。

➡ 像素运动细节：指定光流矢量场计算可以达到的详细程度。在使用【像素移动】方法时可用。

6.5 时间类视频效果

时间类视频效果主要用于调整视频素材中的帧。【时间】效果组中包含【残影】和【色调分离时间】效果。本节将详细讲解使用时间类视频效果的具体方法。

6.5.1 实战：使用【残影】效果

实例门类	软件功能

使用【残影】视频效果可以创建视觉重影，并将选定素材的帧进行多次重复，这仅仅在显示运动的素材中有效，具体的操作方法如下。

Step01 新建一个名称为【6.5.1】的项目文件和一个序列预设【标准48kHz】的序列。

Step02 在【项目】面板中导入【飞机】和【天空背景】图像文件，如图6-79所示。

图 6-79

Step03 在【项目】面板中选择新添加的图像素材，按住鼠标左键并拖曳，将其添加至【时间轴】面板的【视频1】和【视频2】轨道上，如图6-80所示。

图 6-80

Step04 选择【飞机】图像文件，在【效果控件】面板中，在00：00：00：00的位置，修改【位置】为568.5和123、【缩放】为38；在00：00：03：06的位置，修改【位置】为315.5和265、【缩放】为72，添加多组关键帧，如图6-81所示。

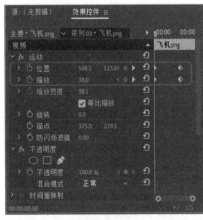

图 6-81

Step05 在【效果】面板中，❶展开【视频效果】列表框，选择【时间】选项，❷再次展开列表框，选择【残影】视频效果，如图6-82所示。

图 6-82

Step06 在选择的视频效果上，按住鼠标左键并拖曳，将其添加至【视频2】轨道的图像素材上，释放鼠标左键，完成【残影】视频效果的添加操作。

Step07 选择图像素材，在【效果控件】面板中的【残影】选项区中，在00：00：00：00的位置，修改【残影数量】为2；在00：00：03：06的位置，修改【残影数量】为0，添加多组关键帧，如图6-83所示。

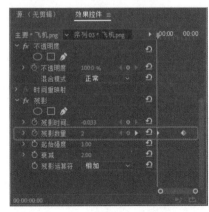

图 6-83

技术看板

在【残影】选项区中，各选项的含义如下。

- 残影时间：用于调节残影时间的时间间隔。
- 残影数量：用于指定视频效果同时显示的帧数。
- 起始强度：用于调节第一帧的强度。
- 衰减：用于调节残影消散的速度。
- 残影运算符：用于合并残影的混合运算。

Step08 完成【残影】视频效果的修改，然后在【节目监视器】面板中预览添加【残影】视频效果后的图像效果，如图 6-84 所示。

图 6-84

6.5.2 色调分离时间

【色调分离时间】视频效果可以控制素材的帧速率设置，并替代在效果控件【帧速率】滑块中的帧速率。

使用【色调分离时间】视频效果的方法很简单，在【效果】面板中，展开【视频效果】列表框，选择【时间】选项，再次展开列表框，选择【色调分离时间】视频效果，按住鼠标左键并拖曳，将其添加至

【时间轴】面板的【视频 1】轨道的视频素材上即可。

在添加了视频效果后，在【效果控件】面板的【色调分离时间】选项区中，修改各色调分离时间参数即可，如图 6-85 所示。

在【色调分离时间】选项区中，【帧速率】参数是用于调整视频中所显示的静止帧格数。

图 6-85

6.6 杂色与颗粒类视频效果

杂色与颗粒类视频效果主要用于在素材画面上添加杂波或颗粒效果。【杂色与颗粒类】效果组中包含【中间值】【杂色】【蒙尘与划痕】和【杂色HLS】效果。本节将详细讲解使用杂色与颗粒类视频效果的具体方法。

6.6.1 实战：使用【中间值】效果

实例门类	软件功能

使用【中间值】视频效果可以减少画面中的杂波，具体的操作方法如下。

Step01 新建一个名称为【6.6.1】的项目文件和一个序列预设【标准48kHz】的序列。

Step02 在【项目】面板中导入【水果】图像文件，如图 6-86 所示。

图 6-86

Step03 在【项目】面板中选择新添加的图像素材，按住鼠标左键并拖曳，将其添加至【时间轴】面板的【视频

1】轨道上，如图 6-87 所示。

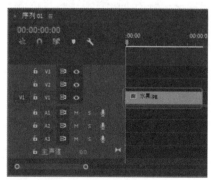

图 6-87

Step04 在【节目监视器】面板中，调整图像素材显示大小，如图 6-88 所示。

图 6-88

Step05 在【效果】面板中，❶展开【视频效果】列表框，选择【杂色与颗粒】选项，❷再次展开列表框，选择【中间值（旧版）】视频效果，如图 6-89 所示。

图 6-89

Step06 在选择的视频效果上，按住鼠标左键并拖曳，将其添加至【视频 1】轨道的图像素材上，释放鼠标左键，完成【中间值】视频效果的添加操作。

Step07 选择图像素材，在【效果控件】面板中的【中间值（旧版）】选项区中，修改【半径】参数为6，如图 6-90 所示。

图 6-90

技术看板

在【中间值（旧版）】选项区中可以指定【半径】参数值用来调整像素半径区域内的像素，当输入的【半径】值较大，那么图像看起来就像是用颜料画出的。勾选【在Alpha通道上操作】复选框，可以将特效应用到图像的Alpha通道上，就像应用到图像中的一样。

Step08 完成【中间值】视频效果的修改，然后在【节目监视器】面板中预览添加【中间值】视频效果后的图像效果，如图 6-91 所示。

图 6-91

6.6.2 杂色

使用【杂色】视频效果可以随机修改视频素材中的颜色，使素材呈现出颗粒状。

使用【杂色】视频效果的方法很简单，在【效果】面板中，展开【视频效果】列表框，选择【杂色与颗粒】选项，再次展开列表框，选择【杂色】视频效果，按住鼠标左键并拖曳，将其添加至【时间轴】面板的【视频 1】轨道的视频素材上即可。图 6-92 所示为添加【杂色】视频效果的前后对比效果。

图 6-92

添加了视频效果后，在【效果控件】面板的【杂色】选项区中，修改各杂色参数即可，如图 6-93 所示。

图 6-93

在【杂色】选项区中，各选项的含义如下。

➡ 杂色数量：用来指定想要添加到素材中的杂波或颗粒的数量。添加的杂波越多，消失在创建的杂波中的图像越多。

➡ 杂色类型：勾选【使用颜色杂色】复选框，视频效果将会随机修改图像中的像素；若取消勾选该复选框，则图像中的红、绿和蓝色通道上将会添加相同数量的杂波。

➡️ 剪切：勾选【剪切结果值】复选框，当杂波值在达到某个点后会以较小的值开始增加；若取消勾选该复选框，则会发现图像完全消失在杂波中。

6.6.3 杂色 Alpha

使用【杂色 Alpha】视频效果可以用受影响素材的 Alpha 通道来创建杂波。

使用【杂色 Alpha】视频效果的方法很简单，在【效果】面板中，展开【视频效果】列表框，选择【杂色与颗粒】选项，再次展开列表框，选择【杂色 Alpha】视频效果，按住鼠标左键并拖曳，将其添加至【时间轴】面板的【视频1】轨道的视频素材上即可。图 6-94 所示为添加【杂色 Alpha】视频效果的前后对比效果。

图 6-94

添加了视频效果后，在【效果控件】面板的【杂色 Alpha】选项区中，修改各参数即可，如图 6-95 所示。

图 6-95

在【杂色 Alpha】选项区中，各选项的含义如下。

➡️ 杂色：为素材选择杂波类型。

➡️ 数量：设置杂质总数。

➡️ 原始 Alpha：用于选择一个设置透明通道的类型。

➡️ 溢出：选择一种模式，设置效果如何映射到灰度范围之外。

➡️ 随机植入：当杂色选择均匀随机或随机方形的时候，激活【随机植入】，然后设置【随机植入】参数。

➡️ 杂色选项（动画）：设置阈值的循环动画。

6.6.4 蒙尘与划痕

使用【蒙尘与划痕】视频效果可以将不相似的画面像素进行修改并创建杂波。

使用【蒙尘与划痕】视频效果的方法很简单，在【效果】面板中，展开【视频效果】列表框，选择【杂色与颗粒】选项，再次展开列表框，选择【蒙尘与划痕】视频效果，按住鼠标左键并拖曳，将其添加至

【时间轴】面板的【视频1】轨道的视频素材上即可。图 6-96 所示为添加【蒙尘与划痕】视频效果的前后对比效果。

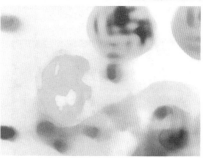

图 6-96

添加了视频效果后，在【效果控件】面板的【蒙尘与划痕】选项区中，修改各参数即可，如图 6-97 所示。

图 6-97

在【蒙尘与划痕】选项区中，各选项的含义如下。

➡️ 半径：用于设置蒙尘和划痕颗粒的半径值。

➡️ 阈值：用于设置画面中各色调之

间的容差度。

➡ 在 Alpha 通道：勾选该复选框，则调整后的效果仅用于 Alpha 通道。

6.6.5 杂色 HLS 自动

使用【杂色 HLS 自动】视频效果可以用色相、亮度和饱和度创建杂波，也可以创建杂波动画。

使用【杂色 HLS 自动】视频效果的方法很简单，在【效果】面板中，展开【视频效果】列表框，选择【杂色与颗粒】选项，再次展开列表框，选择【杂色 HLS 自动】视频效果，按住鼠标左键并拖曳，将其添加至【时间轴】面板的【视频 1】轨道的视频素材上即可。图 6-98 所示为添加【杂色 HLS 自动】视频效果的前后对比效果。

图 6-98

添加了视频效果后，在【效果控件】面板的【杂色 HLS 自动】选项区中，修改各参数即可，如图 6-99 所示。

图 6-99

在【杂色 HLS 自动】选项区中，各选项的含义如下。

➡ 杂色：用于设置噪波的类型，该列表框中包含【均匀】【方形】和【颗粒】3 种类型。

➡ 色相：用于调整画面中颗粒的色相参数。

➡ 亮度：用于调整画面中颗粒的明暗度参数。

➡ 饱和度：用于调整画面中噪波饱和度的强弱。

➡ 颗粒大小：用于调整画面中颗粒的面积大小。

➡ 杂色动画速度：用于调整画面中颗粒的移动速度。

6.6.6 杂色 HLS

使用【杂色 HLS】视频效果可以为图像素材添加杂质效果。

使用【杂色 HLS】视频效果的方法很简单，在【效果】面板中，展开【视频效果】列表框，选择【杂色与颗粒】选项，再次展开列表框，选择【杂色 HLS】视频效果，按住鼠标左键并拖曳，将其添加至【时间轴】面板的【视频 1】轨道的视频素材上即可。图 6-100 所示为添加【杂色 HLS】视频效果的前后对比效果。

图 6-100

添加了视频效果后，在【效果控件】面板的【杂色 HLS】选项区中，修改各参数即可，如图 6-101 所示。

图 6-101

在【杂色 HLS】选项区中，各选项的含义如下。

➡ 杂色：选择添加的杂质类型。

➡ 色相：调整素材杂质的色彩值数比例。

➡ 亮度：控制杂质的灰色颜色值数量。

➡ 饱和度：调整所添杂质的饱和度。

➡ 颗粒大小：对颗粒进行设置。

➡ 杂色相位：设置杂质的方向角度。

6.7 模糊与锐化类视频效果

模糊与锐化类视频效果主要用于对素材画面进行模糊或锐化操作。【模糊与锐化类】效果组中包含【复合模糊】【方向模糊】【相机模糊】和【锐化】等视频效果。本节将详细讲解使用模糊与锐化类视频效果的具体方法。

6.7.1 实战：使用【复合模糊】效果

实例门类	软件功能

使用【复合模糊】视频效果可以创建出基于亮度值模糊图像，并使图像具有烟熏效果，具体的操作方法如下。

Step01 新建一个名称为【6.7.1】的项目文件和一个序列预设【标准48kHz】的序列。

Step02 在【项目】面板中导入【小米椒】图像文件，如图 6-102 所示。

图 6-102

Step03 在【项目】面板中选择新添加的图像素材，按住鼠标左键并拖曳，将其添加至【时间轴】面板的【视频1】轨道上，如图 6-103 所示。

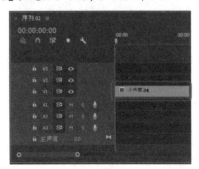

图 6-103

Step04 在【节目监视器】面板中，调整图像素材显示大小，如图 6-104 所示。

图 6-104

Step05 在【效果】面板中，❶展开【视频效果】列表框，选择【模糊与锐化】选项，❷再次展开列表框，选择【复合模糊】视频效果，如图 6-105 所示。

图 6-105

Step06 在选择的视频效果上，按住鼠标左键并拖曳，将其添加至【视频1】轨道图像素材上，释放鼠标左键即可。

Step07 选择图像素材，在【效果控件】面板中的【复合模糊】选项区中，修改【最大模糊】参数为23，如图 6-106 所示。

图 6-106

技术看板

在"复合模糊"选项区中，各选项的含义如下。

➡ 模糊图层：用于设置模糊对象的图层。

➡ 最大模糊：用于设置方形像素块在画面中呈现的模糊效果，数值越大，像素块的形状也越大。

➡ 如果图层大小不同：勾选【伸缩对应图以适应】复选框，可以为两个不同尺寸的素材自动调整像素模糊的大小。

➡ 反转模糊：勾选该复选框，可以对模糊效果进行反转处理。

Step08 完成【复合模糊】视频效果的修改，然后在【节目监视器】面板中预览添加【复合模糊】视频效果后的图像效果，如图 6-107 所示。

图 6-107

【复合模糊】视频特效是基于【模糊图层】的。单击【模糊图层】下三角按钮，选择一个视频轨道，如果需要，可以使用一个轨道模糊另一个轨道，创建出非常有趣的叠加效果。

6.7.2 减少交错闪烁

使用【减少交错闪烁】视频效果可以快速模糊素材图像。

使用【减少交错闪烁】视频效果的方法很简单，在【效果】面板中展开【视频效果】列表框，选择【模糊与锐化】选项，再次展开列表框，选择【减少交错闪烁】视频效果，按住鼠标左键并拖曳，将其添加至【时间轴】面板的【视频1】轨道的视频素材上即可。图6-108所示为添加【减少交错闪烁】视频效果的前后对比效果。

图 6-108

在添加了视频效果后，在【效果控件】面板的【减少交错闪烁】选项区中，修改【柔和度】参数值即

可，如图6-109所示。

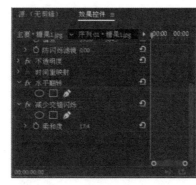

图 6-109

6.7.3 方向模糊

使用【方向模糊】视频效果可以沿指定方向模糊图像，从而创建运动效果。使用【方向模糊】视频效果的方法很简单，在【效果】面板中，展开【视频效果】列表框，选择【模糊与锐化】选项，再次展开列表框，选择【方向模糊】视频效果，按住鼠标左键并拖曳，将其添加至【时间轴】面板的【视频1】轨道的视频素材上即可。图6-110所示为添加【方向模糊】视频效果的前后对比效果。

图 6-110

在添加了视频效果后，在【效果控件】面板的【方向模糊】选项区中，修改各参数即可，如图6-111所示。

图 6-111

在【方向模糊】选项区中，各选项的含义如下。

→ 方向：用于调整画面中的模糊方向。

→ 模糊长度：用于调整画面中的模糊长度。

6.7.4 相机模糊

【相机模糊】视频效果可以组合关键帧，模拟出对准焦点和失去焦点时的图像效果，还可以模拟出【摄像机模糊】特效。

使用【相机模糊】视频效果的方法很简单，在【效果】面板中，展开【视频效果】列表框，选择【模糊与锐化】选项，再次展开列表框，选择【相机模糊】视频效果，按住鼠标左键并拖曳，将其添加至【时间轴】面板的【视频1】轨道的视频素材上即可。图6-112所示为添加【相机模糊】视频效果的前后对比效果。

图 6-112

在添加了视频效果后，在【效果控件】面板的【相机模糊】选项区中，可以通过拖曳【百分比模糊】滑块，来控制模糊效果，如图 6-113所示。

图 6-113

6.7.5　通道模糊

【通道模糊】视频效果通过使用红色、绿色、蓝色或 Alpha 通道来模糊图像。

使用【通道模糊】视频效果的方法很简单，在【效果】面板中，展开【视频效果】列表框，选择【模糊与锐化】选项，再次展开列表框，选择【通道模糊】视频效果，按住鼠标左键并拖曳，将其添加至【时间轴】面板的【视频 1】轨道的视频素材上即可。图 6-114 所示为添加【通道模糊】视频效果的前后对比效果。

图 6-114

在添加了视频效果后，在【效果控件】面板的【通道模糊】选项区中，修改各参数即可，如图 6-115所示。

图 6-115

在【通道模糊】选项区中，各选项的含义如下。

- ➥ 红色模糊度：用于调整画面中的红色数量和在红色通道中的模糊程度。
- ➥ 绿色模糊度：用于调整画面中的绿色数量和在绿色通道中的模糊程度。
- ➥ 蓝色模糊度：用于调整画面中的蓝色数量和在蓝色通道中的模糊程度。
- ➥ Alpha 模糊度：用于调整 Alpha 通道的模糊程度。
- ➥ 边缘特性：勾选【重复边缘像素】复选框，可以均匀模糊素材边缘。
- ➥ 模糊维度：用于设置模糊维度的类型，包含【水平和垂直】【水平】【垂直】3 种类型。

6.7.6　钝化蒙版

使用【钝化蒙版】视频效果可以模糊素材画面，同时调整素材的曝光和饱和度。

使用【钝化蒙版】视频效果的方法很简单，在【效果】面板中，展开【视频效果】列表框，选择【模糊与锐化】选项，再次展开列表框，选择【钝化蒙版】视频效果，按住鼠标左键并拖曳，将其添加至【时间轴】面板的【视频 1】轨道的视频素材上即可。图 6-116 所示为添加【钝化蒙版】视频效果的前后对比效果。

图 6-116

在添加了视频效果后，在【效果控件】面板的【钝化蒙版】选项区中，修改各参数即可，如图 6-117 所示。

图 6-117

在【钝化蒙版】选项区中，各选项的含义如下。

➡ 数量：用于设置画面的锐化程度。

➡ 半径：用于设置画面的曝光半径。

➡ 阈值：用于设置画面中模糊程度的容差值，其取值范围为 0~255，该值越小，效果越明显。

★重点 6.7.7 实战：使用【锐化】效果

实例门类	软件功能

使用【锐化】视频效果可以快速聚焦模糊边缘，提高画面的清晰度，具体的操作方法如下。

Step 01 新建一个名称为【6.7.7】的项目文件和一个序列预设【标准

48kHz】的序列。

Step 02 在【项目】面板中导入【棒棒糖】图像文件，如图 6-118 所示。

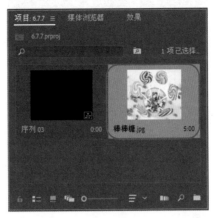

图 6-118

Step 03 在【项目】面板中选择新添加的图像素材，按住鼠标左键并拖曳，将其添加至【时间轴】面板的【视频1】轨道上，如图 6-119 所示。

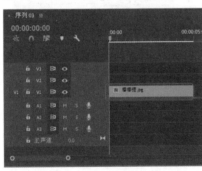

图 6-119

Step 04 在【节目监视器】面板中，调整图像素材显示大小，如图 6-120 所示。

图 6-120

Step 05 在【效果】面板中，❶展开

【视频效果】列表框，选择【模糊与锐化】选项，❷再次展开列表框，选择【锐化】视频效果，如图 6-121 所示。

图 6-121

Step 06 在选择的视频效果上，按住鼠标左键并拖曳，将其添加至【视频1】轨道的图像素材上，释放鼠标左键，完成【锐化】视频效果的添加操作。

Step 07 选择图像素材，在【效果控件】面板中的【锐化】选项区中，修改【锐化量】参数为85，如图 6-122 所示。

技术看板

在【锐化】选项区中，拖曳【锐化量】滑块可以调整锐化程度，此滑块的取值范围是 0~100。

图 6-122

113

Step 08 完成【锐化】视频效果的修改，然后在【节目监视器】面板中预览添加【锐化】视频效果后的图像效果，如图 6-123 所示。

图 6-123

★重点 6.7.8 实战：使用【高斯模糊】效果

实例门类	软件功能

使用【高斯模糊】视频效果可以模糊视频，使视频画面模糊又平滑，从而有效降低素材的层次细节，具体的操作方法如下。

Step 01 新建一个名称为【6.7.8】的项目文件和一个序列预设【标准48kHz】的序列。

Step 02 在【项目】面板中导入【花朵装饰】图像文件，如图 6-124 所示。

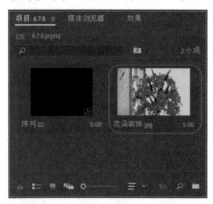

图 6-124

Step 03 在【项目】面板中选择新添加的图像素材，按住鼠标左键并拖曳，将其添加至【时间轴】面板的【视频

1】轨道上，如图 6-125 所示。

图 6-125

Step 04 在【节目监视器】面板中，调整图像素材显示大小，如图 6-126 所示。

图 6-126

Step 05 在【效果】面板中，❶展开【视频效果】列表框，选择【模糊与锐化】选项，❷再次展开列表框，选择【高斯模糊】视频效果，如图 6-127 所示。

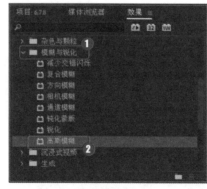

图 6-127

Step 06 在选择的视频效果上，按住鼠标左键并拖曳，将其添加至【视频1】轨道的图像素材上，释放鼠

标左键，完成【高斯模糊】视频效果的添加操作。

Step 07 选择图像素材，在【效果控件】面板中的【高斯模糊】选项区中，修改【模糊度】参数为11，如图 6-128 所示。

图 6-128

技术看板

在【高斯模糊】选项区中，各选项的含义如下。

→ 模糊度：用于设置画面效果的模糊强弱。

→ 模糊尺寸：用于调整画面的模糊方式，包含【水平和垂直】【水平】和【垂直】3 种方式。

→ 重复边缘像素：勾选该复选框，可以像素模糊素材的边缘。

Step 08 完成【高斯模糊】视频效果的修改，然后在【节目监视器】面板中预览添加【高斯模糊】视频效果后的图像效果，如图 6-129 所示。

图 6-129

6.8 生成类视频效果

生成类视频效果主要用于在素材画面上添加书写、渐变、棋盘、镜头光晕等效果。【生成类】效果组中包含【书写】【四色渐变】【油漆桶】【镜头光晕】和【闪电】等视频效果。本节将详细讲解使用生成类视频效果的具体方法。

6.8.1 实战：使用【书写】效果

实例门类	软件功能

【书写】视频特效用于在视频素材上制作出彩色笔触动画，还可以和受其影响的素材一起使用，具体的操作方法如下。

Step01 在欢迎界面中单击【打开项目】按钮，打开【素材与效果\第6章\6.8.1】文件夹中的【6.8.1.prproj】项目文件，其图像效果如图6-130所示。

图 6-130

Step02 在【效果】面板中，❶展开【视频效果】列表框，选择【生成】选项，再次展开列表框，❷选择【书写】视频效果，如图6-131所示。

图 6-131

Step03 在选择的视频效果上，按住鼠标左键并拖曳，将其添加至【视频1】轨道视频素材上，释放鼠标左键即可。

Step04 选择视频素材，在【效果控件】面板中的【书写】选项区中，单击【颜色】右侧的颜色块，如图6-132所示。

图 6-132

Step05 打开【拾色器】对话框，❶修改RGB参数分别为115、215、27，❷单击【确定】按钮，如图6-133所示。

图 6-133

Step06 ❶返回到【书写】选项区，完成颜色的设置，然后修改【画笔位置】参数为280和200，❷修改【画笔大小】为46、【画笔硬度】为100%、【描边长度】为6，如图6-134所示。

图 6-134

技术看板

在【书写】选项区中，各选项的含义如下。

➡ 画笔位置：用于设置画笔所在的位置。

➡ 颜色：用于设置画笔的颜色。

➡ 画笔大小：用于设置画笔的粗细程度。

➡ 画笔硬度：用于设置书写时笔刷的硬度。

➡ 画笔不透明度：用于设置笔刷的不透明度。

➡ 描边长度（秒）：用于设置笔刷在素材上的停留时长。

➡ 画笔间隔（秒）：用于设置笔触之间的间隔时长。

➡ 绘制时间属性：用于设置画笔的色彩类型，包含【不透明度】和【颜色】两种类型。

➡ 画笔时间属性：用于设置画笔的笔触类型，包含【大小】【硬度】和【大小和硬度】3种笔触类型。

➡ 绘制样式：用于设置笔触的混合样式。

Step07 在【效果控件】面板中，选择

【书写】视频效果，然后单击鼠标右键，在弹出快捷菜单中，选择【复制】命令，复制效果，如图6-135所示。

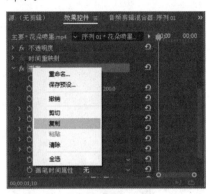

图6-135

Step08 在【效果控件】面板中的空白处单击鼠标右键，在弹出的快捷菜单中，选择【粘贴】命令，粘贴视频效果，如图6-136所示。

图6-136

Step09 选择粘贴后的视频效果，依次修改画笔的位置、颜色和大小等参数值，如图6-137所示。

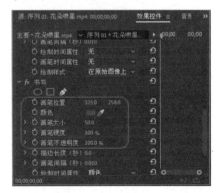

图6-137

Step10 使用同样的方法，再次复制一个视频效果，并进行参数修改，如图6-138所示。

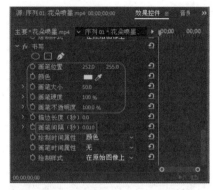

图6-138

Step11 完成【书写】视频效果的添加，然后在【节目监视器】面板中，单击【播放-停止切换】按钮，预览最终的视频效果，如图6-139所示。

图6-139

6.8.2 单元格图案

【单元格图案】视频效果可以创建有趣的背景特效，或者用作蒙版。

使用【单元格图案】视频效果的方法很简单，在【效果】面板中，选择【生成】选项，再次展开列表框，选择【单元格图案】视频效果，按住鼠标左键并拖曳，将其添加至【时间轴】面板的【视频1】轨道的视频素材上即可。图6-140所示为添加【单元格图案】视频效果的图像效果。

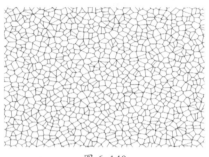

图6-140

添加了视频效果后，在【效果控件】面板的【单元格图案】选项区中，修改各参数值，如图6-141所示。

图6-141

在【单元格图案】选项区中，各选项的含义如下。

➥ 单元格图案：用于设置单元格图案的纹理样式，其列表框中包含【气泡】【晶体】和【枕状】等12种纹理样式。

➥ 反转：勾选该复选框，将转换画面的纹理颜色。

➥ 对比度：用于调整画面中纹理图案的对比度强弱。

➥ 溢出：用于设置蜂巢图案溢出部分的方式，包含【剪切】【柔和固定】和【反绕】3种方式。

➥ 分散：用于设置画面中蜂巢图案

的分布数量。

→ 大小: 用于设置画面中蜂巢图案的大小。

→ 偏移: 用于设置画面中蜂巢图案的坐标位置。

→ 平铺选项: 用于设置蜂巢图案在画面中水平或垂直的分布数量。

→ 演化: 用于设置蜂巢图案在画面中运动的角度及颜色分布。

→ 演化选项: 用于设置蜂巢图案的运动参数及分布变化。

6.8.3 吸管填充

使用【吸管填充】视频效果可以在素材中选择一种颜色,然后使用混合模式将选择的颜色应用于第二个素材上。使用【吸管填充】视频效果的方法很简单,在【效果】面板中,选择【生成】选项,再次展开列表框,选择【吸管填充】视频效果,按住鼠标左键并拖曳,将其添加至【时间轴】面板的【视频1】轨道的视频素材上即可。图6-142所示为添加【吸管填充】视频效果的前后对比效果。

图 6-142

添加视频效果后,在【效果控件】面板的【吸管填充】选项区中,修改各参数即可,如图6-143所示。

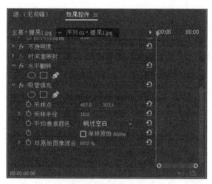

图 6-143

在【吸管填充】选项区中,各选项的含义如下。

→ 采样点: 用于设置采样颜色的区域位置。

→ 采样半径: 用于设置采样颜色的区域半径。

→ 平均像素颜色: 用于设置采样的颜色值。

→ 保持原始Alpha: 勾选该复选框后,将保持原始剪辑的Alpha通道。

→ 与原始图像混合: 用于设置素材中填充颜色的不透明度。图6-144所示为设置不同【与原始图像混合】参数的对比效果。

图 6-144

★重点 6.8.4 实战: 使用【四色渐变】效果

实例门类	软件功能

【四色渐变】视频效果可以应用于用纯黑视频来创建一个四色渐变,或者应用于用图像来创建有趣的混合效果,具体的操作方法如下。

Step01 新建一个名称为【6.8.4】的项目文件和一个序列预设【宽屏48kHz】的序列。

Step02 在【项目】面板中导入【花朵】视频文件,如图6-145所示。

图 6-145

Step03 在【项目】面板中选择新添加的图像素材,按住鼠标左键并拖曳,将其添加至【时间轴】面板的【视频1】轨道上,如图6-146所示。

图 6-146

Step**04** 在【节目监视器】面板中，调整视频素材显示大小，如图 6-147 所示。

图 6-147

Step**05** 在【效果】面板中，❶展开【视频效果】列表框，选择【生成】选项，再次展开列表框，❷选择【四色渐变】视频效果，如图 6-148 所示。

图 6-148

Step**06** 在选择的视频效果上，按住鼠标左键并拖曳，将其添加至【视频1】轨道的视频素材上，释放鼠标左键，完成【四色渐变】视频效果的添加操作。

Step**07** 选择视频素材，在【效果控

件】面板中的【四色渐变】选项区中，其他颜色参数保持不变，修改【混合模式】为【柔光】，如图 6-149 所示。

图 6-149

Step**08** 完成【四色渐变】视频效果的修改，然后在【节目监视器】面板中，单击【播放-停止切换】按钮，预览添加【四色渐变】视频效果后的图像效果，如图 6-150 所示。

图 6-150

技术看板

在【四色渐变】选项区中，各选项含义如下。

➡ 位置和颜色：用于设置渐变颜色的坐标位置和颜色倾向，不同的数值会使画面产生不同的效果。

➡ 混合：用于设置渐变色在画面中的明度。

➡ 抖动：用于设置颜色变化的流量。

➡ 不透明度：用于设置渐变色效果的不透明度。

➡ 混合模式：用于设置渐变层与原始素材的混合方式。

6.8.5　棋盘

使用【棋盘】视频效果可以在黑场视频或彩色蒙版上创建一个棋盘背景，也可以作为蒙版使用。

使用【棋盘】视频效果的方法很简单，在【效果】面板中，展开【视频效果】列表框，选择【生成】选项，再次展开列表框，选择【棋盘】视频效果，按住鼠标左键并拖曳，将其添加至【时间轴】面板的【视频1】轨道的视频素材上即可。图 6-151 所示为添加【棋盘】视频效果后不同宽度参数的效果。

图 6-151

添加了视频效果后，在【效果控件】面板的【棋盘】选项区中，修

改各参数即可，如图 6-152 所示。

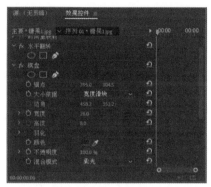

图 6-152

在【棋盘】选项区中，各选项的含义如下。

➥ 锚点：用于设置棋盘格的坐标位置。

➥ 大小依据：用于设置棋盘格的形状，包含【宽度滑块】【边角点】和【宽度和高度滑块】3 种形状类型。

➥ 边角：用于设置棋盘格的边角位置和大小。

➥ 宽度：用于设置棋盘格的宽度。

➥ 高度：用于设置棋盘格的高度。

➥ 羽化：用于设置棋盘格高度和宽度的羽化程度。

➥ 颜色：用于设置棋盘格的颜色。

➥ 不透明度：用于设置棋盘格的不透明度。

➥ 混合模式：用于设置棋盘格和原始素材的混合程度。

6.8.6　椭圆

使用【椭圆】视频效果可以在素材画面上创建椭圆形状。

使用【椭圆】视频效果的方法很简单，在【效果】面板中，展开【视频效果】列表框，选择【生成】选项，再次展开列表框，选择【椭圆】视频效果，按住鼠标左键并拖曳，将其添加至【时间轴】面板的【视频 1】轨道的视频素材上即可。图 6-153 所示为添加【椭圆】视频效果的前后对比效果。

图 6-153

添加了视频效果后，在【效果控件】面板的【椭圆】选项区中，修改各参数即可，如图 6-154 所示。

图 6-154

在【椭圆】选项区中，各选项的含义如下。

➥ 中心：用于设置椭圆的坐标位置。

➥ 宽度：用于设置椭圆的宽度。

➥ 高度：用于设置椭圆的高度。

➥ 厚度：用于设置椭圆的边缘厚度。

➥ 柔和度：用于设置椭圆边缘的羽化程度。

➥ 内部颜色：用于设置椭圆线条的内部填充颜色。

➥ 外部颜色：用于设置椭圆线条的边缘填充颜色。

➥ 在原始图像上合成：勾选该复选框，可以在椭圆形状下方显示源素材。

6.8.7　圆形

使用【圆形】视频效果可以在素材画面上创建圆形形状。

使用【圆形】视频效果的方法很简单，在【效果】面板中，展开【视频效果】列表框，选择【生成】选项，再次展开列表框，选择【圆形】视频效果，按住鼠标左键并拖曳，将其添加至【时间轴】面板的【视频 1】轨道的视频素材上即可。图 6-155 所示为添加【圆形】视频效果的图像效果。

图 6-155

添加了视频效果后，在【效果控件】面板的【圆形】选项区中，修改各参数即可，如图 6-156 所示。

图 6-156

在【圆形】选项区中，各选项的含义如下。

- 中心：用于设置圆形的坐标位置。
- 半径：用于设置圆形的形状大小。
- 边缘：用于设置圆形的边缘类型。
- 未使用：当【边缘】选项为【无】时，才能显示【未使用】选项。
- 羽化：用于设置圆形的边缘羽化程度。
- 反转圆形：勾选该复选框，可以反转画面颜色。
- 颜色：用于设置圆形的填充颜色。
- 不透明度：用于设置圆形的不透明度。
- 混合模式：用于设置圆形和原始素材的混合程度。

6.8.8 油漆桶

使用【油漆桶】视频效果可以为图像着色或者对图像的某个区域应用纯色。

使用【油漆桶】视频效果的方法很简单，在【效果】面板中，展开【视频效果】列表框，选择【生成】选项，再次展开列表框，选择【油漆桶】视频效果，按住鼠标左键并拖曳，将其添加至【时间轴】面板的【视频1】轨道的视频素材上即可。图 6-157 所示为添加【油漆桶】

视频效果的前后对比效果。

图 6-157

添加了视频效果后，在【效果控件】面板的【油漆桶】选项区中，修改各参数值即可，如图 6-158 所示。

图 6-158

在【油漆桶】选项区中，各选项的含义如下。

- 填充点：用于设置填充颜色的所在位置。
- 填充选择器：用于选择颜色的填充形式，包含【颜色和 Alpha】【直接颜色】【透明度】【不透明

度】和【Alpha通道】5 种填充形式。

- 容差：用于设置填充颜色的区域容差度。
- 查看阈值：勾选该复选框后，画面将以黑白阈值效果呈现。
- 描边：用于设置画笔的描边样式，包含【消除锯齿】【羽化】【扩展】【阻塞】和【描边】5 种样式。
- 未使用：当【描边】为【消除锯齿】时，将显示该选项。
- 反转填充：勾选该复选框，则可以反向填充颜色。
- 颜色：用于设置填充颜色。
- 不透明度：用于设置颜色的不透明度参数。
- 混合模式：用于设置填充颜色和原始素材颜色的混合程度。

6.8.9 渐变

使用【渐变】视频效果可以创建线性渐变或放射渐变。

使用【渐变】视频效果的方法很简单，在【效果】面板中，展开【视频效果】列表框，选择【生成】选项，再次展开列表框，选择【渐变】视频效果，按住鼠标左键并拖曳，将其添加至【时间轴】面板的【视频1】轨道的视频素材上即可。图 6-159 所示为添加【渐变】视频效果后的图像效果。

图 6-159

添加了视频效果后，在【效果控件】面板的【渐变】选项区中，修改各参数即可，如图6-160所示。

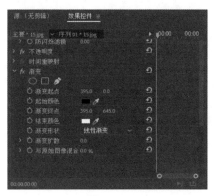

图 6-160

在【渐变】选项区中，各选项的含义如下。

➥ 渐变起点：用于设置渐变的初始位置。

➥ 起始颜色：用于设置渐变的起始颜色。

➥ 渐变终点：用于设置渐变的结束位置。

➥ 结束颜色：用于设置渐变的结束颜色。

➥ 渐变形状：用于设置渐变的方式，包含【线性渐变】和【径向渐变】2种方式。

➥ 渐变扩散：用于设置画面中渐变的扩散程度。

➥ 与原始图像混合：用于设置渐变层与原始图层的混合程度。

6.8.10　网格

使用【网格】视频效果可以创建栅格，使其用作蒙版，还可以通过混合模式选项来进行叠加。

使用【网格】视频效果的方法很简单，在【效果】面板中，展开【视频效果】列表框，选择【生成】选项，再次展开列表框，选择【网格】视频效果，按住鼠标左键并拖曳，将其添加至【时间轴】面板的【视频1】轨道的视频素材上即可。图6-161所示为添加【网格】视频效果的前后对比效果。

图 6-161

在添加了视频效果后，在【效果控件】面板的【网格】选项区中，修改各参数即可，如图6-162所示。

图 6-162

在【网格】选项区中，各选项的含义如下。

➥ 锚点：用于设置水平和垂直方向的网格数量。

➥ 大小依据：用于设置网格的类型，包含【边角点】【宽度滑度】和【宽度和高度滑块】3种网格类型。

➥ 边角：用于设置网格边角所在的位置。

➥ 宽度：用于设置矩形网格的宽度。

➥ 高度：用于设置矩形网格的高度。

➥ 边框：用于设置网格边框的粗细程度。

➥ 羽化：用于设置网格水平和垂直边线的模糊程度。

➥ 反转网格：勾选该复选框，可以反转画面中的网格颜色。

➥ 颜色：用于设置网格的颜色。

➥ 不透明度：用于设置网格的不透明度。

➥ 混合模式：用于设置网格和原始素材的混合程度。

★重点 6.8.11　实战：使用【镜头光晕】效果

实例门类	软件功能

使用【镜头光晕】视频效果可以模拟在自然光下拍摄时所遇到的强光，从而使画面产生光晕效果，具体的操作方法如下。

Step01 新建一个名称为【6.8.11】的项目文件和一个序列预设【宽屏48kHz】的序列。

Step02 在【项目】面板中导入【葡萄】视频文件，如图6-163所示。

图 6-163

Step03 在【项目】面板中选择新添加的视频素材,按住鼠标左键并拖曳,将其添加至【时间轴】面板的【视频1】轨道上,如图 6-164 所示。

图 6-164

Step04 在【节目监视器】面板中,调整视频素材显示大小,如图 6-165 所示。

图 6-165

Step05 在【效果】面板中,❶展开【视频效果】列表框,选择【生成】选项,再次展开列表框,❷选择【镜头光晕】视频效果,如图 6-166 所示。

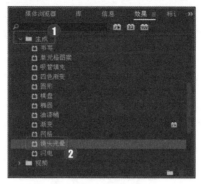

图 6-166

Step06 在选择的视频效果上,按住鼠标左键并拖曳,将其添加至【视频1】轨道的视频素材上,释放鼠标左键,完成【镜头光晕】视频效果的添加操作。

Step07 选择视频素材,在【效果控件】面板中的【镜头光晕】选项区中,❶修改【光晕中心】参数为1339 和 302,❷修改【光晕亮度】参数为 114%,如图 6-167 所示。

图 6-167

技术看板

在【镜头光晕】选项区中,各选项的含义如下。

➡ 光晕中心:用于调整镜头光晕的位置。

➡ 光晕亮度:用于调整光晕的亮度。

➡ 镜头类型:用于调整光晕的镜头类型。

➡ 与原始图像混合:设置镜头光晕与原始素材的混合程度。

Step08 完成【镜头光晕】视频效果的修改,然后在【节目监视器】面板中,单击【播放-停止切换】按钮,预览添加【镜头光晕】视频效果后的图像效果,如图 6-168 所示。

图 6-168

6.8.12 实战:使用【闪电】效果

实例门类	软件功能

使用【闪电】视频效果可以在素材画面上添加闪电效果,具体的操作方法如下。

Step01 新建一个名称为【6.8.12】的项目文件和一个序列预设【宽屏48kHz】的序列。

Step02 在【项目】面板中导入【水珠】视频文件,如图 6-169 所示。

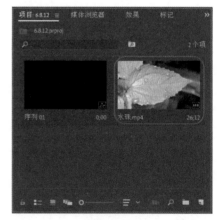

图 6-169

Step03 在【项目】面板中选择新添加的视频素材,按住鼠标左键并拖曳,将其添加至【时间轴】面板的【视频1】轨道上,如图 6-170 所示。

图 6-170

Step 04 在【节目监视器】面板中，调整视频图像的素材显示大小，如图 6-171 所示。

图 6-171

Step 05 在【效果】面板中，❶展开【视频效果】列表框，选择【生成】选项，再次展开列表框，❷选择【闪电】视频效果，如图 6-172 所示。

图 6-172

Step 06 在选择的视频效果上，按住鼠标左键并拖曳，将其添加至【视频 1】轨道的视频素材上，释放鼠标左键，完成【闪电】视频效果的添加操作。

Step 07 选择视频素材，在【效果控件】面板中的【闪电】选项区中，修改各参数值，如图 6-173 所示。

图 6-173

技术看板

在【闪电】选项区中，使用【起始点】和【结束点】控件为闪电选择起始点和结束点。向右移动【分段数】滑块会增加闪电包括的分段数目，而向左移动滑块则会减少分段数目。同样，向右移动其他【闪电】特效滑块会增强特效，而向左移动滑块则会减弱特效。

Step 08 完成【闪电】视频效果的修改，然后在【节目监视器】面板中，单击【播放-停止切换】按钮，预览添加【闪电】视频效果后的图像效果，如图 6-174 所示。

图 6-174

6.9 过渡类视频效果

过渡类视频效果主要用于对素材画面进行过渡操作。【过渡类】效果组中包含【块溶解】【径向擦除】【渐变擦除】和【百叶窗】等视频效果。本节将详细讲解使用过渡类视频效果的具体方法。

6.9.1 块溶解

使用【块溶解】视频效果可以使素材消失在随机像素块中。

使用【块溶解】视频效果的方法很简单，在【效果】面板中，展开【视频效果】列表框，选择【过渡】选项，再次展开列表框，选择【块溶解】视频效果，如图 6-175 所示。

图 6-175

按住鼠标左键并拖曳，将其添加至【时间轴】面板的【视频 1】轨道的视频素材上即可。图 6-176 所示为添加【块溶解】视频效果后的图像效果。

图 6-176

添加了视频效果后，在【效果控件】面板的【块溶解】选项区中，修改各参数即可，如图 6-177 所示。

图 6-177

在【块溶解】选项区中，各选项的含义如下。

→ 过渡完成：用于设置像素块的数量。

→ 块宽度：用于设置像素块宽度。

→ 块高度：用于设置像素块高度。

→ 羽化：用于设置像素块的边缘柔化程度。

6.9.2 径向擦除

使用【径向擦除】视频效果可以利用圆形板擦擦除素材。

使用【径向擦除】视频效果的方法很简单，在【效果】面板中，展开【视频效果】列表框，选择【过渡】选项，再次展开列表框，选择【径向擦除】视频效果，按住鼠标左键并拖曳，将其添加至【时间轴】面板的【视频 1】轨道的视频素材上即可。图 6-178 所示为添加【径向擦除】视频效果后的图像效果。

图 6-178

在添加了视频效果后，在【效果控件】面板的【径向擦除】选项区中，修改各参数即可，如图 6-179 所示。

图 6-179

在【径向擦除】选项区中，各选项的含义如下。

→ 过渡完成：用于设置画面中面积擦除的大小。

→ 起始角度：用于设置擦除时的角度方向。

→ 擦除中心：用于设置擦除时的轴点位置。

→ 擦除：用于设置擦除的类型，包含【顺时针】和【逆时针】2 种类型。

→ 羽化：用于设置擦除时边缘的模糊程度。

6.9.3 渐变擦除

使用【渐变擦除】视频效果可以基于亮度值将素材与另一素材上的特效进行混合。

使用【渐变擦除】视频效果的方法很简单，在【效果】面板中，依次展开【视频效果】|【过渡】列表框，选择【渐变擦除】视频效果，按住鼠标左键并拖曳，将其添加至【时间轴】面板的【视频 1】轨道的视频素材上即可。图 6-180 所示为

添加【渐变擦除】视频效果后的图像效果。

图 6-180

添加了视频效果后，在【效果控件】面板的【渐变擦除】选项区中，修改各参数即可，如图 6-181 所示。

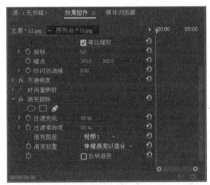

图 6-181

在【渐变擦除】选项区中，各选项的含义如下。

➥ 过渡完成：用于设置画面中素材梯度渐变的数量。

➥ 过渡柔和度：用于调整画面中渐变擦除时的边缘柔和度。

➥ 渐变图层：用于设置渐变擦除的遮罩轨道。

➥ 渐变放置：用于设置渐变的平铺方式，包含【平铺渐变】【中心渐变】和【伸缩渐变以适合】3 种方式。

➥ 反转渐变：勾选该复选框，可以将渐变效果进行反向操作。

★重点 6.9.4 百叶窗

使用【百叶窗】视频效果可以以条纹的形式显示素材画面。

使用【百叶窗】视频效果的方法很简单，在【效果】面板中，展开【视频效果】列表框，选择【过渡】选项，再次展开列表框，选择【百叶窗】视频效果，按住鼠标左键并拖曳，将其添加至【时间轴】面板的【视频 1】轨道的视频素材上即可。图 6-182 所示为添加【百叶窗】视频效果后的图像效果。

图 6-182

添加了视频效果后，在【效果控件】面板的【百叶窗】选项区中，修改各参数即可，如图 6-183 所示。

在【百叶窗】选项区中，各选项的含义如下。

➥ 过渡完成：用于设置画面中百叶窗的擦除数量。

➥ 方向：用于设置百叶窗擦除的角度方向。

➥ 宽度：用于设置画面中叶片的宽度。

➥ 羽化：用于设置叶片边缘的羽化程度。

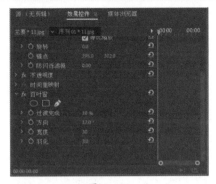

图 6-183

6.9.5 线性擦除

【线性擦除】视频效果可以通过线性的方式进行画面擦除。

使用【线性擦除】视频效果的方法很简单，在【效果】面板中，展开【视频效果】列表框，选择【过渡】选项，再次展开列表框，选择【线性擦除】视频效果，按住鼠标左键并拖曳，将其添加至【时间轴】面板的【视频 1】轨道的视频素材上即可。图 6-184 所示为添加【线性擦除】视频效果后的图像效果。

图 6-184

添加了视频效果后，在【效果控件】面板的【线性擦除】选项区中，修改各参数即可，如图 6-185 所示。

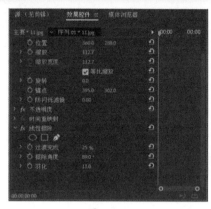

图 6-185

在【线性擦除】选项区中，各选项的含义如下。

➥ 过渡完成：用于设置画面中的线性擦除面积。

➥ 擦除角度：用于设置线性的角度。

➥ 羽化：用于设置线性擦除的边缘模糊程度。

6.10 透视类视频效果

透视类视频效果可以将透视效果添加到图像中，创建阴影和把图像截成斜角边。【透视类】效果组中包含【基本 3D】【径向阴影】【投影】和【边缘斜面】等视频效果。本节将详细讲解使用透视类视频效果的具体方法。

6.10.1 基本 3D

运用【基本 3D】视频效果可以创建出好看的旋转和倾斜效果。

使用【基本 3D】视频效果的方法很简单，在【效果】面板中，展开【视频效果】列表框，选择【透视】选项，再次展开列表框，选择【基本 3D】视频效果，按住鼠标左键并拖曳，将其添加至【时间轴】面板的【视频 1】轨道的视频素材上即可。图 6-186 所示为添加【基本 3D】视频效果的前后对比效果。

图 6-186

添加了视频效果后，在【效果控件】面板的【基本 3D】选项区中，修改各参数值即可，如图 6-187 所示。

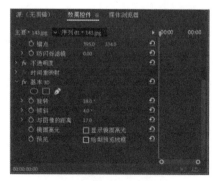

图 6-187

在【基本 3D】选项区中，各选项的含义如下。

➥ 旋转：调节素材图像的旋转角度。

➥ 倾斜：调节素材图像的坡度。

➥ 与图像的距离：通过缩小或放大图像来创建距离幻象。

➥ 镜面高光：勾选【显示镜面高光】复选框，可以为图像添加微小的闪光。

➥ 预览：勾选【绘制预览线框】复选框，可以在预览时隐藏素材，与此同时会在合成面板中显示十字框。

6.10.2 实战：使用【径向阴影】效果

实例门类	软件功能

使用【径向阴影】视频效果可以在素材画面上添加一个阴影效果，具体的操作方法如下。

Step01 新建一个名称为【6.10.2】的项目文件和一个序列预设【宽屏 48kHz】的序列。

Step02 在【项目】面板导入【马卡龙】和【杯子】图像文件，如图 6-188 所示。

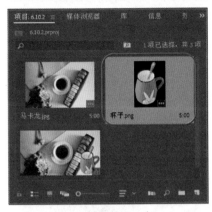

图 6-188

Step03 在【项目】面板中依次选择新添加的图像素材，按住鼠标左键并拖曳，将其添加至【时间轴】面板的【视频1】和【视频2】轨道上，如图 6-189 所示。

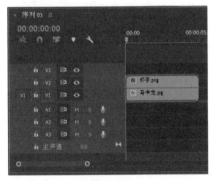

图 6-189

Step04 依次调整各个图像素材的显示大小，在【节目监视器】面板中查看调整后的图像效果，如图 6-190 所示。

图 6-190

Step05 在【效果】面板中，❶展开【视频效果】列表框，选择【透视】选项，再次展开列表框，❷选择【径向阴影】视频效果，如图 6-191

所示。

图 6-191

Step06 在选择的视频效果上，按住鼠标左键并拖曳，将其添加至【视频2】轨道图像素材上，释放鼠标左键即可。

Step07 选择图像素材，在【效果控件】面板的【径向阴影】选项区中，❶修改【不透明度】参数为70%，【光源】为44.5 和489.5，❷修改【投影距离】为3、【柔和度】为30，如图 6-192 所示。

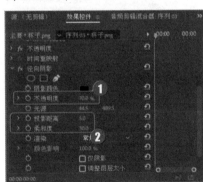

图 6-192

技术看板

在【径向阴影】选项区中，各选项的含义如下。

➡ 阴影颜色：用于设置阴影效果的颜色。

➡ 不透明度：用于设置阴影的不透明度。

➡ 光源：用于设置光源的坐标位置。

➡ 投影距离：用于设置原始素材和

阴影的拉伸距离。

➡ 柔和度：用于设置阴影边缘的柔和程度。

➡ 渲染：用于设置阴影的渲染方式。

➡ 颜色影响：用于设置环境颜色对阴影的影响程度。

➡ 仅阴影：勾选该复选框，则素材只显示阴影模式。

➡ 调整图层大小：用于调整图层的大小和尺寸。

Step08 完成【径向阴影】视频效果的修改，然后在【节目监视器】面板中预览添加【径向阴影】视频效果后的图像效果，如图 6-193 所示。

图 6-193

★重点 6.10.3 实战：使用【投影】效果

实例门类	软件功能

使用【投影】视频效果可以将阴影添加到素材中，其中使用素材的 Alpha 通道来确定图像边缘，具体的操作方法如下。

Step01 新建一个名称为【6.10.3】的项目文件和一个序列预设【宽屏48kHz】的序列。

Step02 在【项目】面板导入【小西红柿】和【盘装水果】图像文件，如图 6-194 所示。

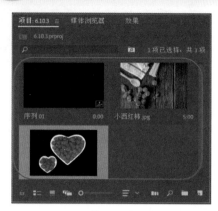

图 6-194

Step03 在【项目】面板中依次选择新添加的图像素材，按住鼠标左键并拖曳，将其添加至【时间轴】面板的【视频 1】和【视频 2】轨道上，如图 6-195 所示。

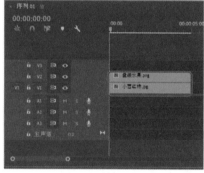

图 6-195

Step04 依次调整各个图像素材的显示大小，在【节目监视器】面板中查看调整后的图像效果，如图 6-196 所示。

图 6-196

Step05 在【效果】面板中，❶展开【视频效果】列表框，选择【透视】选项，再次展开列表框，❷选择【投影】视频效果，如图 6-197 所示。

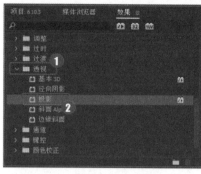

图 6-197

Step06 在选择的视频效果上，按住鼠标左键并拖曳，将其添加至【视频 2】轨道图像素材上，释放鼠标左键即可。

Step07 选择图像素材，在【效果控件】面板中的【投影】选项区中，❶修改【阴影颜色】的 RGB 参数均为 255，【不透明度】参数为 15%，【方向】为 182°，❷修改【距离】为 15、【柔和度】为 14，如图 6-198 所示。

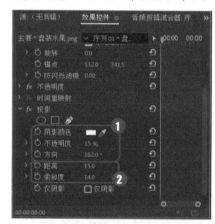

图 6-198

技术看板

在【投影】选项区中，各选项的含义如下。

➡ 阴影颜色：用于设置投影效果的颜色。

➡ 不透明度：用于设置投影的不透明度。

➡ 方向：用于设置投影的方向。

➡ 距离：用于设置原始素材和投影的拉伸距离。

➡ 柔和度：用于设置投影边缘的柔和程度。

➡ 仅阴影：勾选该复选框，则素材只显示投影模式。

Step08 完成【投影】视频效果的修改，然后在【节目监视器】面板中预览添加【投影】视频效果后的图像效果，如图 6-199 所示。

图 6-199

6.10.4 斜面 Alpha

使用【斜面 Alpha】视频效果可以通过倾斜图像的 Alpha 通道，使二维图像看起来具有立体感。

使用【斜面 Alpha】视频效果的方法很简单，在【效果】面板中，展开【视频效果】列表框，选择【透视】选项，再次展开列表框，选择【斜面 Alpha】视频效果，按住鼠标左键并拖曳，将其添加至【时间轴】面板的【视频 2】轨道的视频素材上即可。图 6-200 所示为添加【斜面 Alpha】视频效果的前后对比效果。

图 6-200

添加了视频效果后，在【效果控件】面板的【斜面Alpha】选项区中，修改各参数值即可，如图 6-201 所示。

图 6-201

在【斜面Alpha】选项区中，各选项的含义如下。

➡ 边缘厚度：用于设置素材边缘的厚度。

➡ 光照角度：用于设置光源照射在素材的方向。

➡ 光照颜色：用于设置光源照射在素材的颜色。

➡ 光照强度：用于设置光源照射在素材上的强度。

6.10.5 边缘斜面

使用【边缘斜面】视频效果可以倾斜图像，并为其添加照明，使素材呈现三维效果。

使用【边缘斜面】视频效果的方法很简单，在【效果】面板中，展开【视频效果】列表框，选择【透视】选项，再次展开列表框，选择【边缘斜面】视频效果，按住鼠标左键并拖曳，将其添加至【时间轴】面板的【视频1】轨道的视频素材上即可。图 6-202 所示为添加【边缘斜面】视频效果的前后对比效果。

图 6-202

添加了视频效果后，在【效果控件】面板的【边缘斜面】选项区中，修改各参数即可，如图 6-203 所示。

图 6-203

6.11 通道类视频效果

通道类视频效果可以组合两个素材，在素材上面覆盖颜色，或者调整素材的红色、绿色和蓝色通道。【通道类】效果组中包含【反转】【纯色合成】【复合运算】【混合】和【算术】等视频效果。本节将详细讲解使用通道类视频效果的具体方法。

6.11.1 反转

使用【反转】视频效果能够反转颜色值。将黑色转变成白色，白色转变成黑色，颜色都变成相应的补色。

使用【反转】视频效果的方法很简单，在【效果】面板中，展开【视频效果】列表框，选择【通道】选项，再次展开列表框，选择【反转】视频效果，按住鼠标左键并拖曳，将其添加至【时间轴】面板的【视频1】轨道的视频素材上即可。

图 6-204 所示为添加【反转】视频效果的前后对比效果。

图 6-204

添加了视频效果后，在【效果控件】面板的【反转】选项区中，修改各参数值即可，如图 6-205 所示。

图 6-205

在【反转】选项区中，各选项的含义如下。

→ 声道：用于设置反转颜色的通道类型，其列表框如图 6-206 所示。

图 6-206

→ 与原始图像混合：用于设置反转颜色后的画面与原始素材的混合百分比。

★重点 6.11.2 使用【纯色合成】效果

实例门类	软件功能

使用【纯色合成】效果可以给视频图像覆盖上指定的纯色效果。

Step01 新建一个名称为【6.11.2】的项目文件和一个序列预设【标准 48kHz】的序列。

Step02 在【项目】面板中导入【仙人球】图像文件，如图 6-207 所示。

图 6-207

Step03 在【项目】面板中选择新添加的图像素材，按住鼠标左键并拖曳，将其添加至【时间轴】面板的

【视频1】轨道上，如图 6-208 所示。

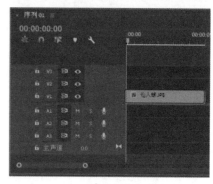

图 6-208

Step04 在【节目监视器】面板中，调整图像素材显示大小，如图 6-209 所示。

图 6-209

Step05 在【效果】面板中，❶展开【视频效果】列表框，选择【通道】选项，再次展开列表框，❷选择【纯色合成】视频效果，如图 6-210 所示。

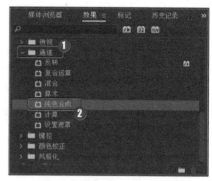

图 6-210

Step06 在选择的视频效果上，按住鼠标左键并拖曳，将其添加至【视频1】轨道图像素材上，释放鼠标左键即可。

Step 07 选择图像素材，在【效果控件】面板中的【纯色合成】选项区中，修改各参数值，如图6-211所示。

图 6-211

Step 08 完成【纯色合成】视频效果的修改，然后在【节目监视器】面板中预览添加【纯色合成】视频效果后的图像效果，如图6-212所示。

图 6-212

6.11.3 复合运算

使用【复合运算】视频效果可以通过数学运算使图层创建出组合效果。

使用【复合运算】视频效果的方法很简单，在【效果】面板中，展开【视频效果】列表框，选择【通道】选项，再次展开列表框，选择【复合运算】视频效果，按住鼠标左键并拖曳，将其添加至【时间轴】面板的【视频2】轨道的视频素材上即可。图6-213所示为添加【复合运算】视频效果的前后对比效果。

图 6-213

添加了视频效果后，在【效果控件】面板的【复合运算】选项区中，修改各参数即可，如图6-214所示。

图 6-214

在【复合运算】选项区中，各选项的含义如下。

➥ 第二个源图层：指定要混合的素材文件轨道。

➥ 运算符：用于画面混合方式的计算。

➥ 在通道上运算：用于选择运算应用的通道，包含【RGB】【ARGB】和【Alpha】3种通道。

➥ 溢出特性：用于选择处理方式，包含【剪切】【回绕】和【缩放】3种方式。

➥ 伸缩第二个源以适合：勾选该复选框后，则二级源素材会自动调整自身大小。

➥ 与原始图像混合：用于设置画面中二级素材与源素材的混合百分比。

★重点 6.11.4 实战：使用【混合】效果

实例门类	软件功能

使用【混合】视频效果可以通过不同模式来混合视频轨道，具体的操作方法如下。

Step 01 新建一个名称为【6.11.4】的项目文件和一个序列预设【宽屏48kHz】的序列。

Step02 在【项目】面板中导入【温暖阳光】视频文件和【花朵】图像文件，如图6-215所示。

图 6-215

Step03 在【项目】面板中选择新添加的视频素材，按住鼠标左键并拖曳，将其添加至【时间轴】面板的【视频2】轨道上，将图像素材添加至【视频2】轨道上，如图6-216所示。

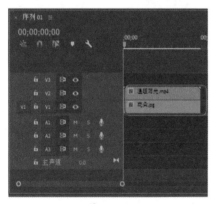

图 6-216

Step04 在【节目监视器】面板中，调整视频素材显示大小，如图6-217所示。

图 6-217

Step05 在【效果】面板中，❶展开【视频效果】列表框，选择【通道】选项，再次展开列表框，❷选择【混合】视频效果，如图6-218所示。

图 6-218

Step06 在选择的视频效果上，按住鼠标左键并拖曳，将其添加至【视频2】轨道视频素材上，释放鼠标左键即可。

Step07 选择视频素材，在【效果控件】面板中的【混合】选项区中，修改各参数值，如图6-219所示。

图 6-219

Step08 完成【混合】视频效果的修改，然后在【节目监视器】面板中预览添加【混合】视频效果后的图像效果，如图6-220所示。

图 6-220

技术看板

在【混合】选项区中，各选项的含义如下。

➡ 与图层混合：用于指定要混合的素材轨道。

➡ 模式：用于设置混合的计算方式。

➡ 与原始图像混合：用于设置素材层的不透明度。

➡ 如果图层大小不同：当指定的素材层与原始素材层大小不同时，可以选择【居中】或【伸缩以适合】两种方式进行匹配。

6.11.5 算术

使用【算术】视频效果可以通过算术运算修改素材的红色、绿色和蓝色值。

使用【算术】视频效果的方法很简单，在【效果】面板中，展开【视频效果】列表框，选择【通道】选项，再次展开列表框，选择【算术】视频效果，按住鼠标左键并拖曳，将其添加至【时间轴】面板的【视频1】轨道的视频素材上即可。图6-221所示为添加【算术】视频效果的前后对比效果。

图 6-221

在添加了视频效果后，在【效果控件】面板的【算术】选项区中，修改各参数即可，如图 6-222 所示。

图 6-222

在【算术】选项区中，各选项的含义如下。

➡ 运算符：用于指定混合运算的方式，该列表框如图 6-223 所示。

图 6-223

➡ 红色值：设置画面中红色通道内的阈值数量。

➡ 绿色值：设置画面中绿色通道内的阈值数量。

➡ 蓝色值：设置画面中蓝色通道内的阈值数量。

➡ 剪切：勾选【剪切结果值】复选框，可以将画面中多余的信息量剪切删除。

6.11.6 计算

素材通道和各种【混合模式】使用【计算】视频效果可以将不同轨道上的两个视频素材结合到一起。

使用【计算】视频效果的方法很简单，在【效果】面板中，展开【视频效果】列表框，选择【通道】选项，再次展开列表框，选择【计算】视频效果，按住鼠标左键并拖曳，将其添加至【时间轴】面板的【视频 1】轨道的视频素材上即可。图 6-224 所示为添加【计算】视频效果的前后对比效果。

图 6-224

添加了视频效果后，在【效果控件】面板的【计算】选项区中，修改各参数即可，如图 6-225 所示。

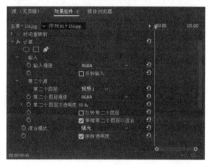

图 6-225

在【计算】选项区中，各选项的含义如下。

➡ 输入通道：用于设置选定素材的输入通道。

➡ 反转输入：勾选该复选框，可以反转输入通道信息。

➡ 第二个源：可以将原始剪辑融合到视频轨道与计算中。

➡ 第二个图层通道：设置第二个图层的通道。

➡ 第二个图层不透明度：设置第二个图层的不透明度。

➡ 混合模式：设置素材的混合运算方式，其列表框如图 6-226 所示。

图 6-226

6.11.7 实战：使用【设置遮罩】效果

实例门类	软件功能

使用【设置遮罩】视频特效可以组合两个素材，从而创建移动蒙版效果，具体的操作方法如下。

Step01 新建一个名称为【6.11.7】的项目文件和一个序列预设【标准48kHz】的序列。

Step02 在【项目】面板中导入【糖果】图像文件，如图6-227所示。

图 6-227

Step03 在【项目】面板中选择新添加的图像素材，按住鼠标左键并拖曳，将其添加至【时间轴】面板的【视频1】轨道上，如图6-228所示。

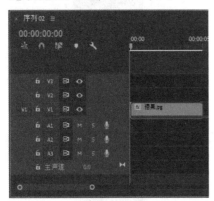

图 6-228

Step04 在【节目监视器】面板中，调整图像素材显示大小，如图6-229所示。

图 6-229

Step05 在【效果】面板中，❶展开【视频效果】列表框，选择【通道】选项，再次展开列表框，❷选择【设置遮罩】视频效果，如图6-230所示。

图 6-230

Step06 在选择的视频效果上，按住鼠标左键并拖曳，将其添加至【视频1】轨道的图像素材上，释放鼠标左键，完成【设置遮罩】视频效果的添加操作。

Step07 选择图像素材，在【效果控件】面板中的【设置遮罩】选项区中，修改【用于遮罩】为【变亮】，如图6-231所示。

技术看板

在【设置遮罩】选项区中，各选项的含义如下。

➡ 从图层获取遮罩：选择设置遮罩的视频轨道。

➡ 用于遮罩：在该列表框中选择进行遮罩的混合方式。

➡ 反转遮罩：勾选该复选框，可以反转遮罩的素材。

➡ 如果图层大小不同：勾选【伸缩遮罩以适合】复选框，则可以将素材伸缩至合适的尺寸。

➡ 将遮罩与原始图像合成：勾选该复选框，可以将指定的素材与图层进行混合。

➡ 预乘遮罩图层：勾选该复选框，则遮罩将以正片叠加的方式呈现。

图 6-231

Step08 完成【设置遮罩】视频效果的修改，然后在【节目监视器】面板中预览添加【设置遮罩】视频效果后的图像效果，如图6-232所示。

图 6-232

6.12 风格化类视频效果

风格化类视频效果可以在更改图像时不进行重大的扭曲。【风格化】效果组中包含【复制】【彩色浮雕】【曝光过度】【画笔描边】【粗糙边缘】【纹理】【闪光灯】和【马赛克】等视频效果。本节将详细讲解使用风格化类视频效果的具体方法。

6.12.1 Alpha 发光

【Alpha发光】视频效果可以在Alpha通道边缘添加发光效果。

使用【Alpha发光】视频效果的方法很简单，在【效果】面板中，展开【视频效果】列表框，选择【风格化】选项，再次展开列表框，选择【Alpha发光】视频效果，按住鼠标左键并拖曳，将其添加至【时间轴】面板的【视频2】轨道的文字图形上即可。图6-233所示为添加【Alpha发光】视频效果的前后对比效果。

图 6-233

添加了视频效果后，在【效果控件】面板的【Alpha发光】选项区中，修改各参数值即可，如图6-234所示。

图 6-234

在【Alpha发光】选项区中，各选项的含义如下。

➡ 发光：用于调节发光从Alpha通道向外延伸的距离。

➡ 亮度：用于增加或减少亮度。

➡ 起始颜色：表示外光颜色。如果想要更改颜色，可以单击颜色样本并从颜色拾取对话框中选择一种颜色。

➡ 结束颜色：表示在发光边缘额外添加颜色。

➡ 淡出：勾选该复选框，则发光会产生平滑的过渡效果。

6.12.2 实战：使用【复制】效果

实例门类	软件功能

使用【复制】视频效果可以在画面中创建多个素材副本，具体的操作方法如下。

Step 01 新建一个名称为【6.12.2】的项目文件和一个序列预设【宽屏48kHz】的序列。

Step 02 在【项目】面板中导入【蓝色帽子】视频文件，如图6-235所示。

图 6-235

Step 03 在【项目】面板中选择新添加的视频素材，按住鼠标左键并拖曳，将其添加至【时间轴】面板的【视频1】轨道上，如图6-236所示。

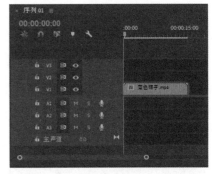

图 6-236

Step 04 在【节目监视器】面板中，调整视频素材显示大小，如图6-237所示。

图 6-237

Step⑤ 在【效果】面板中，❶展开【视频效果】列表框，选择【风格化】选项，再次展开列表框，❷选择【复制】视频效果，如图 6-238 所示。

图 6-238

Step⑥ 在选择的视频效果上，按住鼠标左键并拖曳，将其添加至【视频 1】轨道视频素材上，释放鼠标左键即可。

Step⑦ 选择视频素材，在【效果控件】面板中的【复制】选项区中，修改【计数】参数为 2，如图 6-239 所示。

图 6-239

技术看板

在【复制】选项区中，修改【计数】参数值，可以修改复制的数量。

Step⑧ 完成【复制】视频效果的修改，然后在【节目监视器】面板中，单击【播放-停止切换】按钮，预览添加【复制】视频效果后的图像效果，如图 6-240 所示。

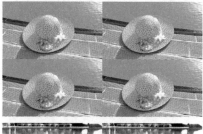

图 6-240

★重点 6.12.3　实战：使用【彩色浮雕】效果

实例门类	软件功能

使用【彩色浮雕】视频效果可以在素材上方制作出彩色凹凸感的效果，具体的操作方法如下。

Step① 新建一个名称为【6.12.3】的项目文件和一个序列预设【宽屏 48kHz】的序列。

Step② 在【项目】面板中导入【美味寿司】视频文件，如图 6-241 所示。

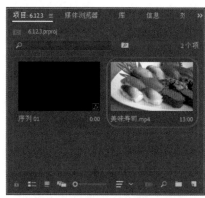

图 6-241

Step③ 在【项目】面板中选择新添加的视频素材，按住鼠标左键并拖曳，将其添加至【时间轴】面板的

【视频 1】轨道上，如图 6-242 所示。

图 6-242

Step④ 在【节目监视器】面板中，调整视频素材显示大小，如图 6-243 所示。

图 6-243

Step⑤ 在【效果】面板中，❶展开【视频效果】列表框，选择【风格化】选项，再次展开列表框，❷选择【彩色浮雕】视频效果，如图 6-244 所示。

图 6-244

Step⑥ 在选择的视频效果上，按住鼠标左键并拖曳，将其添加至【视频 1】轨道视频素材上，释放鼠标

左键即可。

Step07 选择视频素材，在【效果控件】面板中的【彩色浮雕】选项区中，❶修改【方向】为45°、【起伏】为5，❷修改【对比度】为130、【与原始图像混合】为25%，如图6-245所示。

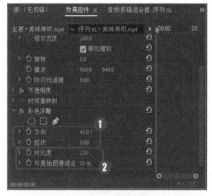

图 6-245

技术看板

在【彩色浮雕】选项区中，各选项的含义如下。

→ 方向：设置彩色浮雕的角度。

→ 起伏：设置彩色浮雕的距离和大小。

→ 对比度：设置彩色浮雕的颜色对比度。

→ 与原始图像混合：设置彩色浮雕效果与原始素材之间的混合程度。

Step08 完成【彩色浮雕】视频效果的修改，然后在【节目监视器】面板中，单击【播放-停止切换】按钮，预览添加【彩色浮雕】视频效果后的图像效果，如图6-246所示。

图 6-246

6.12.4 曝光过度

【曝光过度】视频效果可以为图像创建一个正片和一个负片，然后将它们混合在一起创建曝光过度的效果，这样就会生成边缘变暗的亮化图像。

使用【曝光过度】视频效果的方法很简单，在【效果】面板中，展开【视频效果】列表框，选择【风格化】选项，再次展开列表框，选择【曝光过度】视频效果，按住鼠标左键并拖曳，将其添加至【时间轴】面板的【视频1】轨道的视频素材上即可。图6-247所示为添加【曝光过度】视频效果的前后对比效果。

图 6-247

在添加了视频效果后，在【效果控件】面板的【曝光过度】选项区中，可以通过修改【阈值】参数来控制曝光过度效果，如图6-248所示。

图 6-248

6.12.5 查找边缘

【查找边缘】视频效果能够使素材中的图像呈现黑白草图的效果。

使用【查找边缘】视频效果的方法很简单，在【效果】面板中，展开【视频效果】列表框，选择【风格化】选项，再次展开列表框，选择【查找边缘】视频效果，按住鼠标左键并拖曳，将其添加至【时间轴】面板的【视频1】轨道的视频素材上即可。图6-249所示为添加【查找边缘】视频效果的前后对比效果。

图 6-249

添加了视频效果后，在【效果控件】面板的【查找边缘】选项区中，修改各参数即可，如图6-250所示。

图 6-250

在【查找边缘】选项区中，各选项的含义如下。

➤ 反转：勾选该复选框，可以反向选择画面像素。

➤ 与原始图像混合：用于设置该视频效果与原始素材的混合情况。

6.12.6 浮雕

使用【浮雕】视频效果可以在素材的图像边缘区域创建凸出的

3D立体效果。

使用【浮雕】视频效果的方法很简单，在【效果】面板中，展开【视频效果】列表框，选择【风格化】选项，再次展开列表框，选择【浮雕】视频效果，按住鼠标左键并拖曳，将其添加至【时间轴】面板的【视频1】轨道的视频素材上即可。图6-251所示为添加【浮雕】视频效果的图像效果。

图 6-251

在添加了视频效果后，在【效果控件】面板的【浮雕】选项区中，修改各参数即可，如图6-252所示。

图 6-252

6.12.7 画笔描边

【画笔描边】视频效果可以模拟笔触效果，并将笔触添加到素材效果中。

使用【画笔描边】视频效果的方法很简单，展开【视频效果】列

表框，选择【风格化】选项，再次展开列表框，选择【画笔描边】视频效果，按住鼠标左键并拖曳，将其添加至【时间轴】面板的【视频1】轨道的视频素材上即可。图6-253所示为添加【画笔描边】视频效果后的前后对比图像效果。

图 6-253

在添加了视频效果后，在【效果控件】面板的【画笔描边】选项区中，修改各参数即可，如图6-254所示。

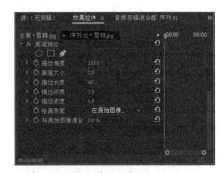

图 6-254

在【画笔描边】选项区中，各选项的含义如下。

➤ 描边角度：用于设置画笔描边的方向。

→ 画笔大小：用于设置画笔的大小。

→ 描边长度：用于设置画笔描边的长度。

→ 描边浓度：用于设置画笔的描边深浅程度。

→ 绘画表面：用于选择画笔的绘制方式，其列表框如图6-255所示。

图6-255

→ 与原始图像混合：用于设置画笔描边效果与原始素材的混合程度。

6.12.8 粗糙边缘

使用【粗糙边缘】视频效果可以使图像边缘变得粗糙。

使用【粗糙边缘】视频效果的方法很简单，在【效果】面板中，展开【视频效果】列表框，选择【风格化】选项，再次展开列表框，选择【粗糙边缘】视频效果，按住鼠标左键并拖曳，将其添加至【时间轴】面板的【视频1】轨道的视频素材上即可。添加了视频效果后，在【效果控件】面板的【粗糙边缘】选项区中，修改各参数即可，如图6-256所示。

图6-256

在【粗糙边缘】选项区中，各选项的含义如下。

→ 边缘类型：用于选择要使用的粗糙类型，其列表框如图6-257所示。

图6-257

→ 边缘颜色：用于设置粗糙边缘颜色或填充颜色。

→ 边框：用于设置从Alpha通道的边缘向内扩展的距离。

→ 边缘锐度：用于设置粗糙边缘的柔和度，当参数值较低，则可以创建较柔和的边缘。当参数值较高，则可以创建较锐化的边缘。

→ 不规则影响：用于设置粗糙边缘的粗糙程度。

→ 比例：用于计算粗糙度的不规则形状的比例。

→ 伸缩宽度或高度：用于计算粗糙度不规则形状的宽度或高度。

→ 偏移（湍流）：用于确定创建扭曲的分形部分。

→ 复杂度：用于确定粗糙度的细节程度。

→ 演化：用于产生随时间推移的粗糙度变化。

→ 演化选项：用于在一个短周期内渲染效果，然后在剪辑的持续时间内进行循环。

6.12.9 纹理

使用【纹理】视频效果可以将一个轨道上的材质应用到另一个轨道上来创建材质纹理。

使用【纹理】视频效果的方法很简单，在【效果】面板中，依次展开【视频效果】|【风格化】列表框，选择【纹理】视频效果，按住鼠标左键并拖曳，将其添加至【时间轴】面板的【视频1】轨道的视频素材上即可。图6-258所示为添加【纹理】视频效果的前后对比效果。

图6-258

添加了视频效果后，在【效果控件】面板的【纹理】选项区中，修改各参数即可，如图6-259所示。

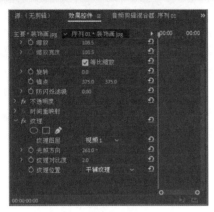

图 6-259

在【纹理】选项区中，各选项的含义如下。

➥ 纹理图层：用于选择纹理的视频轨道。

➥ 光照方向：用于设置光照射到纹理的角度。

➥ 纹理对比度：用于设置纹理的对比度。

➥ 纹理位置：用于选择纹理图层应用于剪辑的方式，包含【平铺纹理】【居中纹理】和【伸缩纹理以适合】3 种方式。

★新功能 6.12.10　色调分离

使用【色调分离】视频效果可以制作出炫酷的色彩失真分离效果。

使用【色调分离】视频效果的方法很简单，在【效果】面板中，展开【视频效果】列表框，选择【风格化】选项，再次展开列表框，选择【色调分离】视频效果，按住鼠标左键并拖曳，将其添加至【时间轴】面板的【视频 1】轨道的视频素材上即可。图 6-260 所示为添加【色调分离】视频效果的前后对比效果。

图 6-260

添加了视频效果后，在【效果控件】面板的【色调分离】选项区中，修改【级别】参数可以调整色彩分离的级别，如图 6-261 所示。

图 6-261

★重点 6.12.11　实战：使用【闪光灯】效果

实例门类	软件功能

使用【闪光灯】视频效果可以在素材中创建间隔规则或随机的闪光灯效果，具体的操作方法如下。

Step① 新建一个名称为【6.12.11】的项目文件和一个序列预设【宽屏 48kHz】的序列。

Step② 在【项目】面板中导入【小黄花】视频文件，如图 6-262 所示。

图 6-262

Step③ 在【项目】面板中选择新添加的视频素材，按住鼠标左键并拖曳，将其添加至【时间轴】面板的【视频 1】轨道上，如图 6-263 所示。

图 6-263

Step④ 在【节目监视器】面板中，调整视频素材显示大小，如图 6-264 所示。

图 6-264

Step05 在【效果】面板中，❶展开【视频效果】列表框，选择【风格化】选项，再次展开列表框，❷选择【闪光灯】视频效果，如图6-265所示。

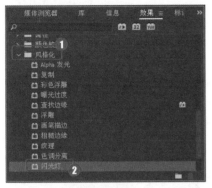

图 6-265

Step06 在选择的视频效果上，按住鼠标左键并拖曳，将其添加至【视频1】轨道的视频素材上，释放鼠标左键，完成【闪光灯】视频效果的添加操作。

Step07 选择图像素材，在【效果控件】面板中的【闪光灯】选项区中，修改【与原始图像混合】参数为80，如图6-266所示。

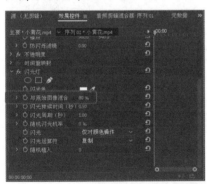

图 6-266

📽 技术看板

在【闪光灯】选项区中，各选项的含义如下。

➡ 闪光色：用于设置闪光灯的颜色。
➡ 与原始图像混合：用于设置与原始图像的混合透明度。
➡ 闪光持续时间（秒）：用于设置每道闪光持续的时间。

➡ 闪光周期（秒）：用于设置相继闪光起点之间的时间。
➡ 随机闪光机率：用于设置闪光运算应用到任何给定帧的机率。
➡ 闪光：用于选择闪光方式，包含【使图层透明】和【仅对颜色操作】两种方式。
➡ 闪光运算符：用于计算每道闪光的运算数值。
➡ 随机植入：用于设置频闪的随机植入机率。

Step08 完成【闪光灯】视频效果的修改，然后在【节目监视器】面板中预览添加【闪光灯】视频效果后的图像效果，如图6-267所示。

图 6-267

6.12.12 阈值

使用【阈值】视频效果能够将彩色或灰度图像调节成黑白图像。

使用【阈值】视频效果的方法很简单，在【效果】面板中，展开【视频效果】列表框，选择【风格化】选项，再次展开列表框，选择【阈值】视频效果，按住鼠标左键并拖曳，将其添加至【时间轴】面板的【视频1】轨道的视频素材上即可。图6-268所示为添加【阈值】视频效果的前后对比效果。

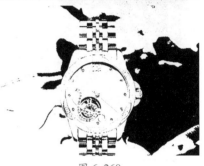

图 6-268

添加了视频效果后，在【效果控件】面板的【阈值】选项区中，修改【级别】参数即可，如图6-269所示。

图 6-269

★重点 6.12.13 实战：使用【马赛克】效果

实例门类	软件功能

使用【马赛克】视频效果可以将绘图区域转换成矩形瓦块，具体的操作方法如下。

Step01 新建一个名称为【6.2.13】的项目文件和一个序列预设【标准48kHz】的序列。

Step02 在【项目】面板中导入【女鞋】图像文件，如图 6-270 所示。

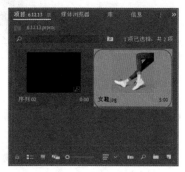

图 6-270

Step03 在【项目】面板中选择新添加的图像素材，按住鼠标左键并拖曳，将其添加至【时间轴】面板的【视频1】轨道上，如图 6-271 所示。

图 6-271

Step04 在【节目监视器】面板中，调整素材显示大小，如图 6-272 所示。

图 6-272

Step05 在【效果】面板中，❶ 展开【视频效果】列表框，选择【风格化】选项，再次展开列表框，❷ 选择【马赛克】视频效果，如图 6-273 所示。

图 6-273

Step06 在选择的视频效果上，按住鼠标左键并拖曳，将其添加至【视频1】轨道的图像素材上，释放鼠标左键，完成【马赛克】视频效果的添加操作。

Step07 选择图像素材，在【效果控件】面板中的【马赛克】选项区中，

修改【水平块】和【垂直块】参数均为 25，如图 6-274 所示。

图 6-274

Step08 完成【马赛克】视频效果的修改，然后在【节目监视器】面板中预览添加【马赛克】视频效果后的图像效果，如图 6-275 所示。

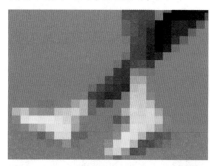

图 6-275

6.13 沉浸式类视频效果

沉浸式类视频效果主要可以制作出 VR 视频效果。【沉浸式视频】效果组中包含【VR 分形杂色】【VR 发光】【VR 投影】和【VR 模糊】等视频效果。本节将详细讲解使用沉浸式类视频效果的具体方法。

★新功能 6.13.1 实战：使用【VR 分形杂色】效果

实例门类	软件功能

使用【VR 分形杂色】视频效果

可以制作出沉浸式分形杂色的画面效果，具体的操作方法如下。

Step01 新建一个名称为【6.13.1】的项目文件和一个序列预设【标准48kHz】的序列。

Step02 在【项目】面板中导入【小狗】图像文件，如图 6-276 所示。

图 6-276

Step03 在【项目】面板中选择新添加的视频素材，按住鼠标左键并拖曳，将其添加至【时间轴】面板的【视频1】轨道上，如图6-277所示。

图 6-277

Step04 在【节目监视器】面板中，调整视频素材显示大小，如图6-278所示。

图 6-278

Step05 在【效果】面板中，❶展开【视频效果】列表框，选择【沉浸式视频】选项，再次展开列表框，❷

选择【VR分形杂色】视频效果，如图6-279所示。

图 6-279

Step06 在选择的视频效果上，按住鼠标左键并拖曳，将其添加至【视频1】轨道图像素材上，释放鼠标左键即可

Step07 选择图像素材，在【效果控件】面板中的【VR分形杂色】选项区中，❶修改【对比度】为300、【亮度】为84，❷修改【不透明度】为90%、【混合模式】为【柔光】，如图6-280所示。

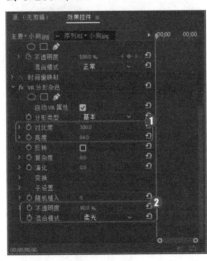

图 6-280

Step08 完成【VR分形杂色】视频效果的修改，然后在【节目监视器】面板中预览添加【VR分形杂色】视频效果后的图像效果，如图6-281所示。

图 6-281

★新功能 6.13.2　VR 发光

【VR发光】视频效果主要用于VR沉浸式光效。

使用【VR发光】视频效果的方法很简单，在【效果】面板中，展开【视频效果】列表框，选择【沉浸式视频】选项，再次展开列表框，选择【VR发光】视频效果，按住鼠标左键并拖曳，将其添加至【时间轴】面板的【视频1】轨道的视频素材上即可。图6-282所示为添加【VR发光】视频效果的前后对比效果。

图 6-282

添加了视频效果后，在【效果控件】面板的【VR发光】选项区

中，修改各参数值即可，如图 6-283 所示。

图 6-283

★新功能 6.13.3　VR 平面到球面

使用【VR 平面到球面】视频效果可以制作出 VR 沉浸式效果中图像从平面到球面的效果处理。

使用【VR 平面到球面】视频效果的方法很简单，在【效果】面板中，展开【视频效果】列表框，选择【沉浸式视频】选项，再次展开列表框，选择【VR 平面到球面】视频效果，按住鼠标左键并拖曳，将其添加至【时间轴】面板的【视频 1】轨道的视频素材上即可。图 6-284 所示为添加【VR 平面到球面】视频效果的前后对比效果。

图 6-284

添加了视频效果后，在【效果控件】面板的【VR 平面到球面】选项区中，修改各参数值即可，如图 6-285 所示。

图 6-285

★新功能 6.13.4　VR 投影

使用【VR 投影】视频效果可以制作出 VR 沉浸式效果中的投影效果。

使用【VR 投影】视频效果的方法很简单，在【效果】面板中，展开【视频效果】列表框，选择【沉浸式视频】选项，再次展开列表框，选择【VR 投影】视频效果，按住鼠标左键并拖曳，将其添加至【时间轴】面板的【视频 1】轨道的视频素材上即可。图 6-286 所示为添加【VR 投影】视频效果后的图像效果。

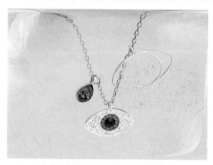

图 6-286

添加了视频效果后，在【效果控件】面板的【VR 投影】选项区中，修改各参数值即可，如图 6-287 所示。

图 6-287

★新功能 6.13.5　实战：使用【VR 数字故障】效果

实例门类	软件功能

使用【VR 数字故障】视频效果可以进行沉浸式效果中文字的数字故障处理，具体的操作方法如下。

Step 01 新建一个名称为【6.13.5】的项目文件和一个序列预设【标准 48kHz】的序列。

Step 02 在【项目】面板中导入【山路】图像文件，如图 6-288 所示。

图 6-288

Step03 在【项目】面板中选择新添加的图像素材，按住鼠标左键并拖曳，将其添加至【时间轴】面板的【视频1】轨道上，如图 6-289 所示。

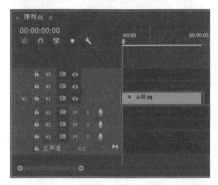

图 6-289

Step04 在【节目监视器】面板中，调整图像素材显示大小，如图 6-290所示。

图 6-290

Step05 在【效果】面板中，❶展开【视频效果】列表框，选择【沉浸式视频】选项，再次展开列表框，❷选择【VR数字故障】视频效果，如图 6-291 所示。

图 6-291

Step06 在选择的视频效果上，按住鼠标左键并拖曳，将其添加至【视频1】轨道图像素材上，释放鼠标左键即可。

Step07 选择图像素材，在【效果控件】面板中的【VR数字故障】选项区中，❶修改【POI长宽比】参数为20，❷修改【随机植入】参数为15，如图 6-292 所示。

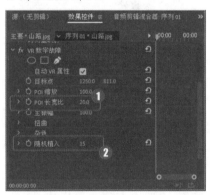

图 6-292

Step08 完成【VR数字故障】视频效果的修改，然后在【节目监视器】面板中预览添加【VR数字故障】视频效果后的图像效果，如图 6-293 所示。

图 6-293

★新功能 6.13.6 实战：使用【VR旋转球面】效果

实例门类	软件功能

使用【VR旋转曲面】视频效果可以制作出沉浸式旋转曲面的效果，具体的操作方法如下。

Step01 新建一个名称为【6.13.6】的项目文件和一个序列预设【标准48kHz】的序列。

Step02 在【项目】面板中导入【小猫】图像文件，如图 6-294 所示。

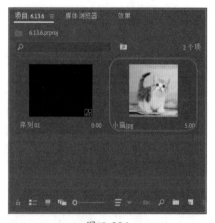

图 6-294

Step03 在【项目】面板中选择新添加的图像素材，按住鼠标左键并拖曳，将其添加至【时间轴】面板的【视频1】轨道上，如图 6-295 所示。

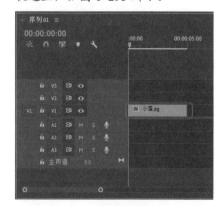

图 6-295

Step04 在【节目监视器】面板中，调整图像素材显示大小，如图 6-296所示。

图 6-296

Step05 在【效果】面板中，❶展开【视频效果】列表框，选择【沉浸式视频】选项，再次展开列表框，❷选择【VR 旋转球面】视频效果，如图 6-297 所示。

图 6-297

Step06 在选择的视频效果上，按住鼠标左键并拖曳，将其添加至【视频 1】轨道图像素材上，释放鼠标左键即可。

Step07 选择图像素材，在【效果控件】面板中的【VR 旋转球面】选项区中，修改【平移（Y轴）】为 9°、【滚动（Z轴）】为 5°，勾选【反旋转】复选框，如图 6-298 所示。

图 6-298

Step08 完成【VR 旋转球面】视频效果的修改，然后在【节目监视器】面板中预览添加【VR 旋转球面】视频效果后的图像效果，如图 6-299 所示。

图 6-299

★新功能 6.13.7　VR 模糊

【VR 模糊】视频效果可以制作出 VR 沉浸式效果中的模糊效果。

使用【VR 模糊】视频效果的方法很简单，在【效果】面板中，展开【视频效果】列表框，选择【沉浸式视频】选项，再次展开列表框，选择【VR 模糊】视频效果，按住鼠标左键并拖曳，将其添加至【时间轴】面板的【视频 1】轨道的视频素材上即可。图 6-300 所示为添加【VR 模糊】视频效果的前后对比效果。

图 6-300

添加了视频效果后，在【效果控件】面板的【VR 模糊】选项区中，修改【模糊度】参数调整模糊程度即可，如图 6-301 所示。

图 6-301

新功能 6.13.8 实战：使用【VR 色差】效果

实例门类	软件功能

使用【VR 色差】视频效果可以制作出 VR 沉浸式效果中的色差效果，具体的操作方法如下。

Step01 新建一个名称为【6.13.8】的项目文件和一个序列预设【标准48kHz】的序列。

Step02 在【项目】面板中导入【卡通台灯】图像文件，如图6-302所示。

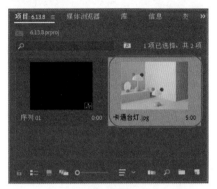

图 6-302

Step03 在【项目】面板中选择新添加的图像素材，按住鼠标左键并拖曳，将其添加至【时间轴】面板的【视频1】轨道上，如图6-303所示。

图 6-303

Step04 在【节目监视器】面板中，调整图像素材显示大小，如图6-304所示。

图 6-304

Step05 在【效果】面板中，❶展开【视频效果】列表框，选择【沉浸式视频】选项，再次展开列表框，❷选择【VR色差】视频效果，如图6-305所示。

图 6-305

Step06 在选择的视频效果上，按住鼠标左键并拖曳，将其添加至【视频1】轨道的图像素材上，释放鼠标左键，完成【VR色差】视频效果的添加操作。

Step07 选择图像素材，在【效果控件】面板中的【VR色差】选项区中，❶修改【目标点】参数为200和200，❷修改【色差（蓝色）】为30、【衰减距离】为66，如图6-306所示。

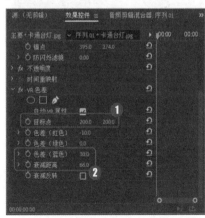

图 6-306

Step08 完成【VR色差】视频效果的修改，然后在【节目监视器】面板中预览添加【VR色差】视频效果后的图像效果，如图6-307所示。

图 6-307

★新功能 6.13.9 实战：使用【VR锐化】效果

实例门类	软件功能

使用【VR锐化】视频效果可以制作出VR沉浸式效果中的锐化效果，具体的操作方法如下。

Step01 新建一个名称为【6.13.9】的项目文件和一个序列预设【标准48kHz】的序列。

Step02 在【项目】面板中导入【蔬菜沙拉】图像文件，如图6-308所示。

图 6-308

Step03 在【项目】面板中选择新添加的图像素材，按住鼠标左键并拖曳，将其添加至【时间轴】面板的【视频1】轨道上，如图6-309所示。

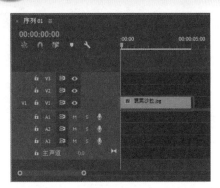

图 6-309

Step04 在【节目监视器】面板中，调整图像素材显示大小，如图 6-310 所示。

图 6-310

Step05 在【效果】面板中，❶展开【视频效果】列表框，选择【沉浸式视频】选项，再次展开列表框，❷选择【VR锐化】视频效果，如图 6-311 所示。

图 6-311

Step06 在选择的视频效果上，按住鼠标左键并拖曳，将其添加至【视频1】轨道的图像素材上，释放鼠标左键，完成【VR锐化】视频效果

的添加操作。

Step07 选择图像素材，在【效果控件】面板中的【VR锐化】选项区中，修改【锐化量】参数为 10，如图 6-312 所示。

图 6-312

Step08 完成【VR锐化】视频效果的修改，然后在【节目监视器】面板中预览添加【VR锐化】视频效果后的图像效果，如图 6-313 所示。

图 6-313

★新功能 6.13.10 VR 降噪

使用【VR降噪】视频效果可以制作出VR沉浸式效果中的降噪效果。

使用【VR降噪】视频效果的方法很简单，在【效果】面板中，展开【视频效果】列表框，选择【沉浸式视频】选项，再次展开列表框，选择【VR降噪】视频效果，按住鼠标左键并拖曳，将其添加至【时间轴】面板的【视频1】轨道的视频素材上即可。图 6-314 所示为添加【VR降

噪】视频效果的前后对比效果。

图 6-314

添加了视频效果后，在【效果控件】面板的【VR降噪】选项区中，通过修改各参数，可以调整降噪效果，如图 6-315 所示。

图 6-315

★新功能 6.13.11 实战：使用【VR 颜色渐变】效果

实例门类	软件功能

使用【VR颜色渐变】视频效果可以制作出VR沉浸式效果中的颜

色渐变效果，具体的操作方法如下。

Step 01 新建一个名称为【6.13.11】的项目文件和一个序列预设【标准48kHz】的序列。

Step 02 在【项目】面板中导入【桃花花开】图像文件，如图6-316所示。

图 6-316

Step 03 在【项目】面板中选择新添加的图像素材，按住鼠标左键并拖曳，将其添加至【时间轴】面板的【视频1】轨道上，如图6-317所示。

图 6-317

Step 04 在【节目监视器】面板中，调整图像素材显示大小，如图6-318所示。

图 6-318

Step 05 在【效果】面板中，❶展开【视频效果】列表框，选择【沉浸式视频】选项，再次展开列表框，❷选择【VR颜色渐变】视频效果，如图6-319所示。

图 6-319

Step 06 在选择的视频效果上，按住鼠标左键并拖曳，将其添加至【视频1】轨道的图像素材上，释放鼠标左键，完成【VR颜色渐变】视频

效果的添加操作。

Step 07 选择图像素材，在【效果控件】面板中的【VR颜色渐变】选项区中，❶修改【不透明度】参数为50%，❷修改【混合模式】为【柔光】，如图6-320所示。

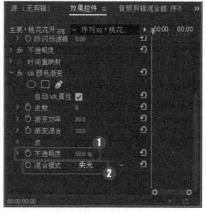

图 6-320

Step 08 完成【VR颜色渐变】视频效果的修改，然后在【节目监视器】面板中预览添加【VR颜色渐变】视频效果后的图像效果，如图6-321所示。

图 6-321

6.14 其他类视频效果

视频效果还包含【图像控制】【实用程序】【视频】【调整】【键控】和【颜色校正】等效果。本节将详细讲解其他类视频效果的应用方法。

6.14.1 图像控制

【图像控制】视频效果主要用于控制素材的亮度、颜色和黑白色等

效果。【图像控制】列表框中提供了【灰度系数校正】【颜色平衡】【颜色替换】【颜色过滤】和【黑白】等视频效果，如图6-322所示，选择不同的视频效果可以得到不同的图像控制效果。

图 6-322

6.14.2 实用程序

【实用程序】列表框中只提供了【Cineon 转换器】视频效果，该视频特效能够转换 Cineon 文件夹中的颜色。

在【效果】面板中，展开【视频效果】列表框，选择【实用程序】选项，再次展开列表框，选择【Cineon 转换器】视频效果，如图 6-323 所示，按住鼠标左键并拖曳，将其添加至【时间轴】面板的【视频 1】轨道的视频素材上即可。

图 6-323

添加了视频效果后，在【效果控件】面板的【Cineon 转换器】选项区中，修改各参数值即可，如图 6-324 所示。

图 6-324

在【Cineon 转换器】选项区中，各选项的含义如下。

➥ 转换类型：用于选择转换的类型，该列表框中包括【对数到对数】【对数到线性】【线性到对数】3 种类型，不同的转换类型有不同的效果，如图 6-325 所示。

图 6-325

➥ 10 位黑场：用于控制 10 位黑点的比重。不同的转换类型也有不同。在线性到对数的模式下，该值越大，画面越偏白；而对数到线性和对数到对数虽同为增加黑色部分，但后者程度明显不如前者。

➥ 内部黑场：用于设置内部黑点的比重。

➥ 10 位白场：用于控制 10 位白点的比重。在线性到对数模式下，值越大越偏亮；另外两种模式下则是值越大越暗。

➥ 内部白场：用于控制内部白点的比重。线性到对数模式下，值越大越暗；另外两种则是值越大越亮。

➥ 灰度系数：用于控制画面中间调的明暗。值越大，画面越亮。

➥ 高光滤除：用于设置高光部分的范围。

6.14.3 视频

【视频】列表框中的视频效果能够模拟视频信号的电子变动。该列表框中包含【SDR 遵从情况】【剪辑名称】【时间码】和【简单文本】4 个视频效果，如图 6-326 所示。

图 6-326

6.14.4 调整

【调整】类视频效果用于调整素材的光照和亮度效果。

【调整】列表框中包含【光照效果】【卷积内核】和【色阶】等视频效果，如图 6-327 所示。

图 6-327

6.14.5 键控

【键控】类视频效果可以制作出合成和遮罩等图像效果。

【键控】列表框中包含【亮度键】【图像遮罩键】和【颜色键】等视频效果，如图 6-328 所示。

图 6-328

6.14.6 颜色校正

【颜色校正】类视频效果用于校正素材的颜色效果。

【颜色校正】列表框中包含【均衡】【更改颜色】【色彩】和【颜色平衡】等视频效果，如图 6-329 所示。

图 6-329

妙招技法

通过对前面知识的学习，相信读者朋友已经掌握了 Premiere Pro 2020 软件中的视频效果应用技巧了。下面结合本章内容，再给大家介绍一些实用技巧。

技巧01：多个视频效果的添加

在素材上添加视频效果时，不仅可以添加单个视频效果，还可以添加多个视频效果。具体操作方法如下。

添加多个视频特效的具体方法是：单击【窗口】菜单，在弹出的下拉菜单中，选择【效果】命令，展开【效果】面板，并展开【视频效果】列表框，为素材添加相应的视频效果，当用户完成了单个视频效果的添加后，即可在【效果控件】面板中查看到已添加的视频效果。接下来，用户可以继续拖曳其他视频效果来完成多视频效果的添加，执行操作后，【效果控件】面板中即可显示添加的其他视频效果，如图 6-330 所示。

图 6-330

技巧02：视频效果的关闭、重置与删除

在进行视频效果添加的过程中，如果对添加的视频效果不满意时，可以通过【清除】功能来删除效果，还可以对视频效果进行关闭与重置操作，具体操作方法如下。

Step01 在【效果控件】面板中，选择需要删除的视频效果，单击鼠标右键，打开快捷菜单，选择【清除】命令即可，如图 6-331 所示。

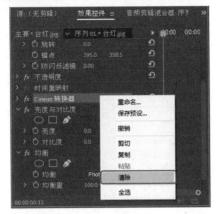

图 6-331

Step02 在【效果控件】面板中，单击需要关闭的视频效果左侧的【切换效果开关】按钮 **fx**，即可隐藏视频效果，如图 6-332 所示。

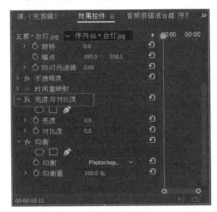

图 6-332

Step03 在【效果控件】面板中视频效果选项的右侧，单击【重置】按钮，如图 6-333 所示，即可将视频效果的数据恢复到原始状态。

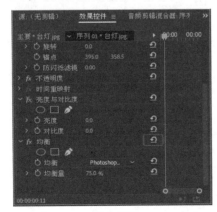

图 6-333

技巧 03：移动【镜头光源】效果的光源位置

在添加了【镜头光晕】视频效果后，修改【光晕中心】参数，可以重新移动光源的位置，具体操作方法如下。

Step01 打开【6.8.11.prproj】项目文件，在视频轨道上选择视频素材，在【效果控件】面板的【镜头光晕】选项区中，修改【光晕中心】参数为 1010 和 243，如图 6-334 所示。

图 6-334

Step02 完成光源位置的移动操作，其图像效果如图 6-335 所示。

图 6-335

技巧 04：修改【马赛克】效果的显示大小

在添加了【马赛克】视频效果后，通过修改【水平块】和【垂直块】参数，可以重新调整马赛克效果的显示大小，具体操作方法如下。

Step01 打开【6.12.13.prproj】项目文件，在视频轨道上选择视频素材，在【效果控件】面板的【马赛克】选项区中，修改【水平块】和【垂直块】参数均为 10，如图 6-336 所示。

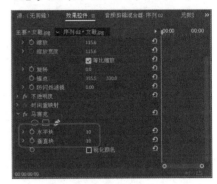

图 6-336

Step02 完成马赛克显示大小的设置操作，其图像效果如图 6-337 所示。

图 6-337

过关练习——为【美味蛋糕】添加视频效果

| 实例门类 | 视频效果添加与编辑 |

本实例将结合新建项目、导入素材，添加各种视频效果等功能，来制作【美味蛋糕】的项目文件，完成后的效果如图 6-338 所示。

图 6-338

Step01 新建一个名称为【6.16】的项目文件和一个序列预设【宽屏48kHz】的序列。

Step02 在【项目】面板中导入【蛋糕1】到【蛋糕4】的图像文件，如图 6-339 所示。

图 6-339

Step03 在【项目】面板中选择新添加的所有图像素材，按住鼠标左键并拖曳，将其添加至【时间轴】面板的【视频1】轨道上，如图 6-340 所示。

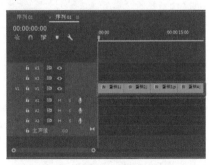

图 6-340

Step04 在【节目监视器】面板中，依次调整各图像素材的显示大小，如图 6-341 所示。

图 6-341

Step05 在【效果】面板中，❶展开【视频效果】列表框，选择【变换】选项，再次展开列表框，❷选择【水平翻转】视频效果，如图 6-342 所示。

图 6-342

Step06 按住鼠标左键并拖曳，将其添加至视频轨道的【蛋糕1】图像素材上，然后在【节目监视器】面板中，预览添加【水平翻转】视频效果后的图像效果，如图6-343所示。

图 6-343

Step07 在【效果】面板中，❶展开【视频效果】列表框，选择【模糊与锐化】选项，再次展开列表框，❷选择【锐化】视频效果，如图6-344所示。

图 6-344

Step08 按住鼠标左键并拖曳，将其添加至视频轨道的【蛋糕2】图像素材上，然后在【效果控件】面板中，修改【锐化量】参数为33，如图6-345所示。

图 6-345

Step09 在【节目监视器】面板中，预览添加【锐化】视频效果后的图像效果，如图6-346所示。

图 6-346

Step10 在【效果】面板中，❶展开【视频效果】列表框，选择【生成】选项，再次展开列表框，❷选择【四色渐变】视频效果，如图6-347所示。

图 6-347

Step11 按住鼠标左键并拖曳，将其添加至视频轨道的【蛋糕3】图像素材上，然后在【效果控件】面板中，修改【混合模式】为【柔光】，如图6-348所示。

图 6-348

Step12 在【节目监视器】面板中，预览添加【四色渐变】视频效果后的图像效果，如图6-349所示。

图 6-349

Step13 在【效果】面板中，❶展开【视频效果】列表框，选择【生成】选项，再次展开列表框，❷选择【镜头光晕】视频效果，如图6-350所示。

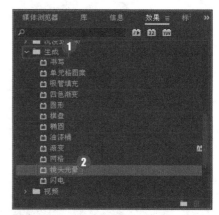

图 6-350

Step14 按住鼠标左键并拖曳，将其添加至视频轨道的【蛋糕4】图像素材上，然后在【效果控件】面板中，❶修改【光晕中心】为657和149、【光晕亮度】为107%，❷修改【与原始图像混合】为22%，如图6-351所示。

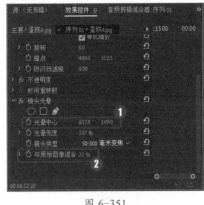

图 6-351

Step⑮ 在【节目监视器】面板中，预览添加【镜头光晕】视频效果后的图像效果，如图 6-352 所示，至此，本案例效果制作完成。

图 6-352

本章小结

通过对本章知识的学习和案例练习，相信读者朋友已经掌握好 Premiere Pro 2020 软件的视频效果的应用技巧了。在制作好视频后，运用各种视频效果，可以让视频整体呈现得更加完美。

第7章 视频过渡的应用

➜ 视频过渡效果的分类主要有哪些，应该怎么进行添加？
➜ 同轨道和不同轨道的视频过渡效果分别是怎么添加的，有什么区别？
➜ 视频过渡效果的属性该怎么设置，包含哪些属性参数？

视频过渡效果是通过一些特殊的效果，在素材与素材之间产生自然、平滑、美观、流畅的过渡效果，让视频画面更富有表现力。学完这一章的内容，你就能掌握视频过渡效果的应用技巧了。

7.1 视频过渡基础

视频过渡可以针对两个素材之间进行处理，也可以针对单独素材的首尾部分进行过渡处理。本节将详细讲解视频过渡的相关基础知识。

7.1.1 视频过渡的概念

视频过渡是指为了让一段视频素材以某种特效形式过渡到另一段素材而运用的过渡效果，即从上一个镜头的末尾画面到后一个镜头的开始画面之间加上中间画面，使上下两个画面以某种自然的形式过渡。视频过渡除了平滑两个镜头的过渡外，还能起到画面和视角之间的切换作用。图 7-1 所示为添加视频过渡后的视频过渡效果。

图 7-1

7.1.2 视频过渡的分类

Premiere Pro 2020软件中的【效果】面板中包含【3D运动】【内滑】【划像】【擦除】【沉浸式视频】【溶解】【缩放】和【页面剥落】8个视频过渡类别，如图 7-2 所示，选择不同的视频过渡类别，可以得到不同的视频过渡效果。

图 7-2

7.1.3 视频过渡的应用

不同的视频过渡效果应用在不同的领域，可以使其效果更佳。

在影视科技不断发展的今天，视频过渡的应用已经从单纯的影视效果发展到许多商业的动态广告、游戏的开场动画的制作以及一些网络视频的制作中。例如，【3D运动】视频过渡中的【立方体旋转】视频过渡，多用于娱乐节目的MTV中，让节目看起来更加生动；然而在【溶解】视频过渡中的【白场过渡】

和【黑场过渡】视频过渡效果就常用在影视节目的片头和片尾处，这种缓慢的过渡可以避免让观众产生过于突然的感觉。

7.2 编辑视频过渡特效

在掌握了视频过渡的基础知识后，需要在 Premiere Pro 2020 项目文件中进行视频过渡特效的编辑操作，该操作包括添加视频过渡效果、为不同的轨道添加视频过渡效果以及替换视频过渡效果等。本节将详细讲解编辑视频过渡特效的操作方法。

★重点 7.2.1 实战：添加视频过渡效果

实例门类	软件功能

在 Premiere Pro 2020 软件中添加视频过渡效果的方法很简单，用户只要在【效果】面板中选择已有的视频过渡效果，再按住鼠标左键进行添加即可，具体的操作方法如下。

Step01 新建一个名称为【7.2.1】的项目文件和一个序列预设【标准48kHz】的序列。

Step02 在【项目】面板中导入【爱心1】和【爱心2】图像文件，如图7-3所示。

图 7-3

Step03 在【项目】面板中选择所有新添加的图像素材，按住鼠标左键并拖曳，将其添加至【时间轴】面板的【视频1】轨道上，如图7-4所示。

图 7-4

Step04 在【效果】面板中，❶展开【视频过渡】列表框，选择【内滑】选项，❷再次展开列表框，选择【内滑】视频过渡效果，如图7-5所示。

图 7-5

Step05 在选择的视频过渡上，按住鼠标左键并拖曳，将其添加至【视频1】轨道的两个素材图像之间，完成视频过渡效果的添加，如图7-6所示。

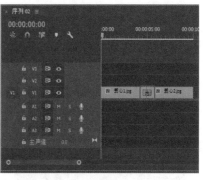

图 7-6

Step06 在【节目监视器】面板中，调整各个图像的显示大小，然后单击【播放-停止切换】按钮，预览添加的视频过渡效果，如图7-7所示。

图 7-7

7.2.2 实战：为不同的轨道添加视频过渡效果

实例门类	软件功能

在 Premiere Pro 2020 软件中添加视频过渡效果时，不仅可以在同一个轨道中添加视频过渡效果，还可以在不同的轨道中添加视频过渡效果，具体的操作方法如下。

Step01 新建一个名称为【7.2.2】的项目文件和一个序列预设【标准48kHz】的序列。

Step02 在【项目】面板中导入【爱心巧克力1】和【爱心巧克力2】图像文件，如图7-8所示。

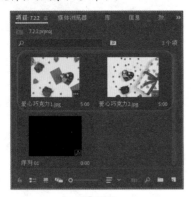

图 7-8

Step03 在【项目】面板中依次选择【爱心巧克力1】和【爱心巧克力2】图像素材，按住鼠标左键并拖曳，分别将其添加至【时间轴】面板的【视频1】和【视频2】轨道上，如图7-9所示。

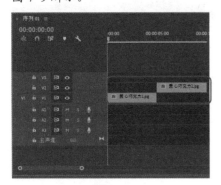

图 7-9

Step04 在【效果】面板中，❶展开【视频过渡】列表框，选择【溶解】选项，❷再次展开列表框，选择【白场过渡】视频过渡效果，如图7-10所示。

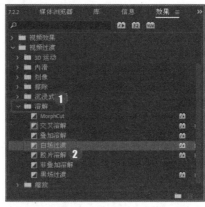

图 7-10

Step05 在选择的视频过渡效果上，按住鼠标左键并拖曳，将其添加至【视频2】轨道的素材图像的左侧，完成不同轨道之间视频过渡效果的添加，如图7-11所示。

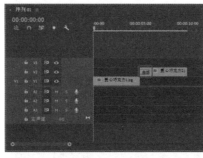

图 7-11

Step06 在【节目监视器】面板中，调整各个图像的显示大小，然后单击【播放-停止切换】按钮，预览添加的视频过渡效果，如图7-12所示。

图 7-12

★重点 7.2.3 实战：替换视频过渡效果

实例门类	软件功能

如果对素材之间的视频过渡效果不满意，则可以对视频过渡效果进行替换操作，具体的操作方法如下。

Step01 新建一个名称为【7.2.3】的项目文件和一个序列预设【标准48kHz】的序列。

Step02 在【项目】面板中导入【彩色鸡蛋1】和【彩色鸡蛋2】图像文件，如图7-13所示。

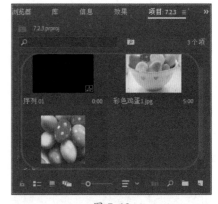

图 7-13

Step03 在【项目】面板中选择所有新添加的图像素材，按住鼠标左键并拖曳，将其添加至【时间轴】面板的【视频1】轨道上，如图7-14所示。

图 7-14

Step**04** 在【效果】面板中，❶展开【视频过渡】列表框，选择【内滑】选项，❷再次展开列表框，选择【内滑】视频过渡效果，如图 7-15 所示。

图 7-15

Step**05** 在选择的视频过渡效果上，按住鼠标左键并拖曳，将其添加至【视频1】轨道的两个素材图像之间，完成视频过渡效果的添加，如图 7-16 所示。

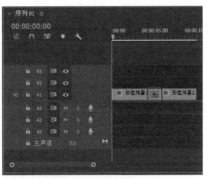

图 7-16

Step**06** 在【效果】面板中，展开【视频过渡】列表框，选择【页面剥落】选项，❷再次展开列表框，选择【翻页】视频过渡效果，如图 7-17 所示。

图 7-17

Step**07** 在选择的视频过渡效果上，按住鼠标左键并拖曳，将其添加至【视频1】轨道的两个素材图像之间，完成视频过渡效果的替换操作，如图 7-18 所示。

图 7-18

Step**08** 在【节目监视器】面板中，调整各个图像的显示大小，然后单击【播放-停止切换】按钮，预览替换后的视频过渡效果，如图 7-19 所示。

图 7-19

7.3 设置视频过渡效果属性

在添加了视频过渡效果后，还可以对视频过渡效果中的时间、边框、对齐以及反向等属性进行设置。本节将详细讲解设置视频过渡效果属性的具体方法。

★重点 7.3.1 实战：设置视频过渡时间

实例门类	软件功能

在默认状态下，添加的视频切换效果为 30 帧的播放时间。用户可以根据需要对转场效果的时间进行调整，具体的操作方法如下。

Step**01** 新建一个名称为【7.3.1】的项目文件和一个序列预设【标准48kHz】的序列。

Step**02** 在【项目】面板中导入【草地1】和【草地2】图像文件，如图 7-20 所示。

图 7-20

Step03 在【项目】面板中选择所有新添加的图像素材，按住鼠标左键并拖曳，将其添加至【时间轴】面板的【视频1】轨道上，如图7-21所示。

Step04 在【效果】面板中，❶展开【视频过渡】列表框，选择【内滑】选项，❷再次展开列表框，选择【推】视频过渡效果，如图7-22所示。

图 7-21

图 7-22

Step05 在选择的视频过渡效果上，按住鼠标左键并拖曳，将其添加至【视频1】轨道的两个素材图像之间，完成视频过渡效果添加，如图7-23所示。

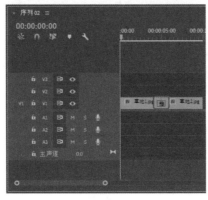

图 7-23

Step06 选择新添加的视频过渡效果，在【效果控件】面板中，单击【持续时间】右侧的文本框，修改持续时间为00：00：04：00，如图7-24所示。

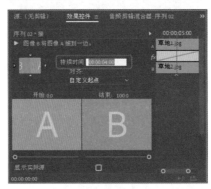

图 7-24

Step07 完成视频过渡效果持续时间的设置，则视频轨道上视频过渡效果将自动增长，如图7-25所示。

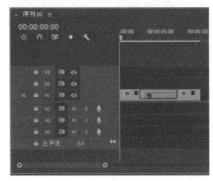

图 7-25

Step08 在【节目监视器】面板中，调整各个图像的显示大小，然后单击【播放-停止切换】按钮，预览视频过渡效果，如图7-26所示。

图 7-26

技术看板

设置视频过渡的持续时间方法有多种，不仅可以在【效果控件】面板中进行设置，还可以在视频过渡效果上单击鼠标右键，在弹出的快捷菜单中，选择【设置过渡持续时间】命令，在弹出的【设置过渡持续时间】对话框中重新输入持续时间即可。

★重点 7.3.2　实战：对齐视频过渡效果

在添加了视频过渡效果后，用户可以在【效果控件】面板中，对视频过渡效果的对齐方式进行修改，具体的操作方法如下。

Step01 新建一个名称为【7.3.2】的项目文件和一个序列预设【宽屏48kHz】的序列。

Step02 在【项目】面板中导入【城市

1】和【城市2】图像文件，如图7-27所示。

图 7-27

Step03 在【项目】面板中选择所有新添加的图像素材，按住鼠标左键并拖曳，将其添加至【时间轴】面板的【视频1】轨道上，如图7-28所示。

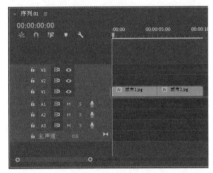

图 7-28

Step04 在【效果】面板中，①展开【视频过渡】列表框，选择【沉浸式视频】选项，②再次展开列表框，选择【VR光圈擦除】视频过渡效果，如图7-29所示。

图 7-29

Step05 在选择的视频过渡效果上，按住鼠标左键并拖曳，将其添加至【视频1】轨道的两个素材图像之间，完成视频过渡效果添加，如图7-30所示。

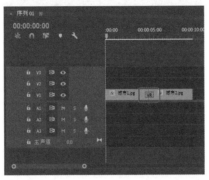

图 7-30

Step06 选择新添加的视频过渡效果，在【效果控件】面板中，①单击【对齐】下三角按钮，②展开列表框，选择【终点切入】选项，如图7-31所示。

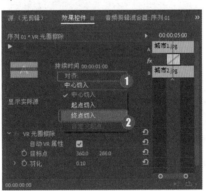

图 7-31

技术看板

视频效果的对齐方式有【中心切入】【起点切入】【终点切入】和【自定义起点】4种对齐方式，选择不同的对齐方式，可以得到不同的对齐点位置。

Step07 完成视频过渡效果对齐方式的设置，则视频轨道上视频过渡效果的位置也自动移动，如图7-32所示。

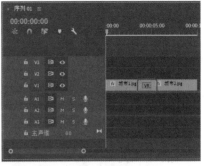

图 7-32

Step08 在【节目监视器】面板中，调整各个图像的显示大小，然后单击【播放-停止切换】按钮，预览视频过渡效果，如图7-33所示。

图 7-33

7.3.3 实战：反向视频过渡效果

实例门类	软件功能

使用【反向】功能，可以调整视频过渡效果的方向、顺序、样式，方便用户实现各种过渡效果，具体的操作方法如下。

Step01 新建一个名称为【7.3.3】的项目文件和一个序列预设【标准48kHz】的序列。

Step02 在【项目】面板中导入【橙汁1】和【橙汁2】图像文件，如图7-34所示。

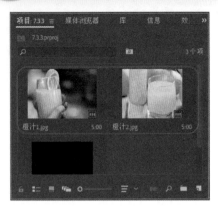

图 7-34

Step 03 在【项目】面板中选择所有的图像素材，按住鼠标左键并拖曳，将其添加至【时间轴】面板的【视频1】轨道上，如图 7-35 所示。

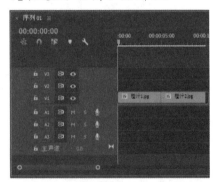

图 7-35

Step 04 在【效果】面板中，❶展开【视频过渡】列表框，选择【3D运动】选项，❷再次展开列表框，选择【翻转】视频过渡效果，如图 7-36 所示。

图 7-36

Step 05 在选择的视频过渡效果上，

按住鼠标左键并拖曳，将其添加至【视频1】轨道的两个素材图像之间，如图 7-37 所示。

图 7-37

Step 06 选择新添加的视频过渡效果，在【效果控件】面板中，勾选【反向】复选框，如图 7-38 所示。

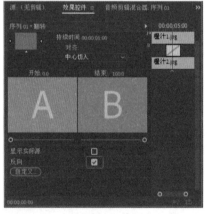

图 7-38

Step 07 完成视频过渡效果的反向操作，在【节目监视器】面板中，调整各个图像的显示大小，然后单击【播放-停止切换】按钮，预览反向视频过渡效果，如图 7-39 所示。

图 7-39

技能拓展——正向视频过渡效果

在运用了反向视频过渡效果后，如果要正向视频过渡效果，则可以在【效果控件】面板中，取消勾选【反向】复选框，即可应用正向视频过渡效果。

7.3.4 实战：设置视频过渡边框

实例门类	软件功能

使用【边框】功能还可以为视频过渡效果添加边框效果，并设置边框的颜色和宽度，具体的操作方法如下。

Step 01 新建一个名称为【7.3.4】的项目文件和一个序列预设【宽屏48kHz】的序列。

Step 02 在【项目】面板中导入【大厦1】和【大厦2】图像文件，如图 7-40 所示。

图 7-40

Step 03 在【项目】面板中选择所有新添加的图像素材，按住鼠标左键并拖曳，将其添加至【时间轴】面板的【视频1】轨道上，如图7-41所示。

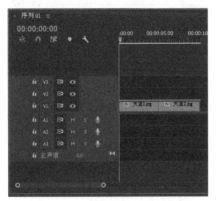

图 7-41

Step 04 在【效果】面板中，❶展开【视频过渡】列表框，选择【划像】选项，❷再次展开列表框，选择【菱形划像】视频过渡效果，如图7-42所示。

图 7-42

Step 05 在选择的视频过渡效果上，按住鼠标左键并拖曳，将其添加至【视频1】轨道的两个素材图像之间，如图7-43所示。

图 7-43

Step 06 选择新添加的视频过渡效果，❶在【效果控件】面板中，修改【边框宽度】为3，❷然后单击【边框颜色】右侧的颜色块，如图7-44所示。

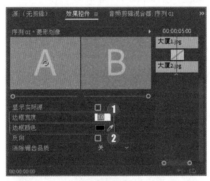

图 7-44

Step 07 弹出【拾色器】对话框，❶修改RGB参数分别为45、221、198，❷然后单击【确定】按钮，如图7-45所示。

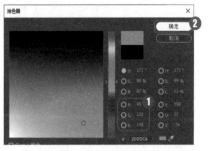

图 7-45

技能拓展——拾取边框颜色

在视频轨道中选择视频过渡效果后，在【效果控件】面板中，单击【边框颜色】选项右侧的吸取管按钮，当鼠标指针呈吸取管形状时，在需要吸取的颜色上单击鼠标左键，即可设置边框颜色。

Step 08 完成视频过渡效果中边框的添加，在【节目监视器】面板中，调整各个图像的显示大小，然后单击【播放-停止切换】按钮，预览视频过渡效果，如图7-46所示。

图 7-46

7.4 添加【3D运动】过渡效果

【3D运动】视频过渡效果用来进行3D的运动过渡。【3D运动】效果组中包含【立方体旋转】和【翻转】两个视频过渡效果。本节将详细讲解使用【3D运动】视频过渡效果的具体方法。

★重点 7.4.1 实战：添加【立方体旋转】过渡效果

实例门类	软件功能

【立方体旋转】视频过渡效果使用旋转的 3D 立方体创建从素材 A 到素材 B 的过渡效果，同样可以设置转场效果从北到南、从南到北、从西到东或者从东到西 4 个方向旋转，具体的操作方法如下。

Step01 新建一个名称为【7.4.1】的项目文件和一个序列预设【标准 48kHz】的序列。

Step02 在【项目】面板中依次导入【郁金香 1】和【郁金香 2】图像文件，如图 7-47 所示。

图 7-47

Step03 在【项目】面板中选择所有新添加的图像素材，按住鼠标左键并拖曳，将其添加至【时间轴】面板的【视频 1】轨道上，如图 7-48 所示。

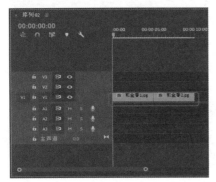

图 7-48

Step04 在【效果】面板中，❶展开【视频过渡】列表框，选择【3D 运动】选项，❷再次展开列表框，选择【立方体旋转】视频过渡效果，如图 7-49 所示。

图 7-49

Step05 在选择的视频过渡效果上，按住鼠标左键并拖曳，将其添加至【视频 1】轨道的两个素材图像之间，如图 7-50 所示。

图 7-50

Step06 在【节目监视器】面板中，调整各个图像的显示大小，然后单击【播放-停止切换】按钮，预览添加的视频过渡效果，如图 7-51 所示。

图 7-51

7.4.2 实战：添加【翻转】过渡效果

实例门类	软件功能

【翻转】视频过渡效果将沿垂直轴翻转素材 A 来显示素材 B，具体的操作方法如下。

Step01 新建一个名称为【7.4.2】的项目文件和一个序列预设【宽屏 48kHz】的序列。

Step02 在【项目】面板中导入【冬天雪景 1】和【冬天雪景 2】图像文件，如图 7-52 所示。

图 7-52

Step03 在【项目】面板中选择所有新添加的图像素材，按住鼠标左键并拖曳，将其添加至【时间轴】面板的【视频 1】轨道上，如图 7-53 所示。

图 7-53

Step 04 在【效果】面板中，❶展开【视频过渡】列表框，选择【3D运动】选项，❷再次展开列表框，选择【翻转】视频过渡效果，如图 7-54 所示。

图 7-54

Step 05 在选择的视频过渡效果上，按住鼠标左键并拖曳，将其添加至【视频1】轨道的两个素材图像之间，如图 7-55 所示。

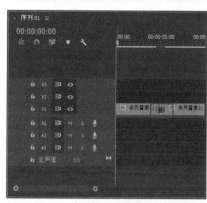

图 7-55

Step 06 选择【翻转】视频过渡效果，在【效果控件】面板中，单击【自定义】按钮，如图 7-56 所示。

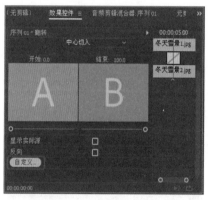

图 7-56

Step 07 打开【翻转设置】对话框，❶修改【带】参数为2，❷修改【填充颜色】的RGB参数分别为212、156、47，❸单击【确定】按钮，如图 7-57 所示。

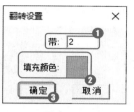

图 7-57

技术看板

在【翻转设置】对话框中，各选项的含义如下。

➡ 带：用于修改翻转条的数量。

➡ 填充颜色：用于设置翻转条的填充颜色。

Step 08 在【节目监视器】面板中，调整整个图像的显示大小，然后单击【播放-停止切换】按钮，预览添加的视频过渡效果，如图 7-58 所示。

图 7-58

7.5 添加【内滑】过渡效果

【内滑】类视频过渡效果主要通过画面滑动来进行素材A和素材B的过渡切换。【内滑】视频过渡效果组中包含【中心拆分】【内滑】【带状内滑】和【拆分】效果。本节将详细讲解使用【内滑】类视频过渡效果的具体方法。

★重点 7.5.1 实战：添加【中心拆分】过渡效果

实例门类	软件功能

使用【中心拆分】视频过渡效果，素材A将被切分成四个象限，并逐渐由中心向外移动，然后素材B将取代素材A，具体的操作方法如下。

Step 01 新建一个名称为【7.5.1】的项目文件和一个序列预设【宽屏48kHz】的序列。

Step 02 在【项目】面板中导入【粉色百合1】和【粉色百合2】图像文件，如图 7-59 所示。

图 7-59

Step03 在【项目】面板中选择所有新添加的图像素材,按住鼠标左键并拖曳,将其添加至【时间轴】面板的【视频1】轨道上,如图7-60所示。

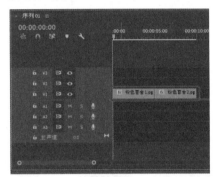

图 7-60

Step04 在【效果】面板中,❶展开【视频过渡】列表框,选择【内滑】选项,❷再次展开列表框,选择【中心拆分】视频过渡效果,如图7-61所示。

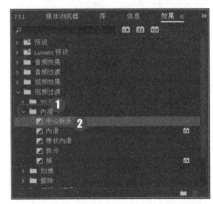

图 7-61

Step05 在选择的视频过渡效果上,按住鼠标左键并拖曳,将其添加至

【视频1】轨道的两个素材图像之间,如图7-62所示。

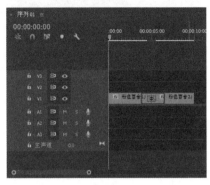

图 7-62

Step06 选择视频过渡效果,在【效果控件】面板中,❶修改【边框宽度】为2,❷修改【边框颜色】的RGB参数分别为216、24、135,如图7-63所示。

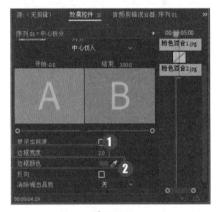

图 7-63

Step07 在【节目监视器】面板中,调整各个图像的显示大小,然后单击【播放-停止切换】按钮,预览添加的视频过渡效果,如图7-64所示。

图 7-64

7.5.2 内滑

【内滑】视频过渡效果类似一个素材从左向右移动,然后移动到前一个素材的后面。

使用【内滑】视频过渡效果的方法很简单,在【效果】面板中,展开【视频过渡】列表框,选择【内滑】选项,再次展开列表框,选择【内滑】视频过渡效果,按住鼠标左键并拖曳,将其添加至【时间轴】面板的【视频1】轨道的两个素材之间即可。图7-65所示为应用了【内滑】视频过渡效果的图像切换效果。

图 7-65

7.5.3 实战：添加【带状内滑】过渡效果

实例门类	软件功能

使用【带状内滑】转场效果，可以用矩形条带从屏幕的右边和左边出现，逐渐用素材B替代素材A，具体的操作方法如下。

Step01 新建一个名称为【7.5.3】的项目文件和一个序列预设【宽屏48kHz】的序列。

Step02 在【项目】面板中导入【古桥1】和【古桥2】图像文件，如图7-66所示。

图 7-66

Step03 在【项目】面板中选择所有新添加的图像素材，按住鼠标左键并拖曳，将其添加至【时间轴】面板的【视频1】轨道上，如图7-67所示。

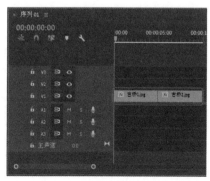

图 7-67

Step04 在【效果】面板中，❶展开【视频过渡】列表框，选择【内滑】选项，❷再次展开列表框，选择【带状内滑】视频过渡效果，如图7-68所示。

图 7-68

Step05 在选择的视频过渡效果上，按住鼠标左键并拖曳，将其添加至【视频1】轨道的两个素材图像之间，如图7-69所示。

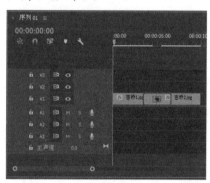

图 7-69

Step06 选择视频过渡效果，在【效果控件】面板中，修改【持续时间】为00：00：03：00，如图7-70所示。

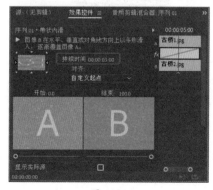

图 7-70

Step07 完成视频过渡效果持续时间的设置，则视频轨道上视频过渡效果将自动增长，如图7-71所示。

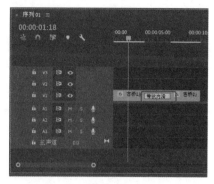

图 7-71

Step08 在【节目监视器】面板中，调整各个图像的显示大小，然后单击【播放-停止切换】按钮，预览添加的视频过渡效果，如图7-72所示。

图 7-72

7.5.4 实战：添加【拆分】过渡效果

实例门类	软件功能

【拆分】视频过渡效果类似于打开两扇门来显示房间内的东西，通过该转场效果可以将素材A从中间分裂开以显示后面的素材B，具体的操作方法如下。

Step01 新建一个名称为【7.5.4】的项目文件和一个序列预设【标准

48kHz】的序列。

Step02 在【项目】面板中导入【果酱1】和【果酱2】图像文件，如图7-73所示。

图 7-73

Step03 在【项目】面板中选择所有新添加的图像素材，按住鼠标左键并拖曳，将其添加至【时间轴】面板的【视频1】轨道上，如图7-74所示。

图 7-74

Step04 在【效果】面板中，❶展开【视频过渡】列表框，选择【内滑】选项，❷再次展开列表框，选择【拆分】视频过渡效果，如图7-75所示。

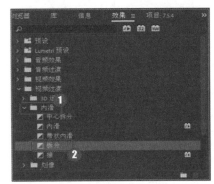

图 7-75

Step05 在选择的视频过渡效果上，按住鼠标左键并拖曳，将其添加至【视频1】轨道的两个素材图像之间，如图7-76所示。

图 7-76

Step06 在【节目监视器】面板中，调整各个图像的显示大小，然后单击【播放-停止切换】按钮，预览添加的视频过渡效果，如图7-77所示。

图 7-77

7.5.5 推

【推】视频过渡效果用于将素材A推向一边，从而显示素材B图像。在设置【推】视频过渡效果的推挤方式时，可以将推挤方式设置为从西到东、从东到西、从北到南或从南到北。

使用【推】视频过渡效果的方法很简单，在【效果】面板中，展开【视频过渡】列表框，选择【内滑】选项，再次展开列表框，选择【推】视频过渡效果，按住鼠标左键并拖曳，将其添加至【时间轴】面板的【视频1】轨道的两个素材之间即可。图7-78所示为应用了【推】视频过渡效果的图像切换效果。

图 7-78

7.6　添加【划像】过渡效果

【划像】类视频过渡效果的开始和结束都在屏幕的中心进行。该效果列表框中包含【交叉划像】【圆划像】【盒形划像】和【菱形划像】4个视频过渡效果。本节将详细讲解使用【划像】类视频过渡效果的具体方法。

★重点 7.6.1　实战：添加【交叉划像】过渡效果

实例门类	软件功能

使用【交叉划像】视频过渡效果，可以让素材B逐渐出现在一个十字形中，该十字会越变越大，直到占据整个屏幕，具体的操作方法如下。

Step01 新建一个名称为【7.6.1】的项目文件和一个序列预设【标准48kHz】的序列。

Step02 在【项目】面板中导入【荷花1】和【荷花2】图像文件，如图7-79所示。

图 7-79

Step03 在【项目】面板中选择所有新添加的图像素材，按住鼠标左键并拖曳，将其添加至【时间轴】面板的【视频1】轨道上，如图7-80所示。

图 7-80

Step04 在【效果】面板中，❶展开【视频过渡】列表框，选择【划像】选项，❷再次展开列表框，选择【交叉划像】视频过渡效果，如图7-81所示。

Step05 在选择的视频过渡效果上，按住鼠标左键并拖曳，将其添加至【视频1】轨道的两个素材图像之间，如图7-82所示。

图 7-81

Step06 在【节目监视器】面板中，调整各个图像的显示大小，然后单击【播放-停止切换】按钮，预览添加的视频过渡效果，如图7-83所示。

图 7-82

图 7-83

★重点 7.6.2　实战：添加【圆划像】过渡效果

实例门类	软件功能

使用【圆划像】视频过渡效果，

可以让素材B逐渐出现在慢慢变大的圆形中，该圆形将占据整个画面，具体的操作方法如下。

Step01 新建一个名称为【7.6.2】的项目文件和一个序列预设【标准48kHz】的序列。

Step02 在【项目】面板中导入【红酒1】和【红酒2】图像文件，如图7-84所示。

图 7-84

Step03 在【项目】面板中选择所有新添加的图像素材，按住鼠标左键并拖曳，将其添加至【时间轴】面板的【视频1】轨道上，如图7-85所示。

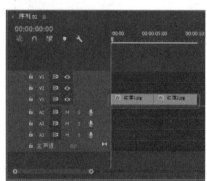

图 7-85

Step04 在【效果】面板中，❶展开【视频过渡】列表框，选择【划像】选项，❷再次展开列表框，选择【圆划像】视频过渡效果，如图7-86所示。

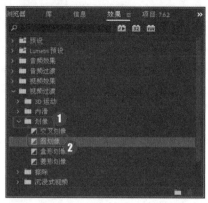

图 7-86

Step05 在选择的视频过渡效果上，按住鼠标左键并拖曳，将其添加至【视频1】轨道的两个素材图像之间，如图7-87所示。

Step06 在【节目监视器】面板中，调整各个图像的显示大小，然后单击【播放-停止切换】按钮，预览添加的视频过渡效果，如图7-88所示。

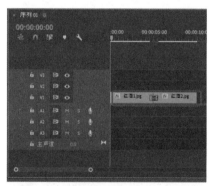

图 7-87

图 7-88

7.6.3 盒形划像

使用【盒形划像】视频过渡效果可以让素材B逐渐出现在慢慢变大的矩形中，该矩形将占据整个画面。

使用【盒形划像】视频过渡效果的方法很简单，在【效果】面板中，展开【视频过渡】列表框，选择【划像】选项，再次展开列表框，选择【盒形划像】视频过渡效果，按住鼠标左键并拖曳，将其添加至【时间轴】面板的【视频1】轨道的两个素材之间即可。图7-89所示为应用了【盒形划像】视频过渡效果的图像切换效果。

图 7-89

7.6.4 菱形划像

使用【菱形划像】视频过渡效果可以让素材B逐渐出现在慢慢变大的菱形中，该菱形将占据整个画面。

使用【菱形划像】视频过渡效果的方法很简单，在【效果】面板中，展开【视频过渡】列表框，选择【划像】选项，再次展开列表框，选择【菱形划像】视频过渡效果，按住鼠标左键并拖曳，将其添加至【时间轴】面板的【视频1】轨道的两个素材之间即可。图7-90所示为应用了【菱形划像】视频过渡效果的图像切换效果。

图 7-90

7.7 添加【擦除】过渡效果

【擦除】类视频过渡效果用于擦除素材A的不同部分来显示素材B。该效果列表框中包含【划出】【双侧平推门】【带状擦除】【棋盘】【水波块】【百叶窗】【随机块】和【风车】等17个视频过渡效果。本节将详细讲解使用【擦除】类视频过渡效果的具体方法。

7.7.1 实战：添加【划出】过渡效果

实例门类	软件功能

使用【划出】视频过渡效果可以将素材A从某一个方向退出屏幕，从而显示出素材B画面，具体的操作方法如下。

Step01 新建一个名称为【7.7.1】的项目文件和一个序列预设【宽屏48kHz】的序列。

Step02 在【项目】面板中导入【湖泊1】和【湖泊2】图像文件，如图7-91所示。

图 7-91

Step03 在【项目】面板中选择所有新添加的图像素材，按住鼠标左键并拖曳，将其添加至【时间轴】面板的【视频1】轨道上，如图7-92所示。

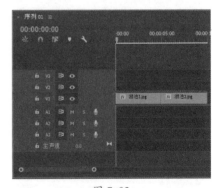

图 7-92

Step04 在【效果】面板中，❶展开【视频过渡】列表框，选择【擦除】选项，❷再次展开列表框，选择【划出】视频过渡效果，如图7-93所示。

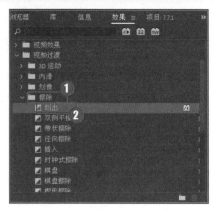

图 7-93

Step05 在选择的视频过渡效果上，按住鼠标左键并拖曳，将其添加至【视频1】轨道的两个素材图像之间，如图 7-94 所示。

图 7-94

Step06 在【节目监视器】面板中，调整各个图像的显示大小，然后单击【播放-停止切换】按钮，预览添加的视频过渡效果，如图 7-95 所示。

图 7-95

★重点 7.7.2　实战：添加【双侧平推门】过渡效果

实例门类	软件功能

使用【双侧平推门】视频过渡效果可以用滑动的门形状打开素材A，从而显示出素材B，其具体的操作方法如下。

Step01 新建一个名称为【7.7.2】的项目文件，和一个序列预设【标准48kHz】的序列。

Step02 在【项目】面板中导入【蝴蝶1】和【蝴蝶2】图像文件，如图 7-96 所示。

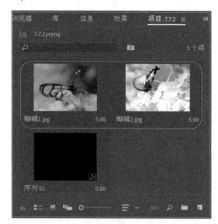

图 7-96

Step03 在【项目】面板中选择所有新添加的图像素材，按住鼠标左键并拖曳，将其添加至【时间轴】面板的【视频1】轨道上，如图 7-97 所示。

图 7-97

Step04 在【效果】面板中，❶展开【视频过渡】列表框，选择【擦除】选项，❷再次展开列表框，选择【双侧平推门】视频过渡效果，如图 7-98 所示。

图 7-98

Step05 在选择的视频过渡效果上，按住鼠标左键并拖曳，将其添加至【视频1】轨道的两个素材图像之间，如图 7-99 所示。

图 7-99

Step06 在【节目监视器】面板中，调整各个图像的显示大小，然后单击【播放-停止切换】按钮，预览添加的视频过渡效果，如图 7-100 所示。

图 7-100

7.7.3 实战: 添加【带状擦除】过渡效果

实例门类	软件功能

使用【带状擦除】视频过渡效果可以将矩形条带从屏幕左边和屏幕右边渐渐出现，素材B将替代素材A，具体的操作方法如下。

Step01 新建一个名称为【7.7.3】的项目文件和一个序列预设【标准48kHz】的序列。

Step02 在【项目】面板中导入【花朵1】和【花朵2】图像文件，如图7-101所示。

图 7-101

Step03 在【项目】面板中选择所有新添加的图像素材，按住鼠标左键并拖曳，将其添加至【时间轴】面板的【视频1】轨道上，如图7-102所示。

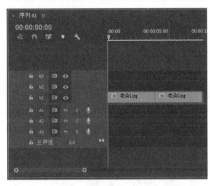

图 7-102

Step04 在【效果】面板中，❶展开【视频过渡】列表框，选择【擦除】选项，❷再次展开列表框，选择【带状擦除】视频过渡效果，如图7-103所示。

图 7-103

Step05 在选择的视频过渡效果上，按住鼠标左键并拖曳，将其添加至【视频1】轨道的两个素材图像之间，如图7-104所示。

图 7-104

Step06 选择视频过渡效果，在【效果控件】面板中，单击【自定义】按钮，如图7-105所示。

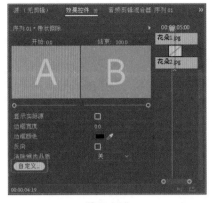

图 7-105

Step07 打开【带状擦除设置】对话框，❶修改【带数量】参数为5，❷单击【确定】按钮，如图7-106所示，完成带数量的设置。

图 7-106

Step08 在【节目监视器】面板中，调整各个图像的显示大小，然后单击【播放-停止切换】按钮，预览添加的视频过渡效果，如图7-107所示。

图 7-107

★重点 7.7.4 实战：添加【径向擦除】过渡效果

实例门类	软件功能

使用【径向擦除】视频过渡效果后，素材B是通过擦除显示的，先水平擦过画面的顶部，然后顺时针扫过一个弧度，逐渐覆盖素材A，具体的操作方法如下。

Step01 新建一个名称为【7.7.4】的项目文件和一个序列预设【宽屏48kHz】的序列。

Step02 在【项目】面板中导入【街道1】和【街道2】图像文件，如图7-108所示。

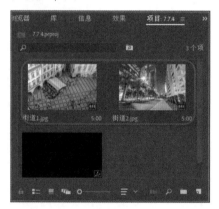

图 7-108

Step03 在【项目】面板中选择所有新添加的图像素材，按住鼠标左键并拖曳，将其添加至【时间轴】面板的【视频1】轨道上，如图7-109所示。

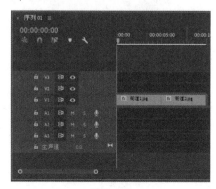

图 7-109

Step04 在【效果】面板中，❶展开【视频过渡】列表框，选择【擦除】选项，❷再次展开列表框，选择【径向擦除】视频过渡效果，如图7-110所示。

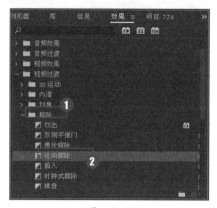

图 7-110

Step05 在选择的视频过渡效果上，按住鼠标左键并拖曳，将其添加至【视频1】轨道的两个素材图像之间，如图7-111所示。

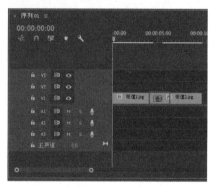

图 7-111

Step06 在【节目监视器】面板中，调整各个图像的显示大小，然后单击【播放-停止切换】按钮，预览添加的视频过渡效果，如图7-112所示。

图 7-112

7.7.5 插入

在【插入】视频过渡效果中，素材B出现在画面左上角的一个小矩形框中，通过擦除，该矩形框会逐渐变大，直到素材B替代素材A。

使用【插入】视频过渡效果的方法很简单，在【效果】面板中，展开【视频过渡】列表框，选择【擦除】选项，再次展开列表框，选择【插入】视频过渡效果，按住鼠标左键并拖曳，将其添加至【时间轴】面板的【视频1】轨道的两个素材之间即可。图7-113所示为应用了【插入】视频过渡效果的图像切换效果。

图 7-113

7.7.6 时钟式擦除

使用【时钟式擦除】视频过渡效果可以用时钟的旋转指针扫过素材屏幕，从而逐渐显示素材B。

使用【时钟式擦除】视频过渡效果的方法很简单，在【效果】面板中，展开【视频过渡】列表框，选择【擦除】选项，再次展开列表框，选择【时钟式擦除】视频过渡效果，按住鼠标左键并拖曳，将其添加至【时间轴】面板的【视频1】轨道的两个素材之间即可。图7-114所示为应用了【时钟式擦除】视频过渡效果的图像切换效果。

图 7-114

7.7.7 棋盘

使用【棋盘】视频过渡效果可以用包含素材B的棋盘图案逐渐取代素材A。

使用【棋盘】视频过渡效果的方法很简单，在【效果】面板中，展开【视频过渡】列表框，选择【擦除】选项，再次展开列表框，选择

【棋盘】视频过渡效果，按住鼠标左键并拖曳，将其添加至【时间轴】面板的【视频1】轨道的两个素材之间即可。图7-115所示为应用了【棋盘】视频过渡效果的图像切换效果。

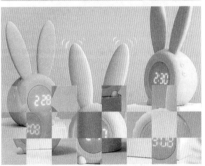

图 7-115

添加了【棋盘】视频过渡效果后，在【效果控件】面板中，单击【自定义】按钮，打开【棋盘设置】对话框，修改【水平切片】和【垂直切片】参数即可，如图7-116所示。

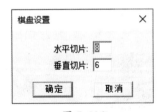

图 7-116

在【棋盘设置】对话框中，各选项的含义如下。

➥ 水平切片：用于设置水平矩形块的数量。

➥ 垂直切片：用于设置垂直矩形块的数量。

7.7.8 棋盘擦除

使用【棋盘擦除】视频过渡效果可以把包含素材B切片的棋盘方块图案逐渐延伸到整个屏幕。

使用【棋盘擦除】视频过渡效果的方法很简单，在【效果】面板中，展开【视频过渡】列表框，选择【擦除】选项，再次展开列表框，选择【棋盘擦除】视频过渡效果，按住鼠标左键并拖曳，将其添加至【时间轴】面板的【视频1】轨道的两个素材之间即可。图7-117所示为应用了【棋盘擦除】视频过渡效果的图像切换效果。

图 7-117

7.7.9 实战：添加【楔形擦除】过渡效果

实例门类	软件功能

使用【楔形擦除】视频过渡效果可以让素材B出现在逐渐变大并最终替换素材A的饼式楔形中，具体的操作方法如下。

Step01 新建一个名称为【7.7.9】的项目文件和一个序列预设【标准48kHz】的序列。

Step02 在【项目】面板中导入【酒杯1】和【酒杯2】图像文件，如图7-118所示。

图 7-118

Step03 在【项目】面板中选择新添加的图像素材，按住鼠标左键并拖曳，将其添加至【时间轴】面板的【视频1】轨道上，如图7-119所示。

图 7-119

Step04 在【效果】面板中，❶展开【视频过渡】列表框，选择【擦除】选项，❷再次展开列表框，选择【楔形擦除】视频过渡效果，如图7-120所示。

图 7-120

Step05 在选择的视频过渡效果上，按住鼠标左键并拖曳，将其添加至【视频1】轨道的两个素材图像之间，如图7-121所示。

图 7-121

Step06 在【节目监视器】面板中，调整各个图像的显示大小，然后单击【播放-停止切换】按钮，预览添加的视频过渡效果，如图7-122所示。

图 7-122

7.7.10 水波块

在【水波块】视频过渡效果中，素材B渐渐出现在水平条带中，这些条带从左向右移动，然后从右向屏幕左下方移动。

使用【水波块】视频过渡效果的方法很简单，在【效果】面板中，展开【视频过渡】列表框，选择【擦除】选项，再次展开列表框，选择【水波块】视频过渡效果，按住鼠标左键并拖曳，将其添加至【时间轴】面板的【视频1】轨道的两个素材之间即可。图7-123所示为应用了【水波块】视频过渡效果的图像切换效果。

图 7-123

7.7.11 油漆飞溅

使用【油漆飞溅】视频过渡效果，可以将素材B以泼洒颜料的形式逐渐出现。

使用【油漆飞溅】视频过渡效果的方法很简单，在【效果】面板中，展开【视频过渡】列表框，选择【擦除】选项，再次展开列表框，选择【油漆飞溅】视频过渡效果，按住鼠标左键并拖曳，将其添加至【时间轴】面板的【视频1】轨道的两个素材之间即可。图7-124所示为应用了【油漆飞溅】视频过渡效果的图像切换效果。

图 7-124

7.7.12 实战：添加【渐变擦除】过渡效果

实例门类	软件功能

使用【渐变擦除】视频过渡效果可以将素材B逐渐擦过整个屏幕，并使用用户选择的灰度图像的亮度值确定替换素材A中的哪些图像区域，具体的操作方法如下。

Step 01 新建一个名称为【7.7.12】的项目文件和一个序列预设【宽屏48kHz】的序列。

Step 02 在【项目】面板中导入【烤串1】和【烤串2】图像文件，如图7-125所示。

图 7-125

Step 03 在【项目】面板中选择所有新添加的图像素材，按住鼠标左键并拖曳，将其添加至【时间轴】面板的【视频1】轨道上，如图7-126所示。

图 7-126

Step 04 在【效果】面板中，❶展开【视频过渡】列表框，选择【擦除】选项，❷再次展开列表框，选择【渐变擦除】视频过渡效果，如图7-127所示。

图 7-127

Step 05 在选择的视频过渡效果上，按住鼠标左键并拖曳，将其添加至【视频1】轨道的两个素材图像之间，释放鼠标左键，打开【渐变擦除设置】对话框，❶修改【柔和度】参数为18，❷单击【确定】按钮，如图7-128所示。

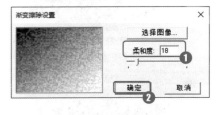

图 7-128

技术看板

在【渐变擦除设置】对话框中，各选项的含义如下。

选择图像：单击该按钮，将打开【打开】对话框，选择合适的图像进行渐变擦除。

柔和度：用于设置渐变擦除的模糊程度。

Step 06 在【时间轴】面板的【视频1】轨道的素材图像之间将添加【渐变擦除】视频过渡效果，如图7-129所示。

图 7-129

Step07 在【节目监视器】面板中，调整各个图像的显示大小，然后单击【播放-停止切换】按钮，预览添加的视频过渡效果，如图 7-130 所示。

图 7-130

★重点 7.7.13 实战：添加【百叶窗】过渡效果

实例门类	软件功能

【百叶窗】视频过渡效果用百叶窗逐渐打开方式，从而显示出素材 B 的完整画面，具体的操作方法如下。

Step01 新建一个名称为【7.7.13】的项目文件和一个序列预设【标准48kHz】的序列。

Step02 在【项目】面板中导入【糖果1】和【糖果2】图像文件，如图7-131 所示。

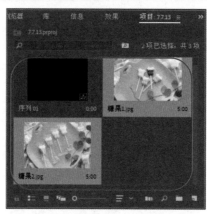

图 7-131

Step03 在【项目】面板中选择新添加的图像素材，按住鼠标左键并拖曳，将其添加至【时间轴】面板的【视频1】轨道上，如图 7-132 所示。

图 7-132

Step04 在【效果】面板中，①展开【视频过渡】列表框，选择【擦除】选项，②再次展开列表框，选择【百叶窗】视频过渡效果，如图 7-133 所示。

图 7-133

Step05 在选择的视频过渡效果上，按住鼠标左键并拖曳，将其添加至【视频1】轨道的两个素材图像之间，如图 7-134 所示。

图 7-134

Step06 选择视频过渡效果，在【效果控件】面板中，单击【自定义】按钮，如图 7-135 所示。

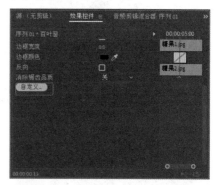

图 7-135

Step07 打开【百叶窗设置】对话框，①修改【带数量】参数为 12，②单击【确定】按钮，如图 7-136 所示，完成带数量的设置。

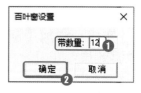

图 7-136

Step08 在【节目监视器】面板中，调整各个图像的显示大小，然后单击【播放-停止切换】按钮，预览添加的视频过渡效果，如图 7-137 所示。

图 7-137

7.7.14 螺旋框

在【螺旋框】视频过渡效果中，一个矩形边框围绕画面移动，逐渐使用素材B替换素材A。

使用【螺旋框】视频过渡效果的方法很简单，在【效果】面板中，展开【视频过渡】列表框，选择【擦除】选项，再次展开列表框，选择【螺旋框】视频过渡效果，按住鼠标左键并拖曳，将其添加至【时间轴】面板的【视频1】轨道的两个素材之间即可。图 7-138 所示为应用了【螺旋框】视频过渡效果的图像切换效果。

图 7-138

7.7.15 随机块

使用【随机块】视频过渡效果可以将素材B逐渐出现于屏幕上随机显示的小盒中。

使用【随机块】视频过渡效果的方法很简单，在【效果】面板中，展开【视频过渡】列表框，选择【擦除】选项，再次展开列表框，选择【随机块】视频过渡效果，按住鼠标左键并拖曳，将其添加至【时间轴】面板的【视频1】轨道的两个素材之间即可。图 7-139 所示为应用了【随机块】视频过渡效果的图像切换效果。

图 7-139

7.7.16 随机擦除

使用【随机擦除】视频过渡效果可以让素材B逐渐出现在顺着屏幕下拉的小块中。

使用【随机擦除】视频过渡效果的方法很简单，在【效果】面板中，展开【视频过渡】列表框，选择【擦除】选项，再次展开列表框，选择【随机擦除】视频过渡效果，按住鼠标左键并拖曳，将其添加至【时间轴】面板的【视频1】轨道的两个素材之间即可。图 7-140 所示为应用了【随机擦除】视频过渡效果的图像切换效果。

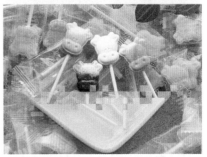

图 7-140

7.7.17 实战：添加【风车】过渡效果

实例门类	软件功能

使用【风车】视频过渡效果可以将素材B以逐渐变大的星星形式出现，这个星形最终占据整个画面，具体的操作方法如下。

Step01 新建一个名称为【7.7.17】的项目文件和一个序列预设【标准48kHz】的序列。

Step02 在【项目】面板中导入【天空1】和【天空2】图像文件，如图7-141所示。

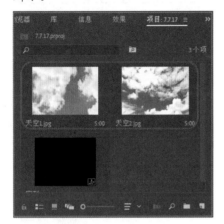

图 7-141

Step03 在【项目】面板中选择所有新添加的图像素材，按住鼠标左键并拖曳，将其添加至【时间轴】面板的【视频1】轨道上，如图7-142所示。

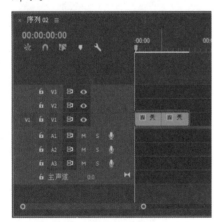

图 7-142

Step04 在【效果】面板中，❶展开【视频过渡】列表框，选择【擦除】选项，❷再次展开列表框，选择【风车】视频过渡效果，如图7-143所示。

图 7-143

Step05 在选择的视频过渡效果上，按住鼠标左键并拖曳，将其添加至【视频1】轨道的两个素材图像之间，如图7-144所示。

图 7-144

Step06 选择视频过渡效果，在【效果控件】面板中，单击【自定义】按钮，如图7-145所示。

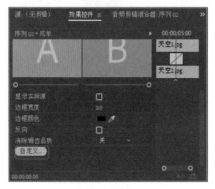

图 7-145

Step07 打开【风车设置】对话框，❶修改【楔形数量】参数为10，❷单击【确定】按钮，如图7-146所示，完成楔形数量的设置。

图 7-146

Step08 在【节目监视器】面板中，调整各个图像的显示大小，然后单击【播放-停止切换】按钮，预览添加的视频过渡效果，如图7-147所示。

图 7-147

7.8 添加【沉浸式视频】过渡效果

【沉浸式视频】类视频过渡效果可以将两个素材以沉浸的方式进行画面过渡。【沉浸式视频】效果组中包含【VR光圈擦除】【VR光线】【VR渐变擦除】【VR色度泄漏】和【VR漏光】等视频过渡效果。本节将详细讲解使用【沉浸式视频】类视频过渡效果的具体方法。

★新功能 7.8.1 VR光圈擦除

【VR光圈擦除】视频过渡效果可以模拟相机拍摄时的光圈擦除效果。

使用【VR光圈擦除】视频过渡效果的方法很简单，在【效果】面板中，展开【视频过渡】列表框，选择【沉浸式视频】选项，再次展开列表框，选择【VR光圈擦除】视频过渡效果，如图7-148所示。

图 7-148

> **技术看板**
>
> 在使用【沉浸式视频】类视频过渡效果时，如果需要GPU加速，则需要使用VR头戴设备体验。

按住鼠标左键并拖曳，将其添加至【时间轴】面板的【视频1】轨道的两个素材之间即可。图7-149所示为应用了【VR光圈擦除】视频过渡效果的图像切换效果。

图 7-149

添加了【VR光圈擦除】视频过渡效果后，在【效果控件】面板的【VR光圈擦除】选项区中，修改各参数即可，如图7-150所示。

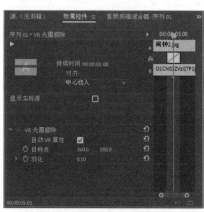

图 7-150

★新功能 7.8.2 实战：添加【VR光线】过渡效果

实例门类	软件功能

【VR光线】视频过渡效果用于表现沉浸式的VR光线效果。使用【VR光线】视频过渡效果具体的操作方法如下。

Step(01) 新建一个名称为【7.8.2】的项目文件和一个序列预设【标准48kHz】的序列。

Step(02) 在【项目】面板中导入【梨花1】和【梨花2】图像文件，如图7-151所示。

图 7-151

Step(03) 在【项目】面板中选择所有新添加的图像素材，按住鼠标左键并拖曳，将其添加至【时间轴】面板的【视频1】轨道上，如图7-152所示。

图 7-152

Step04 在【效果】面板中，❶展开【视频过渡】列表框，选择【沉浸式视频】选项，❷再次展开列表框，选择【VR光线】视频过渡效果，如图 7-153 所示。

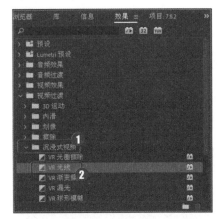

图 7-153

Step05 在选择的视频过渡效果上，按住鼠标左键并拖曳，将其添加至【视频1】轨道的两个素材图像之间，如图 7-154 所示。

图 7-154

Step06 选择已添加的视频效果，在【效果控件】面板的【VR光线】选项区中，❶修改【光线长度】参数为40，❷修改【曝光】为80、【溶解长度】为80，如图 7-155 所示。

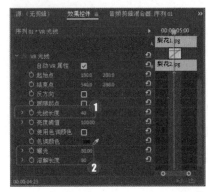

图 7-155

Step07 在【节目监视器】面板中，调整各个图像的显示大小，然后单击【播放-停止切换】按钮，预览添加的视频过渡效果，如图 7-156 所示。

图 7-156

★新功能 7.8.3　VR 渐变擦除

【VR渐变擦除】视频过渡效果可以用于表现VR沉浸式的画面渐变擦除效果。

使用【VR渐变擦除】视频过渡效果的方法很简单，在【效果】面板中，展开【视频过渡】列表框，选择【沉浸式视频】选项，再次展开列表框，选择【VR光圈擦除】视频过渡效果，按住鼠标左键并拖曳，将其添加至【时间轴】面板的【视频1】轨道的两个素材之间即可。图 7-157所示为应用了【VR渐变擦除】视频过渡效果的图像切换效果。

图 7-157

在添加了【VR渐变擦除】视频过渡效果后，在【效果控件】面板的【VR渐变擦除】选项区中，修改各参数即可，如图 7-158 所示。

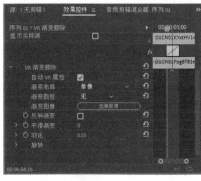

图 7-158

★新功能 7.8.4 实战：添加【VR 漏光】过渡效果

实例门类	软件功能

使用【VR 漏光】视频过渡效果可以调整VR沉浸式画面中的光感效果，具体的操作方法如下。

Step01 新建一个名称为【7.8.4】的项目文件和一个序列预设【标准48kHz】的序列。

Step02 在【项目】面板中导入【绿叶1】和【绿叶2】图像文件，如图7-159所示。

图 7-159

Step03 在【项目】面板中选择新添加的图像素材，按住鼠标左键并拖曳，将其添加至【时间轴】面板的【视频1】轨道上，如图7-160所示。

图 7-160

Step04 在【效果】面板中，①展开【视频过渡】列表框，选择【沉浸式视频】选项，②再次展开列表框，选择【VR 漏光】视频过渡效果，如图7-161所示。

图 7-161

Step05 在选择的视频过渡效果上，按住鼠标左键并拖曳，将其添加至【视频1】轨道的两个素材图像之间，如图7-162所示。

图 7-162

Step06 选择已添加的视频效果，在【效果控件】面板的【VR 漏光】选项区中，①修改【泄漏基本色相】参数为14，②修改【泄漏强度】为60，如图7-163所示。

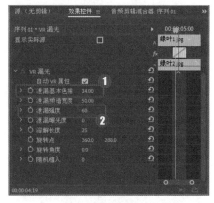

图 7-163

Step07 在【节目监视器】面板中，调整各个图像的显示大小，然后单击【播放-停止切换】按钮，预览添加的视频过渡效果，如图7-164所示。

图 7-164

★新功能 7.8.5 实战：添加【VR 球形模糊】过渡效果

实例门类	软件功能

使用【VR球形模糊】视频过渡可以制作出VR沉浸式画面中的模拟模糊球状效果，具体的操作方法如下。

Step 01 新建一个名称为【7.8.5】的项目文件和一个序列预设【标准48kHz】的序列。

Step 02 在【项目】面板中导入【玫瑰1】和【玫瑰2】图像文件，如图7-165所示。

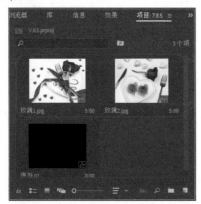

图 7-165

Step 03 在【项目】面板中选择新添加的图像素材，按住鼠标左键并拖曳，将其添加至【时间轴】面板的【视频1】轨道上，如图7-166所示。

图 7-166

Step 04 在【效果】面板，❶展开【视频过渡】列表框，选择【沉浸式视频】选项，❷再次展开列表框，选

择【VR球形模糊】视频过渡，如图7-167所示。

图 7-167

Step 05 在选择的视频过渡效果上，按住鼠标左键并拖曳，将其添加至【视频1】轨道的两个素材图像之间，如图7-168所示。

图 7-168

Step 06 选择已添加的视频效果，在【效果控件】面板的【VR球形模糊】选项区中，修改【模糊强度】参数为15，如图7-169所示。

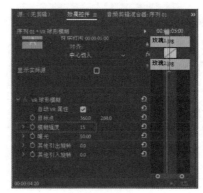

图 7-169

Step 07 在【节目监视器】面板中，调整各个图像的显示大小，然后单击【播放-停止切换】按钮，预览添加的视频过渡效果，如图7-170所示。

图 7-170

★新功能 7.8.6 VR 色度泄漏

【VR色度泄漏】视频过渡效果可以用于VR沉浸式的画面中的颜色调整。

使用【VR色度泄漏】视频过渡效果的方法很简单，在【效果】面板中，展开【视频过渡】列表框，选择【沉浸式视频】选项，再次展开列表框，选择【VR色度泄漏】视频过渡效果，按住鼠标左键并拖曳，将其添加至【时间轴】面板的【视频1】轨道的两个素材之间即可。图7-171所示为应用了【VR色度泄漏】视频过渡效果的图像切换效果。

图 7-171

添加了【VR色度泄漏】视频过渡效果后，在【效果控件】面板的【VR色度泄漏】选项区中，修改各参数即可，如图 7-172 所示。

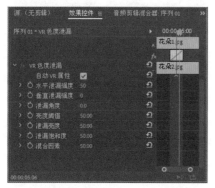

图 7-172

★新功能 7.8.7　VR 随机块

【VR随机块】视频过渡效果可以用于VR沉浸式中的画面过渡状态。

使用【VR随机块】视频过渡效果的方法很简单，在【效果】面板中，展开【视频过渡】列表框，选择【沉浸式视频】选项，再次展开

列表框，选择【VR随机块】视频过渡效果，按住鼠标左键并拖曳，将其添加至【时间轴】面板的【视频1】轨道的两个素材之间即可。图 7-173 所示为应用了【VR随机块】视频过渡效果的图像切换效果。

图 7-173

添加了【VR随机块】视频过渡效果后，在【效果控件】面板的【VR随机块】选项区中，修改各参数即可，如图 7-174 所示。

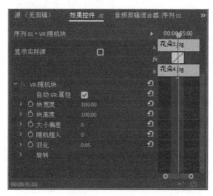

图 7-174

★新功能 7.8.8　VR 默比乌斯缩放

【VR默比乌斯缩放】视频过渡可以用于VR沉浸式中的画面效果的缩放调整。

使用【VR默比乌斯缩放】视频过渡效果的方法很简单，在【效果】面板中，展开【视频过渡】列表框，选择【沉浸式视频】选项，再次展开列表框，选择【VR默比乌斯缩放】视频过渡效果，按住鼠标左键并拖曳，将其添加至【时间轴】面板的【视频1】轨道的两个素材之间即可。图 7-175 所示为应用了【VR默比乌斯缩放】视频过渡效果的图像切换效果。

图 7-175

添加了【VR默比乌斯缩放】视频过渡效果后，在【效果控件】面板的【VR默比乌斯缩放】选项区中，修改各参数即可，如图 7-176 所示。

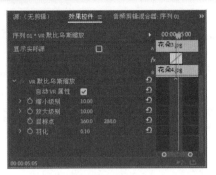

图 7-176

7.9 添加【溶解】过渡效果

【溶解】类视频过渡效果可以将一个视频素材逐渐淡入另一个视频素材中。【溶解】效果组中包含【交叉溶解】【叠加溶解】【白场过渡】【胶片溶解】和【非叠加溶解】等视频过渡效果。本节将详细讲解使用【溶解】类视频过渡效果的具体方法。

7.9.1 MorphCut

使用【MorphCut】视频过渡效果可以修复素材之间的跳帧现象。

使用【MorphCut】视频过渡效果的方法很简单，在【效果】面板中，展开【视频过渡】列表框，选择【溶解】选项，再次展开列表框，选择【MorphCut】视频过渡效果，如图 7-177 所示，按住鼠标左键并拖曳，将其添加至【时间轴】面板的【视频 1】轨道的两个素材之间即可。

图 7-177

添加了【MorphCut】视频过

渡效果后，在【效果控件】面板的【MorphCut】选项区中，修改参数即可，如图 7-178 所示。

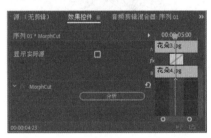

图 7-178

7.9.2 实战：添加【交叉溶解】过渡效果

实例门类	软件功能

使用【交叉溶解】视频过渡效果可以将素材 B 在素材 A 淡出之前淡入，具体的操作方法如下。

Step01 新建一个名称为【7.9.2】的项目文件和一个序列预设【标准 48kHz】的序列。

Step02 在【项目】面板中导入【葡萄 1】和【葡萄 2】图像文件，如图 7-179 所示。

图 7-179

Step03 在【项目】面板中选择新添加的图像素材，按住鼠标左键并拖曳，将其添加至【时间轴】面板的【视频 1】轨道上，如图 7-180 所示。

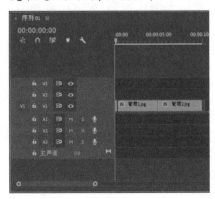

图 7-180

Step 04 在【效果】面板，❶展开【视频过渡】列表框，选择【溶解】选项，❷再次展开列表框，选择【交叉溶解】视频过渡，如图7-181所示。

图 7-181

Step 05 在选择的视频过渡效果上，按住鼠标左键并拖曳，将其添加至【视频1】轨道的两个素材图像之间，如图7-182所示。

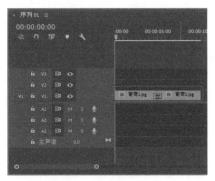

图 7-182

Step 06 在【节目监视器】面板中，调整各个图像的显示大小，然后单击【播放-停止切换】按钮，预览添加的视频过渡效果，如图7-183所示。

图 7-183

7.9.3　实战：添加【叠加溶解】过渡效果

实例门类	软件功能

使用【叠加溶解】视频过渡可以通过两个素材图像的叠加效果进行溶解转场运动，具体的操作方法如下。

Step 01 新建一个名称为【7.9.3】的项目文件和一个序列预设【宽屏48kHz】的序列。

Step 02 在【项目】面板中导入【生日气球1】和【生日气球2】图像文件，如图7-184所示。

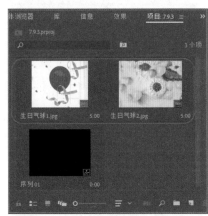

图 7-184

Step 03 在【项目】面板中选择新添加的图像素材，按住鼠标左键并拖曳，将其添加至【时间轴】面板的【视频1】轨道上，如图7-185所示。

图 7-185

Step 04 在【效果】面板，❶展开【视频过渡】列表框，选择【溶解】选项，❷再次展开列表框，选择【叠加溶解】视频过渡，如图7-186所示。

图 7-186

Step 05 在选择的视频过渡效果上，按住鼠标左键并拖曳，将其添加至【视频1】轨道的两个素材图像之间，如图7-187所示。

图 7-187

Step 06 在【节目监视器】面板中，调整各个图像的显示大小，然后单击【播放-停止切换】按钮，预览添加的视频过渡效果，如图 7-188 所示。

图 7-188

7.9.4 实战: 添加【白场过渡】过渡效果

实例门类	软件功能

使用【白场过渡】视频过渡效果可以让素材A淡为白色，然后淡化为素材B，具体的操作方法如下。

Step 01 新建一个名称为【7.9.4】的项目文件和一个序列预设【宽屏48kHz】的序列。

Step 02 在【项目】面板中导入【红枫林】图像文件，如图 7-189 所示。

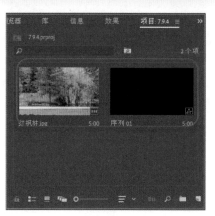

图 7-189

Step 03 在【项目】面板中选择新添加的图像素材，按住鼠标左键并拖曳，将其添加至【时间轴】面板的【视频1】轨道上，如图 7-190 所示。

图 7-190

Step 04 在【效果】面板，❶展开【视频过渡】列表框，选择【溶解】选项，❷再次展开列表框，选择【白场过渡】视频过渡，如图 7-191 所示。

图 7-191

Step 05 在选择的视频过渡效果上，按住鼠标左键并拖曳，将其添加至【视频1】轨道的图像素材的左侧起始点处，如图 7-192 所示。

图 7-192

Step 06 在【节目监视器】面板中，调整图像的显示大小，然后单击【播放-停止切换】按钮，预览添加的视频过渡效果，如图 7-193 所示。

图 7-193

7.9.5 胶片溶解

使用【胶片溶解】视频过渡效果可以创建从一个素材到下一个素材的淡化。

使用【胶片溶解】视频过渡效果的方法很简单，在【效果】面板中，展开【视频过渡】列表框，选择【溶解】选项，再次展开列表框，选择【胶片溶解】视频过渡效果，按住鼠标左键并拖曳，将其添加至

【时间轴】面板的【视频1】轨道的两个素材图像之间即可。图7-194所示为应用了【胶片溶解】视频过渡效果的图像切换效果。

图 7-194

7.9.6 黑场过渡

使用【黑场过渡】视频过渡效果可以将素材A逐渐淡化为黑色，然后再淡化为素材B。

使用【黑场过渡】视频过渡效果的方法很简单，在【效果】面板中，展开【视频过渡】列表框，选择【溶解】选项，再次展开列表框，选择【黑场过渡】视频过渡效果，按住鼠标左键并拖曳，将其添加至【时间轴】面板的【视频1】轨道的两个素材图像之间即可。图7-195所示为应用了【黑场过渡】视频过渡效果的图像切换效果。

图 7-195

7.9.7 非叠加溶解

使用【非叠加溶解】视频过渡效果可以将素材B逐渐出现在素材A的彩色区域内。

使用【非叠加溶解】视频过渡效果的方法很简单，在【效果】面板中，展开【视频过渡】列表框，选择【溶解】选项，再次展开列表框，选择【非叠加溶解】视频过渡效果，按住鼠标左键并拖曳，将其添加至【时间轴】面板的【视频1】轨道的两个素材图像之间即可。图7-196所示为应用了【非叠加溶解】视频过渡效果的图像切换效果。

图 7-196

7.10 添加【交叉缩放】过渡效果

使用【缩放】类视频过渡效果下的【交叉缩放】视频过渡效果可以缩小素材B，再逐渐放大它，直到占据整个画面。本节将详细讲解使用【交叉缩放】视频过渡效果的具体方法。

Step01 新建一个名称为【7.10】的项目文件和一个序列预设【标准48kHz】的序列。

Step02 在【项目】面板中导入【寿司1】和【寿司2】图像文件，如图7-197所示。

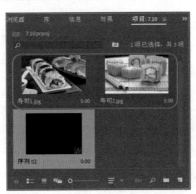

图 7-197

Step03 在【项目】面板中选择新添加的所有图像素材，按住鼠标左键并拖曳，将其添加至【时间轴】面板的【视频1】轨道上，如图7-198所示。

图 7-198

Step04 在【效果】面板，❶展开【视频过渡】列表框，选择【缩放】选项，❷再次展开列表框，选择【交叉缩放】视频过渡，如图 7-199 所示。

图 7-199

Step05 在选择的视频过渡效果上，按住鼠标左键并拖曳，将其添加至【视频1】轨道两个素材图像之间，如图 7-200 所示。

图 7-200

Step06 在【节目监视器】面板中，调整各图像的显示大小，然后单击【播放-停止切换】按钮，预览添加的视频过渡效果，如图 7-201 所示。

图 7-201

7.11 添加【页面剥落】过渡效果

【页面剥落】类视频过渡效果可以模仿翻转显示下一页的书页。【页面剥落】效果组中包含【翻页】和【页面剥落】视频过渡效果。本节将详细讲解使用【页面剥落】类视频过渡效果的具体方法。

7.11.1 实战：添加【翻页】过渡效果

实例门类	软件功能

使用【翻页】视频过渡效果可以翻转页面，但不会发生卷曲，在翻转显示素材B图像时，可以看见素材A图像颠倒出现在页面的背面，具体的操作方法如下。

Step01 新建一个名称为【7.11.1】的项目文件和一个序列预设【标准48kHz】的序列。

Step02 在【项目】面板导入【桃花1】和【桃花2】图像，如图 7-202 所示。

图 7-202

Step03 在【项目】面板中选择所有新添加的图像素材，按住鼠标左键并拖曳，将其添加至【时间轴】面板的【视频1】轨道上，如图 7-203所示。

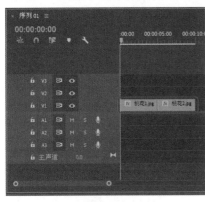

图 7-203

Step 04 在【效果】面板，❶展开【视频过渡】列表框，选择【页面剥落】选项，❷再次展开列表框，选择【翻页】视频过渡效果，如图 7-204 所示。

图 7-204

Step 05 在选择的视频过渡效果上，按住鼠标左键并拖曳，将其添加至【视频1】轨道两个素材图像之间，如图 7-205 所示。

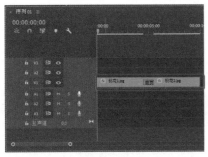

图 7-205

Step 06 在【节目监视器】面板中，调

整各图像的显示大小，然后单击【播放-停止切换】按钮，预览添加的视频过渡效果，如图 7-206 所示。

图 7-206

★重点 7.11.2 实战：添加【页面剥落】过渡效果

实例门类	软件功能

使用【页面剥落】视频过渡效果可以让素材A图像从页面左边滚动到页面右边（没有发生卷曲）来显示素材B图像，具体的操作方法如下。

Step 01 新建一个名称为【7.11.2】的项目文件和一个序列预设【标准48kHz】的序列。

Step 02 在【项目】面板导入【甜品1】和【甜品2】图像文件，如图 7-207 所示。

图 7-207

Step 03 在【项目】面板中依次选择新添加的图像素材，按住鼠标左键并拖曳，将其添加至【时间轴】面板的【视频1】轨道上，如图 7-208 所示。

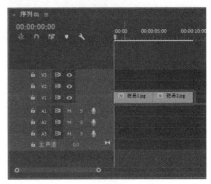

图 7-208

Step 04 在【效果】面板，❶展开【视频过渡】列表框，选择【页面剥落】选项，❷再次展开列表框，选择【页面剥落】视频过渡效果，如图 7-209 所示。

图 7-209

Step⑤ 在选择的视频过渡效果上，按住鼠标左键并拖曳，将其添加至【视频1】轨道两个素材图像之间，如图7-210所示。

Step⑥ 在【节目监视器】面板中，调整各图像的显示大小，然后单击【播放-停止切换】按钮，预览添加的视频过渡效果，如图7-211所示。

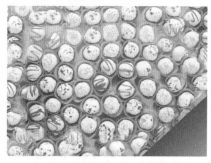

图 7-211

图 7-210

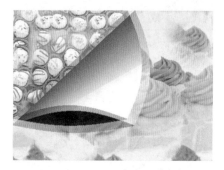

妙招技法

通过对前面知识的学习，相信读者朋友已经掌握了 Premiere Pro 2020 软件中的视频过渡效果应用技巧了。下面结合本章内容，再给大家介绍一些实用技巧。

技巧01：显示视频过渡的实际源

系统默认的视频过渡效果并不会显示原始素材，用户可以通过设置【效果控件】面板来显示素材来源。具体操作方法如下。

Step① 打开【7.11.1.prproj】项目文件，在视频轨道上的视频过渡效果，如图7-212所示。

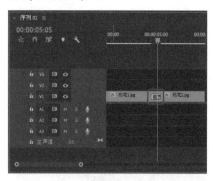

图 7-212

Step② ❶ 在【效果控件】面板中，勾选【显示实际源】复选框，❷ 即可

显示视频过渡的实际源，如图7-213所示。

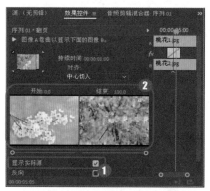

图 7-213

技巧02：设置默认视频过渡时间

使用【首选项】功能下的【时间轴】命令，可以设置视频过渡的默认时间，具体操作方法如下。

Step① ❶ 单击【编辑】菜单，在弹出的下拉菜单中，❷ 选择【首选项】命

令，❸ 展开子菜单，选择【时间轴】命令，如图7-214所示。

图 7-214

Step② 打开【首选项】对话框，❶ 修改【视频过渡默认持续时间】参数为35帧，❷ 单击【确定】按钮，如图7-215所示，完成默认持续时间的设置。

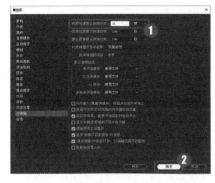

图 7-215

技巧 03：删除视频过渡效果

如果不需要使用视频过渡效果，则可以对其进行删除操作。删除视频过渡效果的方法有以下几种。

➡ 第一种方法：在视频轨道上选择视频过渡效果，单击鼠标右键，在弹出的快捷菜单中，选择【清除】命令即可，如图 7-216 所示。

图 7-216

➡ 第二种方法：在视频轨道上选择视频过渡效果，然后单击【编辑】菜单，在弹出的下拉菜单中，选择【清除】命令即可，如图 7-217 所示。

图 7-217

➡ 第三种方法：在视频轨道上选择视频过渡效果，然后按【Delete】键删除即可。

技巧 04：消除视频过渡效果锯齿

使用【消除锯齿品质】功能，可以消除转场效果的锯齿。具体操作方法如下。

Step01 打开【7.6.2.prproj】项目文件，在视频轨道上选择视频过渡效果，在【效果控件】面板中，❶单击【消除锯齿品质】下三角按钮，❷展开列表框，选择【高】选项，如图 7-218 所示。

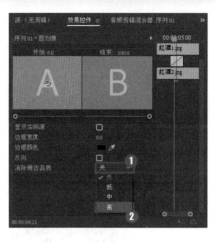

图 7-218

Step02 即可消除视频过渡效果的锯齿，其消除锯齿后的图像效果如图 7-219 所示。

图 7-219

技术看板

【消除锯齿品质】的列表框中包含关、低、中以及高 4 种消除方式。

过关练习——为【百年好合】相册添加过渡

实例门类	添加视频过渡效果

本实例将结合新建项目、导入素材，添加各种视频过渡效果等功能，来制作【百年好合】的项目文件，完成后的效果如图 7-220 所示。

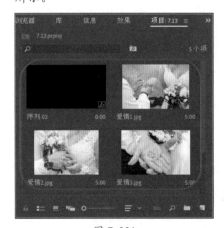

图 7-220

Step01 新建一个名称为【7.13】的项目文件和一个序列预设【宽屏48kHz】的序列。

Step02 在【项目】面板中导入【爱情1】到【爱情4】的图像文件，如图7-221所示。

图 7-221

Step03 在【项目】面板中选择新添加的所有图像素材，按住鼠标左键并拖曳，将其添加至【时间轴】面板的【视频1】轨道上，如图7-222所示。

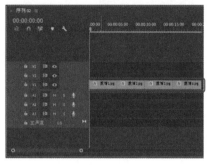

图 7-222

Step04 在【效果】面板中，❶展开【视频过渡】列表框，选择【划像】选项，❷再次展开列表框，选择【圆划像】视频过渡效果，如图7-223所示。

图 7-223

Step05 按住鼠标左键并拖曳，将其添加至【视频1】轨道上的【爱情1】和【爱情2】两个素材之间，如图7-224所示。

图 7-224

Step06 在【效果】面板中，❶展开【视频过渡】列表框，选择【擦除】选项，❷再次展开列表框，选择【棋盘】视频过渡效果，如图7-225所示。

图 7-225

Step07 按住鼠标左键并拖曳，将其添加至【视频1】轨道上的【爱情2】和【爱情3】两个素材之间，如图7-226所示。

图 7-226

Step08 在【效果】面板中，❶展开【视频过渡】列表框，选择【擦除】选项，❷再次展开列表框，选择【油漆飞溅】视频过渡效果，如图7-227所示。

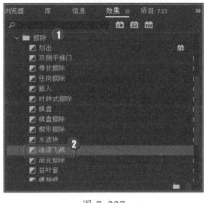

图 7-227

Step09 按住鼠标左键并拖曳，将其添加至【视频 1】轨道上的【爱情 3】和【爱情 4】两个素材之间，如图 7-228 所示。

图 7-228

Step10 在【节目监视器】面板中，调整各图像的显示大小，然后单击【播放-停止切换】按钮，预览添加的视频过渡效果，如图 7-229 所示，至此，本案例效果制作完成。

图 7-229

本章小结

通过对本章知识的学习和案例练习，相信读者朋友已经掌握好 Premiere Pro 2020 软件的视频过渡效果的应用技巧了。在制作好视频后，运用各种视频过渡效果进行添加与编辑，可以让视频之间的过渡呈现得更加流畅和自然。

第8章 关键帧动画的应用

➜ 关键帧的基本操作有哪些，应该怎么进行操作呢？
➜ 关键帧动画有哪些，都该如何制作，各个关键帧动画之间有什么区别？

关键帧动画是指在原有的视频画面中运用关键帧合成或创建出移动、变形和缩放等运动效果。在制作影视视频的过程中，适当添加一些关键帧动画可以增加影视节目的效果。学完这一章的内容，你就能掌握视频中关键帧动画的应用技巧了。

8.1 关键帧的基本操作

添加运动关键帧，可以为素材图像制作出动感效果。但在编辑运动路径之前，需要掌握运动关键帧的设置方法，包括添加关键帧、关键帧的调节、关键帧的复制和粘贴、关键帧的切换以及关键帧的删除等。本节将详细讲解添加关键帧的基本操作方法。

★重点 8.1.1 实战：添加关键帧

实例门类	软件功能

添加关键帧是为了让影片素材形成运动效果。因此，一段运动的画面通常需要两个以上的关键帧，具体的操作方法如下。

Step01 新建一个名称为【8.1.1】的项目文件和一个序列预设【宽屏48kHz】的序列。

Step02 在【项目】面板中导入【蔬菜1】图像文件，如图 8-1 所示。

图 8-1

Step03 在【项目】面板中选择新添加的图像素材，按住鼠标左键并拖曳，将其添加至【时间轴】面板的【视频1】轨道上，如图 8-2 所示。

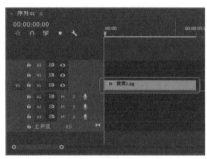

图 8-2

Step04 在【效果】面板中，❶展开【视频效果】列表框，选择【生成】选项，❷再次展开列表框，选择【渐变】视频过渡效果，如图 8-3 所示。

图 8-3

Step05 在选择的视频效果上，按住鼠标左键并拖曳，将其添加至【视频1】轨道的图像素材上。

Step06 选择图像素材，在【效果控件】面板中的【渐变】选项区中，单击【起始颜色】右侧的颜色块，打开【拾色器】对话框，❶修改RGB参数分别为166、22、22，❷单击【确定】按钮，如图 8-4 所示。

图 8-4

Step07 在【效果控件】面板中的【渐变】选项区中，单击【结束颜色】右侧的颜色块，打开【拾色器】对话框，❶修改RGB参数分别为147、230、97，❷单击【确定】按钮，如图 8-5 所示。

图 8-5

Step⑧ 返回到【效果控件】面板中，❶完成渐变的起始和结束颜色的设置，❷修改【渐变扩散】参数为143，如图 8-6 所示。

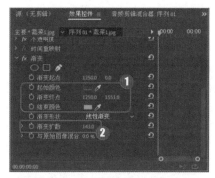

图 8-6

Step⑨ 单击【与原始图像混合】左侧的【切换动画】按钮 ⏱，添加一个关键帧，然后修改【与原始图像混合】参数为 30%，如图 8-7 所示。

技术看板

添加关键帧的方法有多种，在【时间轴】面板中，单击【添加-移除关键帧】按钮 ◇，可以在【时间轴】面板中添加关键帧。

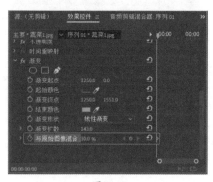

图 8-7

Step⑩ 将时间线移至 00：00：01：10 的位置，修改【与原始图像混合】参数为 50%，添加一个关键帧，如图 8-8 所示。

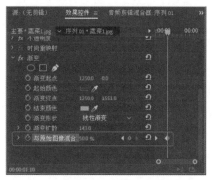

图 8-8

Step⑪ 将时间线移至 00：00：02：21 的位置，修改【与原始图像混合】参数为 40%，添加一个关键帧，如图 8-9 所示。

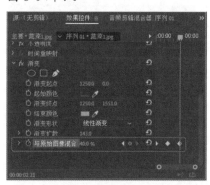

图 8-9

Step⑫ 将时间线移至 00：00：03：21 的位置，修改【与原始图像混合】参数为 90%，添加一个关键帧，如图 8-10 所示。

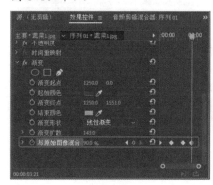

图 8-10

Step⑬ 在【节目监视器】面板中，调整图像的显示大小，然后单击【播放-停止切换】按钮，预览已制作好的关键帧动画效果，如图 8-11 所示。

图 8-11

★重点 8.1.2　实战：调节关键帧

实例门类	软件功能

添加完一个关键帧后，任何时候都可以重新访问这个关键帧并进行调节，适当地调节关键帧的位置和属性，可以使动画效果更加流畅，具体的操作方法如下。

Step① 打开【8.1.2.prproj】项目文件，其【项目】面板如图 8-12 所示。

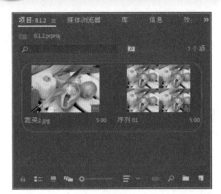

图 8-12

Step02 在【视频 1】轨道上选择图像素材，在【效果控件】面板中，选择需要调节的关键帧，此时鼠标指针呈 形状，如图 8-13 所示。

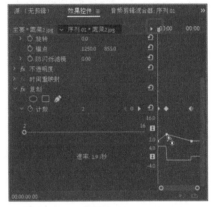

图 8-13

Step03 按住鼠标左键将其拖曳至合适位置，即可完成关键帧的调节，如图 8-14 所示。

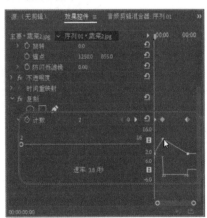

图 8-14

技能拓展——移动多个关键帧

单击工具箱中的【移动工具】按钮 ，按住鼠标左键并拖曳，框选需要移动的关键帧，再进行移动已经框选的关键帧，则可以同时移动多个关键帧。当需要移动不相邻的多个关键帧时，则可以在单击工具箱中的【移动工具】按钮 后，按住【Shift】键或【Ctrl】键选中要移动的关键帧将其进行拖曳即可。

Step04 在【节目监视器】面板中，单击【播放-停止切换】按钮，预览关键帧动画效果，如图 8-15 所示。

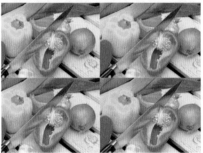

图 8-15

8.1.3 实战：复制和粘贴关键帧

实例门类	软件功能

在编辑关键帧的过程中，可以将一个关键帧点复制粘贴到时间线中的另一位置，该关键帧点的素材属性与原关键帧点具有相同的属性，具体的操作方法如下。

Step01 新建一个名称为【8.1.3】的项目文件和一个序列预设【标准 48kHz】的序列。

Step02 在【项目】面板中导入【桃子 1】和【桃子 2】图像文件，如图 8-16 所示。

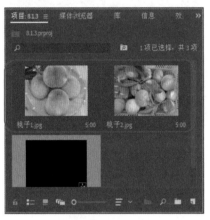

图 8-16

Step03 在【项目】面板中选择所有新添加的图像素材，按住鼠标左键并拖曳，将其添加至【时间轴】面板的【视频 1】轨道上，如图 8-17 所示。

图 8-17

Step04 在【节目监视器】面板中调整各图像的显示大小，如图8-18所示。

图 8-18

Step05 在【效果】面板中，❶展开【视频效果】列表框，选择【风格化】选项，❷再次展开列表框，选择【闪光灯】视频效果，如图8-19所示。

图 8-19

Step06 在选择的视频效果上，按住鼠标左键并拖曳，将其添加至【视频1】轨道的【桃子1】图像素材上。

Step07 选择图像素材，在【效果控件】面板中，单击【闪光色】右侧的颜色块，打开【拾色器】对话框，

❶修改RGB参数分别为224、53、28，❷单击【确定】按钮，如图8-20所示。

图 8-20

Step08 在【闪光灯】选项区中，单击【与原始图像混合】左侧的【切换动画】按钮，添加一个关键帧，然后修改【与原始图像混合】参数为80%，如图8-21所示。

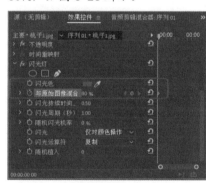

图 8-21

Step09 选择新添加的关键帧，单击鼠标右键，在弹出的快捷菜单中，选择【复制】命令，复制关键帧，如图8-22所示。

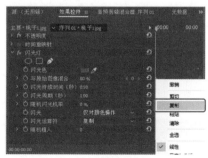

图 8-22

Step10 将时间线移至00:00:02:02的位置，在【效果控件】面板中的

时间线上单击鼠标右键，在弹出的快捷菜单中，选择【粘贴】命令，如图8-23所示。

图 8-23

Step11 完成关键帧的粘贴操作，并在【效果控件】面板中显示，如图8-24所示。

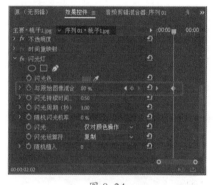

图 8-24

Step12 选择【桃子1】图像中的视频效果，单击鼠标右键，在弹出的快捷菜单中，选择【复制】命令，复制视频效果，如图8-25所示。

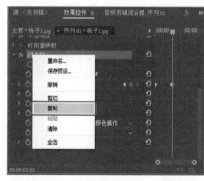

图 8-25

Step13 选择【桃子2】图像素材，在【效果控件】面板的空白处单击鼠标右键，在弹出的快捷菜单中，选择【粘贴】命令，粘贴视频效果，如图

8-26 所示。

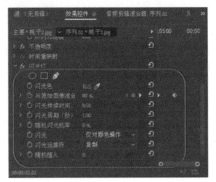

图 8-26

Step⑭ 在【节目监视器】面板中，单击【播放-停止切换】按钮，预览关键帧动画效果，如图 8-27 所示。

图 8-27

8.1.4　切换关键帧

用户可以在已添加的关键帧之间进行快速切换。切换关键帧的具体方法是：选择【时间轴】面板中已添加关键帧的素材后，在【效果控件】面板中，单击【转到下一关键帧】按钮 ▶，即可快速切换至下一个关键帧；单击【转到上一关键帧】按钮 ◀，即可快速切换至上一个关键帧，如图 8-28 所示。

图 8-28

8.1.5　删除关键帧

在编辑过程中，可能需要删除关键帧点，只需选择关键帧，并按【Delete】键删除即可，也可以在选择关键帧后，单击鼠标右键，在弹出的快捷菜单中，选择【清除】命令，如图 8-29 所示。

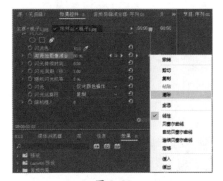

图 8-29

在删除关键帧时，还可以单击【添加/移除关键帧】按钮 ◉ 实现。

8.2　制作关键帧动画

如果要创建向多个方向移动，或者在素材的持续时间内不断改变大小或旋转的运动效果，需要添加关键帧。使用关键帧可以在指定的时间内创建运动效果。本节将详细讲解制作关键帧动画的具体方法。

★重点 8.2.1　实战：制作飞行动画

实例门类	软件功能

通过设置【位置】选项的参数可以制作出一段镜头飞过的画面效果，具体的操作方法如下。

Step① 新建一个名称为【8.2.1】的项目文件和一个序列预设【标准48kHz】的序列。

Step② 在【项目】面板中导入【草地】和【足球】图像文件，如图 8-30 所示。

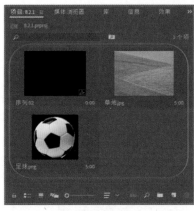

图 8-30

Step03 在【项目】面板中选择所有新添加的图像素材，按住鼠标左键并拖曳，将其添加至【时间轴】面板的【视频1】和【视频2】轨道上，如图 8-31 所示。

图 8-31

Step04 选择【视频2】轨道上的图像素材，在【效果控件】面板中，修改【缩放】参数为40%，如图 8-32 所示。

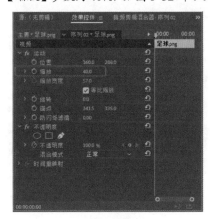

图 8-32

Step05 完成图像显示大小的修改，然后调整草地图像的显示大小，其图像效果如图 8-33 所示。

图 8-33

Step06 继续选择图像素材，将时间线移至 00：00：00：03 的位置，单击【位置】左侧的【切换动画】按钮，添加一个关键帧，然后修改【位置】参数为119和138，如图 8-34 所示。

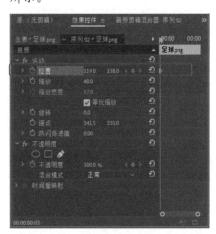

图 8-34

Step07 将时间线移至 00：00：01：23 的位置，修改【位置】参数为229和279，添加一个关键帧，如图 8-35 所示。

Step08 将时间线移至 00：00：03：03 的位置，修改【位置】参数为313和331，添加一个关键帧，如图 8-36 所示。

图 8-35

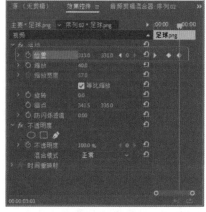

图 8-36

Step09 将时间线移至 00：00：04：06 的位置，修改【位置】参数为517和413，添加一个关键帧，如图 8-37 所示。

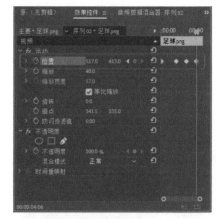

图 8-37

Step10 完成飞行动画的制作，然后在【节目监视器】面板中，单击【播放-停止切换】按钮，预览飞行动画效果，如图 8-38 所示。

图 8-38

★重点 8.2.2 实战：制作缩放动画

使用缩放运动效果可以将素材图像以从小到大或从大到小的形式展现在用户的眼前。制作缩放动画主要通过设置【缩放】关键帧参数实现，具体的操作方法如下。

Step01 新建一个名称为【8.2.2】的项目文件和一个序列预设【标准48kHz】的序列。

Step02 在【项目】面板中导入【向日葵】图像文件，如图 8-39 所示。

图 8-39

Step03 在【项目】面板中选择新添加的图像素材，按住鼠标左键并拖曳，将其添加至【时间轴】面板的【视频1】轨道上，如图 8-40 所示。

图 8-40

Step04 在视频轨道上选择图像素材，单击【位置】左侧的【切换动画】按钮⏱，修改【缩放】参数为34，添加一个关键帧，如图 8-41 所示。

图 8-41

Step05 将时间线移至 00：00：02：08 的位置，修改【缩放】参数为46，添加一个关键帧，如图 8-42 所示。

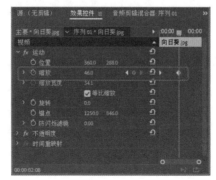

图 8-42

Step06 将时间线移至 00：00：04：03 的位置，修改【缩放】参数为65，添加一个关键帧，如图 8-43 所示。

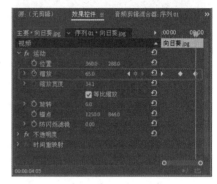

图 8-43

Step07 完成缩放动画的制作，然后在【节目监视器】面板中，单击【播放-停止切换】按钮，预览缩放动画效果，如图 8-44 所示。

图 8-44

8.2.3 实战：制作旋转降落

实例门类	软件功能

使用【旋转】选项可以将素材围绕指定的轴进行旋转，并通过添加关键帧，制作出旋转降落的效果。具体的操作方法如下。

Step01 新建一个名称为【8.2.3】的项目文件和一个序列预设【标准48kHz】的序列。

Step02 在【项目】面板中导入【吐司1】和【吐司2】图像文件，如图8-45所示。

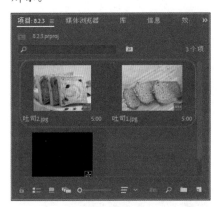

图 8-45

Step03 在【项目】面板中依次选择新添加的图像素材，按住鼠标左键并拖曳，将其添加至【时间轴】面板的【视频1】和【视频2】轨道上，如图8-46所示。

图 8-46

Step04 选择【视频1】轨道上的图像素材，在【效果控件】面板中，修

改【缩放】参数为32，如图8-47所示，完成图像显示大小的修改。

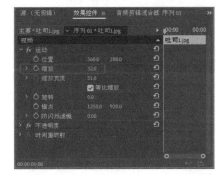

图 8-47

Step05 选择【视频2】轨道上的图像素材，在【效果控件】面板中，修改【缩放】参数为10，如图8-48所示，完成图像显示大小的修改。

图 8-48

Step06 继续选择【视频2】轨道上的图像素材，在【效果控件】面板中，单击【位置】和【旋转】左侧的【切换动画】按钮，修改【位置】参数为360和288，修改【旋转】参数为0°，添加一组关键帧，如图8-49所示。

图 8-49

Step07 将时间线移至00：00：01：11的位置，在【效果控件】面板中，修改【位置】参数为340和145，修改【旋转】参数为-4°，添加一组关键帧，如图8-50所示。

Step08 将时间线移至00：00：03：11的位置，在【效果控件】面板中，修改【位置】参数为340和249，修改【旋转】参数为42°，添加一组关键帧，如图8-51所示。

图 8-50

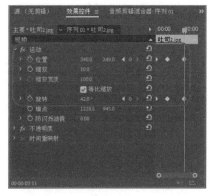

图 8-51

Step09 将时间线移至00：00：04：19的位置，在【效果控件】面板中，修改【位置】参数为340和425，修改【旋转】参数为161°，添加一组关键帧，如图8-52所示。

图 8-52

Step⑩ 完成旋转降落动画的制作，然后在【节目监视器】面板中，单击【播放-停止切换】按钮，预览旋转降落动画效果，如图 8-53 所示。

图 8-53

8.2.4　实战：制作镜头推拉

实例门类	软件功能

　　在视频节目中，制作镜头的推拉动画可以增加画面的视觉效果，具体的操作方法如下。

Step01 新建一个名称为【8.2.4】的项目文件和一个序列预设【标准48kHz】的序列。

Step02 在【项目】面板中导入【公路】和【汽车】图像文件，如图 8-54 所示。

图 8-54

Step03 在【项目】面板中选择所有添加的图像素材，按住鼠标左键并拖曳，将其添加至【时间轴】面板的【视频 1】和【视频 2】轨道上，如图 8-55 所示。

图 8-55

Step04 选择【视频 1】轨道上的【公路】图像素材，在【效果控件】面板

中，修改【缩放】参数为 65，如图 8-56 所示，即可修改图像的显示大小。

图 8-56

Step05 选择【视频 2】轨道上的【汽车】图像素材，在【效果控件】面板中，单击【位置】和【缩放】左侧的【切换动画】按钮，修改【位置】参数均为 280，修改【缩放】参数为 10，添加一组关键帧，如图 8-57 所示。

图 8-57

Step06 将时间线移至 00：00：01：09 的位置，修改【位置】参数分别为 270 和 300，修改【缩放】参数为 15，添加一组关键帧，如图 8-58 所示。

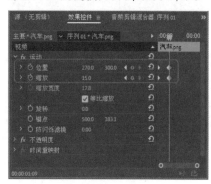

图 8-58

Step07 将时间线移至 00∶00∶02∶23 的位置，修改【位置】参数分别为 220 和 320，修改【缩放】参数为 25，添加一组关键帧，如图 8-59 所示。

图 8-59

Step08 将时间线移至 00∶00∶04∶09 的位置，修改【位置】参数分别为 210 和 340，修改【缩放】参数为 45，添加一组关键帧，如图 8-60 所示。

图 8-60

Step09 完成镜头推拉动画的制作，然后在【节目监视器】面板中，单击【播放-停止切换】按钮，预览镜头推拉动画效果，如图 8-61 所示。

图 8-61

★重点 8.2.5　实战：制作字幕漂浮

实例门类	软件功能

　　【字幕漂浮】效果主要通过【波形变形】视频效果和关键帧制作而成，具体的操作方法如下。

Step01 打开【8.2.5.prproj】项目文件，其图像效果如图 8-62 所示。

图 8-62

Step02 在【效果】面板中，❶展开【视频效果】列表框，选择【扭曲】选项，❷再次展开列表框，选择【波形变形】视频效果，如图 8-63 所示。

图 8-63

Step03 按住鼠标左键并拖曳，将其添加至【视频 2】轨道的字幕图像上，完成视频效果的添加。

Step04 选择【视频 2】轨道的字幕图像，在【效果控件】面板中，修改【不透明度】参数为 40%，添加一组关键帧，如图 8-64 所示。

图 8-64

Step05 将时间线移至 00∶00∶01∶10 的位置，修改【不透明度】参数为 67%，添加一组关键帧，如图 8-65 所示。

图 8-65

Step06 将时间线移至00：00：03：07的位置，修改【不透明度】参数为67%，添加一组关键帧，如图8-66所示。

图 8-66

Step07 将时间线移至00：00：04：10的位置，修改【不透明度】参数为90%，添加一组关键帧，如图8-67所示。

图 8-67

Step08 完成字幕漂浮动画的制作，然后在【节目监视器】面板中，单击【播放-停止切换】按钮，预览字幕漂浮动画效果，如图8-68所示。

图 8-68

★重点 8.2.6 实战：制作画中画动画

实例门类	软件功能

　　画中画是一种视频内容呈现方式。在一部视频全屏播出的同时，于画面的小面积区域上同时播出另一部视频。制作画中画动画效果时主要应用到【位置】和【缩放】的关键帧参数，具体的操作方法如下。

Step01 新建一个名称为【8.2.6】的项目文件和一个序列预设【标准48kHz】的序列。

Step02 在【项目】面板中导入【小鸡1】【小鸡2】和【白花背景】图像文件，如图8-69所示。

图 8-69

Step03 在【项目】面板中选择所有新添加的图像素材，按住鼠标左键并拖曳，将其添加至【时间轴】面板的【视频1】【视频2】和【视频3】

轨道上，如图8-70所示。

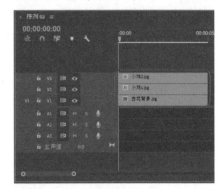

图 8-70

Step04 在【效果】面板中，❶展开【视频效果】列表框，选择【模糊与锐化】选项，❷再次展开列表框，选择【方向模糊】视频效果，如图8-71所示。

图 8-71

Step05 按住鼠标左键并拖曳，将其添加至【视频1】轨道的图像素材上，完成视频效果的添加。

Step06 选择【视频1】轨道的图像素材，在【效果控件】面板的【方向模糊】选项区中，❶修改【方向】参数为30°，❷修改【模糊长度】参数为20，如图8-72所示。

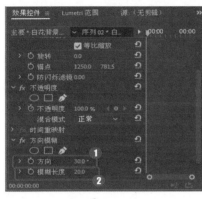

图 8-72

Step**07** 继续选择【视频 1】轨道的图像素材，在【效果控件】面板中，修改【缩放】参数为 44，如图 8-73 所示，完成图像的显示大小的修改。

图 8-73

Step**08** 选择【视频 2】轨道的图像素材，单击【位置】和【缩放】左侧的【切换动画】按钮🕰，修改【位置】参数分别为 217 和 156，修改【缩放】参数为 6，添加一组关键帧，如图 8-74 所示。

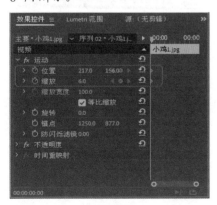

图 8-74

Step**09** 将时间线移至 00：00：02：00 的位置，修改【位置】参数分别为 290 和 201，修改【缩放】参数为 15，添加一组关键帧，如图 8-75 所示。

图 8-75

Step**10** 将时间线移至 00：00：03：20 的位置，修改【位置】参数分别为 239 和 390，修改【缩放】参数为 20，添加一组关键帧，如图 8-76 所示。

图 8-76

Step**11** 选择【视频 3】轨道的图像素材，单击【位置】和【缩放】左侧的【切换动画】按钮🕰，修改【位置】参数分别为 548 和 452，修改【缩放】参数为 17，添加一组关键帧，如图 8-77 所示。

图 8-77

Step**12** 将时间线移至 00：00：01：12 的位置，修改【位置】参数分别为 480 和 399，修改【缩放】参数为 18，添加一组关键帧，如图 8-78 所示。

Step**13** 将时间线移至 00：00：02：20 的位置，修改【位置】参数分别为 438 和 216，修改【缩放】参数为 13，添加一组关键帧，如图 8-79 所示。

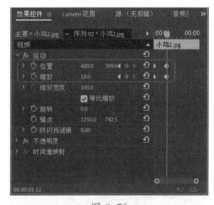

图 8-78

图 8-79

Step⑭ 完成画中画动画的制作，然后在【节目监视器】面板中，单击【播放－停止切换】按钮，预览画中画动画效果，如图 8-80 所示。

图 8-80

妙招技法

通过对前面知识的学习，相信读者朋友已经掌握了 Premiere Pro 2020 软件中的关键帧应用知识了。下面结合本章内容，给大家介绍一些实用技巧。

技巧 01：在【时间轴】面板添加关键帧

在添加关键帧时，不仅可以通过修改【效果控件】面板中的参数进行关键帧添加，还可以直接在【时间轴】面板中添加，具体操作方法如下。

Step① 新建一个名称为【技巧 01】的项目文件，和一个序列预设【标准 48kHz】的序列。

Step② 在【项目】面板中导入【花朵 4】图像文件，如图 8-81 所示。

图 8-81

Step③ 在【项目】面板中选择新添加的图像素材，按住鼠标左键并拖曳，将其添加至【时间轴】面板的【视频 1】轨道上，然后调整轨道上图像的显示长度和宽度，如图 8-82 所示。

图 8-82

Step④ 将时间线移至 00：00：00：11 的位置，在【视频 1】轨道上单击【添加－移除关键帧】按钮 ◎，添加一个关键帧，如图 8-83 所示。

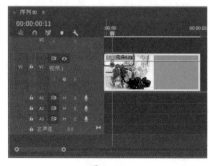

图 8-83

Step⑤ 使用同样的方法，依次在时间线为 00：00：02：05 的位置和 00：00：03：21 的位置，添加多个关键帧，如图 8-84 所示。

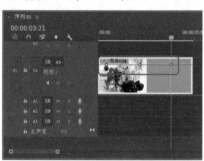

图 8-84

技巧 02：移动关键帧设置渐隐

渐隐视频素材或者静帧图像，实际上是在改变素材或视频的透明度。【视频 1】轨道上的任何视频轨道都可以作为叠加轨道并渐隐，具体操作方法如下。

Step① 在【时间轴】面板中，将鼠标指针移至关键帧上,当鼠标指针呈 形状时,按住鼠标左键并向下拖曳,完成渐隐效果的设置,如图8-85所示。

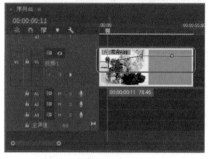

图 8-85

Step 02 使用同样的方法,调整其他关键帧的渐隐效果,如图8-86所示。

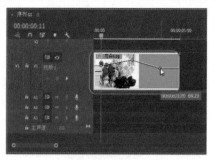

图 8-86

技巧03:修改关键帧样式

在添加关键帧后,还可以对关键帧的样式重新进行修改,具体的操作步骤如下。

Step 01 在【效果控件】面板中,选中所有的关键帧,单击鼠标右键,在弹出的快捷菜单中,选择【贝赛尔曲线】命令,如图8-87所示。

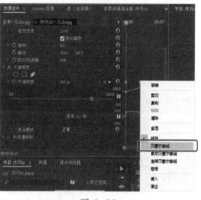

图 8-87

Step 02 即可修改关键帧的样式,如图8-88所示。

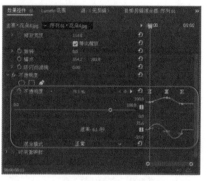

图 8-88

过关练习——制作【倒计时动画】关键帧动画

实例门类	制作关键帧动画

本实例将结合新建项目、导入素材,修改【缩放】【旋转】和【位置】等参数,来制作【倒计时动画】的项目文件,完成后的效果如图8-89所示。

图 8-89

Step01 新建一个名称为【8.4】的项目文件和一个序列预设【宽屏48kHz】的序列。

Step02 在【项目】面板中导入【背景】图像文件，如图8-90所示。

图 8-90

Step03 在【项目】面板中选择【背景】图像素材，按住鼠标左键并拖曳，将其添加至【时间轴】面板的【视频1】轨道上，如图8-91所示。

图 8-91

Step04 选择【背景】图像素材，单击鼠标右键，在弹出的快捷菜单中，选择【速度/持续时间】选项，如图8-92所示。

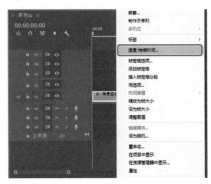

图 8-92

Step05 打开【剪辑速度/持续时间】对话框，❶修改【持续时间】参数为10s，❷单击【确定】按钮，如图8-93所示。

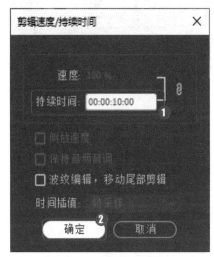

图 8-93

Step06 完成持续时间的修改，且【时间轴】面板中的【背景】素材的时间长度也随之发生变化，如图8-94所示。

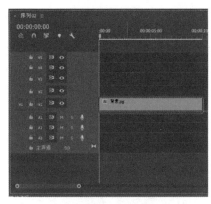

图 8-94

Step07 选择【背景】图像素材，在【效果控件】面板中，单击【缩放】和【旋转】左侧的【切换动画】按钮，然后修改【缩放】参数为59、【旋转】参数为15°，添加一组关键帧，如图8-95所示。

图 8-95

Step08 将时间线移至00：00：01：13的位置，修改【旋转】参数为31°，添加一组关键帧，如图8-96所示。

图 8-96

Step09 将时间线移至00：00：03：19的位置，修改【旋转】参数为61°，添加一组关键帧，如图8-97所示。

图 8-97

Step⑩ 将时间线移至00：00：07：00的位置，修改【旋转】参数为89°，添加一组关键帧，如图8-98所示。

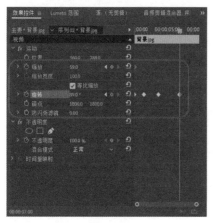

图 8-98

Step⑪ 将时间线移至00：00：09：15的位置，修改【旋转】参数为144°，添加一组关键帧，如图8-99所示。

图 8-99

Step⑫ 在【工具箱】面板中单击【文字工具】按钮T，当鼠标指针呈I形状时，在【节目监视器】面板中单击鼠标左键，显示文本输入框，输入文本，如图8-100所示。

图 8-100

Step⑬ 选择新添加的文字，修改字体格式为【汉仪超粗黑简体】、【字体大小】为283，然后将修改后的文字移动至合适的位置，如图8-101所示。

图 8-101

Step⑭ 完成文字的添加，在【时间轴】面板中，修改字幕图形的持续时间长度为1s，如图8-102所示。

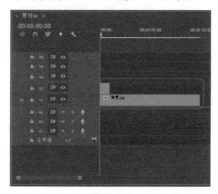

图 8-102

Step⑮ 选择字幕图形，在【效果控件】面板中，单击【缩放】和【不透明度】左侧的【切换动画】按钮，然后修改【缩放】参数为88、【不透明度】参数为0%，添加一组关键帧，如图8-103所示。

图 8-103

Step⑯ 将时间线移至00：00：00：03的位置，修改【缩放】参数为107、【不透明度】参数为100%，添加一组关键帧，如图8-104所示。

图 8-104

Step⑰ 将时间线移至00：00：00：22的位置，修改【缩放】参数为115、【不透明度】参数为100%，添加一组关键帧，如图8-105所示。

图 8-105

Step⑱ 将时间线移至00：00：00：23的位置，修改【不透明度】参数为0%，添加一组关键帧，如图8-106所示。

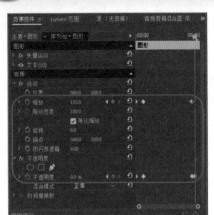

图 8-106

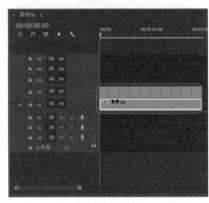

图 8-107

粘贴字幕图形，如图 8-107 所示。

图 8-108

视器】面板中预览最终的图像效果，如图 8-108 所示。

Step⑲ 选择字幕图形，执行【编辑】|【复制】命令，复制字幕图形，再多次执行【编辑】|【粘贴】命令，多次

Step⑳ 依次选择复制后的字幕图形，并修改字幕内容，完成整个倒计时关键帧动画的制作，并在【节目监

本章小结

　　通过对本章知识的学习和案例练习，相信读者朋友已经掌握好 Premiere Pro 2020 软件中关键帧的应用技巧了。在制作好视频后，为图像、视频等素材添加位置、缩放、旋转和不透明度等关键帧，可以让视频运动得更加自然，也增添了视频效果的动感。

Premiere Pro 2020 软件中不仅可以为视频效果添加特效和过渡，还可以对视频效果进行调色，为视频添加字幕和音频，使视频效果呈现得更加完美。本篇主要详细讲解 Premiere Pro 2020 中软件精通的相关知识。

第 9 章 视频素材的调色

- ➜ 视频中色彩的三要素是哪些，有哪些色彩模式？
- ➜ 校正视频色彩的视频效果有哪些，都可以校正素材中的哪些色彩？
- ➜ 视频色彩的调整与控制有什么区别？

在制作影视视频的过程中，灵活进行视频调色是设计者设计水平强有力的体现，通过调色可以表现设计者独特的风采和个性，运用调色这一技巧可以给制作的影视作品赋予特定的情感和内涵。学完这一章的内容，你就能掌握视频中视频素材的调色应用技巧了。

9.1 色彩基础

在开始使用 Premiere Pro 2020 调整视频素材的色彩之前，需要对色彩的概念、要素和模式有一定的了解，才能进行后面的学习。本节将详细介绍色彩的相关基础知识。

9.1.1 色彩概述

色彩是由于光线刺激人的眼睛而产生的一种视觉效应，因此光线是影响色彩明亮度和鲜艳度的一个重要因素。自然的光线可以分为红、橙、黄、绿、蓝、靛和紫 7 种不同的色彩，如图 9-1 所示。

对影视行业而言，色彩是极具视觉冲击力的传播工具。色彩包含有彩色和无彩色两种类别，下面将逐一讲解。

1. 有彩色

有彩色指的是带有某一种标准色倾向的颜色，光谱中的全部颜色都属于有彩色。有彩色以红、橙、黄、绿、蓝、靛、紫为基本色，基本色之间不同量的混合，以及基本色与黑、白、灰之间不同量的组合，会产生成千上万种有彩色，如图 9-2 所示。

图 9-1

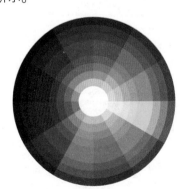

图 9-2

2. 无彩色

在色彩的概念中，很多人习惯把黑、白、灰排除在外，认为这几种是"没有颜色"的。其实，在色彩的秩序中，黑色、白色及各种深浅不同的灰色，称为无彩色系。以这三种色调为主构成的画面别具一番风味，如图9-3所示。

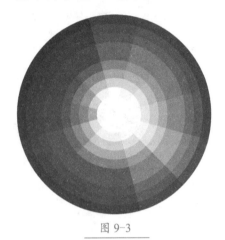

图9-3

9.1.2　色彩三要素

色彩三要素指的是色彩的色相、饱和度和亮度，它们有不同的属性。

1. 色相

色相是指色彩的相貌，是色彩的最明显特征，由色彩的波长决定。色相一般用纯色表示，是辨识色彩的基础元素，也是区别不同色彩的名称。将三原色在圆形图中的对等三分位置上分别定位，可演变为6色相、12色相、24色相，如图9-4所示。

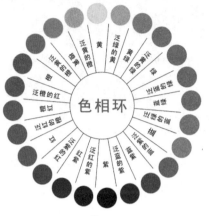

色相环

图9-4

2. 饱和度

饱和度是指色彩的鲜艳程度，也称色彩的饱和度。饱和度取决于该色中含色成分和消色成分（灰色）的比例。含色成分越大，饱和度越大；消色成分越大，饱和度越小。纯的颜色都是高度饱和的，如鲜红，鲜绿。混杂上白色、灰色或其他色调的颜色，是不饱和的颜色，如绛紫、粉红、黄褐等，如图9-5所示。

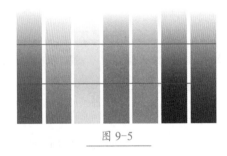

图9-5

3. 亮度

亮度是指色彩的明亮程度。各种有色物体由于它们反射光量的区别而产生颜色明暗强弱的不同。

色彩的亮度一般有两种情况：一是同一色相不同亮度；二是各种颜色的不同亮度。色彩的亮度变化往往会影响到饱和度，如红色加入黑色以后亮度降低了，同时饱和度也降低了；如果红色加白则亮度提高了，饱和度却降低了。图9-6所示为亮度的明暗对比效果。

图9-6

9.1.3　色彩模式

色彩模式是指将某种颜色表现为数字形式的模型，或者说是一种记录图像颜色的方式。分为RGB模式、CMYK模式、HSB模式、Lab模式、位图模式、灰度模式、索引颜色模式、双色调模式和多通道模式。下面将逐一进行介绍。

1. RGB色彩模式

RGB色彩模式是通过对红（R）、绿（G）、蓝（B）三个颜色通道的变化及它们相互之间的叠加来得到各式各样的颜色的，RGB即是代表红、绿、蓝3个通道的颜色，这个标准几乎包括了人类视力所能感知的所有颜色，是目前运用最广的颜色系统之一。图9-7所示为RGB色彩模式。

图 9-7

2. CMYK色彩模式

CMYK色彩模式也称作印刷色彩模式，是一种依靠反光的色彩模式，只有阳光或灯光等照射到报纸上，再反射到我们的眼中，才能看到该色彩模式的内容。它需要有外界光源，如果人在黑暗房间内是无法阅读报纸的。只要在屏幕上显示的图像，就是RGB模式表现的；只要是在印刷品上看到的图像，就是CMYK模式表现的，如期刊、杂志、报纸、宣传画等。图9-8所示为CMYK色彩模式。

图 9-8

3. 灰度模式

灰度模式的图像不包含颜色，彩色图像转换为该模式后，色彩信息都会被删除。灰度模式是一种无色模式，其中含有256种亮度级别和一个Black通道。因此，用户看到的图像中都是由256种不同强度的黑色所组成。图9-9所示为灰度模式。

图 9-9

4. Lab色彩模式

Lab色彩模式是由一个亮度通道和两个色度通道组成，该色彩模式成为一个彩色测量的国际标准。

Lab色彩模式的色域较广，是唯一不依赖于设备的颜色模式。Lab颜色模式由3个通道组成，一个通道是亮度（L），另外两个是色彩通道，用a和b来表示。a通道包括的颜色是从深绿色到灰色再到红色；b通道则是从亮蓝色到灰色再到黄色。因此，这种色彩混合后将产生明亮的色彩。

5. HLS色彩模式

HSL色彩模式是一种颜色标准，是通过对色调、饱和度、亮度三个颜色通道的变化及它们相互之间的叠加来得到各式各样的颜色。HLS色彩模式是基于人对色彩的心理感受，将色彩按色相（Hue）、饱和度（Saturation）、亮度（Luminance）三个要素来划分，这种色彩模式更加符合人的主观感受，让用户觉得更加直观。在HLS色彩模式中，颜色的创建方式与颜色的感知方式非常相似。色相指颜色，亮度指颜色的明暗，饱和度指颜色的强度。使用HLS，通过在颜色轮上选择颜色并调整其强度和亮度，能够快速启动校正工作。这一技术通常比通过增减红绿蓝颜色值微调颜色节省时间。

9.2 校正视频色彩

色彩校正用于校正素材图像的颜色，并在校正素材时，通过RGB曲线、三向色彩、亮度、更改颜色等颜色校正特效进行校正操作。本节将详细讲解校正视频色彩的基本操作方法。

★重点 9.2.1 实战：校正RGB曲线

实例门类	软件功能

使用【RGB曲线】视频效果可以通过调整画面的明暗关系和色彩变化来实现画面的校正，具体的操作方法如下。

Step01 新建一个名称为【9.2.1】的项目文件和一个序列预设【标准48kHz】的序列。

Step02 在【项目】面板中导入【向日葵】图像文件，如图9-10所示。

图 9-10

Step03 在【项目】面板中选择新添加的图像素材，按住鼠标左键并拖曳，将其添加至【时间轴】面板的【视频1】轨道上，如图 9-11 所示。

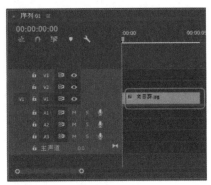

图 9-11

Step04 在【节目监视器】面板中，调整图像的显示大小，如图 9-12 所示。

图 9-12

Step05 在【效果】面板中，❶展开【视频效果】列表框，选择【过时】选项，❷再次展开列表框，选择【RGB曲线】视频效果，如图 9-13 所示。

图 9-13

Step06 在选择的视频效果上，按住鼠标左键并拖曳，将其添加至【视频1】轨道的图像素材上。

Step07 选择图像素材，在【效果控件】面板中的【RGB曲线】选项区中，依次调整【主要】【红色】【绿色】和【蓝色】曲线，如图 9-14 所示。

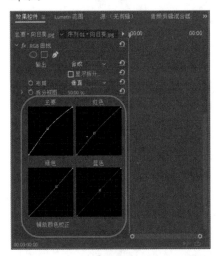

图 9-14

技术看板

在【RGB曲线】选项区中，各选项的含义如下。

➥ 输出：用于选择输出类型，包含【合成】和【亮度】选项。

➥ 布局：用于选择布局类型，包含【水平】和【垂直】选项。

➥ 拆分视图百分比：用于调整素材文件的大小。

➥ 辅助颜色校正：通过色相、饱和度和亮度来校正画面的颜色。

Step08 完成RGB曲线的校正操作，并在【节目监视器】面板中预览校正后的图像效果，如图 9-15 所示。

图 9-15

9.2.2 实战：校正 RGB 颜色校正器

实例门类	软件功能

使用【RGB颜色校正器】视频效果可以通过RGB参数值对颜色和亮度进行调整，具体的操作方法如下。

Step01 新建一个名称为【9.2.2】的项目文件和一个序列预设【宽屏48kHz】的序列。

Step02 在【项目】面板中导入【花朵飘扬】视频文件，如图 9-16 所示。

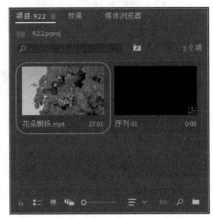

图 9-16

Step03 在【项目】面板中选择新添加

的视频素材，按住鼠标左键并拖曳，将其添加至【时间轴】面板的【视频1】轨道上，如图9-17所示。

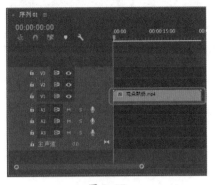

图9-17

Step04 在【节目监视器】面板中，调整图像的显示大小，如图9-18所示。

图9-18

Step05 在【效果】面板中，❶展开【视频效果】列表框，选择【过时】选项，❷再次展开列表框，选择【RGB颜色校正器】视频效果，如图9-19所示。

图9-19

Step06 在选择的视频效果上，按住鼠标左键并拖曳，将其添加至【视频1】轨道的视频素材上。

Step07 选择视频素材，在【效果控件】面板中的【RGB颜色校正器】选项区中，修改【基值】参数为0.1、【增益】参数为1.5，如图9-20所示。

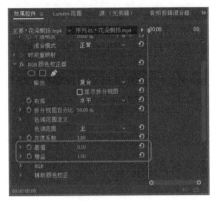

图9-20

Step08 完成RGB颜色校正器的校正操作，并在【节目监视器】面板中预览校正后的视频效果，如图9-21所示。

图9-21

技术看板

在【RGB颜色校正器】选项区中，各常用选项的含义如下。

➡ 色调范围：通过阴影、高光和中间调控制画面的明暗数值。

➡ 灰度系数：用于调整画面中的灰度参数值。

➡ 基值：用于在Alpha通道中以颗粒状滤出杂色。

➡ 增益：用于调节音频轨道混合器中的增减效果。

➡ RGB：用于调整红绿蓝中的灰度系数、基值和增益数值。

9.2.3　实战：校正三向颜色校正器

实例门类	软件功能

【三向颜色校正器】视频效果提供了完备的控件来校正色彩，包括阴影（图像中最暗的区域）、中间色调和高光（图像中最亮的区域），具体的操作方法如下。

Step01 新建一个名称为【9.2.3】的项目文件和一个序列预设【宽屏48kHz】的序列。

Step02 在【项目】面板中导入【葡萄】图像文件，如图9-22所示。

图9-22

Step03 在【项目】面板中选择新添加的图像素材，按住鼠标左键并拖曳，将其添加至【时间轴】面板的【视频1】轨道上，如图9-23所示。

图9-23

217

Step04 在【节目监视器】面板中调整图像的显示大小，如图9-24所示。

图 9-24

Step05 在【效果】面板中，❶展开【视频效果】列表框，选择【过时】选项，❷再次展开列表框，选择【三向颜色校正器】视频效果，如图9-25所示。

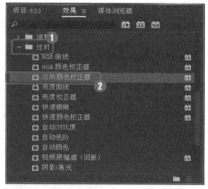

图 9-25

Step06 在选择的视频效果上，按住鼠标左键并拖曳，将其添加至【视频1】轨道的图像素材上。

Step07 选择图像素材，在【效果控件】面板的【三向颜色校正器】选项区中，修改各参数值，如图9-26所示。

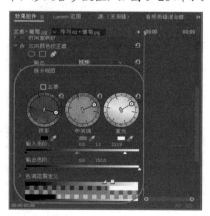

图 9-26

技术看板

在【三向颜色校正器】选项区中，各常用选项的含义如下。

➡ 输出：该列表框中包含【视频】和【亮度】选项。

➡ 拆分视图：默认情况下，【拆分视图】处于收缩状态。

➡ 主要：勾选该复选框后，所有三个色轮都将用作【主】色轮。一个轮中的更改将反映到其他轮中。

Step08 完成三向颜色校正器的校正操作，并在【节目监视器】面板中预览校正后的图像效果，如图9-27所示。

图 9-27

★重点 9.2.4 实战：校正亮度曲线

实例门类	软件功能

使用【亮度曲线】视频效果可以通过单独调整画面的亮度，让整个画面的明暗得到统一控制。这种调整方法无法单独调整每个通道的亮度，具体的操作方法如下。

Step01 新建一个名称为【9.2.4】的项目文件和一个序列预设【宽屏48kHz】的序列。

Step02 在【项目】面板中导入【糖果】视频文件，如图9-28所示。

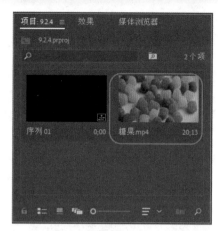

图 9-28

Step03 在【项目】面板中选择新添加的视频素材，按住鼠标左键并拖曳，将其添加至【时间轴】面板的【视频1】轨道上，如图9-29所示。

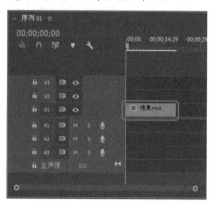

图 9-29

Step04 在【节目监视器】面板中调整视频的显示大小，如图9-30所示。

图 9-30

Step05 在【效果】面板中，❶展开【视频效果】列表框，选择【过时】选项，❷再次展开列表框，选择【亮度曲线】视频效果，如图9-31所示。

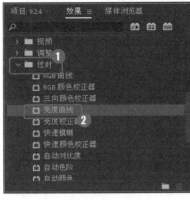

图 9-31

Step06 在选择的视频效果上，按住鼠标左键并拖曳，将其添加至【视频 1】轨道的视频素材上。

Step07 选择视频素材，在【效果控件】面板的【亮度曲线】选项区中，修改各参数值，如图 9-32 所示。

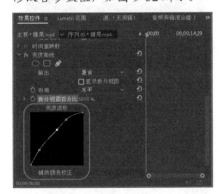

图 9-32

🎬 **技术看板**

在【亮度曲线】选项区中，各常用选项的含义如下。

➥ 输出：用于查看素材的最终效果，包含【复合】和【输出】两种状态效果。

➥ 显示拆分视图：勾选该复选框，可以显示调整素材前后的对比效果。

➥ 布局：用于调整素材的布局方式，包含【水平】和【垂直】两种布局方式。

➥ 拆分视图百分比：用于调整视图的大小情况。

Step08 完成亮度曲线的校正操作，并在【节目监视器】面板中预览校正后的图像效果，如图 9-33 所示。

图 9-33

★重点 9.2.5　实战：校正亮度与对比度

实例门类	软件功能

使用【亮度与对比度】视频效果可以调整视频或图像的亮度与色调，具体的操作方法如下。

Step01 新建一个名称为【9.2.5】的项目文件和一个序列预设【标准 48kHz】的序列。

Step02 在【项目】面板中导入【花朵】图像文件，如图 9-34 所示。

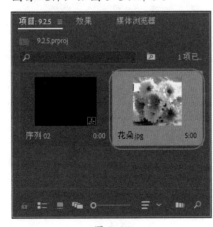

图 9-34

Step03 在【项目】面板中选择新添加的图像素材，按住鼠标左键并拖曳，将其添加至【时间轴】面板的【视频 1】轨道上，如图 9-35 所示。

图 9-35

Step04 在【节目监视器】面板中调整图像的显示大小，如图 9-36 所示。

图 9-36

Step05 在【效果】面板中，❶ 展开【视频效果】列表框，选择【颜色校正】选项，❷ 再次展开列表框，选择【亮度与对比度】视频效果，如图 9-37 所示。

图 9-37

Step06 在选择的视频效果上，按住鼠标左键并拖曳，将其添加至【视频 1】轨道的图像素材上。

Step07 选择图像素材，在【效果控件】面板的【亮度与对比度】选项区中，修改【亮度】参数为 19，【对比度】参数为 9，如图 9-38 所示。

图 9-38

技术看板

在【亮度与对比度】选项区中，各常用选项的含义如下。

➡ 亮度：用于调整图像中的亮度级别。

➡ 对比度：用于调整图像中最亮和最暗级之间的差异。

Step08 完成亮度与对比度的校正操作，并在【节目监视器】面板中预览校正后的图像效果，如图 9-39 所示。

图 9-39

9.2.6 实战：校正亮度校正器

实例门类	软件功能

在使用【亮度校正器】视频效

果时，首先要分离出想要校正的色调范围，再进行亮度和对比度的调整，具体的操作方法如下。

Step01 新建一个名称为【9.2.6】的项目文件和一个序列预设【标准 48kHz】的序列。

Step02 在【项目】面板中导入【小白花】图像文件，如图 9-40 所示。

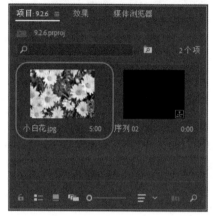

图 9-40

Step03 在【项目】面板中选择新添加的图像素材，按住鼠标左键并拖曳，将其添加至【时间轴】面板的【视频 1】轨道上，如图 9-41 所示。

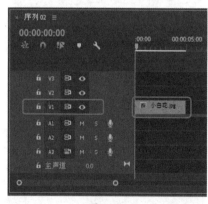

图 9-41

Step04 在【节目监视器】面板中调整图像的显示大小，如图 9-42 所示。

图 9-42

Step05 在【效果】面板中，❶展开【视频效果】列表框，选择【过时】选项，❷再次展开列表框，选择【亮度校正器】视频效果，如图 9-43 所示。

图 9-43

Step06 在选择的视频效果上，按住鼠标左键并拖曳，将其添加至【视频 1】轨道的图像素材上。

Step07 选择图像素材，在【效果控件】面板的【亮度校正器】选项区中，❶修改【亮度】参数为 18、【对比度】参数为 20，❷修改【对比度级别】为 0.9、【灰度系数】参数为 1，如图 9-44 所示。

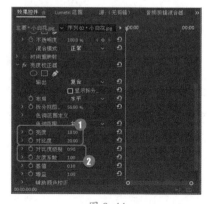

图 9-44

技术看板

在【亮度校正器】选项区中，各常用选项的含义如下。

➡ 亮度：设置图像中的黑电平。

➡ 对比度：基于对比度电平调节对比度。

➡ 对比度级别：为调节对比度控件设置对比度等级。

➡ 灰度系数：主要调节中间调色阶。因此，如果图像太暗或太亮，但阴影并不过暗，高光也不过亮，则应该使用【灰度系数】控件。

➡ 基值：用于增加特定的偏移像素值。结合增益使用，基值能够使图像变亮。

➡ 增益：通过将像素值加倍来调节亮度。结果就是将较亮像素的比率改变成较暗像素的比率，这对较亮像素的影响更大。

Step08 完成亮度校正器的校正操作，并在【节目监视器】面板中预览校正后的图像效果，如图9-45所示。

图 9-45

9.2.7 实战：校正保留颜色效果

使用【保留颜色】视频效果可以只保留一种颜色，将其他颜色的饱和度降低，具体的操作方法如下。

Step01 新建一个名称为【9.2.7】的项目文件和一个序列预设【标准48kHz】的序列。

Step02 在【项目】面板中导入【樱桃】图像文件，如图9-46所示。

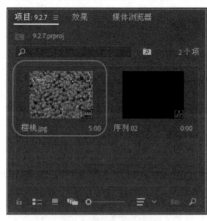

图 9-46

Step03 在【项目】面板中选择新添加的图像素材，按住鼠标左键并拖曳，将其添加至【时间轴】面板的【视频1】轨道上，如图9-47所示。

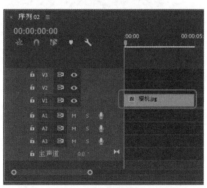

图 9-47

Step04 在【节目监视器】面板中调整图像的显示大小，如图9-48所示。

图 9-48

Step05 在【效果】面板中，❶展开【视频效果】列表框，选择【颜色校正】选项，❷再次展开列表框，选择【保留颜色】视频效果，如图9-49所示。

所示。

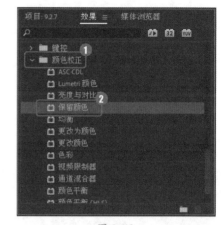

图 9-49

Step06 在选择的视频效果上，按住鼠标左键并拖曳，将其添加至【视频1】轨道的图像素材上。

Step07 选择图像素材，在【效果控件】面板的【保留颜色】选项区中，❶修改【脱色量】参数为50、【要保留的颜色】的RGB参数分别为254、127、143，❷修改【边缘柔和度】参数为100%，如图9-50所示。

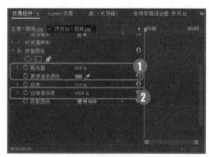

图 9-50

技术看板

在【保留颜色】选项区中，各常用选项的含义如下。

➡ 脱色量：用于设置颜色的脱色强度。

➡ 要保留的颜色：选择素材中要保留的颜色。

➡ 容差：用于设置画面中颜色差值范围。

➡ 边缘柔和度：用于设置素材文件

的边缘柔和程度。

➡ 匹配颜色：用于设置颜色的匹配情况。

Step⑩ 完成颜色的保留操作，并在【节目监视器】面板中预览保留颜色后的图像效果，如图9-51所示。

图9-51

9.2.8 实战：校正快速颜色校正器

实例门类	软件功能

使用【快速颜色校正器】视频效果不仅可以通过调整素材的色调饱和度校正素材的颜色，还可以调整素材的白平衡。具体的操作方法如下。

Step① 新建一个名称为【9.2.8】的项目文件和一个序列预设【标准48kHz】的序列。

Step② 在【项目】面板中导入【饮料】图像文件，如图9-52所示。

图9-52

Step③ 在【项目】面板中选择新添加的图像素材，按住鼠标左键并拖曳，将其添加至【时间轴】面板的【视频1】

轨道上，如图9-53所示。

图9-53

Step④ 在【节目监视器】面板中调整图像的显示大小，如图9-54所示。

图9-54

Step⑤ 在【效果】面板中，❶展开【视频效果】列表框，选择【过时】选项，❷再次展开列表框，选择【快速颜色校正器】视频效果，如图9-55所示。

图9-55

Step⑥ 在选择的视频效果上，按住

鼠标左键并拖曳，将其添加至【视频1】轨道的图像素材上。

Step⑦ 选择图像素材，在【效果控件】面板的【快速颜色校正器】选项区中，修改各参数值，如图9-56所示。

Step⑧ 完成颜色的快速校正操作，并在【节目监视器】面板中预览快速校正颜色后的图像效果，如图9-57所示。

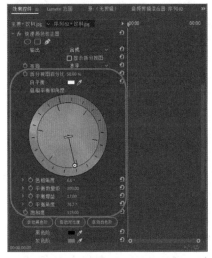
图9-56

技术看板

在【快速颜色校正器】选项区中，各常用选项的含义如下。

➡ 色相平衡和角度：可以手动调整色盘，可以更便捷地调色画面。

➡ 色相角度：用于调整色相位。

➡ 平衡数量级：用于调整某一色相位的圆圈来控制色彩强度。

➡ 平衡增益：用于改变控件来微调平衡增益和平衡角度的参数。

➡ 平衡角度：用于改变控件所指方向上的颜色。

➡ 饱和度：用于调整色彩的强度。

图 9-57

★重点 9.2.9 实战：校正更改颜色

实例门类	软件功能

使用【更改颜色】视频效果可以修改图像上的色相、饱和度及指定颜色或颜色区域的亮度。具体的操作方法如下。

Step01 新建一个名称为【9.2.9】的项目文件和一个序列预设【宽屏48kHz】的序列。

Step02 在【项目】面板中导入【雨中花朵】视频文件，如图 9-58 所示。

图 9-58

Step03 在【项目】面板中选择视频素材，按住鼠标左键并拖曳，将其添加至【时间轴】面板的【视频 1】轨道上，如图 9-59 所示。

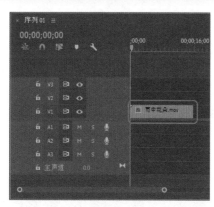

图 9-59

Step04 在【效果】面板中，❶展开【视频效果】列表框，选择【颜色校正】选项，❷再次展开列表框，选择【更改颜色】视频效果，如图 9-60 所示。

图 9-60

Step05 在选择的视频效果上，按住鼠标左键并拖曳，将其添加至【视频 1】轨道的视频素材上。

Step06 选择视频素材，在【效果控件】面板的【更改颜色】选项区中，修改各参数值，如图 9-61 所示。

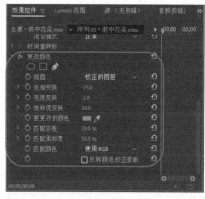

图 9-61

Step07 完成颜色的更改操作，并在【节目监视器】面板中预览更改颜色后的前后对比图像效果，如图 9-62 所示。

技术看板

在【更改颜色】选项区中，各常用选项的含义如下。

➡ 视图：用于显示图像效果的状态。包含【校正的图层】和【色彩蒙版校正】两个选项。

➡ 色相变换：用于调整所应用颜色的色相。

➡ 亮度变换：用于增强或减少颜色亮度。

➡ 饱和度变换：用于增强或减少颜色的浓度。

➡ 要更改的颜色：用于选择要更改的图像颜色。

➡ 匹配容差：用于控制要调整的颜色的相似度。

➡ 匹配柔和度：用于柔化实际校正的图像。

➡ 匹配颜色：该列表框包含【使用色相】【使用RGB】和【使用色度】3种匹配颜色方式。

➡ 反转颜色校正蒙版：勾选该复选框，反转色彩校正蒙版。

图 9-62

9.2.10 实战：校正颜色平衡

实例门类	软件功能

使用【颜色平衡】视频效果可以允许对素材中的红、绿和蓝色通道的阴影、中间调和高光进行修改。具体的操作方法如下。

Step01 新建一个名称为【9.2.10】的项目文件和一个序列预设【标准48kHz】的序列。

Step02 在【项目】面板中导入【紫色花朵】图像文件，如图 9-63 所示。

图 9-63

Step03 在【项目】面板中选择图像素材，按住鼠标左键并拖曳，将其添加至【时间轴】面板的【视频 1】轨

道上，如图 9-64 所示。

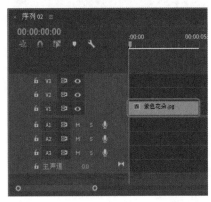

图 9-64

Step04 在【节目监视器】面板中调整图像的显示大小，如图 9-65 所示。

图 9-65

Step05 在【效果】面板中，❶展开【视频效果】列表框，选择【颜色校正】选项，❷再次展开列表框，选择【颜色平衡】视频效果，如图 9-66 所示。

图 9-66

Step06 在选择的视频效果上，按住

鼠标左键并拖曳，将其添加至【视频 1】轨道的图像素材上。

Step07 选择图像素材，在【效果控件】面板的【颜色平衡】选项区中，修改各参数值，如图 9-67 所示。

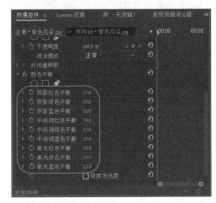

图 9-67

Step08 完成颜色平衡的校正操作，并在【节目监视器】面板中预览校正颜色平衡后的图像效果，如图 9-68 所示。

图 9-68

技术看板

在【颜色平衡】选项区中，各常用选项的含义如下。

➡ 红色：对素材文件中的红色数量进行调整。

➡ 绿色：对素材文件中的绿色数量进行调整。

➡ 蓝色：对素材文件中的蓝色数量进行调整。

9.2.11 实战：校正色彩效果

实例门类	软件功能

使用【色彩】视频效果可以重新调整图像的色彩效果。具体的操作方法如下。

Step01 新建一个名称为【9.2.11】的项目文件和一个序列预设【标准48kHz】的序列。

Step02 在【项目】面板中导入【紫葡萄】图像文件，如图9-69所示。

图 9-69

Step03 在【项目】面板中选择新添加的图像素材，按住鼠标左键并拖曳，将其添加至【时间轴】面板的【视频1】轨道上，如图9-70所示。

图 9-70

Step04 在【节目监视器】面板中调整图像的显示大小，如图9-71所示。

图 9-71

Step05 在【效果】面板中，❶展开【视频效果】列表框，选择【颜色校正】选项，❷再次展开列表框，选择【色彩】视频效果，如图9-72所示。

图 9-72

Step06 按住鼠标左键并拖曳，将其添加至【视频1】轨道的图像素材上，完成视频效果的添加。

Step07 选择【视频1】轨道的图像素材，在【效果控件】面板的【色彩】选项区中，❶修改【将黑色映射到】的RGB参数分别为127、37、220；【将白色映射到】的RGB参数分别为33、206、4，❷修改【着色量】参数为27%，如图9-73所示。

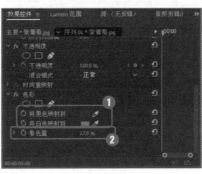

图 9-73

在【色彩】选项区中，各常用选项的含义如下。

→ 将黑色映射到：用于调整画面中深色的颜色。

→ 将白色映射到：用于调整画面中浅色的颜色。

→ 着色量：用于设置深色和浅色颜色在画面中的深度。

Step08 完成色彩的校正操作，并在【节目监视器】面板中预览校正色彩后的图像效果，如图9-74所示。

图 9-74

★重点 9.2.12 实战：校正通道混合器

实例门类	软件功能

使用【通道混合器】视频效果可以创建棕褐色或浅色的图像效果，具体的操作方法如下。

Step01 新建一个名称为【9.2.12】的项目文件和一个序列预设【标准48kHz】的序列。

Step02 在【项目】面板中导入【紫色蒲公英】图像文件，如图9-75所示。

图 9-75

Step 03 在【项目】面板中选择新添加的图像素材，按住鼠标左键并拖曳，将其添加至【时间轴】面板的【视频1】轨道上，如图 9-76 所示。

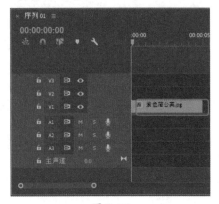

图 9-76

Step 04 在【节目监视器】面板中调整图像的显示大小，如图 9-77 所示。

图 9-77

Step 05 在【效果】面板中，❶展开【视频效果】列表框，选择【颜色校正】选项，❷再次展开列表框，选择【通道混合器】视频效果，如

图 9-78 所示。

图 9-78

Step 06 按住鼠标左键并拖曳，将其添加至【视频1】轨道的图像素材上，完成视频效果的添加。

Step 07 选择【视频1】轨道的图像素材，在【效果控件】面板的【通道混合器】选项区中，修改各参数值，如图 9-79 所示。

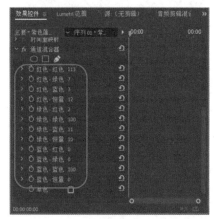

图 9-79

技能拓展——创建黑白效果

在为素材添加了【通道混合器】视频效果后，在【效果控件】面板的【通道混合器】面板中，勾选【单色】复选框，可以创建出黑白效果。

Step 08 完成通道混合器的校正操作，并在【节目监视器】面板中预览校

正通道混合器后的图像效果，如图 9-80 所示。

图 9-80

★重点 9.2.13 实战：校正均衡效果

实例门类	软件功能

使用【均衡】视频效果可以通过RGB、亮度和Photoshop样式自动调整素材的整体颜色，具体的操作方法如下。

Step 01 新建一个名称为【9.2.13】的项目文件和一个序列预设【标准48kHz】的序列。

Step 02 在【项目】面板中导入【玛瑙】图像文件，如图 9-81 所示。

图 9-81

Step 03 在【项目】面板中选择新添加的图像素材，按住鼠标左键并拖曳，将其添加至【时间轴】面板的【视频1】轨道上，如图 9-82 所示。

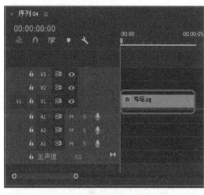

图 9-82

Step04 在【节目监视器】面板中调整图像的显示大小，如图 9-83 所示。

图 9-83

Step05 在【效果】面板中，❶展开【视频效果】列表框，选择【颜色校正】选项，❷再次展开列表框，选择【均衡】视频效果，如图 9-84 所示。

图 9-84

Step06 按住鼠标左键并拖曳，将其添加至【视频 1】轨道的图像素材上，完成视频效果的添加。

Step07 选择【视频 1】轨道的图像素材，在【效果控件】面板的【均衡】选项区中，❶在【均衡】列表框中选择【Photoshop】选项，❷修改【均衡量】参数为 26%，如图 9-85 所示。

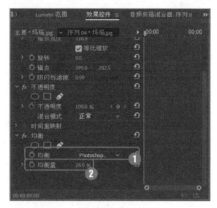

图 9-85

Step08 完成颜色均衡的校正操作，并在【节目监视器】面板中预览校正颜色均衡后的图像效果，如图 9-86 所示。

图 9-86

技术看板

在【均衡】选项区中，各常用选项的含义如下。

➡ 均衡：用于选择设置画面中均衡的类型，包含【RGB】【亮度】【Photoshop】样式。

➡ 均衡量：用于设置素材画面的曝光补偿程度。

9.2.14 实战：校正颜色平衡（HLS）

实例门类	软件功能

使用【颜色平衡（HLS）】特效能够通过调整画面的色相、饱和度及明度来达到平衡素材颜色的作用。具体的操作方法如下。

Step01 新建一个名称为【9.2.14】的项目文件和一个序列预设【标准48kHz】的序列。

Step02 在【项目】面板中导入【布偶娃娃】图像文件，如图 9-87 所示。

图 9-87

Step03 在【项目】面板中选择新添加的图像素材，按住鼠标左键并拖曳，将其添加至【时间轴】面板的【视频1】轨道上，如图 9-88 所示。

图 9-88

Step04 在【节目监视器】面板中调整图像的显示大小，如图 9-89 所示。

图 9-89

Step⑤ 在【效果】面板中，❶展开【视频效果】列表框，选择【颜色校正】选项，❷再次展开列表框，选择【颜色平衡（HLS）】视频效果，如图 9-90 所示。

图 9-90

Step⑥ 按住鼠标左键并拖曳，将其添加至【视频 1】轨道的图像素材上，完成视频效果的添加。

Step⑦ 选择【视频 1】轨道的图像素材，在【效果控件】面板的【颜色平衡（HLS）】选项区，❶修改【色相】参数为 12°，❷修改【亮度】和【饱和度】参数分别为 -4 和 43，如图 9-91 所示。

图 9-91

技术看板

在【颜色平衡（HLS）】选项区中，各常用选项的含义如下。

➡ 色相：用于调整素材画面的色彩偏向。

➡ 亮度：用于调整素材画面的明亮程度。

➡ 饱和度：用于调整素材画面的饱和程度。

Step⑧ 完成颜色平衡的校正操作，并在【节目监视器】面板中预览校正颜色平衡后的图像效果，如图 9-92 所示。

图 9-92

9.2.15　实战：校正视频限制器效果

实例门类	软件功能

使用【视频限制器】视频效果，可以确保视频落在指定的范围内。具体的操作方法如下。

Step① 新建一个名称为【9.2.15】的项目文件和一个序列预设【宽屏 48kHz】的序列。

Step② 在【项目】面板中导入【幼苗】图像文件，如图 9-93 所示。

图 9-93

Step③ 在【项目】面板中选择新添加的图像素材，按住鼠标左键并拖曳，将其添加至【时间轴】面板的【视频 1】轨道上，如图 9-94 所示。

图 9-94

Step④ 在【节目监视器】面板中调整图像的显示大小，如图 9-95 所示。

图 9-95

Step⑤ 在【效果】面板中，❶展开【视频效果】列表框，选择【颜色校正】选项，❷再次展开列表框，选择【视频限制器】视频效果，如图 9-96 所示。

图 9-96

Step06 按住鼠标左键并拖曳，将其添加至【视频1】轨道的图像素材上，完成视频效果的添加。

Step07 选择【视频1】轨道的图像素

材，在【效果控件】面板的【视频限制器】选项区，修改各参数值，如图 9-97 所示。

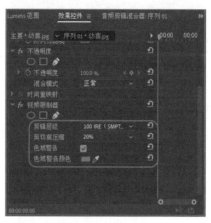

图 9-97

Step08 完成视频限制器的校正操作，并在【节目监视器】面板中预览校正视频限制器后的图像效果，如图 9-98 所示。

图 9-98

9.3 调整视频色彩

色彩的调整主要是针对素材中的对比度、亮度、颜色及通道等项目进行特殊的调整和处理。在调整图像色彩时，通过自动颜色、自动色阶、自动对比度、卷积内核等调整特效进行调整操作。本节将详细讲解在项目文件中调整视频素材色彩的具体方法。

9.3.1 实战：自动调整视频颜色

实例门类	软件功能

使用【自动颜色】视频效果可以通过搜索图像的方式，来标识暗调、中间调和高光，以调整图像的对比度和颜色。具体的操作方法如下。

Step01 新建一个名称为【9.3.1】的项目文件和一个序列预设【标准48kHz】的序列。

Step02 在【项目】面板中导入【棒棒糖】图像文件，如图9-99所示。

图 9-99

Step03 在【项目】面板中选择新添加的图像素材，按住鼠标左键并拖曳，将其添加至【时间轴】面板的【视频1】轨道上，如图9-100所示。

图 9-100

Step04 在【节目监视器】面板中，调整图像的显示大小，如图9-101所示。

图 9-101

Step05 在【效果】面板中，❶展开【视频效果】列表框，选择【过时】选项，❷再次展开列表框，选择【自动颜色】视频效果，如图 9-102 所示。

图 9-102

Step06 在选择的视频效果上，按住鼠标左键并拖曳，将其添加至【视频 1】轨道的图像素材上。

Step07 选择图像素材，在【效果控件】面板中的【自动颜色】选项区中，❶修改【瞬时平滑（秒）】为 10，❷修改【减少黑色像素】和【减少白色像素】均为 10%，❸修改【与原始图像混合】为 31%，如图 9-103 所示。

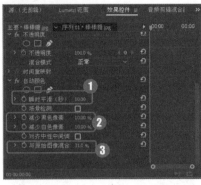

图 9-103

Step08 完成视频颜色的自动调整操作，并在【节目监视器】面板中预览调整后的图像效果，如图 9-104 所示。

图 9-104

技术看板

在【自动颜色】选项区中，各选项的含义如下。

→ 瞬时平滑（秒）：用于调整素材文件的平滑程度。

→ 场景检测：根据【瞬时平滑】参数自动检测颜色。

→ 减少黑色像素：用于控制暗部像素在画面中占的百分比。

→ 减少白色像素：用于控制亮部像素在画面中占的百分比。

→ 对齐中性中间调：勾选该复选框，可以对齐画面中的中间调颜色。

→ 与原始图像混合：用于调整自动控制后的颜色与原始图像的混合程度。

9.3.2 实战：自动调整视频色阶

实例门类	软件功能

使用【自动色阶】视频效果可以让 Premiere Pro 2020 执行快速全面的自动色彩校正。具体的操作方法如下。

Step01 新建一个名称为【9.3.2】的项目文件和一个序列预设【宽屏 48kHz】的序列。

Step02 在【项目】面板中导入【大海】图像文件，如图 9-105 所示。

图 9-105

Step03 在【项目】面板中选择新添加的图像素材，按住鼠标左键并拖曳，将其添加至【时间轴】面板的【视频 1】轨道上，如图 9-106 所示。

图 9-106

Step04 在【节目监视器】面板中，调整图像的显示大小，如图 9-107

所示。

图 9-107

Step 05 在【效果】面板中，❶展开【视频效果】列表框，选择【过时】选项，❷再次展开列表框，选择【自动色阶】视频效果，如图 9-108 所示。

图 9-108

Step 06 在选择的视频效果上，按住鼠标左键并拖曳，将其添加至【视频1】轨道的视频素材上。

Step 07 选择图像素材，在【效果控件】面板中的【自动色阶】选项区中，❶修改【减少白色像素】为6.5%，❷修改【与原始图像混合】参数为80%，如图 9-109 所示。

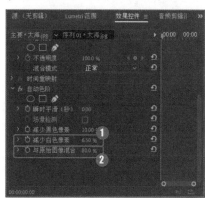

图 9-109

Step 08 完成视频色阶的自动调整操作，并在【节目监视器】面板中预览调整自动色阶后的图像效果，如图 9-110 所示。

图 9-110

9.3.3 实战：自动调整视频对比度

实例门类	软件功能

使用【自动对比度】视频效果可以去除素材的偏色，主要用于调整素材整体色彩的混合。具体的操作方法如下。

Step 01 新建一个名称为【9.3.3】的项目文件和一个序列预设【标准48kHz】的序列。

Step 02 在【项目】面板中导入【钱包】图像文件，如图 9-111 所示。

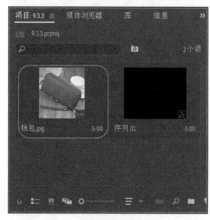

图 9-111

Step 03 在【项目】面板中选择新添加的图像素材，按住鼠标左键并拖曳，将其添加至【时间轴】面板的【视频1】轨道上，如图 9-112 所示。

图 9-112

Step 04 在【节目监视器】面板中调整图像的显示大小，如图 9-113 所示。

图 9-113

Step 05 在【效果】面板中，❶展开【视频效果】列表框，选择【过时】选项，❷再次展开列表框，选择【自动对比度】视频效果，如图 9-114所示。

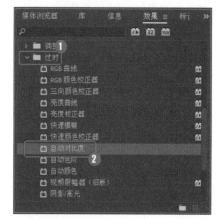

图 9-114

Step 06 在选择的视频效果上，按住鼠标左键并拖曳，将其添加至【视频1】轨道的图像素材上。

Step07 选择图像素材，在【效果控件】面板的【自动对比度】选项区中，❶修改【减少白色像素】参数为 10%，❷修改【与原始图像混合】参数为 50%，如图 9-115 所示。

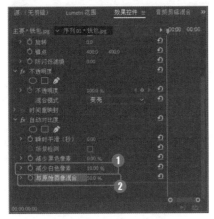

图 9-115

Step08 完成视频素材的自动对比度的调整操作，并在【节目监视器】面板中预览调整对比度后的图像效果，如图 9-116 所示。

图 9-116

9.3.4 实战：调整视频的卷积内核

实例门类	软件功能

使用【卷积内核】视频效果可以修改图像的亮度和清晰度。具体的操作方法如下。

Step01 新建一个名称为【9.3.4】的项目文件和一个序列预设【标准 48kHz】的序列。

Step02 在【项目】面板中导入【椅子】图像文件，如图 9-117 所示。

图 9-117

Step03 在【项目】面板中选择新添加的图像素材，按住鼠标左键并拖曳，将其添加至【时间轴】面板的【视频 1】轨道上，如图 9-118 所示。

图 9-118

Step04 在【节目监视器】面板中调整视频的显示大小，如图 9-119 所示。

图 9-119

Step05 在【效果】面板中，❶展开【视频效果】列表框，选择【调整】选项，❷再次展开列表框，选择【卷积内核】视频效果，如图 9-120 所示。

图 9-120

Step06 在选择的视频效果上，按住鼠标左键并拖曳，将其添加至【视频 1】轨道的图像素材上。

Step07 选择图像素材，在【效果控件】面板的【卷积内核】选项区中，修改各参数值，如图 9-121 所示。

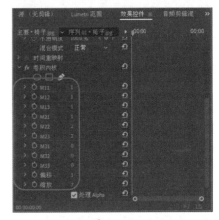

图 9-121

Step08 完成卷积内核的调整操作，并在【节目监视器】面板中预览调整卷积内核后的图像效果，如图 9-122 所示。

图 9-122

★重点 9.3.5 实战：调整视频的光照效果

实例门类	软件功能

使用【光照效果】视频效果可以为图像添加照明。具体的操作方法如下。

Step 01 新建一个名称为【9.3.5】的项目文件和一个序列预设【标准48kHz】的序列。

Step 02 在【项目】面板中导入【花朵9】图像文件，如图9-123所示。

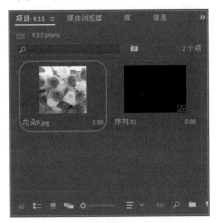

图 9-123

Step 03 在【项目】面板中选择新添加的图像素材，按住鼠标左键并拖曳，将其添加至【时间轴】面板的【视频1】轨道上，如图9-124所示。

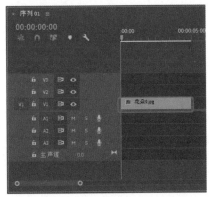

图 9-124

Step 04 在【节目监视器】面板中调整图像的显示大小，如图9-125所示。

图 9-125

Step 05 在【效果】面板中，❶展开【视频效果】列表框，选择【调整】选项，❷再次展开列表框，选择【光照效果】视频效果，如图9-126所示。

图 9-126

Step 06 在选择的视频效果上，按住鼠标左键并拖曳，将其添加至【视频1】轨道的图像素材上。

Step 07 选择图像素材，在【效果控件】面板的【光照效果】选项区中，修改各参数值，如图9-127所示。

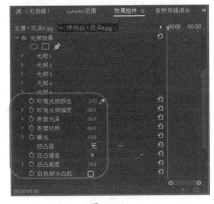

图 9-127

Step 08 完成光照效果的调整操作，并在【节目监视器】面板中预览调整光照效果后的图像效果，如图9-128所示。

图 9-128

📽 技术看板

在【光照效果】选项区中，各常用选项的含义如下。

➡ 光照：用于为素材添加多个灯光效果。

➡ 环境光照颜色：用于调整素材周围环境的颜色倾向。

➡ 环境光照强度：用于控制周围环境光的强弱程度。

➡ 表面光泽：用于设置素材中光源的明暗程度。

➡ 表面材质：用于设置素材中表面的材质效果。

➡ 曝光：用于控制灯光的曝光强弱程度。

➡ 凹凸层：在素材中选择产生浮雕效果的通道。

➡ 凹凸通道：设置浮雕的产生通道。

➡ 凹凸高度：设置浮雕的深浅和大小。

➡ 白色部分凸起：勾选该复选框，可以反转浮雕的方向。

★重点 9.3.6 实战：调整视频的阴影/高光

实例门类	软件功能

使用【阴影/高光】视频效果可

以直接处理素材上的逆光问题。在应用了该视频效果后可以使阴影变亮，并减少高光。具体的操作方法如下。

Step01 新建一个名称为【9.3.6】的项目文件和一个序列预设【标准48kHz】的序列。

Step02 在【项目】面板中导入【瓢虫】图像文件，如图9-129所示。

图 9-129

Step03 在【项目】面板中选择新添加的图像素材，按住鼠标左键并拖曳，将其添加至【时间轴】面板的【视频1】轨道上，如图9-130所示。

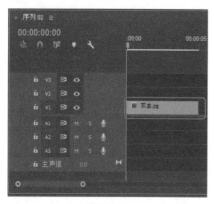

图 9-130

Step04 在【节目监视器】面板中调整图像的显示大小，如图9-131所示。

图 9-131

Step05 在【效果】面板中，❶展开【视频效果】列表框，选择【过时】选项，❷再次展开列表框，选择【阴影/高光】视频效果，如图9-132所示。

图 9-132

Step06 在选择的视频效果上，按住鼠标左键并拖曳，将其添加至【视频1】轨道的图像素材上。

Step07 选择图像素材，在【效果控件】面板的【阴影/高光】选项区中，❶修改【瞬时平滑（秒）】参数为2.8，❷修改【与原始图像混合】参数为11%，如图9-133所示。

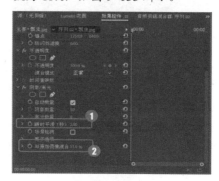

图 9-133

Step08 完成阴影/高光的调整操作，并在【节目监视器】面板中预览调整阴影/高光后的图像效果，如图9-134所示。

图 9-134

技术看板

在【阴影/高光】选项区中，各常用选项的含义如下。

➡ 自动数量：勾选该复选框，可以自动调整素材文件的阴影和高光部分。

➡ 阴影数量：用于控制素材文件中的阴影数量。

➡ 高光数量：用于控制素材文件中的高光数量。

★重点 9.3.7 实战：调整视频的色阶

使用【色阶】视频效果可以微调图像中的阴影、中间调和高光，还可以校正红、绿和蓝色通道。具体的操作方法如下。

Step01 新建一个名称为【9.3.7】的项目文件和一个序列预设【宽屏48kHz】的序列。

Step02 在【项目】面板中导入【巧克力】图像文件，如图9-135所示。

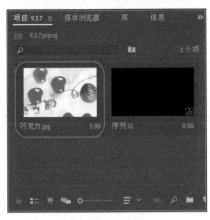

图 9-135

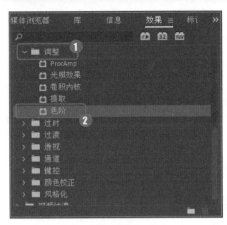

图 9-138

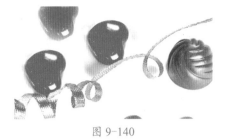

图 9-140

Step03 在【项目】面板中选择新添加的图像素材，按住鼠标左键并拖曳，将其添加至【时间轴】面板的【视频1】轨道上，如图9-136所示。

图 9-136

Step04 在【节目监视器】面板中调整图像的显示大小，如图9-137所示。

图 9-137

Step05 在【效果】面板中，❶展开【视频效果】列表框，选择【调整】选项，❷再次展开列表框，选择【色阶】视频效果，如图9-138所示。

Step06 在选择的视频效果上，按住鼠标左键并拖曳，将其添加至【视频1】轨道的图像素材上。

Step07 选择图像素材，在【效果控件】面板的【色阶】选项区中，❶修改【（RGB）输入黑色阶】参数为41、【（RGB）输入白色阶】参数为228，❷修改【（RGB）输出黑色阶】参数为39，如图9-139所示。

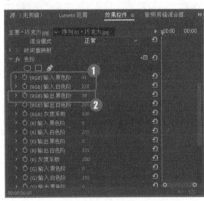

图 9-139

Step08 完成视频色阶的调整操作，并在【节目监视器】面板中预览调整色阶后的图像效果，如图9-140所示。

9.3.8 提取黑白色

使用【提取】视频效果可以将彩色画面单独提取为黑白色画面。

使用【提取】视频效果的方法很简单，在【效果】面板中，展开【视频效果】列表框，选择【调整】选项，再次展开列表框，选择【提取】视频效果，按住鼠标左键并拖曳，将其添加至【时间轴】面板的【视频1】轨道的视频素材上即可。图9-141所示为添加【提取】视频效果的前后对比效果。

图 9-141

添加了视频效果后，在【效果控件】面板的【提取】选项区中，修改各偏移参数即可，如图9-142

所示。

在【提取】选项区中，各选项的含义如下。

➜【输入黑色阶】数值框：用于调整素材中黑色像素的数量。

➜【输入白色阶】数值框：用于调整素材中白色像素的数量。

➜【柔和度】数值框：用于调整素材中灰色像素的数量。

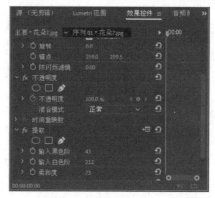

图 9-142

9.4 控制视频色彩

Premiere Pro 2020 的【图像控制】视频效果文件夹中提供更多的颜色特效，通过这些视频效果可以直接控制视频中的黑白、灰度和彩色等色彩。本节将详细讲解在项目文件中控制视频素材的色彩方法。

9.4.1 实战：控制视频的黑白色彩

实例门类	软件功能

使用【黑白】视频效果可以将一个彩色图像转换成灰度图像。具体的操作方法如下。

Step01 新建一个名称为【9.4.1】的项目文件和一个序列预设【宽屏48kHz】的序列。

Step02 在【项目】面板中导入【下雨】视频文件，如图 9-143 所示。

图 9-143

Step03 在【项目】面板中选择新添加的视频素材，按住鼠标左键并拖曳，将其添加至【时间轴】面板的【视频1】轨道上，如图 9-144 所示。

图 9-144

Step04 在【节目监视器】面板中，调整图像的显示大小，如图 9-145 所示。

图 9-145

Step05 在【效果】面板中，❶展开【视频效果】列表框，选择【图像控制】选项，❷再次展开列表框，选择【黑白】视频效果，如图 9-146 所示。

图 9-146

Step06 在选择的视频效果上，按住鼠标左键并拖曳，将其添加至【视频1】轨道的视频素材上，即可完成视频中黑白素材的控制，在【节目监视器】面板中预览调整后的图像效果，如图 9-147 所示。

图 9-147

★重点 9.4.2　实战：控制视频的颜色过滤

实例门类	软件功能

使用【颜色过滤】视频效果可以将单色素材以外的所有素材转换成灰度图像。具体的操作方法如下。

Step 01 新建一个名称为【9.4.2】的项目文件和一个序列预设【标准48kHz】的序列。

Step 02 在【项目】面板中导入【圣诞球】图像文件，如图9-148所示。

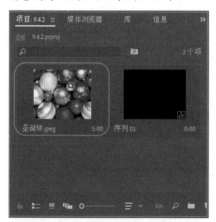

图 9-148

Step 03 在【项目】面板中选择新添加的图像素材，按住鼠标左键并拖曳，将其添加至【时间轴】面板的【视频1】轨道上，如图9-149所示。

图 9-149

Step 04 在【节目监视器】面板中，调整图像的显示大小，如图9-150所示。

图 9-150

Step 05 在【效果】面板中，❶展开【视频效果】列表框，选择【图像控制】选项，❷再次展开列表框，选择【颜色过滤】视频效果，如图9-151所示。

图 9-151

Step 06 在选择的视频效果上，按住

鼠标左键并拖曳，将其添加至【视频1】轨道的视频素材上。

Step 07 选择图像素材，在【效果控件】面板中的【颜色过滤】选项区中，❶修改【相似性】参数为36，勾选【反相】复选框，❷修改【颜色】的RGB参数分别为12、0、249，如图9-152所示。

图 9-152

技术看板

在【颜色过滤】选项区中，各常用选项的含义如下。

→ 相似性：用于设置素材画面中的灰度参数值。

→ 反相：勾选该复选框，可以反转素材中的灰度效果。

→ 颜色：用于设置要保留的颜色。

Step 08 完成视频中颜色过滤的控制操作，并在【节目监视器】面板中预览控制颜色过滤后的图像效果，如图9-153所示。

图 9-153

★重点 9.4.3 实战：控制视频的颜色替换

实例门类	软件功能

使用【颜色替换】视频效果可以将一种颜色范围替换为另一种颜色范围。具体的操作方法如下。

Step①1 新建一个名称为【9.4.3】的项目文件和一个序列预设【标准48kHz】的序列。

Step②2 在【项目】面板中导入【青色麦田】图像文件，如图 9-154 所示。

图 9-154

Step③3 在【项目】面板中选择新添加的图像素材，按住鼠标左键并拖曳，将其添加至【时间轴】面板的【视频1】轨道上，如图 9-155 所示。

图 9-155

Step④4 在【节目监视器】面板中调整

图像的显示大小，如图 9-156 所示。

图 9-156

Step⑤5 在【效果】面板中，❶展开【视频效果】列表框，选择【图像控制】选项，❷再次展开列表框，选择【颜色替换】视频效果，如图 9-157 所示。

图 9-157

Step⑥6 在选择的视频效果上，按住鼠标左键并拖曳，将其添加至【视频1】轨道的图像素材上。

Step⑦7 选择图像素材，在【效果控件】面板的【颜色替换】选项区中，❶修改【相似性】参数为37，❷修改【目标颜色】和【替换颜色】参数值，如图 9-158 所示。

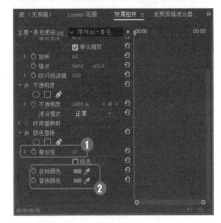

图 9-158

技术看板

在【颜色替换】选项区中，各常用选项的含义如下。

➡ 相似性：用于设置目标颜色的容差值。

➡ 目标颜色：用于取样画面中的目标颜色。

➡ 替换颜色：用于设置替换的颜色参数值。

Step⑧8 完成视频素材中的颜色替换操作，并在【节目监视器】面板中预览替换颜色后的图像效果，如图 9-159 所示。

图 9-159

9.4.4 实战：控制视频的灰度系数校正

实例门类	软件功能

使用【灰度系数校正】视频效

果可以微调片段明暗度，改变中间色调的亮度。具体的操作方法如下。

Step01 新建一个名称为【9.4.4】的项目文件和一个序列预设【标准48kHz】的序列。

Step02 在【项目】面板中导入【毛毛虫】图像文件，如图 9-160 所示。

图 9-160

Step03 在【项目】面板中选择新添加的图像素材，按住鼠标左键并拖曳，将其添加至【时间轴】面板的【视频1】轨道上，如图 9-161 所示。

图 9-161

Step04 在【节目监视器】面板中调整视频的显示大小，如图 9-162 所示。

图 9-162

Step05 在【效果】面板中，❶展开【视频效果】列表框，选择【图像控制】选项，❷再次展开列表框，选择【灰度系数校正】视频效果，如图 9-163 所示。

图 9-163

Step06 在选择的视频效果上，按住鼠标左键并拖曳，将其添加至【视频1】轨道的图像素材上。

Step07 选择图像素材，在【效果控件】面板的【灰度系数校正】选项区中，修改【灰度系数】参数为23，如图 9-164 所示。

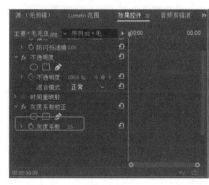

图 9-164

Step08 完成灰度系数的校正操作，并在【节目监视器】面板中预览校正灰度系数后的图像效果，如图 9-165 所示。

图 9-165

9.4.5 实战：控制视频的颜色平衡（RGB）

实例门类	软件功能

使用【颜色平衡（RGB）】视频效果可以制作色彩分离特效，让画面更具冲击力。具体的操作方法如下。

Step01 新建一个名称为【9.4.5】的项目文件和一个序列预设【宽屏48kHz】的序列。

Step02 在【项目】面板中导入【三朵花】视频文件，如图 9-166 所示。

图 9-166

Step03 在【项目】面板中选择新添加的视频素材，按住鼠标左键并拖曳，将其添加至【时间轴】面板的【视频1】轨道上，如图 9-167 所示。

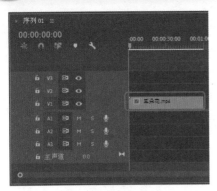

图 9-167

Step04 在【节目监视器】面板中调整图像的显示大小，如图 9-168 所示。

图 9-168

Step05 在【效果】面板中，❶展开【视频效果】列表框，选择【图像控制】选项，❷再次展开列表框，选择【颜色平衡（RGB）】视频效果，如图 9-169 所示。

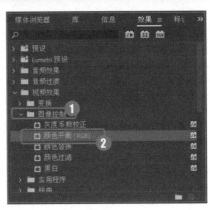

图 9-169

Step06 在选择的视频效果上，按住鼠标左键并拖曳，将其添加至【视频 1】轨道的图像素材上。

Step07 选择图像素材，在【效果控件】面板的【颜色平衡（RGB）】选项区中，修改【红色】为 131、【绿色】为 93、【蓝色】为 112，如图 9-170 所示。

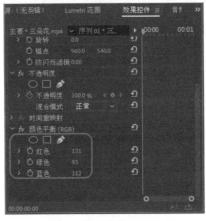

图 9-170

Step08 完成颜色平衡的调整操作，并在【节目监视器】面板中预览调整颜色平衡后的图像效果，如图 9-171 所示。

图 9-171

技术看板

在【颜色平衡（RGB）】选项区中，各常用选项的含义如下。

➡ 红色：用于调整素材中的红色数量。

➡ 绿色：用于调整素材中的绿色数量。

➡ 蓝色：用于调整素材中的蓝色数量。

妙招技法

通过对前面知识的学习，相信读者朋友已经掌握了 Premiere Pro 2020 软件中的视频色彩的调色方法了。下面结合本章内容，给大家介绍一些实用技巧。

技巧 01：取消【颜色平衡】特效的发光度

在【颜色平衡】列表框中，勾选【保持发光度】复选框，可以关闭特效的发光，具体操作方法如下。

Step01 打开本书提供的【9.2.10】的项目文件。

Step02 在【视频 1】轨道上选择【紫色花朵】图像文件，然后在【效果控件】面板的【颜色平衡】选项区中，勾选【保持发光度】复选框，如图 9-172 所示。

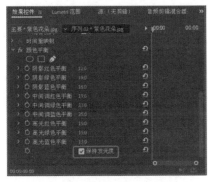

图 9-172

Step 03 完成【颜色平衡】特效中发光度的关闭，其图像效果如图 9-173 所示。

图 9-173

技巧 02：修改【通道混合器】特效的单色

在【通道混合器】列表框中，可以勾选【单色】复选框，将素材图像调整为单色，具体操作方法如下。

Step 01 打开本书提供的【9.2.12】的项目文件。在【视频 1】轨道上选择【紫色蒲公英】图像文件，然后在【效果控件】面板的【通道混合器】选项区中，勾选【单色】复选框，如图 9-174 所示。

图 9-174

Step 02 即可修改【通道混合器】视频效果的单色，其修改后的图像效果如图 9-175 所示。

图 9-175

技巧 03：调整【光照效果】的位置

通过修改【中央】的位置参数，可以重新调整【光照效果】特效的位置。具体的操作步骤如下。

Step 01 打开本书提供的【9.3.5】的项目文件。在【视频 1】轨道上选择【花朵 9】图像文件，然后在【效果控件】面板的【光照效果】选项区中，展开【光照 1】列表框，❶修改【中央】参数为 524 和 297.5，❷修改【角度】参数为 290°，如图 9-176 所示。

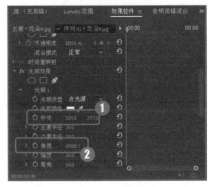

图 9-176

Step 02 改变光照效果的位置，并查看调整后的图像效果，如图 9-177 所示。

图 9-177

技巧 04：启用【提取】特效的反转效果

在添加了【提取】视频效果后，勾选【反转】复选框，可以将设置的参数修改为【反转】状态。具体的操作步骤如下。

Step 01 打开本书提供的【技巧 04】（第 9 章）的项目文件，并在【节目监视器】面板中，预览图像效果，如图 9-178 所示。

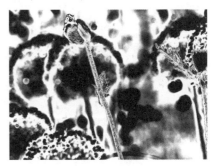

图 9-178

Step02 在【视频1】轨道上选择【紫色花朵】图像文件，然后在【效果控件】面板的【提取】选项区中，勾选【反转】复选框，如图9-179所示。

图 9-179

Step03 即可启用【提取】特效的反转效果，其图像效果如图9-180所示。

图 9-180

过关练习——校色【玫瑰花】视频效果

实例门类	视频调色 + 色彩校正

本实例将结合新建项目、导入素材，添加各种调色特效等功能，来制作【玫瑰花】的项目文件，完成后的效果如图9-181所示。

图 9-181

Step01 新建一个名称为【9.6】的项目文件和一个序列预设【宽屏48kHz】的序列。

Step02 在【项目】面板中导入【玫瑰花】视频文件，如图9-182所示。

图 9-182

Step03 在【项目】面板中选择【玫瑰花】视频素材，按住鼠标左键并拖曳，将其添加至【时间轴】面板的【视频1】轨道上，如图9-183所示。

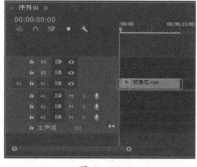

图 9-183

Step04 选择【玫瑰花】视频素材，在

【节目监视器】面板中调整视频素材的显示大小，如图9-184所示。

图 9-184

Step05 在【效果】面板中，❶展开【视频效果】列表框，选择【过时】选项，❷再次展开列表框，选择【RGB颜色校正器】视频效果，如图9-185所示。

图 9-185

Step06 按住鼠标左键并拖曳，将其添加至【玫瑰花】视频素材上，在【效果控件】面板的【RGB颜色校正器】选项区中，修改各参数值，如图9-186所示。

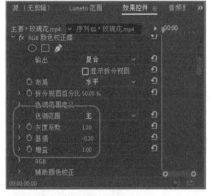

图9-186

Step07 完成【RGB颜色校正器】视频效果的添加，然后在【节目监视器】面板中，预览调整后的图像效果，如图9-187所示。

图9-187

Step08 在【效果】面板中，❶展开【视频效果】列表框，选择【过时】选项，❷再次展开列表框，选择【RGB曲线】视频效果，如图9-188所示。

图9-188

Step09 按住鼠标左键并拖曳，将其添加至【玫瑰花】视频素材上，在【效果控件】面板的【RGB曲线】选项区中，修改各参数值，如图9-189所示。

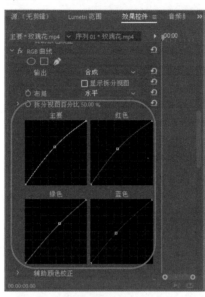

图9-189

Step10 完成【RGB曲线】视频效果的添加，然后在【节目监视器】面板中，预览调整后的图像效果，如图9-190所示。

图9-190

Step11 在【效果】面板中，❶展开【视频效果】列表框，选择【颜色校正】选项，❷再次展开列表框，选择【更改颜色】视频效果，如图9-191所示。

图9-191

Step12 按住鼠标左键并拖曳，将其添加至【玫瑰花】视频素材上，在【效果控件】面板的【更改颜色】选项区中，修改各参数值，如图9-192所示。

图9-192

Step13 完成【更改颜色】视频效果的添加，然后在【节目监视器】面板中，预览调整后的图像效果，如图9-193所示。

图9-193

Step14 在【效果】面板中，❶展开【视频效果】列表框，选择【颜色校正】选项，❷再次展开列表框，选择【颜色平衡】视频效果，如图9-194

所示。

图 9-194

Step⑮ 按住鼠标左键并拖曳，将其添加至【玫瑰花】视频素材上，在【效果控件】面板的【颜色平衡】选项区中，修改各参数值，如图 9-195 所示。

图 9-195

Step⑯ 完成【颜色平衡】视频效果的

添加，然后在【节目监视器】面板中，预览调整后的图像效果，如图 9-196 所示。

图 9-196

Step⑰ 在【效果】面板中，❶展开【视频效果】列表框，选择【调整】选项，❷再次展开列表框，选择【光照效果】视频效果，如图 9-197 所示。

图 9-197

Step⑱ 按住鼠标左键并拖曳，将其添加至【玫瑰花】视频素材上，在【效果控件】面板的【光照效果】选

项区中，修改各参数值，如图 9-198 所示。

图 9-198

Step⑲ 完成【光照效果】视频效果的添加，然后在【节目监视器】面板中，预览调整后的图像效果，如图 9-199 所示，至此，本案例效果制作完成。

图 9-199

本章小结

通过对本章知识的学习和案例练习，相信读者朋友已经掌握好 Premiere Pro 2020 软件中视频素材的调色技巧了。在制作好视频后，为图像、视频等素材添加各种 RGB 曲线、对比度、色阶、阴影/高光等颜色特效，可以让视频画面呈现得更加唯美。

第10章 媒体素材的叠加与遮罩

➡ 视频中 Alpha 通道有哪几种，各通道之间有什么区别？

➡ 视频中的遮罩是什么，包含哪些遮罩？

➡ 视频素材中的透明度叠加应该怎么操作？

➡ 视频素材中的非红色键叠加应该怎么操作，有什么注意事项？

在 Premiere Pro 2020 中，使用【叠加】和【遮罩】功能可以像制作拼贴画一样将两个或多个视频素材重叠起来，然后将它们混合在一起创建奇妙的叠加与遮罩效果。学完这一章的内容，你就能掌握视频中视频素材的叠加与遮罩应用方法了。

10.1 Alpha 通道与遮罩

Alpha 通道是图像额外的灰度图层，利用 Alpha 通道可以将视频轨道中图像、文字等素材与其他视频轨道中的素材进行组合。而遮罩能够根据自身灰阶的不同，有选择地隐藏素材画面中的内容。通过 Alpha 通道和遮罩，可以合成新的媒体素材。本节将详细讲解应用 Alpha 通道和遮罩的操作方法。

10.1.1 Alpha 通道概述

Alpha 通道是一个 8 位的灰度通道，该通道用 256 级灰度来记录图像中的透明度信息，定义透明、不透明和半透明区域，其中黑表示透明，白表示不透明，灰表示半透明。在新的或现有的 Alpha 通道中，可以将任意选区存储为蒙版。

Alpha 通道主要包含主通道、专色通道及普通通道 3 种通道，下面将分别进行介绍。

➡ 主通道：该通道是在打开新图像时，自动创建颜色信息通道。图像的颜色模式确定所创建的颜色通道的数目。例如，RGB 图像有 4 个默认通道：红色、绿色和蓝色各有一个通道，以及一个用于编辑图像的复合通道（主通道）。

➡ 专色通道：该通道是除 RGB 三个颜色之外的用户自己添加的颜色。和主通道一样，也是用来存储颜色信息的。只不过要记得，作完效果之后要合并到主通道里面。

➡ 普通通道：该通道不是用来存储颜色信息的，而是用来存储选区的。

10.1.2 遮罩概述

遮罩是所有处理图形图像的应用程序所依赖的合成基础。计算机以 Alpha 通道来记录图像的透明信息。当素材不含 Alpha 通道时，则需要通过遮罩来建立透明区域。

在 Premiere Pro 2020 中，常见的遮罩包含图像遮罩、差异遮罩、移除遮罩及轨道遮罩等，下面将分别进行介绍。

➡ 图像遮罩：该遮罩可以用一幅静态的图像作蒙版。是将素材作为划定遮罩的范围，或者为图像导入一张带有 Alpha 通道的图像素材来指定遮罩的范围。

➡ 差异遮罩：该遮罩可以将两个图像相同区域进行叠加，作用于对比两个相似的图像剪辑，并去除图像剪辑在画面中的相似部分，最终只留下有差异的图像内容。

➡ 移除遮罩：该遮罩是通过红色、绿色和蓝色通道或 Alpha 通道创建透明效果。通常，【移除遮罩】视频效果用来去除黑色或白色背景。对于那些固有背景颜色为白色或黑色的图形，这个效果非常有用。

➡ 轨道遮罩：【图像遮罩键】视频效果只能使用一个静态遮罩图像作为遮罩使用，而如果用户想要使遮罩能够动态使用，就可以使用【轨道遮罩键】视频效果。

★重点 10.1.3 实战：使用 Alpha 通道

实例门类	软件功能

Alpha通道信息都是静止的图像信息，因此需要运用Photoshop这一类图像编辑软件来生成带有通道信息图像文件。通过Photoshop创建了带Alpha通道的文件后，用户接下来就可以运用该文件创建合成特效了。具体的操作方法如下。

Step01 新建一个名称为【10.1.3】的项目文件和一个序列预设【宽屏48kHz】的序列。

Step02 在【项目】面板中导入【幼苗2】图像文件，如图10-1所示。

图 10-1

Step03 在【项目】面板中的空白处，双击鼠标左键，打开【导入】对话框，选择【Alpha通道】PSD文件，单击【打开】按钮，将打开【导入分层文件：Alpha通道】对话框，单击【确定】按钮，如图10-2所示。

图 10-2

Step04 将PSD文件添加至【项目】面板中，如图10-3所示。

图 10-3

Step05 在【项目】面板中选择【幼苗2】图像文件，将其添加至【时间轴】面板的【视频1】轨道上。在【项目】面板中选择【Alpha通道】PSD文件，将其添加至【时间轴】面板的【视频2】轨道上，如图10-4所示。

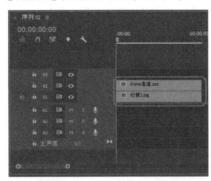

图 10-4

Step06 选择【视频1】轨道上的【幼苗2】图像素材，在【效果控件】面板的【运动】选项区中，修改【缩放】参数为43，如图10-5所示。

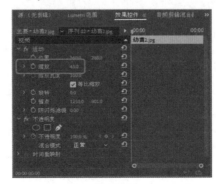

图 10-5

Step07 选择【视频2】轨道上的【Alpha通道】素材，在【效果控件】面板的【运动】选项区中，修改【缩放】参数为285，如图10-6所示。

图 10-6

Step08 完成图像大小的缩放，然后在【节目监视器】面板中，预览缩放后的图像效果，如图10-7所示。

图 10-7

Step09 在【效果】面板中，❶展开【视频效果】列表框，选择【键控】选项，❷再次展开列表框，选择【Alpha调整】视频效果，如图10-8所示。

图 10-8

Step10 按住鼠标左键并拖曳，将其

添加至【视频2】轨道的素材上，然后在【效果控件】面板的【Alpha调整】选项区中，单击【不透明度】【忽略Alpha】和【反转Alpha】选项前的【切换动画】按钮，然后修改【不透明度】为20%，勾选【忽略Alpha】和【反转Alpha】复选框，添加一组关键帧，如图10-9所示。

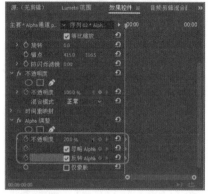

图 10-9

Step⑪ 将时间线移至00：00：01：19的位置，在【效果控件】面板的【Alpha调整】选项区中，修改【不透明度】为50%，取消勾选【忽略Alpha】和【反转Alpha】复选框，添加一组关键帧，如图10-10所示。

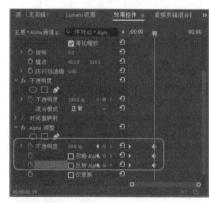

图 10-10

Step⑫ 将时间线移至00：00：04：04的位置，在【效果控件】面板的【Alpha调整】选项区中，修改【不透明度】为80%，勾选【反转Alpha】复选框，添加一组关键帧，如图10-11所示。

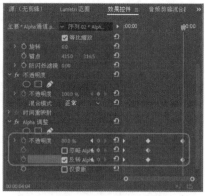

图 10-11

技术看板

在【Alpha调整】选项区中，各常用选项的含义如下。

→ 不透明度：用于调整Alpha通道中图层的透明度效果。

→ 忽略Alpha：勾选该复选框，可以忽略Alpha通道。

→ 反转Alpha：勾选该复选框，可以反转Alpha通道。

→ 仅蒙版：勾选该复选框，可以显示Alpha通道的蒙版。

Step⑬ 将时间线移至00：00：04：19的位置，在【效果控件】面板的【Alpha调整】选项区中，修改【不透明度】为10%，勾选【忽略Alpha】复选框，取消勾选【反转Alpha】复选框，添加一组关键帧，如图10-12所示。

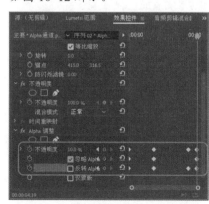

图 10-12

Step⑭ 即可使用Alpha通道进行视

频叠加，在【节目监视器】面板中，单击【播放-停止切换】按钮，预览视频叠加效果，如图10-13所示。

图 10-13

★重点 10.1.4　实战：使用差异遮罩

实例门类	软件功能

使用【差异遮罩】视频效果可以去除一个素材与另一个素材中相匹配的图像区域。具体的操作方法如下。

Step① 新建一个名称为【10.1.4】的项目文件和一个序列预设【宽屏48kHz】的序列。

Step② 在【项目】面板中导入【黄色花朵喷墨】视频文件和【背景1】图像文件，如图10-14所示。

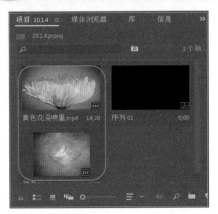

图 10-14

Step03 在【项目】面板中选择新添加的视频和图像素材，依次按住鼠标左键并拖曳，将其添加至【时间轴】面板的【视频1】和【视频2】轨道上，如图 10-15 所示。

图 10-15

Step04 选择【视频2】轨道上的图像素材，在【效果控件】面板中，❶修改【缩放】参数为152，❷修改【不透明度】参数为65%，如图 10-16 所示。

图 10-16

Step05 完成图像大小和不透明度的调整，并预览调整后的图像效果，如图 10-17 所示。

图 10-17

Step06 在【效果】面板中，❶展开【视频效果】列表框，选择【键控】选项，❷再次展开列表框，选择【差值遮罩】视频效果，如图 10-18 所示。

图 10-18

Step07 在选择的视频效果上，按住鼠标左键并拖曳，将其添加至【视频2】轨道的图像素材上。

Step08 选择图像素材，在【效果控件】面板中的【差异遮罩】选项区中，❶修改【差值图层】为【视频1】，❷修改【匹配容差】为30%、【匹配柔和度】为20%、【差值前模糊】为0.9，如图 10-19 所示。

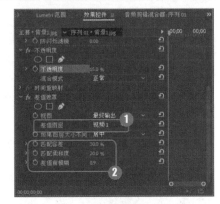

图 10-19

技术看板

在【差异遮罩】选项区中，各常用选项的含义如下。

➡ 视图：用于设置合成图像的最终显示效果。

➡ 差值图层：设置与当前素材产生差值的图层。

➡ 如果图层大小不同：用于设置当差异层与当前素材层的尺寸不同时的匹配方式。该列表框中包含【居中】和【伸展以适配】2个选项。

➡ 匹配容差：用于设置图层之间的容差匹配值。

➡ 匹配柔和度：用于设置图层之间的匹配柔和度。

➡ 差值前模糊：用于设置不同像素块的差值模糊效果。

Step09 即可运用差异遮罩叠加素材图像，在【节目监视器】面板中，查看最终的图像效果，如图 10-20 所示。

图 10-20

10.1.5 图像遮罩效果

实例门类	软件功能

【图像遮罩键】视频效果可以使用一个遮罩图像的 Alpha 或亮度值来控制素材的透明区域。

使用【图像遮罩键】视频效果的方法很简单，在【效果】面板中，展开【视频效果】列表框，选择【键控】选项，再次展开列表框，选择【图像遮罩键】视频效果，按住鼠标左键并拖曳，将其添加至【时间轴】面板的【视频1】轨道的视频素材上即可。

添加了视频效果后，在【效果控件】面板的【图像遮罩键】选项区中，修改各参数即可，如图 10-21 所示。

图 10-21

在【图像遮罩键】选项区中，各选项的含义如下。

➥【设置】按钮 ➔国：单击该按钮，

将打开【选择遮罩图像】对话框，如图 10-22 所示，在对话框中选择合适的图片作为遮罩素材文件即可。

图 10-22

➥【合成使用】列表框：用于选择遮罩方式，该列表框中包含【Alpha 遮罩】和【亮度遮罩】两种方式。不同方式的遮罩效果如图 10-23 所示。

图 10-23

➥【反向】复选框：勾选该复选框，可以反转遮罩效果。

10.1.6 移除遮罩效果

使用【移除遮罩】视频效果可以为对象定义遮罩后，在对象上

方建立一个遮罩轮廓，将白色区域和黑色区域转换为透明区域进行移除。

使用【移除遮罩】视频效果的方法很简单，在【效果】面板中，展开【视频效果】列表框，选择【键控】选项，再次展开列表框，选择【移除遮罩】视频效果，按住鼠标左键并拖曳，将其添加至【时间轴】面板的【视频1】轨道的视频素材上即可。

添加了视频效果后，在【效果控件】面板的【移除遮罩】选项区中，修改【遮罩类型】参数即可，如图 10-24 所示。

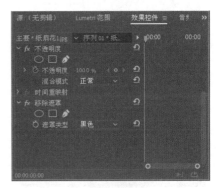

图 10-24

10.1.7 实战：使用轨道遮罩

实例门类	软件功能

【轨道遮罩】视频效果可以通过亮度值来定义蒙版图层的透明度，具体的操作方法如下。

Step01 新建一个名称为【10.1.7】的项目文件和一个序列预设【宽屏48kHz】的序列。

Step02 在【项目】面板中导入【背景2】【幼苗2】图像文件和【小菊花】视频文件，如图 10-25 所示。

图 10-25

Step03 在【项目】面板中选择新添加的图像和视频素材，按住鼠标左键并拖曳，依次将其添加至【时间轴】面板的【视频1】【视频2】和【视频3】轨道上，如图 10-26 所示。

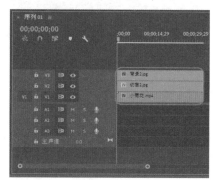

图 10-26

Step04 选择【视频2】轨道上的图像素材，在【效果控件】面板中的【运动】选项区中，①修改【缩放】参数为81，②修改【不透明度】参数为40%，完成图像大小和不透明度的调整，如图 10-27 所示。

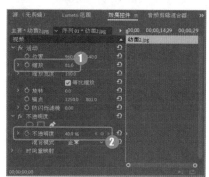

图 10-27

Step05 选择【视频3】轨道上的图像素材，在【效果控件】面板中的【运动】选项区中，修改【缩放】参数为75，完成图像大小的调整，如图 10-28 所示。

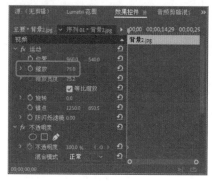

图 10-28

Step06 在【效果】面板中，①展开【视频效果】列表框，选择【键控】选项，②再次展开列表框，选择【轨道遮罩键】视频效果，如图 10-29 所示。

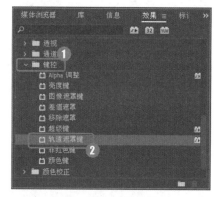

图 10-29

Step07 按住鼠标左键并拖曳，将其添加至【视频3】轨道的图像素材上。

Step08 选择【视频3】轨道的图像素材，在【效果控件】面板的【轨道遮罩键】选项区中，修改各参数值，如图 10-30 所示。

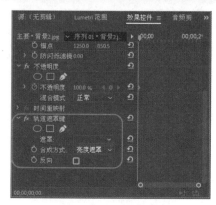

图 10-30

Step09 完成轨道遮罩操作，并在【节目监视器】面板中预览使用轨道遮罩后的图像效果，如图 10-31 所示。

图 10-31

10.2 叠加合成视频

设置素材的透明度，可以制作出各种混合叠加的效果。本节将详细讲解在项目文件中叠加合成视频画面的各种方法与技巧。

★重点 10.2.1 实战：透明度叠加

实例门类	软件功能

修改【透明度】参数可以改变视频轨道的透明度以创建混合效果。具体的操作方法如下。

Step① 新建一个名称为【10.2.1】的项目文件，和一个序列预设【宽屏48kHz】的序列。

Step② 在【项目】面板中导入【向日葵】视频文件和【背景3】图像文件，如图 10-32 所示。

图 10-32

Step③ 在【项目】面板中选择新添加的视频和图像素材，按住鼠标左键并拖曳，将其添加至【时间轴】面板的各个轨道上，如图 10-33 所示。

图 10-33

Step③ 选择【视频2】轨道上的图像素材，在【节目监视器】面板中，调整图像的显示大小，如图 10-34 所示。

图 10-34

Step④ 选择【视频2】轨道上的图像素材，在【效果控件】面板的【不透明度】选项区中，修改【不透明度】参数为 20%，如图 10-35 所示。

图 10-35

Step⑤ 完成透明度叠加效果的制作，然后在【节目监视器】面板中，预览透明度叠加后的图像效果，如图 10-36 所示。

图 10-36

10.2.2 实战：亮度键透明叠加

实例门类	软件功能

使用【亮度键】视频效果可以去除素材中较暗的图像区域。具体的操作方法如下。

Step① 新建一个名称为【10.2.2】的项目文件和一个序列预设【宽屏48kHz】的序列。

Step② 在【项目】面板中导入【背景1】图像文件和【城市风光】视频文件，如图 10-37 所示。

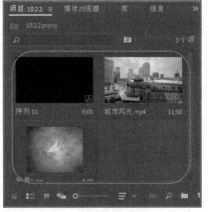

图 10-37

Step③ 在【项目】面板中选择新添加的图像和视频素材，按住鼠标左键并拖曳，将其添加至【时间轴】面板的各个视频轨道上，如图 10-38 所示。

图 10-38

Step④ 在【节目监视器】面板中，调整图像的显示大小，如图 10-39 所示。

图 10-39

Step⑤ 在【效果】面板中，❶展开【视频效果】列表框，选择【键控】选项，❷再次展开列表框，选择【亮度键】视频效果，如图 10-40 所示。

图 10-40

Step⑥ 在选择的视频效果上，按住鼠标左键并拖曳，将其添加至【视频2】轨道的图像素材上。

Step⑦ 选择图像素材，在【效果控件】面板中的【亮度键】选项区中，❶修改【阈值】参数为100%，❷修

改【屏蔽度】的参数为 12%，如图 10-41 所示。

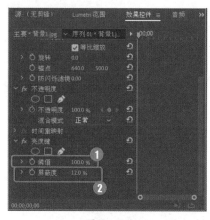

图 10-41

技术看板

在【亮度键】选项区中，各常用选项的含义如下。

➡ 阈值：用于修改被去除的暗色值。

➡ 屏蔽度：用于控制界限范围的透明度。

Step⑧ 即可运用亮度键透明叠加素材图像，并在【节目监视器】面板中预览最终的图像效果，如图 10-42 所示。

图 10-42

★重点 10.2.3 实战：非红色键透明叠加

实例门类	软件功能

使用【非红色键】视频效果可以将图像上的背景变成透明色。具体的操作方法如下。

Step① 新建一个名称为【10.2.3】的

项目文件和一个序列预设【宽屏48kHz】的序列。

Step② 在【项目】面板中导入【背景7】图像文件和【红色花朵】视频文件，如图 10-43 所示。

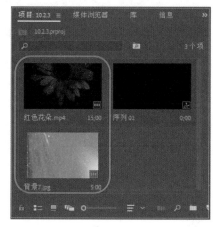

图 10-43

Step③ 在【项目】面板中选择新添加的图像和视频素材，按住鼠标左键并拖曳，将其添加至【时间轴】面板的各个轨道上，如图 10-44 所示。

图 10-44

Step④ 在【节目监视器】面板中调整图像的显示大小，如图 10-45 所示。

图 10-45

Step05 在【效果】面板中，❶展开【视频效果】列表框，选择【键控】选项，❷再次展开列表框，选择【非红色键】视频效果，如图10-46所示。

图10-46

Step06 在选择的视频效果上，按住鼠标左键并拖曳，将其添加至【视频2】轨道的图像素材上。

Step07 选择图像素材，在【效果控件】面板的【非红色键】选项区中，❶修改【阈值】参数为49%、【屏蔽度】参数为16%，❷修改【去边】为【绿色】、【平滑】为【高】，如图10-47所示。

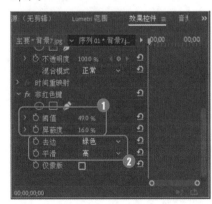

图10-47

🔘 **技术看板**

在【非红色键】选项区中，各常用选项的含义如下。

➥ 阈值：用于调整素材文件的透明度。

➥ 屏蔽度：用于调整在应用了【非红色键】视频效果后的控制位置和图像屏蔽度。

➥ 去边：用于选择去除素材的绿色边缘或蓝色边缘。

➥ 平滑：用于设置素材文件的平滑度，包含【高】和【低】两种平滑度。

➥ 仅蒙版：勾选该复选框，则素材文件显示自身的蒙版状态。

Step08 即可运用非红色键透明叠加素材图像，并在【节目监视器】面板中预览最终的图像效果，如图10-48所示。

图10-48

10.2.4 实战：颜色键透明叠加

实例门类	软件功能

【颜色键】特效用于设置需要透明的颜色来显示透明效果。主要运用于有大量相似色的素材画面中，其作用是隐藏素材画面中指定的色彩范围。具体的操作方法如下。

Step01 新建一个名称为【10.2.4】的项目文件和一个序列预设【宽屏48kHz】的序列。

Step02 在【项目】面板中导入【背景5】图像文件和【黄色花朵】视频文件，如图10-49所示。

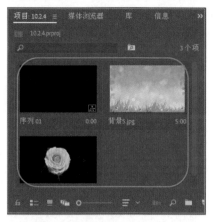

图10-49

Step03 在【项目】面板中选择新添加的图像和视频素材，按住鼠标左键并拖曳，将其添加至【时间轴】面板的各个轨道上，如图10-50所示。

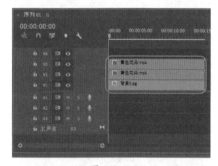

图10-50

Step04 选择【视频3】轨道上的视频素材，在【效果控件】面板中，修改【位置】参数为611和759，完成视频显示位置的调整，如图10-51所示。

图10-51

Step05 选择【视频2】轨道上的视频

素材,在【效果控件】面板中,❶修改【位置】参数为1118和610,❷修改【缩放】参数为140,完成视频显示位置的调整,如图10-52所示。

图 10-52

Step⑥ 在【效果】面板中,❶展开【视频效果】列表框,选择【键控】选项,❷再次展开列表框,选择【颜色键】视频效果,如图10-53所示。

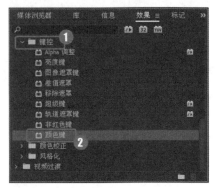

图 10-53

Step⑦ 在选择的视频效果上,按住鼠标左键并拖曳,将其添加至【视频2】轨道的视频素材上。

Step⑧ 选择视频素材,在【效果控件】面板的【颜色键】选项区中,修改各参数值,如图10-54所示。

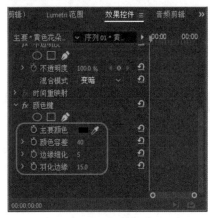

图 10-54

技术看板

在【颜色键】选项区中,各常用选项的含义如下。

→ 主要颜色:用于设置抠像效果的目标颜色。

→ 颜色容差:用于设置目标颜色的透明度。

→ 边缘细化:用于设置素材边缘的细化程度。

→ 羽化边缘:用于设置素材边缘的柔和程度。

Step⑨ 在【效果控件】面板中选择【颜色键】视频效果,单击鼠标右键,在弹出的快捷菜单中,选择【复制】选项,复制视频效果,如图10-55所示。

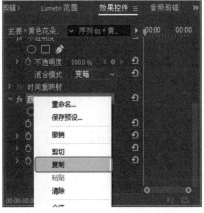

图 10-55

Step⑩ 选择【视频3】轨道上的视频

素材,然后在【效果控件】面板中,单击鼠标右键,在弹出的快捷菜单中,选择【粘贴】选项,粘贴视频效果,如图10-56所示。

图 10-56

Step⑪ 即可运用颜色键透明叠加素材图像,并在【节目监视器】面板中预览最终的图像效果,如图10-57所示。

图 10-57

10.2.5 实战:超级键透明叠加

实例门类	软件功能

使用【超级键】视频效果可以在画面中指定需要抠除的颜色,并使该颜色消失在画面中。具体的操作方法如下。

Step① 新建一个名称为【10.2.5】的项目文件和一个序列预设【宽屏48kHz】的序列。

Step② 在【项目】面板中导入【草莓】视频文件和【背景4】图像文件,如图10-58所示。

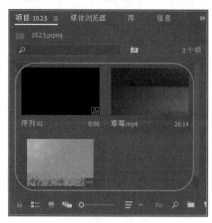

图 10-58

Step 03 在【项目】面板中依次选择新添加的视频和图像素材,按住鼠标左键并拖曳,将其添加至【时间轴】面板的各个轨道上,如图 10-59 所示。

图 10-59

Step 04 在【节目监视器】面板中调整图像的显示大小,如图 10-60 所示。

图 10-60

Step 05 在【效果】面板中,❶ 展开【视频效果】列表框,选择【键控】选项,❷ 再次展开列表框,选择【超级键】视频效果,如图 10-61 所示。

图 10-61

Step 06 在选择的视频效果上,按住鼠标左键并拖曳,将其添加至【视频 2】轨道的视频素材上。

Step 07 选择视频素材,在【效果控件】面板的【超级键】选项区中,修改各参数值,如图 10-62 所示。

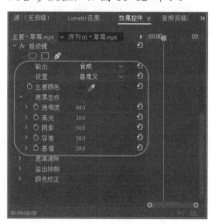

图 10-62

Step 08 即可运用超级键透明叠加素材图像,并在【节目监视器】面板中预览最终的图像效果,如图 10-63 所示。

图 10-63

> **技术看板**
>
> 在【超级键】选项区中,各常用选项的含义如下。
>
> ➥ 输出:用于选择素材的输出类型。
> ➥ 设置:用于选择素材的抠像类型。
> ➥ 主要颜色:用于设置透明的颜色的针对对象。
> ➥ 遮罩生成:用于设置素材的遮罩方式。
> ➥ 遮罩清除:用于设置素材遮罩的属性类型。
> ➥ 溢出抑制:用于调整溢出色彩的抑制参数。
> ➥ 颜色校正:用于校正素材文件的颜色。

10.2.6 实战：使用混合模式叠加

实例门类	软件功能

使用【混合模式】可以合成图像效果,但是不会对图像造成任何实质性的破坏。具体操作方法如下。

Step 01 新建一个名称为【10.2.6】的项目文件和一个序列预设【宽屏48kHz】的序列。

Step 02 在【项目】面板中导入【树枝】视频文件和【背景6】图像文件,如

图 10-64 所示。

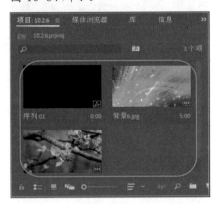

图 10-64

Step 03 在【项目】面板中选择新添加的视频和图像素材，按住鼠标左键并拖曳，将其添加至【时间轴】面板的各个轨道上，如图 10-65 所示。

图 10-65

Step 04 选择【视频 2】轨道上的图像素材，在【效果控件】面板中的【运动】选项区中，修改【缩放】参数为 83，调整素材的显示大小，如图 10-66 所示。

图 10-66

Step 05 继续选择【视频 2】轨道上的图像素材，在【效果控件】面板中的【不透明度】选项区中，修改【混合模式】为【叠加】，如图 10-67 所示。

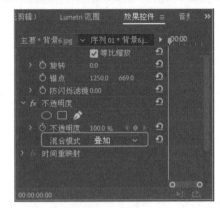

图 10-67

Step 06 即可运用混合模式叠加素材图像，并在【节目监视器】面板中预览最终的图像效果，如图 10-68 所示。

图 10-68

妙招技法

通过对前面知识的学习，相信读者朋友已经掌握了 Premiere Pro 2020 软件中的媒体素材的叠加与遮罩方法了。下面结合本章内容，给大家介绍一些实用技巧。

技巧 01：添加遮罩图像

在使用【图像遮罩】效果时，可以直接通过添加图片素材进行遮罩，具体操作方法如下。

Step 01 打开本书提供的【技巧 01】（第 10 章）的项目文件，如图 10-69 所示。

图 10-69

Step 02 选择【视频 2】轨道上的图像

素材，如图 10-70 所示。

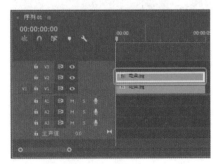

图 10-70

Step⑬ 在【效果控件】面板的【图像遮罩键】选项区中，单击【设置】按钮，如图 10-71 所示。

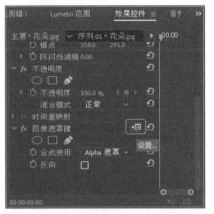

图 10-71

Step⑭ 打开【选择遮罩图像】对话框，❶选择【背景】图像，❷单击【打开】按钮，如图 10-72 所示。

图 10-72

Step⑮ 即可添加遮罩图像，此时图像效果变成黑屏状态。在【效果控件】面板的【不透明度】选项区中，修改【混合模式】为【叠加】，如图 10-73 所示。

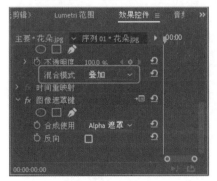

图 10-73

Step⑯ 完成遮罩图像的添加与编辑，并在【节目监视器】面板中预览最终的图像效果，如图 10-74 所示。

图 10-74

技巧 02：更改【非红色键】的去边颜色

通过修改【去边】参数可以更改【非红色键】透明叠加效果的去边颜色，具体操作方法如下。

Step① 打开本书提供的【10.2.3】的项目文件。在【视频 2】轨道上选择【背景 7】图像文件，然后在【效果控件】面板的【非红色键】选项区中，展开【去边】列表框，选择【蓝色】选项，如图 10-75 所示。

图 10-75

Step② 即可将【非红色键】的去边颜色修改为【蓝色】，并查看最终的图像效果，如图 10-76 所示。

图 10-76

技巧 03：修改【差异遮罩】的图层

在进行差异遮罩图像时，可以对【差值图层】选项进行修改。具体的操作步骤如下。

Step① 打开本书提供的【10.1.4】的项目文件。在【视频 2】轨道上选择【背景 1】图像文件，然后在【效果控件】面板的【差异遮罩】选项区中，展开【差值图层】列表框，选择【视频 3】选项，如图 10-77 所示。

图 10-77

Step② 完成【差异遮罩】图层的修改，查看最终的图像效果，如图 10-78 所示。

图 10-78

过关练习 —— 合成与遮罩【萌萌小鸡】项目

实例门类	合成素材 + 添加遮罩

本实例将结合新建项目、导入素材，添加各种键控特效等功能，来合成与遮罩【萌萌小鸡】的项目文件，完成后的效果如图 10-79 所示。

图 10-79

Step 01 新建一个名称为【10.4】的项目文件和一个序列预设【宽屏 48kHz】的序列。

Step 02 在【项目】面板中导入【萌萌小鸡】视频文件和【背景8】图像文件，如图 10-80 所示。

图 10-80

Step 03 在【项目】面板中选择【萌萌小鸡】视频素材，按住鼠标左键并拖曳，将其添加至【时间轴】面板的【视频 2】轨道上，选择【背景 8】图像文件，将其添加至【视频 1】轨

道上，如图 10-81 所示。

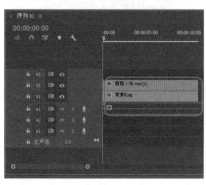

图 10-81

Step 04 在【效果】面板中，❶展开【视频效果】列表框，选择【键控】选项，❷再次展开列表框，选择【亮度键】视频效果，如图 10-82 所示。

图 10-82

Step 05 按住鼠标左键并拖曳，将其添加至【背景 8】图像素材上，在【效果控件】面板的【亮度键】选项区中，修改【阈值】参数为 72%、【屏蔽度】参数为 26%，如图 10-83 所示。

图 10-83

Step 06 在【效果】面板中，❶展开【视频效果】列表框，选择【键控】选项，❷再次展开列表框，选择【超级键】视频效果，如图 10-84 所示。

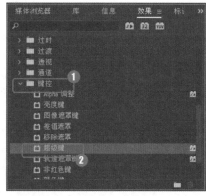

图 10-84

Step 07 按住鼠标左键并拖曳，将其添加至【萌萌小鸡】视频素材上，在【效果控件】面板的【超级键】选项区中，修改各参数值，如图 10-85 所示。

图 10-85

Step⑧ 即可运用【超级键】合成图像，得到最终的图像效果，如图 10-86 所示。

图 10-86

本章小结

通过对本章知识的学习和案例练习，相信读者朋友已经掌握好 Premiere Pro 2020 软件中视频素材的叠加与遮罩技巧了。在制作好视频后，为图像、视频等素材添加各种叠加与遮罩等特效，可以合成不同的视频画面，让视频画面呈现得更加丰富多彩。

第11章 添加媒体中字幕和图形

➜ 字幕面板由哪些部分组成，这些组成部分都有什么功能？

➜ 视频中的字幕有哪几种类型，每种字幕都有什么特点？

➜ 字幕文件的属性参数应该怎么修改？

➜ 视频中的图形有哪些，应该怎么创建？

使用字幕效果可以在视频作品的开头部分起到制造悬念、引入主题、奠定基调的作用，当然也可以用来显示作品的标题。在整个视频中，字幕在片段之间起到过渡作用，也可以用来介绍人物和场景。学完这一章的内容，你就能掌握在视频中添加字幕和图形的技巧了。

11.1 认识字幕面板

在创建字幕时，都会用到【字幕】面板，通过【字幕】面板可以对字幕的属性参数进行设置。【字幕】面板主要由字幕栏、工具箱、字幕动作栏、属性区组成，如图 11-1 所示。

图 11-1

11.1.1 字幕栏

字幕栏位于【字幕】面板的上方，主要用于调整字幕的滚动、字体大小和对齐方式等，如图 11-2所示。

图 11-2

在字幕栏中，各选项的含义如下。

➜【基于当前字幕新建字幕】按钮：单击按钮，可以在当前字幕的

基础上创建一个新的【字幕】面板。

➜【滚动/游动选项】按钮：单击按钮，将打开【滚动/游动选项】对话框，如图 11-3 所示，在该对话框中可以设置字幕的类型、滚动方向和时间帧。

图 11-3

➜【字体】列表框 Agency... ：用于设置字体的系列。

➜【字体类型】列表框 Regular... ：用于设置字体的类型。

➜【粗体】按钮：单击按钮，可以加粗字幕。

➜【斜体】按钮：单击按钮，可以倾斜字幕。

➜【下划线】按钮：单击按钮，可以为字幕添加下划线效果。

➜【大小】按钮：用于调整字幕的字号大小。

➜【字偶间距】按钮：用于调整字幕之间的间距。

➜【行距】按钮：用于设置每行字幕之间的间距。

➜【左对齐】按钮：单击按钮，将字幕进行左对齐操作。

➜【居中对齐】按钮：单击按钮，将字幕进行居中对齐操作。

➜【右对齐】按钮：单击按钮，将字幕进行右对齐操作。

➜【显示背景视频】按钮：单击按钮，将显示当前视频时间位置视频轨道上的素材效果并显示出时间码。

11.1.2 工具箱

【字幕】面板左侧的工具箱中包含选择工具、旋转工具、文字工具、垂直文字工具、区域文字工具、垂直区域文字工具、路径文字工具、垂直文字输入工具及钢笔工具等，主要用于输入、移动各种文本和绘制各种图形，如图 11-4 所示。

图 11-4

在工具箱中，各选项的含义如下。

➥ 选择工具▶️：选择该工具，可以对已经存在的图形及文字进行选择。

➥ 旋转工具↩️：选择该工具，可以对已经存在的图形及文字进行旋转。

➥ 文字工具T：选择该工具，可以在绘图区中输入文本。

➥ 垂直文字工具iT：选择该工具，可以在绘图区中输入垂直文本。

➥ 区域文字工具▣：选择该工具，可以制作段落文本，适用于文本较多的时候。

➥ 垂直区域文字工具▦：选择该工具，可以制作垂直段落文本。

➥ 路径文字工具：选择该工具，可以制作出水平路径效果文本。

➥ 垂直路径文字工具：选择该工具，可以制作出垂直路径效果文本。

➥ 钢笔工具：选择该工具，可以勾画复杂的轮廓和定义多个锚点。

➥ 删除锚点工具：选择该工具，可以在轮廓线上删除锚点。

➥ 添加锚点工具：选择该工具，可以在轮廓线上添加锚点。

➥ 转换锚点工具：选择该工具，可以调整轮廓线上锚点的位置和角度。

➥ 矩形工具▢：选择该工具，可以创建矩形。

➥ 圆角矩形工具▢：选择该工具，可以绘制出圆角的矩形。

➥ 切角矩形工具▢：选择该工具，可以绘制出切角的矩形。

➥ 圆角矩形工具▢：选择该工具，将绘制出比上一个圆角矩形工具绘制出的形状更加圆滑的形状。

➥ 楔形工具◣：选择该工具，可以绘制出楔形的图形。

➥ 弧形工具◺：选择该工具，可以绘制出弧形的图形。

➥ 椭圆工具◯：选择该工具，可以绘制出椭圆形图形。

➥ 直线工具／：选择该工具，可以绘制出直线图形。

11.1.3 字幕动作栏

【字幕动作栏】面板位于【字幕】面板的左下方，主要用于对多个字幕或形状进行对齐与分布设置，如图 11-5 所示。

图 11-5

在【字幕动作栏】面板中，各选项的含义如下。

➥ 【对齐】选项区：用于设置文本对象的基准对齐位置。

➥ 【中心】选项区：用于设置文本在预览窗口中的中心位置。

➥ 【分布】选项区：用于设置文本在预览窗口的分布位置。

11.1.4 旧版标题属性

【旧版标题属性】面板位于【字幕编辑】面板的右侧，如图 11-6 所示，该面板主要对字幕的填充颜色、字体属性、描边颜色和阴影等效果进行设置。

图 11-6

【旧版标题属性】面板中包含【变换】【属性】【填充】【描边】及【阴影】等属性类型，下面将对各选项区进行详细介绍。

1.【变换】选项区

【旧版标题属性】面板中的【变换】选项区主要用于对文字进行移动、调整大小或旋转操作，如图 11-7 所示。

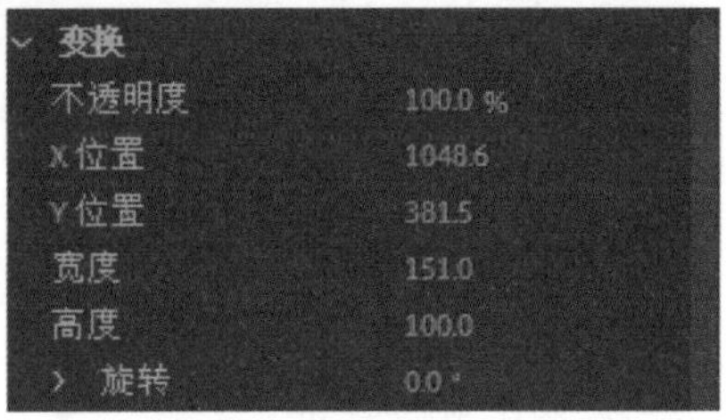

图 11-7

在【变换】选项区中，各主要选项的含义如下。

➡ 不透明度：用于设置文本的不透明度。

➡ X位置：用于设置文本在 X 轴的位置。

➡ Y位置：用于设置文本在 Y 轴的位置。

➡ 宽度：用于设置文本宽度。

➡ 高度：用于设置文本高度。

➡ 旋转：用于设置文本的旋转角度。

2.【属性】选项区

【属性】选项区可以调整字幕文本的字体类型、大小、颜色、行距、字符间距及为字幕添加下划线等属性。单击【属性】选项左侧的三角形按钮，展开该选项，其中各参数，如图 11-8 所示。

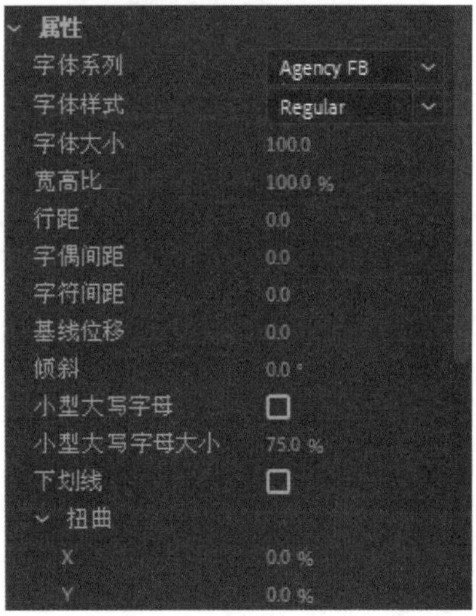

图 11-8

在【属性】选项区中，各主要选项的含义如下。

➡ 字体系列：用于设置文本的字体。

➡ 字体样式：用于设置文本的字体样式。

➡ 字体大小：用于设置当前选择的文本字体大小。

➡ 宽高比：用于设置文本的长度和宽度比例。

➡ 行距：用于设置文本之间的行间距或列间距。

➡ 字偶间距：用于设置各个文本之间的间隔距离。

➡ 字符间距：在字偶间距的基础上进一步设置文本之间的间距。

➡ 基线位移：在保持文字行距和大小不变的情况下，改变文本在文字块内的位置，或将文本更远地偏离路径。

➡ 倾斜：用于调整文本的倾斜角度，当数值为 0 时，表示文本没有任何倾斜度；当数值大于 0 时，表示文本向右倾斜；当数值小于 0 时，表示文本向左倾斜。

➡ 小型大写字母：勾选该复选框，则选择的所有字母将变为大写。

➡ 小型大写字母大小：用于设置大写字母的大小。

➡ 下划线：勾选该复选框，则可为文本添加下划线。

➡ 扭曲：用于设置在 X 轴或 Y 轴方向的扭曲变形。

3.【填充】选项区

【填充】选项区主要是用来控制字幕的填充类型、颜色、透明度及为字幕添加材质和光泽属性，单击【填充】选项左侧的三角形按钮，展开该选项，其中各参数如图 11-9 所示。

图 11-9

在【填充】选项区中，各主要选项的含义如下。

➡ 填充类型：单击【填充类型】右侧的下三角按钮，在弹出的列表框中选择不同的选项，可以制作出不同的填充效果。

➡ 颜色：单击其右侧的颜色色块，打开【拾色器】对话框，在该对话框中可以调整文本的颜色，如图 11-10 所示。

图 11-10

➡ 不透明度：用于调整文本颜色的透明度。

➡ 光泽：勾选该复选框，并单击左侧的【展开】按钮，展开具体的【光泽】参数设置，可以在文本上加入光泽效果。

➡ 纹理：勾选该复选框，并单击左侧的【展开】按钮，展开具体的【纹理】参数设置，可以对文本进行纹理贴图方面的设置，从而使字幕更加生动和美观。

4.【描边】选项区

在【描边】选项区中可以为字幕添加描边效果。单击【描边】选项左侧的三角形按钮，展开该选项，其中各参数如图 11-11 所示。

图 11-11

在【描边】选项区中，各主要选项的含义如下。

➡ 类型：单击【类型】右侧的下三角按钮，弹出下拉列表，该列表中包括【深度】【边缘】和【凹进】3个选项。

➡ 角度：用于设置轮廓线的角度。

➡ 强度：用于设置轮廓线的强度。

➡ 填充类型：用于设置轮廓的填充类型。

➡ 大小：用于设置轮廓线的大小。

➡ 颜色：单击右侧的颜色色块，可以改变轮廓线的颜色。

➡ 不透明度：用于设置文本轮廓的透明度。

➡ 光泽：勾选该复选框，可为轮廓线加入光泽效果。

➡ 纹理：勾选该复选框，可为轮廓线加入纹理效果。

5.【阴影】选项区

【阴影】选项区可以为字幕设置阴影属性，该选项区是一个可选效果，用户只有在勾选【阴影】复选框后，才可以添加阴影效果。单击【阴影】选项左侧的三角形按钮，展开该选项，其中各参数如图 11-12 所示。

图 11-12

在【阴影】选项区中，各主要选项的含义如下。

➡ 颜色：用于设置阴影的颜色。

➡ 不透明度：用于设置阴影的不透明度。

➡ 角度：用于设置阴影的角度。

➡ 距离：用于调整阴影和文字的距离，数值越大，阴影与文字的距离越远。

➡ 大小：用于放大或缩小阴影的尺寸。

➡ 扩展：为阴影效果添加羽化并产生扩散效果。

6.【背景】选项区

【背景】选项区可以对工作区域内的背景部分进行更改处理，该选项区是一个可选效果，用户只有在勾选【背景】复选框后，才可以添加阴影效果。单击【背景】选项左侧的三角形按钮，展开该选项，其中各参数如图 11-13 所示。

图 11-13

在【背景】选项区中，各主要选项的含义如下。

➡ 填充类型：用于设置文字的背景填充类型。

➡ 颜色：用于设置背景的填充颜色。

➡ 不透明度：用于设置背景填充色的不透明度。

11.1.5 旧版标题样式

默认情况下，在工作区域中输入的文字是不添加任何特效的，也不附带任何的特殊字体样式。为了快速给文本添加特殊效果，则可以在【旧版标题样式】列表框中直接选择字体样式进行套用即可。【旧版标题样式】面板如图 11-14 所示。

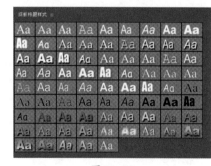

图 11-14

在【旧版标题样式】面板中，单击右侧的 ☰ 按钮，在弹出的下拉菜单中，选择不同的命令，可以执行不同的操作，如图 11-15 所示。

图 11-15

在下拉菜单中，各选项的含义如下。

→ 关闭面板：执行该命令，可以隐藏【旧版标题样式】面板。

→ 浮动面板：执行该命令，可以浮动【旧版标题样式】面板。

→ 关闭组中的其他面板：执行该命令，可以关闭面板组中的其他面板。

→ 新建样式：执行该命令，打开【新建样式】对话框，在对话框中输入新的样式名称，单击【确定】按钮，将新建样式，如图 11-16 所示。

图 11-16

→ 应用样式：执行该命令，可以对文字样式进行设置。

→ 应用带字体大小的样式：执行该命令，可以为选择的文本应用该样式的全部属性。

→ 仅应用样式颜色：执行该命令，可以对样式的颜色进行设置。

→ 复制样式：执行该命令，可以复制样式。

→ 删除样式：执行该命令，可以删除不需要的样式。

→ 重命名样式：执行该命令，可以对样式进行重命名操作。

→ 重置样式库：执行该命令，可以还原样式库。

→ 追加样式库：执行该命令，可以添加新的样式种类。

→ 保存样式库：执行该命令，可以保存样式库。

→ 替换样式库：执行该命令，可以打开一个新的样式库，并进行调换操作。

→ 仅文本：执行该命令，则样式库中只显示样式的名称。

11.2 创建视频中的字幕

字幕是一个独立的文件，用户可以通过创建新的字幕来添加字幕效果。本节将详细介绍创建水平、垂直、静态和动态字幕的操作方法。

★新功能 11.2.1 实战：创建水平字幕

实例门类	软件功能

使用【工具箱】面板中的【文字工具】可以创建出沿水平方向进行分布的字幕类型。具体的操作方法如下。

Step01：新建一个名称为【11.2.1】的项目文件和一个序列预设【标准48kHz】的序列。

Step02 在【项目】面板中导入【时装海报】图像文件，如图 11-17 所示。

图 11-17

Step03 在【项目】面板中选择新添加的图像素材，按住鼠标左键并拖曳，

将其添加至【时间轴】面板的【视频1】轨道上，如图 11-18 所示。

图 11-18

Step04 在【节目监视器】面板中，调

整视频素材的显示大小，其效果如图 11-19 所示。

图 11-19

Step05 在【工具箱】面板中单击【文字工具】按钮**T**，如图 11-20 所示。

图 11-20

Step06 当鼠标指针呈**I**形状时，在【节目监视器】面板中单击鼠标左键，显示文本输入框，输入文本【秋季上新】，如图 11-21 所示。

图 11-21

Step07 选择新输入的文本，在【效果控件】面板的【文本】选项区中，修改文本的字体格式和填充颜色，如图 11-22 所示。

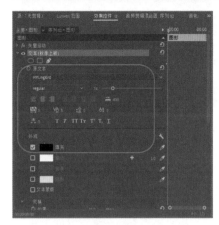

图 11-22

> **技术看板**
>
> 在【文本】选项区中，各常用选项的含义如下。
>
> ➡ 源文本：用于设置文本的字体样式和字号等属性参数。
> ➡ 填充：用于更改文本的颜色。
> ➡ 描边：用于更改文本的描边（边框）。
> ➡ 背景：用于更改文本的背景效果。
> ➡ 阴影：用于更改文本的阴影，调整各种阴影属性。

Step08 完成文本的添加与编辑，在【时间轴】面板中，调整文本图形的时间长度，使其与【视频1】轨道上的图形时间长度一致，如图 11-23 所示。

图 11-23

Step09 在【节目监视器】面板中将新添加的文本移动至合适的位置，得到最终的图像效果，如图 11-24 所示。

图 11-24

★新功能 11.2.2 实战：创建垂直字幕

实例门类	软件功能

使用【垂直文字工具】可以创建出沿垂直方向进行分布的字幕类型。具体的操作方法如下。

Step01 新建一个名称为【11.2.2】的项目文件和一个序列预设【标准48kHz】的序列。

Step02 在【项目】面板中导入【背景】图像文件，如图 11-25 所示。

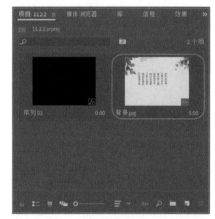

图 11-25

Step03 在【项目】面板中选择新添加的图像素材，依次按住鼠标左键并拖曳，将其添加至【时间轴】面板的【视频1】轨道上，如图 11-26 所示。

图 11-26

Step04 在【节目监视器】面板中，调整视频素材的显示大小，其效果如图 11-27 所示。

图 11-27

Step05 在【工具箱】面板中单击【垂直文字工具】按钮，如图 11-28 所示。

图 11-28

Step06 当鼠标指针呈形状时，在【节目监视器】面板中单击鼠标左键，显示文本输入框，输入文本"春夜喜雨"，如图 11-29 所示。

图 11-29

Step07 选择新输入的文本，在【效果控件】面板的【文本】选项区中，修改文本的字体格式和填充颜色，如图 11-30 所示。

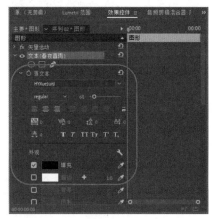

图 11-30

Step08 完成文本的添加与编辑，在【时间轴】面板中，调整文本图形的时间长度，使其与【视频 1】轨道上的图形时间长度一致，如图 11-31 所示。

图 11-31

Step09 在【节目监视器】面板中将新添加的文本移动至合适的位置，得到最终的图像效果，如图 11-32 所示。

图 11-32

★ **新功能 11.2.3 使用【字幕】功能创建静态字幕**

Premiere Pro 2020 提供了一系列的静态说明性字幕，以方便用户使用所有支持的格式创建、编辑和导出说明性字幕。

使用【字幕】功能可以直接在项目中创建出静态字幕效果。创建静态字幕的方法有以下两种。

➡ 第一种方法：执行【文件】|【新建】|【字幕】命令，如图 11-33 所示。

图 11-33

➡ 第二种方法：在【项目】面板的空白处，单击鼠标右键，打开快捷菜单，选择【新建项目】|【字幕】命令，如图 11-34 所示。

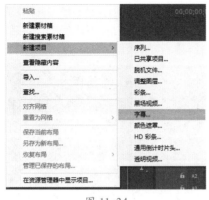

图 11-34

执行以上任意一种方法,均可以打开【新建字幕】对话框,如图 11-35 所示,在对话框中设置好字幕的标准、时基等参数。

图 11-35

在【新建字幕】对话框中,单击【确定】按钮,将添加一个静态字幕,并在【项目】面板中显示字幕文件,如图 11-36 所示。

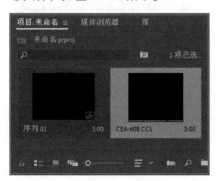

图 11-36

在【项目】面板中双击字幕文件,然后在【字幕】面板中输入字幕文件即可,如图 11-37 所示。

图 11-37

在【字幕】面板中输入文本后,通过【格式】工具栏可以更改文本格式、颜色和背景颜色,还可以添加下划线、斜体和加粗等格式效果。

如果要添加更多的说明性静态字幕,可以在【字幕】面板中单击【添加字幕】按钮 ___,添加多个字幕,如图 11-38 所示。

图 11-38

技能拓展——删除字幕文件

如果要删除某个说明性字幕块,可以在【字幕】面板中单击【删除字幕】按钮 ___ 即可删除。

★新功能 11.2.4 实战:使用模板创建动态字幕

实例门类	软件功能

在【基本图形】面板中的【模板】列表框中,可以直接选择模板

完成动态字幕的创建。具体的操作方法如下。

Step01 新建一个名称为【11.2.4】的项目文件和一个序列预设【宽屏 48kHz】的序列。

Step02 在【项目】面板中导入【气球】视频文件,如图 11-39 所示。

图 11-39

Step03 在【项目】面板中选择新添加的视频素材,按住鼠标左键并拖曳,将其添加至【时间轴】面板的【视频1】轨道上,如图 11-40 所示。

图 11-40

Step04 在【节目监视器】面板中,调整视频素材的显示大小,其效果如图 11-41 所示。

图 11-41

Step05 执行【窗口】|【基本图形】命令，打开【基本图形】面板，在【我的模板】列表框中，选择【影片标题】字幕文件，如图 11-42 所示。

图 11-42

Step06 选择字幕文件，按住鼠标左键并拖曳，将其添加至【视频 2】轨

道上，并调整字幕文件的时间长度，如图 11-43 所示。

图 11-43

Step07 选择新添加的字幕文件，在【节目监视器】面板中输入新文本，如图 11-44 所示。

图 11-44

Step08 选择字幕，在【基本图形】面板的【文本】选项区中，修改字体格式和填充颜色，如图 11-45 所示。
Step09 在【节目监视器】面板中将新添加的动态文本移动至合适的位

置，然后单击【播放-停止切换】按钮，预览动态字幕效果，如图 11-46 所示。

图 11-45

图 11-46

11.3　修改字幕属性

为了让字幕的整体效果更加具有吸引力和感染力，需要用户对字幕属性进行精心调整。本节将详细介绍字幕属性的修改方法。

★重点 11.3.1　实战：修改字体格式

实例门类	软件功能

通过修改【文本】选项区中的

【字体样式】参数，可以快速更改文本的字体格式。具体的操作方法如下。

Step01 在欢迎界面中单击【打开项目】按钮，打开【素材与效果\素材\第 11 章\11.3】文件夹中的

【11.3.prproj】项目文件，其图像效果如图 11-47 所示。

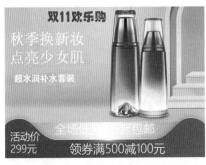

图 11-47

Step 02 在【视频 2】轨道上选择【图形】素材，如图 11-48 所示。

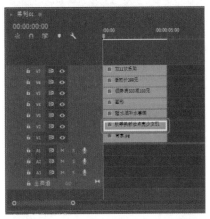

图 11-48

Step 03 在【效果控件】面板的【文本】选项区中，展开【字体】列表框，选择合适的字体格式，如图 11-49 所示。

图 11-49

Step 04 完成字体格式的修改，并在【节目监视器】面板中预览修改字体格式后的效果，如图 11-50 所示。

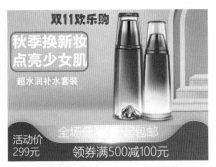

图 11-50

Step 05 在【视频 5】轨道上选择【图形】素材，如图 11-51 所示。

图 11-51

Step 06 在【效果控件】面板的【文本】选项区中，展开【字体】列表框，选择合适的字体格式，如图 11-52 所示。

图 11-52

Step 07 完成字体格式的修改，并在【节目监视器】面板中预览修改字体格式后的效果，如图 11-53 所示。

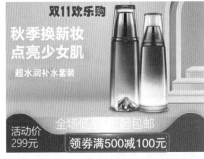

图 11-53

Step 08 在【视频 6】轨道上选择【图形】素材，如图 11-54 所示。

图 11-54

Step 09 在【效果控件】面板的【文本】选项区中，展开【字体】列表框，选择合适的字体格式，如图 11-55 所示。

图 11-55

Step⑩ 完成字体格式的修改，并在【节目监视器】面板中预览最终的图像效果，如图 11-56 所示。

图 11-56

11.3.2 实战：修改字体大小

实例门类	软件功能

通过修改【文本】选项区中的【字体大小】参数，可以快速更改文本的字号。具体的操作方法如下。

Step① 继续打开【素材与效果\素材\第 11 章\11.3】文件夹中的【11.3.prproj】项目文件，在【视频 3】轨道上选择【图形】素材，如图 11-57 所示。

图 11-57

Step② 在【效果控件】面板的【文本】选项区中，修改【字体大小】参数为 120，如图 11-58 所示。

图 11-58

技术看板

在调整字号大小时，不仅可以在【字体大小】文本框中输入参数值，还可以直接拖曳【字体大小】右侧的滑块，通过滑块来调整字号的大小。

Step③ 完成字体大小的修改，并在【节目监视器】面板中预览修改后的图像效果，如图 11-59 所示。

图 11-59

Step④ 在【节目监视器】面板中选择【299】文本，在【效果控件】面板的【文本】选项区中，修改【字体大小】参数为 60，如图 11-60 所示。

图 11-60

Step⑤ 完成【字体大小】的修改，并在【节目监视器】面板中预览修改后的图像效果，如图 11-61 所示。

图 11-61

Step⑥ 使用同样的方法，在【节目监视器】面板中，选择【领券满 500 减 100 元】文本，修改【字体大小】为 60，然后预览修改后的图像效果，如图 11-62 所示。

图 11-62

★重点 11.3.3 实战：对齐字幕效果

实例门类	软件功能

使用【对齐】功能可以向左、居中或向右对齐字幕效果。具体的操作方法如下。

Step 01 继续打开【素材与效果\素材\第 11 章\11.3】文件夹中的【11.3.prproj】项目文件，在【节目监视器】面板中，选择相应的多行文本，如图 11-63 所示。

图 11-63

Step 02 在【效果控件】面板的【文本】选项区中，单击【左对齐文本】按钮，如图 11-64 所示。

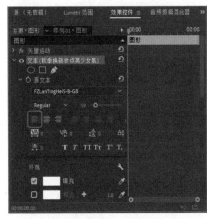

图 11-64

技能拓展——右对齐字幕效果

选择字幕文件后，在【效果控

件】面板的【文本】选项区中，单击【右对齐文本】按钮，则可以右对齐字幕效果。

Step 03 完成字幕文本的左对齐操作，并在【节目监视器】面板中预览左对齐后的图像效果，如图 11-65 所示。

图 11-65

Step 04 使用同样的方法，将选择的文本进行居中对齐，在【节目监视器】面板中预览居中对齐后的图像效果，如图 11-66 所示。

图 11-66

★重点 11.3.4 实战：加粗与倾斜字幕

实例门类	软件功能

使用【加粗】与【倾斜】功能可以为文本添加粗体与倾斜效果。具体的操作方法如下。

Step 01 继续打开【素材与效果\素材\第 11 章\11.3】文件夹中的【11.3.prproj】项目文件，在【节目监视器】面板中，选择【全场低至 5

折起包邮】文本，如图 11-67 所示。

图 11-67

Step 02 在【效果控件】面板的【文本】选项区中，单击【仿粗体】按钮，如图 11-68 所示。

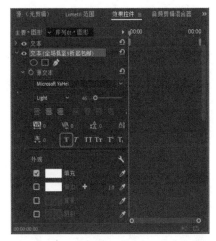

图 11-68

Step 03 完成字幕文本的加粗操作，图像效果如图 11-69 所示。

图 11-69

Step 04 在【视频 5】轨道上选择【图形】素材，在【效果控件】面板的【文本】选项区中，单击【仿斜体】按钮，如图 11-70 所示。

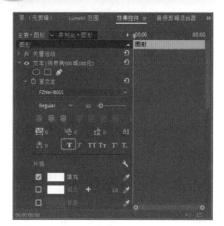

图 11-70

Step05 完成字幕文本的倾斜操作，并在【节目监视器】面板中预览最终的图像效果，如图 11-71 所示。

图 11-71

★重点 11.3.5　实战：设置字幕填充颜色

实例门类	软件功能

使用【填充】功能可以在字体内填充一种单独的颜色。具体的操作方法如下。

Step01 继续打开【素材与效果\第 11 章\11.3】文件夹中的【11.3.prproj】项目文件，在【时间轴】面板中，选择【视频 4】轨道上的图形素材，如图 11-72 所示。

图 11-72

Step02 在【效果控件】面板的【文本】选项区中，❶勾选【填充】复选框，❷然后单击其右侧的颜色块，如图 11-73 所示。

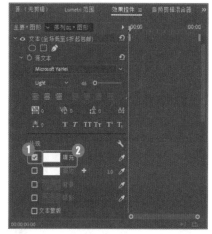

图 11-73

Step03 打开【拾色器】对话框，❶修改 RGB 参数分别为 114、87、52，❷单击【确定】按钮，如图 11-74 所示。

图 11-74

Step04 完成字幕填充颜色的设置，并在【节目监视器】面板中预览最终的图像效果，如图 11-75 所示。

图 11-75

技能拓展——吸管工具填充字幕颜色

在设置字幕的填充颜色时，单击【填充】右侧的【吸管工具】按钮，当鼠标指针呈吸管形状时，在图像的某个颜色画面上单击鼠标左键，即可吸取颜色进行填充颜色的设置，如图 11-76 所示。

图 11-76

Step05 使用同样的方法，修改其他字幕的填充颜色，并在【节目监视器】面板中预览最终的图像效果，如图 11-77 所示。

图 11-77

11.3.6 实战：设置字幕描边颜色

实例门类	软件功能

使用【描边】功能可以为字幕文件添加描边颜色。具体操作方法如下。

Step01 继续打开【素材与效果\素材\第11章\11.3】文件夹中的【11.3.prproj】项目文件，在【节目监视器】面板中，选择多行文本，在【效果控件】面板的【文本】选项区中，❶勾选【描边】复选框，❷然后单击其右侧的颜色块，如图11-78所示。

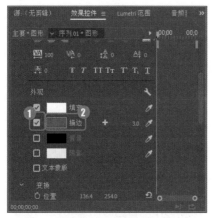

图 11-78

Step02 打开【拾色器】对话框，❶修改RGB参数均为255，❷单击【确定】按钮，如图11-79所示。

图 11-79

Step03 ❶完成描边颜色的修改，❷然后修改其右侧的【描边宽度】参数

为5，如图11-80所示。

图 11-80

Step04 完成字幕描边颜色的设置，并在【节目监视器】面板中预览最终的图像效果，如图11-81所示。

图 11-81

★新功能 11.3.7 实战：设置字幕背景颜色效果

实例门类	软件功能

使用【背景】功能可以为字幕文件添加背景颜色效果。具体的操作方法如下。

Step01 继续打开【素材与效果\第11章\11.3】文件夹中的【11.3.prproj】项目文件，选择【超水润补水套装】文本，在【效果控件】面板的【文本】选项区中，❶勾选【背景】复选框，❷然后单击其右侧的颜色块，如图11-82所示。

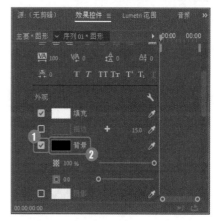

图 11-82

Step02 打开【拾色器】对话框，❶修改RGB参数分别为89、21、195，❷单击【确定】按钮，如图11-83所示。

图 11-83

Step03 ❶完成背景颜色的修改，❷然后修改其右侧的【不透明度】参数为89%、【大小】参数为40，如图11-84所示。

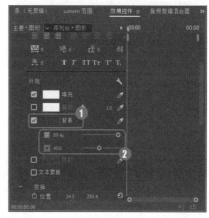

图 11-84

Step04 完成字幕背景颜色的设置，

并在【节目监视器】面板中预览最终的图像效果，如图 11-85 所示。

图 11-85

★重点 11.3.8　实战：设置字幕阴影颜色

实例门类	软件功能

若要为文字或图形对象添加最后一次修饰，可能会想到为它添加阴影。Premiere Pro 可以为字幕添加阴影颜色。具体的操作方法如下。

Step01 继续打开【素材与效果\第 11 章\11.3】文件夹中的【11.3.prproj】项目文件，选择多行文本，在【效果控件】面板的【文本】选项区中，❶勾选【阴影】复选框，❷然后单击其右侧的颜色块，如图 11-86 所示。

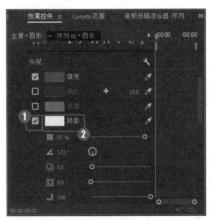

图 11-86

Step02 打开【拾色器】对话框，❶修改 RGB 参数分别为 225、222、222，❷单击【确定】按钮，如图 11-87 所示。

所示。

图 11-87

Step03 ❶完成阴影颜色的修改，❷然后修改其他的参数值，如图 11-88 所示。

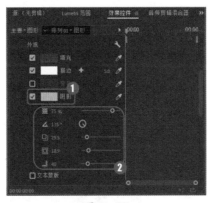

图 11-88

Step04 完成字幕阴影颜色的设置，并在【节目监视器】面板中预览调整后的图像效果，如图 11-89 所示。

图 11-89

Step05 依次选择【领券满 500 减 100 元】和【活动价】等文本，在【效果控件】面板的【文本】选项区中，❶修改【阴影颜色】均为 63，❷然后修改其他的参数值，如图 11-90 所示。

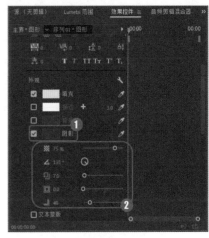

图 11-90

Step06 完成字幕阴影颜色的设置，并在【节目监视器】面板中预览调整后的图像效果，如图 11-91 所示。

图 11-91

★新功能 11.3.9　实战：设置文本蒙版效果

实例门类	软件功能

使用【文本蒙版】功能可以将文本转换到蒙版图层，并自动将蒙版图层中的内容隐藏。具体操作方法如下。

Step01 继续打开【素材与效果\第 11 章\11.3】文件夹中的【11.3.prproj】项目文件，在【节目监视器】面板中，选择合适的文本，如图 11-92 所示。

图 11-92

Step**02** 在【视频2】轨道上选择【图形】素材，在【效果控件】面板的【文本】选项区中，勾选【文本蒙版】复选框，如图 11-93 所示。

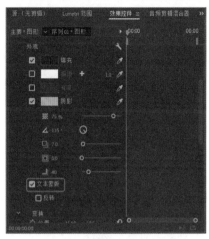

图 11-93

Step**03** 完成文本蒙版效果的设置，并在【节目监视器】面板中预览最终的图像效果，如图 11-94 所示。

图 11-94

11.4 动态字幕的对齐与变换

在添加了动态字幕后，为了改变动态字幕的位置和效果，可以在【变换】选项区中，对齐与变换动态字幕。本节将详细介绍动态字幕的对齐与变换方法。

★新功能 11.4.1 对齐动态字幕的位置

使用【对齐并变换】面板中的各种对齐按钮，可以调整动态字幕的对齐位置。

对齐动态字幕的位置的方法很简单，在【时间轴】面板中选择动态字幕文件后，在【基本属性】面板的【变换】选项区中，单击【垂直居中对齐】和【水平居中对齐】等按钮，可以重新对齐动态字幕的位置，【对齐与变换】选项区如图 11-95 所示。

图 11-95

在【对齐与变换】选项区中，各对齐按钮的含义如下。

➡【垂直居中对齐】按钮回：单击该按钮，可以将动态字幕以垂直居中的边缘线进行对齐，效果如图 11-96 所示。

图 11-96

➡【水平居中对齐】按钮回：单击该按钮，可以将动态字幕以水平居中的边缘线对齐，效果如图 11-97 所示。

图 11-97

➡【顶对齐】按钮：单击该按钮，可以将动态字幕以顶部的边缘线对齐，效果如图 11-98 所示。

图 11-98

➡【垂直对齐】按钮：单击该按

钮，可以将动态字幕以垂直的方式对齐，效果如图 11-99 所示。

图 11-99

➥【底对齐】按钮：单击该按钮，可以将动态字幕以底部的边缘线对齐，效果如图 11-100 所示。

图 11-100

➥【左对齐】按钮：单击该按钮，可以将动态字幕以左侧的边缘线对齐，效果如图 11-101 所示。

图 11-101

➥【水平对齐】按钮：单击该按钮，可以将动态字幕以水平的方式对齐，效果如图 11-102 所示。

图 11-102

➥【右对齐】按钮：单击该按钮，可以将动态字幕以右侧的边缘线对齐，效果如图 11-103 所示。

图 11-103

★新功能 11.4.2　调整动画的位置

在【基本属性】面板的【对齐与变换】选项区中，通过单击【切换动画的位置】按钮，再修改其右侧的参数值，可以完成动画位置的调整。图 11-104 所示为不同动画位置的图像效果。

图 11-104

★新功能 11.4.3　调整动画的锚点

实例门类	软件功能

在【基本属性】面板的【对齐与变换】选项区中，通过单击【切换动画的锚点】按钮，再修改其右侧的参数值，可以完成动画锚点的调整。图 11-105 所示为不同动画锚点位置的图像效果。

图 11-105

★新功能 11.4.4 调整动画的比例

在【基本属性】面板的【对齐与变换】选项区中，通过修改【切换动画比例】参数，如图11-106所示，可以重新调整动画的比例。

图 11-106

在设置不同的【切换动画比例】参数后，可以得到不同的动画效果，如图11-107所示。

图 11-107

11.5 字幕样式的导入与导出

添加了字幕文件后，为了更快速地应用字幕格式，可以使用【导入】功能将字幕文件样式导入项目文件中，还可以使用【导出】功能将字幕样式进行导出操作。本节将详细介绍导入与导出字幕样式的操作方法。

★新功能 11.5.1 导入字幕样式

在【字幕】面板中，通过【导入设置】按钮，可以在设置参数后，将本地磁盘中的字幕文件导入至项目文件中，完成字幕样式的套用。

导入字幕的具体方法是在【字幕】面板中，单击【导入设置】按钮，如图11-108所示。

图 11-108

打开【字幕导入设置】对话框，在对话框中对字幕的格式和对齐方式进行设置，单击【确定】按钮即可，如图11-109所示。

图 11-109

★新功能 11.5.2 导出字幕样式

在完成字幕文件的制作后，可以通过【导出设置】功能自定义字幕的设置参数进行导出操作，完成字幕样式的导出。

导出字幕样式的方法很简单，在【字幕】面板中，单击【导出设置】按钮，打开【字幕导出设置】对话框，设置各参数值，单击【确定】按钮即可，如图11-110所示。

图 11-110

11.6 创建视频中的图形

字幕图形的种类很多，有直线、椭圆、弧形、矩形等。使用图形可以点缀字幕效果，让字幕效果呈现得更加美观。本节将详细讲解创建视频中的图形的操作方法。

11.6.1 直线图形

【直线】是所有图形中最简单且最基本的图形，使用【直线】工具，可以创建出直线路径。在绘制直线路径时，按住【Shift】键的同时，按住鼠标并拖曳，即可绘制水平或垂直直线，如图 11-111 所示。

图 11-111

11.6.2 矩形图形

矩形形状包含直角矩形、圆角矩形、切角矩形等，下面将逐一进行介绍。

1. 直角矩形

使用【矩形】工具，可以创建出矩形形状。在字幕窗口中，单击【矩形】工具，按住鼠标左键并拖曳，绘制一个矩形对象，如图 11-112 所示。

图 11-112

2. 圆角矩形

使用两种【圆角矩形】工具或【圆角矩形】工具，可以创建出一般圆角矩形或大圆滑圆角矩形效果。在字幕窗口中，单击【圆角矩形】工具或【圆角矩形】工具，按住鼠标左键并拖曳，绘制两种不同角度的圆角矩形对象，如图 11-113 所示。

图 11-113

3. 切角矩形

使用【切角矩形】工具，可以绘制出切角的矩形。在字幕窗口中，单击【切角矩形】工具，按住鼠标左键并拖曳，绘制出切角矩形对象，如图 11-114 所示。

图 11-114

11.6.3 楔形图形

使用【楔形】工具，可以创建出楔形形状。在字幕窗口中，单击【楔形】工具，按住鼠标左键并拖曳，绘制一个楔形对象，如图 11-115 所示。

图 11-115

11.6.4 弧形图形

使用【弧形】工具，可以创建出弧形形状。在字幕窗口中，单击【弧形】工具，按住鼠标左键并拖曳，绘制一个弧形对象，如图 11-116 所示。

图 11-116

11.6.5 椭圆图形

使用【椭圆】工具，可以创建出椭圆和正圆形状。在字幕窗口中，单击【椭圆】工具，按住鼠标左键并拖曳，绘制一个椭圆对象，如图11-117所示。

如果要绘制正圆图形，则可以在单击【椭圆】工具后，按住【Shift】键的同时，按住鼠标左键并拖曳，绘制一个正圆对象，如图11-118所示。

图 11-118

图 11-117

妙招技法

通过对前面知识的学习，相信读者朋友已经掌握了 Premiere Pro 2020 软件中的字幕和图形素材的添加方法了。下面结合本章内容，给大家介绍一些实用技巧。

技巧 01：修改字幕旋转角度

在【变换】选项区中，通过修改【旋转】参数可以对字幕的角度进行修改。具体操作方法如下。

Step 01 打开本书提供的【技巧01】的项目文件，其图像效果如图11-119所示。

图 11-119

Step 02 选择【视频2】轨道上的字幕图形，在【基本图形】面板的【编辑】列表框中，修改【切换动画的旋转】参数为-2°，如图11-120所示。

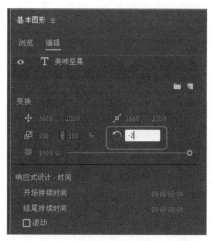
图 11-120

Step 03 完成字幕旋转角度的修改，其最终图像效果如图11-121所示。

图 11-121

技巧 02：删除锚点工具

使用【删除锚点】工具，可以将字幕路径中多余的锚点删除。具体的操作步骤如下。

Step 01 打开本书提供的【技巧02】（第11章）的项目文件，其图像效果如图11-122所示。

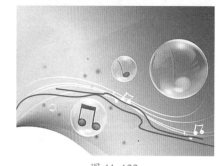
图 11-122

Step 02 在【时间轴】面板的【视频2】轨道上，选择字幕文件，双击鼠标左键，打开【字幕】面板，在【字幕】预览区中，选择一条路径图形，如图11-123所示。

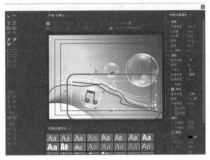

图 11-123

Step 03 ❶ 在工具箱中单击【删除锚点】工具 ，❷ 在选择的路径图形上，选择需要删除的锚点，此时鼠标指针呈 形状，如图 11-124 所示。

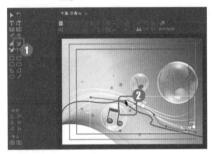

图 11-124

Step 04 在选择的锚点上单击鼠标左键，即可删除锚点，则整个路径图形也随之发生变化，如图 11-125 所示。

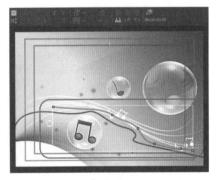

图 11-125

Step 05 使用同样的方法，删除其他

的锚点，其路径图形效果如图 11-126 所示。

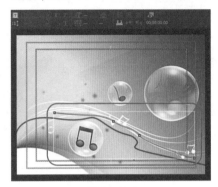

图 11-126

技巧 03：字幕样式的删除

如果用户对创建好的字幕样式觉得不满意，可以将其删除。具体的操作步骤如下。

Step 01 在【字幕】面板的【字幕样式】选项区中，选择不需要的字幕样式，单击鼠标右键，在弹出的快捷菜单中，选择【删除样式】命令，如图 11-127 所示。

图 11-127

Step 02 打开提示对话框，提示是否删除所选样式，单击【确定】按钮，如图 11-128 所示，即可删除选择

的字幕样式。

图 11-128

技巧 04：重置字幕样式库

如果字幕样式库发生了改变，需要恢复到初始状态，则可以使用【重置样式库】功能，重置字幕样式库，具体的操作步骤如下。

Step 01 在【字幕】面板的【字幕样式】选项区中，单击选项区右侧的下拉按钮 ，展开下拉列表，选择【重置样式库】命令，如图 11-129 所示。

图 11-129

Step 02 打开提示对话框，提示是否将当前样式替换为默认样式，单击【确定】按钮，如图 11-130 所示，即可重置字幕样式库。

图 11-130

过关练习——为女包广告添加字幕

实例门类	应用字幕

本实例将结合新建项目、导入素材、添加视频效果、添加与编辑字幕等功能，来为【女包广告】项目添加字幕效果，完成后的效果如图 11-131 所示。

图 11-131

Step 01 新建一个名称为【11.8】的项目文件和一个序列预设【标准48kHz】的序列。

Step 02 在【项目】面板中导入【女包】图像文件，如图 11-132 所示。

图 11-132

Step 03 在【项目】面板中选择新添加的图像素材，按住鼠标左键并拖曳，将其添加至【时间轴】面板的【视频1】轨道上，如图 11-133 所示。

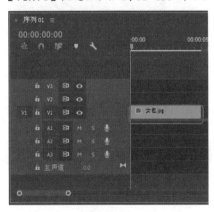

图 11-133

Step 04 在【效果】面板中，❶展开【视频效果】列表框，选择【生成】选项，❷再次展开列表框，选择【镜头光晕】视频效果，如图 11-134 所示。

图 11-134

Step 05 按住鼠标左键并拖曳，将其添加至【女包】图像素材上，在【效果控件】面板的【镜头光晕】选项区中，修改【光晕中心】参数为147和238，添加一组关键帧，如图 11-135 所示。

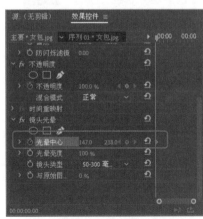

图 11-135

Step 06 将时间线移至 00：00：02：02 的位置，在【效果控件】面板的【镜头光晕】选项区中，修改【光晕中心】参数为239和270，添加一组关键帧，如图 11-136 所示。

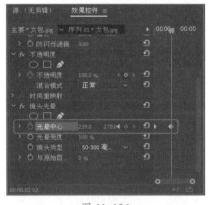

图 11-136

Step 07 将时间线移至 00：00：04：08 的位置，在【效果控件】面板的【镜头光晕】选项区中，修改【光晕中心】参数为481和336，添加一组关键帧，如图 11-137 所示。

图 11-137

Step 08 选择图像素材，在【效果控件】面板中，修改【位置】参数为350和350，【缩放】参数为122，添加一组关键帧，如图 11-138 所示。

图 11-138

Step⑨ 将时间线移至00：00：04：16的位置，在【效果控件】面板中，修改【位置】参数为367和345，【缩放】参数为111，添加一组关键帧，如图11-139所示。

图 11-139

Step⑩ 在【工具箱】面板中单击【垂直文字工具】按钮，如图11-140所示。

图 11-140

Step⑪ 当鼠标指针呈形状时，在【节目监视器】面板中单击鼠标左键，显示文本输入框，输入文本【经典新娘包】，如图11-141所示。

图 11-141

Step⑫ 选择新输入的文本，在【效果控件】面板的【文本】选项区中，修改文本的字体的样式和大小，如图11-142所示。

Step⑬ 在【外观】选项区中，单击【填充】左侧的颜色块，打开【拾色器】对话框，❶修改RGB参数分别为255、0、49，❷单击【确定】按钮，如图11-143所示，更改文本颜色。

图 11-142

图 11-143

Step⑭ 完成文本的添加与编辑，在【时间轴】面板中，调整文本图形的时间长度，使其与【视频1】轨道上的图形时间长度一致，如图11-144所示。

图 11-144

Step⑮ 在【节目监视器】面板中将新添加的文本移动至合适的位置，如图11-145所示。

图 11-145

Step⑯ 在【节目监视器】面板中，单击【播放-停止切换】按钮，预览女包广告效果，如图11-146所示。

图 11-146

本章小结

　　通过对本章知识的学习和案例练习，相信读者朋友已经掌握好 Premiere Pro 2020 软件中字幕和图形的添加与编辑技巧了。在制作好视频后，为图像、视频等素材添加各种文字说明和图形等特效，可以起到画龙点睛的作用。

第12章 媒体音频的添加与编辑

➜ 音频的单位和轨道应该怎么设置？

➜ 淡入淡出声音效果应该怎么制作，需要注意什么？

➜ 音频的过渡和特效有哪些，都有什么作用？

➜ 软件中的【音轨混合器】面板有什么作用，使用该面板怎么制作出混合音频效果？

在 Premiere Pro 2020 中不仅可以改变音频的音量大小，还可以制作各类音效效果，模拟不同的声音质感，从而辅助作品的画面产生更丰富的气氛和视觉情感。学完这一章的内容，你就能掌握视频中音频素材的添加与编辑技巧了。

12.1 编辑和设置音频

音乐在视频后期制作中的作用不可忽视，将音乐与视频情节的高低起伏相融合，能使整个影片更具艺术性和视听性。本节将详细介绍编辑与设置音频的操作方法。

★重点 12.1.1 实战：在时间线上编辑音频

实例门类	软件功能

在项目文件中应用音频效果之前，需要先将音频文件添加至时间线上，然后对音频进行分割操作，完成音频文件的编辑操作。具体的操作方法如下。

Step01 新建一个名称为【12.1.1】的项目文件和一个序列预设【标准48kHz】的序列。

Step02 在【项目】面板中导入【音乐1】音频文件，如图 12-1 所示。

图 12-1

Step03 在【项目】面板中选择新添加的音频素材，按住鼠标左键并拖曳，将其添加至【时间轴】面板的【音频 1】轨道上，如图 12-2 所示。

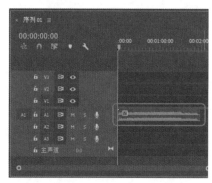

图 12-2

Step04 在【时间轴】面板中，将时间线移至 00：00：26：16 的位置，如图 12-3 所示。

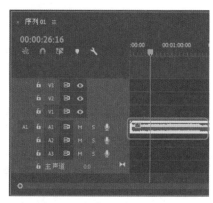

图 12-3

Step05 在【工具箱】面板中单击【剃刀工具】按钮，如图 12-4 所示。

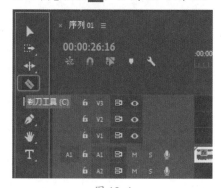

图 12-4

Step06 当鼠标指针呈 ◇ 形状时，在时间线位置处，单击鼠标左键，即可分割音频素材，如图12-5所示。

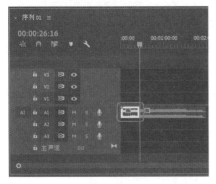

图 12-5

Step07 使用同样的方法，在其他的时间线位置处，单击鼠标左键，将音频素材分割成多段，如图12-6所示。

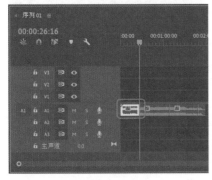

图 12-6

Step08 选择分割后的最末端音频素材，单击鼠标右键，在弹出的快捷菜单中，选择【速度/持续时间】命令，如图12-7所示。

图 12-7

Step09 打开【剪辑速度/持续时间】对话框，❶修改【持续时间】参数为00：00：15：10，❷然后单击【确定】按钮，如图12-8所示。

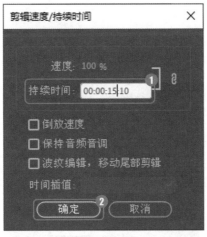

图 12-8

Step10 完成音频素材持续时间的调整，如图12-9所示。

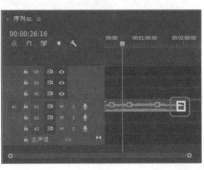

图 12-9

12.1.2 使用源监视器编辑源素材

在时间线中编辑音频已经能够满足用户需求，还可以在【源监视器】面板中编辑音频素材的入点和出点。

在【源监视器】面板中，可以为音频素材设置入点和出点。

设置音频素材的入点和出点具体方法是：在【源监视器】面板中显示音频素材，移动时间线至合适的位置，单击【标记入点】按钮，标记音频素材的入点，如图12-10所示。

图 12-10

在【源监视器】面板中显示音频素材，移动时间线至合适的位置，单击【标记出点】按钮，标记音频素材的出点，如图12-11所示。

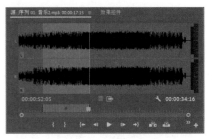

图 12-11

12.1.3 实战：设置音频单位

实例门类	软件功能

在进行媒体素材编辑时，标准测量单位是视频帧。但是这种测量单位对于音频来说不够精准，需要通过毫秒或最小的音频样本来完成音频单位的设置，具体的操作方法如下。

Step01 新建一个名称为【12.1.3】的项目文件和一个序列预设【标准48kHz】的序列。

Step02 在【项目】面板中导入【音乐2】音频文件，如图12-12所示。

图 12-12

Step03 在【项目】面板中选择新添加的音频素材，按住鼠标左键并拖曳，将其添加至【时间轴】面板的【音频1】轨道上，如图 12-13 所示。

图 12-13

Step04 ❶单击【文件】菜单，❷在弹出的下拉菜单中选择【项目设置】|【常规】命令，如图 12-14 所示。

图 12-14

Step05 打开【项目设置】对话框，❶在【显示格式】列表框中选择【毫秒】选项，❷单击【确定】按钮，如图 12-15 所示，完成音频单位的设置。

图 12-15

技能拓展——显示音频单位

默认情况下，音频素材的音频单位是不显示的。如果要显示音频单位，则可以在【时间轴】面板中，单击面板菜单按钮 ☰，在展开的列表框中，选择【显示音频时间单位】命令即可，如图 12-16 所示。

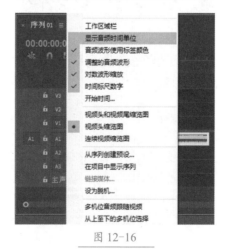

图 12-16

★重点 12.1.4　实战：设置音频轨道

实例门类	软件功能

在处理音频时，如果要禁用立体声轨道中的其中一个轨道，或者将单个音频轨道转换为立体声轨道，都会用到音频轨道的设置操作，具体的操作方法如下。

Step01 新建一个名称为【12.1.4】的项目文件和一个序列预设【标准48kHz】的序列。

Step02 在【项目】面板中导入【音乐3】音频文件，如图 12-17 所示。

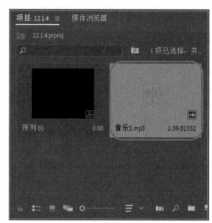

图 12-17

Step03 在【项目】面板中选择新添加的音频素材，❶单击【剪辑】菜单，❷在弹出的下拉菜单中选择【修改】|【音频声道】命令，如图 12-18 所示。

图 12-18

Step 04 打开【修改剪辑】对话框，在【剪辑声道格式】列表框中选择【单声道】选项，如图12-19所示，单击【确定】按钮，完成音频轨道的设置。

图 12-19

12.2 编辑音频的音量

在 Premiere Pro 2020 项目中为了实现声音的淡入淡出效果，需要调节音频素材的整体音量和关键帧音量。本节将详细介绍编辑音频的音量的具体方法。

12.2.1 实战：调整音频级别

实例门类	软件功能

使用【增益】命令可以通过提高或降低音频增益来更改整个素材的声音级别，具体的操作方法如下。

Step 01 新建一个名称为【12.2.1】的项目文件和一个序列预设【标准48kHz】的序列。

Step 02 在【项目】面板中导入【音乐4】音频文件，如图12-20所示。

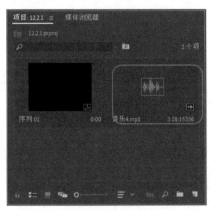

图 12-20

Step 03 选择新添加的音频素材，按住鼠标左键并拖曳，将其添加至

【音频1】轨道上，如图12-21所示。

图 12-21

Step 04 选择音频轨道上的音频素材，单击鼠标右键，在弹出的快捷菜单中，选择【音频增益】命令，如图12-22所示。

图 12-22

Step 05 打开【音频增益】对话框，❶修改【调整增益值】参数为45dB，❷单击【确定】按钮，如图12-23所示。

图 12-23

Step 06 完成音频级别的调整，且音频轨道上的音频素材的波形也随之发生变化，如图12-24所示。

图 12-24

在【音频增益】对话框中，可以单击 dB 值，并通过拖曳鼠标来提高或降低音频增益。按住鼠标左键并向右拖动，可以提高 dB 值，按住鼠标左键并向左拖曳，可以降低 dB 值。

★重点 12.2.2 实战：制作淡入淡出的声音效果

实例门类	软件功能

Premiere Pro 2020 提供了用于淡入或淡出素材音量的各种选项，用户可以制作出淡入淡出的声音效果。具体的操作方法如下。

Step01 新建一个名称为【12.2.2】的项目文件和一个序列预设【标准 48kHz】的序列。

Step02 在【项目】面板中导入【音乐 5】音频文件，如图 12-25 所示。

图 12-25

Step03 选择新添加的音频素材，按住鼠标左键并拖曳，将其添加至【音频 1】轨道上，如图 12-26 所示。

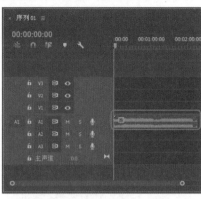

图 12-26

Step04 在音频轨道上按住鼠标左键并拖曳，展开音频轨道，如图 12-27 所示。

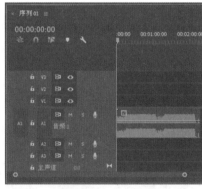

图 12-27

Step05 将时间线移至 00：00：08：08 的位置，按住【Ctrl】键的同时，在时间线位置处，单击鼠标左键，添加一个关键帧，如图 12-28 所示。

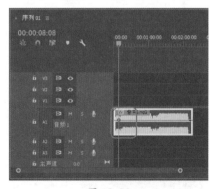

图 12-28

Step06 选择新添加的关键帧，按住鼠标左键并向下拖曳，使音频素材逐渐淡入，如图 12-29 所示。

图 12-29

Step07 使用同样的方法，在 00：00：18：22 的位置处，添加一个淡入关键帧，如图 12-30 所示。

图 12-30

Step08 将时间线移至 00：01：58：17 的位置，按住【Ctrl】键的同时，在时间线位置处，单击鼠标左键，添加一个淡出关键帧，如图 12-31 所示。

图 12-31

Step09 将时间线移至 00：02：10：00 的位置，按住【Ctrl】键的同时，在时间线位置处，单击鼠标左键，添加一个淡出关键帧，选择新添加的关键帧，按住鼠标左键并向下拖曳，使音频素材逐渐淡出，如图12-32所示。

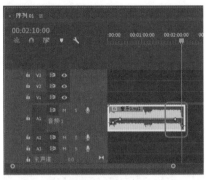

图 12-32

Step⑩ 完成声音淡入淡出效果的制作，在【节目监视器】面板中，单击【播放-停止切换】按钮，试听淡入淡出的声音效果。

12.2.3 移除音频关键帧

在编辑音频效果时，常常会用到音频关键帧的移除操作。移除关键帧的方法很简单，选择音频素材，在【效果控件】面板中，选择关键帧，单击【添加/移除关键帧】按钮 ◎ ，如图12-33所示，完成音频关键帧的移除操作。

图 12-33

🎞 **技术看板**

要移除关键帧，还可以单击关键帧，然后按【Delete】键将其删除。另外，右击关键帧，然后从快捷菜单中选择【删除】命令即可。

★重点 12.2.4 实战：在时间线中均衡立体声

实例门类	软件功能

Premiere Pro 2020 允许调整立体声轨道中的立体声声道均衡。在调整立体声轨道均衡时，可以将声音从一个轨道重新分配到另一个轨道。具体的操作方法如下。

Step① 新建一个名称为【12.2.4】的项目文件和一个序列预设【标准48kHz】的序列。

Step② 在【项目】面板中导入【音乐6】音频文件，如图12-34所示。

图 12-34

Step③ 选择新添加的音频素材，按住鼠标左键并拖曳，将其添加至【音频1】轨道上，如图12-35所示。

图 12-35

Step④ 在音频素材的 按钮上，单击鼠标右键，在弹出的快捷菜单中，❶选择【声像器】命令，❷再次展开列表框，选择【平衡】命令，如图12-36所示。

图 12-36

Step⑤ 完成均衡立体声的制作。单击工具箱中的【钢笔工具】按钮 ✎ ，如图12-37所示。

图 12-37

Step⑥ 展开音频轨道，当鼠标指针呈 形状时，在相应的位置，依次按住鼠标左键并向下拖曳，添加多个关键帧，完成立体声级别的调整，如图12-38所示，在【节目监视器】面板中，单击【播放-停止切换】按钮，试听立体声均衡的声音效果。

图 12-38

12.3 应用音频过渡和音频特效

为了制作出优美动听的音乐效果，需要为音频素材添加过渡和特效效果，使音频素材之间的过渡更加平稳流畅。本节将详细介绍应用音频过渡和音频特效的具体方法。

12.3.1 音频过渡概述

在设置音频过渡效果时可以设置【恒定功率】【恒定增益】和【指数淡化】3 种音频过渡效果。

在【效果】面板的【音频过渡】列表框提供了用于淡入和淡出音频的三个交叉淡化效果。Premiere Pro 2020 提供了 3 种过渡效果，这 3 种过渡效果被放置在【交叉淡化】列表框中，如图 12-39 所示。

图 12-39

在【音频过渡】列表框中，各过渡效果的含义如下。

- 恒定功率：默认的音频过渡效果，它产生一种听起来像是逐渐淡入/淡出人们耳朵的声音效果。
- 恒定增益：可以创造精确的淡入和淡出效果。
- 指数淡化：可以创建弯曲淡化效果，它通过创建不对称的指数型曲线来创建声音的淡入/淡出效果。

【交叉淡化】用于创建两个音频素材之间的流畅切换，如图 12-40 所示。但是，在使用 Premiere Pro 2020 软件时，可以将交叉切换放在音频素材的前面创建淡入效果，或者放在音频素材的末尾创建淡出效果。

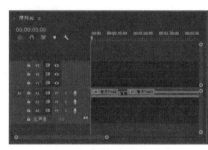

图 12-40

12.3.2 音频特效概述

Premiere Pro 2020 软件中提供了大量的音频效果，用户可以根据需要为音乐文件添加各种音频效果。在【效果】面板的【音频效果】列表框中提供特效可以制作出专业音频效果。Premiere Pro 2020 提供了多种特效效果，如图 12-41 所示。

图 12-41

在【效果】面板的【音频效果】列表框中，选择需要添加的音频特效，按住鼠标左键并拖曳，将其添加至音频轨道的音频文件上，即可添加音频特效，并在【效果控件】面板中显示新添加的音频特效，如图 12-42 所示。

图 12-42

★重点 12.3.3 实战：应用音频过渡效果

实例门类	软件功能

音频素材之间同样可以添加音频过渡效果，在应用音频过渡效果时可以添加【恒定功率】【恒定增益】和【指数淡化】3 种音频过渡效果。具体的操作方法如下。

Step 01 新建一个名称为【12.3.3】的项目文件和一个序列预设【标准 48kHz】的序列。

Step 02 在【项目】面板中导入【音乐 7】音频文件，如图 12-43 所示。

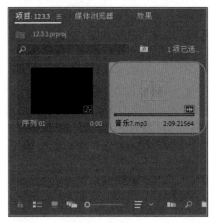

图 12-43

Step03 选择新添加的音频素材，按住鼠标左键并拖曳，将其添加至【音频1】轨道上，如图 12-44 所示。

图 12-44

Step04 在【工具箱】面板中单击【剃刀工具】按钮，当鼠标指针呈形状时，在相应的位置处，依次单击鼠标左键，即可分割音频素材，如图 12-45 所示。

图 12-45

Step05 在【效果】面板中，❶展开【音频过渡】列表框，选择【交叉淡化】选项，❷再次展开列表框，选择【恒定增益】音频过渡效果，如

图 12-46 所示。

图 12-46

Step06 按住鼠标左键并拖曳，将其添加至第一个音频片段与第二个音频片段的中间位置处，如图 12-47 所示。

图 12-47

Step07 选择新添加的音频过渡效果，在【效果控件】面板中，修改【持续时间】为 00：00：15：00，如图 12-48 所示。

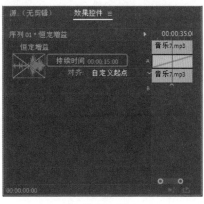

图 12-48

Step08 完成音频过渡效果的持续时间的修改，并在【时间轴】面板中显示，如图 12-49 所示。

图 12-49

Step09 在【效果】面板中，❶展开【音频过渡】列表框，选择【交叉淡化】选项，❷再次展开列表框，选择【指数淡化】音频过渡效果，如图 12-50 所示。

图 12-50

Step10 按住鼠标左键并拖曳，将其添加至第二个音频片段与第三个音频片段的中间位置处，选择新添加的音频过渡效果，在【效果控件】面板中，修改【持续时间】为 00：00：13：00，如图 12-51 所示。

图 12-51

Step⑪ 完成音频过渡效果的持续时间的修改，并在【时间轴】面板中显示，如图 12-52 所示。

图 12-52

Step⑫ 完成音频过渡的应用，在【节目监视器】面板中，单击【播放-停止切换】按钮，试听应用音频过渡后的声音效果。

12.3.4 实战：应用音量特效

实例门类	软件功能

用户在导入一段音频素材后，可以通过【音频效果】列表框，选择【音量】特效，进行音量特效的添加。具体的操作方法如下。

Step① 新建一个名称为【12.3.4】的项目文件和一个序列预设【标准48kHz】的序列。

Step② 在【项目】面板中导入【音乐8】音频文件，如图 12-53 所示。

图 12-53

Step③ 选择新添加的音频素材，按住鼠标左键并拖曳，将其添加至【音频1】轨道上，如图 12-54 所示。

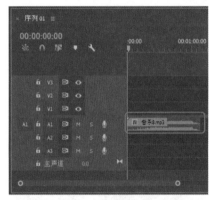

图 12-54

技术看板

在添加音频特效时，当音频素材添加至【音频】轨道后，对应的【效果控件】面板中将会显示【音量】选项，通过设置【音量】选项的关键帧可以制作出音量特效。

Step④ 在【效果】面板中，展开【音频特效】列表框，选择【音量】音频效果，如图 12-55 所示。

图 12-55

Step⑤ 按住鼠标左键并拖曳，将其添加至【音频1】轨道的素材上，然后在【效果控件】面板的【音量】选项区中，单击【旁路】和【级别】右侧的【添加/移除关键帧】按钮，添加一组关键帧，如图 12-56 所示。

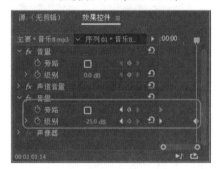

图 12-56

Step⑥ 将时间线移至 00：01：01：14 的位置，修改【级别】参数为-25，添加一组关键帧，如图 12-57 所示。

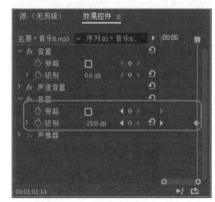

图 12-57

Step**07** 完成【音量】特效的应用，在【节目监视器】面板中，单击【播放-停止切换】按钮，试听应用【音量】特效后的声音效果。

12.3.5 实战：应用降噪特效

使用【降噪】特效可以降低音频素材中的机器噪声、环境噪音和外音等不应有的杂音。具体的操作方法如下。

Step**01** 新建一个名称为【12.3.5】的项目文件和一个序列预设【标准48kHz】的序列。

Step**02** 在【项目】面板中导入【音乐9】音频文件，如图12-58所示。

图 12-58

Step**03** 选择新添加的音频素材，按住鼠标左键并拖曳，将其添加至【音频1】轨道上，如图12-59所示。

图 12-59

Step**04** 在【效果】面板中，展开【音频特效】列表框，选择【降噪】音频效果，如图12-60所示。

图 12-60

Step**05** 按住鼠标左键并拖曳，将其添加至【音频1】轨道的素材上，然后在【效果控件】面板中，单击【编辑】按钮，如图12-61所示。

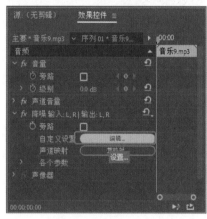

图 12-61

Step**06** 打开【剪辑效果编辑器】对话框，❶在【预设】列表框中，选择【强降噪】选项，❷勾选【仅输出噪声】复选框，如图12-62所示。

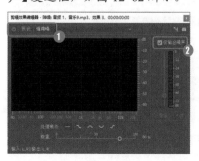

图 12-62

Step**07** 关闭对话框，完成【降噪】特效的应用，在【节目监视器】面板中，单击【播放-停止切换】按钮，试听应用【降噪】特效后的声音效果。

12.3.6 实战：应用平衡特效

实例门类	软件功能

使用【平衡】音频效果可以更改立体声素材中左右立体声声道的音量。具体的操作方法如下。

Step**01** 新建一个名称为【12.3.6】的项目文件和一个序列预设【标准48kHz】的序列。

Step**02** 在【项目】面板中导入【音乐10】音频文件，如图12-63所示。

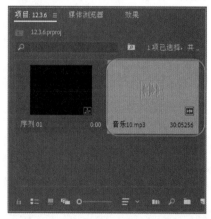

图 12-63

Step**03** 选择新添加的音频素材，按住鼠标左键并拖曳，将其添加至【音频1】轨道上，如图12-64所示。

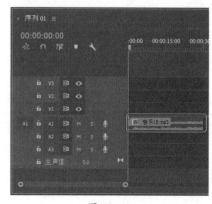

图 12-64

Step04 在【效果】面板中，展开【音频特效】列表框，选择【平衡】音频效果，如图 12-65 所示。

图 12-65

Step05 按住鼠标左键并拖曳，将其添加至【音频 1】轨道的素材上，然后在【效果控件】面板中，❶勾选【旁路】复选框，❷修改【平衡】参数为 40，如图 12-66 所示。

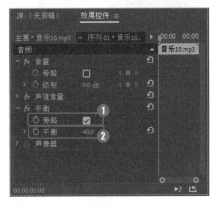

图 12-66

技术看板

在设置【平衡】参数值时，如果【平衡】值为正数时，可提高右声道的音量并降低左声道的音量。若【平衡】值为负数时，可以降低右声道的音量并提高左声道的音量。

Step06 完成平衡特效的应用，在【节目监视器】面板中，单击【播放-停止切换】按钮，试听应用【平衡】特效后的声音效果。

★重点 12.3.7　实战：应用延迟特效

实例门类	软件功能

【延迟】特效用于创建回声，该回声发生在【延迟】字段中所输入的时间之后。具体的操作方法如下。

Step01 新建一个名称为【12.3.7】的项目文件和一个序列预设【标准 48kHz】的序列。

Step02 在【项目】面板中导入【音乐 11】音频文件，如图 12-67 所示。

图 12-67

Step03 选择新添加的音频素材，按住鼠标左键并拖曳，将其添加至【音频 1】轨道上，如图 12-68 所示。

图 12-68

Step04 在【效果】面板中，展开【音频特效】列表框，选择【延迟】音频效果，如图 12-69 所示。

图 12-69

Step05 按住鼠标左键并拖曳，将其添加至【音频 1】轨道的素材上，然后在【效果控件】面板中的【延迟】选项区中，❶勾选【旁路】复选框，❷修改【延迟】参数为 2 秒，如图 12-70 所示。

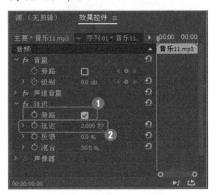

图 12-70

Step06 完成【延迟】特效的应用，在【节目监视器】面板中，单击【播放-停止切换】按钮，试听应用【延迟】特效后的声音效果。

技术看板

在【延迟】选项区中，各常用选项的含义如下。

➡ 延迟：用于设置回音的间隔持续时间。

➡ 反馈：用于设置弹回延迟的音频百分比参数。

➡ 混合：用于指定效果中发生回声的次数。

★重点 12.3.8　实战：应用室内混响特效

实例门类	软件功能

使用【室内混响】特效可以模拟房间内部的声波传播方式，产生一种室内回声效果，能够体现出宽阔回声的真实效果。具体操作方法如下。

Step①　新建一个名称为【12.3.8】的项目文件和一个序列预设【标准48kHz】的序列。

Step②　在【项目】面板中导入【音乐12】音频文件，如图12-71所示。

图 12-71

Step③　选择新添加的音频素材，按住鼠标左键并拖曳，将其添加至【音频1】轨道上，如图12-72所示。

图 12-72

Step④　在【效果】面板中，展开【音频特效】列表框，选择【室内混响】音频效果，如图12-73所示。

图 12-73

Step⑤　按住鼠标左键并拖曳，将其添加至【音频1】轨道的素材上，然后在【效果控件】面板中，单击【编辑】按钮，如图12-74所示。

图 12-74

Step⑥　打开【剪辑效果编辑器 - 室内混响】对话框，依次修改各参数值，如图12-75所示。

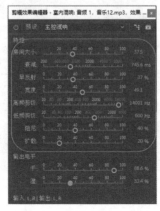

图 12-75

Step⑦　关闭对话框，完成【室内混响】特效的应用，在【节目监视器】面板中，单击【播放-停止切换】按钮，试听应用【室内混响】特效后的声音效果。

★重点 12.3.9　实战：应用动态特效

实例门类	软件功能

使用【动态】视频效果可以增强或减弱一定范围内的音频信号，使音频更加灵活有特点。具体的操作方法如下。

Step①　新建一个名称为【12.3.9】的项目文件和一个序列预设【标准48kHz】的序列。

Step②　在【项目】面板中导入【音乐13】音频文件，如图12-76所示。

图 12-76

Step③　选择新添加的音频素材，按住鼠标左键并拖曳，将其添加至【音频1】轨道上，如图12-77所示。

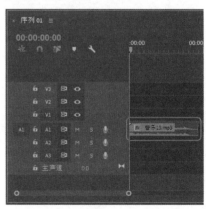

图 12-77

Step04 在【效果】面板中，展开【音频特效】列表框，选择【动态】音频效果，如图 12-78 所示。

图 12-78

Step05 按住鼠标左键并拖曳，将其添加至【音频 1】轨道的素材上，然后在【效果控件】面板中，单击【编辑】按钮，如图 12-79 所示。

图 12-79

Step06 打开【剪辑效果编辑器-动态】对话框，依次修改各参数值，如图 12-80 所示。

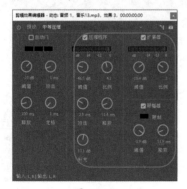

图 12-80

Step07 关闭对话框，完成动态特效的应用，在【节目监视器】面板中，单击【播放-停止切换】按钮，试听应用【动态】特效后的声音效果。

12.3.10 实战：应用反转特效

实例门类	软件功能

使用【反转】音频效果可以模拟房间内部的声音情况，能表现出宽阔、真实的效果。具体的操作方法如下。

Step01 新建一个名称为【12.3.10】的项目文件和一个序列预设【标准 48kHz】的序列。

Step02 在【项目】面板中导入【音乐 14】音频文件，如图 12-81 所示。

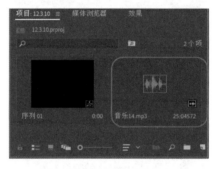

图 12-81

Step03 选择新添加的音频素材，按住鼠标左键并拖曳，将其添加至【音频 1】轨道上，如图 12-82 所示。

图 12-82

Step04 在【效果】面板中，展开【音频特效】列表框，选择【反转】音频效果，如图 12-83 所示。

图 12-83

Step05 按住鼠标左键并拖曳，将其添加至【音频 1】轨道的素材上，然后在【效果控件】面板的【反转】选项区中，勾选【旁路】复选框，如图 12-84 所示。

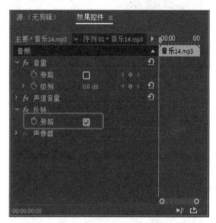

图 12-84

Step06 完成【反转】特效的应用，在【节目监视器】面板中，单击【播放-停止切换】按钮，试听应用【反转】特效后的声音效果。

12.3.11 实战：应用低通特效

实例门类	软件功能

使用【低通】音频效果可以去除音频素材中的高频部分。具体操作方法如下。

Step01 新建一个名称为【12.3.11】的项目文件，和一个序列预设【标准48kHz】的序列。

Step02 在【项目】面板中导入【音乐15】音频文件，如图12-85所示。

图 12-85

Step03 选择新添加的音频素材，按住鼠标左键并拖曳，将其添加至【音频1】轨道上，如图12-86所示。

图 12-86

Step04 在【效果】面板中，展开【音频特效】列表框，选择【低通】音频效果，如图12-87所示。

技术看板

在【低通】选项区中，【屏蔽度】参数主要用于设置声音频率的过滤度设置。

图 12-87

Step05 按住鼠标左键并拖曳，将其添加至【音频1】轨道的素材上，然后在【效果控件】面板的【低通】选项区中，修改【屏蔽度】参数为1680Hz，如图12-88所示。

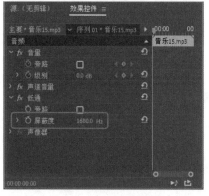

图 12-88

Step06 完成低通特效的应用，在【节目监视器】面板中，单击【播放-停止切换】按钮，试听应用低通特效后的声音效果。

12.3.12 实战：应用高通特效

实例门类	软件功能

使用【高通】音频效果可以移除截止频率以上的频率。具体的操作方法如下。

Step01 新建一个名称为【12.3.12】的项目文件和一个序列预设【标准48kHz】的序列。

Step02 在【项目】面板中导入【音乐16】音频文件，如图12-89所示。

图 12-89

Step03 选择新添加的音频素材，按住鼠标左键并拖曳，将其添加至【音频1】轨道上，如图12-90所示。

图 12-90

Step04 在【效果】面板中，展开【音频特效】列表框，选择【高通】音频效果，如图12-91所示。

图 12-91

Step**05** 按住鼠标左键并拖曳，将其添加至【音频1】轨道的素材上，然后在【效果控件】面板的【高通】选项区中，修改【屏蔽度】参数为2650Hz，如图12-92所示。

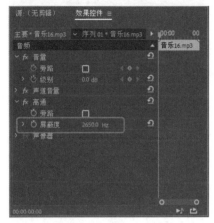

图 12-92

Step**06** 完成【高通】特效的应用，在【节目监视器】面板中，单击【播放-停止切换】按钮，试听应用【高通】特效后的声音效果。

12.3.13 实战：应用高音特效

实例门类	软件功能

使用【高音】音频效果可以调整较高的频率（4000Hz及更高的频率）。具体的操作方法如下。

Step**01** 新建一个名称为【12.3.13】的项目文件和一个序列预设【标准48kHz】的序列。

Step**02** 在【项目】面板中导入【音乐17】音频文件，如图12-93所示。

图 12-93

Step**03** 选择新添加的音频素材，按住鼠标左键并拖曳，将其添加至【音频1】轨道上，如图12-94所示。

图 12-94

Step**04** 在【效果】面板中，展开【音频特效】列表框，选择【高音】音频效果，如图12-95所示。

图 12-95

Step**05** 按住鼠标左键并拖曳，将其添加至【音频1】轨道的素材上，然后在【效果控件】面板的【高音】选项区中，修改【提升】参数为24dB，如图12-96所示。

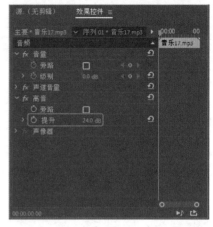

图 12-96

Step**06** 完成【高音】特效的应用，在【节目监视器】面板中，单击【播放-停止切换】按钮，试听应用【高音】特效后的声音效果。

12.3.14 实战：应用低音特效

实例门类	软件功能

使用【低音】音频效果可以调整较低的频率（200Hz及更低的频率）。具体操作方法如下。

Step**01** 新建一个名称为【12.3.14】的项目文件和一个序列预设【标准48kHz】的序列。

Step**02** 在【项目】面板中导入【音乐18】音频文件，如图12-97所示。

图 12-97

Step03 选择新添加的音频素材，按住鼠标左键并拖曳，将其添加至【音频 1】轨道上，如图 12-98 所示。

图 12-98

Step04 在【效果】面板中，展开【音频特效】列表框，选择【低音】音频

效果，如图 12-99 所示。

图 12-99

Step05 按住鼠标左键并拖曳，将其添加至【音频 1】轨道的素材上，然后在【效果控件】面板的【低音】选项区中，修改【提升】参数

为 -10dB，如图 12-100 所示。

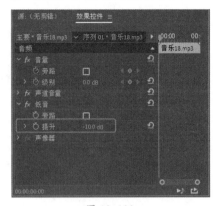

图 12-100

Step06 完成【低音】特效的应用，在【节目监视器】面板中，单击【播放-停止切换】按钮，试听应用【低音】特效后的声音效果。

12.4 认识【音轨混合器】面板

Premiere Pro 2020 中的【音轨混合器】面板是最复杂和最强大的工具之一，要有效地使用它，应该熟悉它的所有控件和功能。本节将详细讲解【音轨混合器】面板的相关基础知识。

12.4.1 认识【音轨混合器】面板

如果在工作界面中没有显示【音轨混合器】面板，则可以执行【窗口】|【音轨混合器】命令，打开【音轨混合器】面板，如图 12-101 所示，在该面板中会自动显示当前活动序列的轨道。

如果在序列中拥有两个以上的音频轨道，可以用鼠标单击并拖动【音轨混合器】面板的左右边缘和下方边缘来扩展面板。音轨混合器提供了两个主要视图，分别是折叠视图和展开视图，前者没有显示效果区域，后者用于显示不同轨道的效果，如图 12-102 所示。

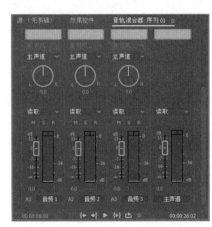

图 12-102

12.4.2 声像调节和平衡控件

在将音频输出到立体声轨道或 5.1 轨道时，【左/右平衡】旋钮用于控制单声道轨道的级别。因此，通过声像平衡调节，可以增强声音效果。

平衡用于重新分配立体声轨道

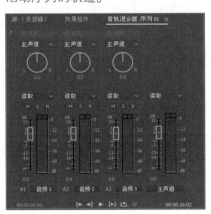

图 12-101

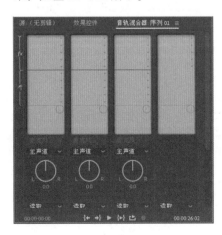

和 5.1 轨道中的输出。在增加一个声道中的声音级别的同时，另一个声道的声音级别将减少，反之亦然。可以根据正在处理的轨道类型，使用【左/右平衡】旋钮控制均衡和声像调节。在使用声像调节或平衡时，可以在【左/右平衡】旋钮上或旋钮下的数值框中按住鼠标左键并拖曳，调整参数值，也可以直接在数值框中输入数值，如图 12-103 所示。

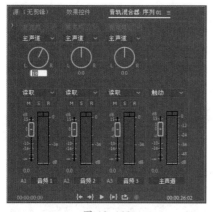

图 12-103

12.4.3 【音量】控件

可以上下拖动【音量】控件来调整轨道音量。音量以分贝为单位进行录制，分贝音量显示在【音量】控件中，在按住并拖动【音量】控件更改音频轨道的音量时，【音轨混合器】面板中的自动化设置可以将关键帧放入【时间轴】面板中该轨道的音频图形线中。图 12-104 所示为【音量】控件。

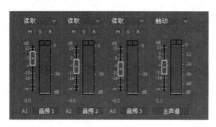

图 12-104

12.4.4 静音轨道、独奏轨道和激活录制轨道按钮

使用【静音轨道】按钮 M 和【独奏轨道】按钮 S 可以确定哪些轨道是要使用的，哪些轨道是需要静音的。而【启用轨道以进行录制】按钮 R 主要用于录制模拟声音（该声音可能来自附属于计算机音频输入的麦克风），如图 12-105 所示。

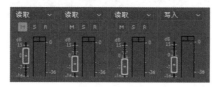

图 12-105

在【音轨混合器】面板中，单击【静音轨道】按钮 M，可以使不想听到的轨道变成静音区。在单击【静音轨道】按钮 M 时，轨道的调音台音频级别电平表中没有显示音频级别。

单击【独奏轨道】按钮 S，则软件会自动对除了独奏轨道以外所有轨道使用静音。

单击【启用轨道以进行录制】按钮 R，可以激活轨道进行录制，在录制视频前，需要先单击面板底部的【录制】按钮，进行录制，当需要停止音频录制时，单击【播放-停止切换】按钮即可，如图 12-106 所示。

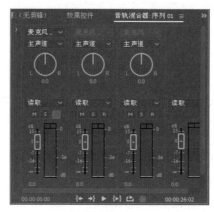

图 12-106

12.4.5 其他功能按钮

在【音轨混合器】面板的底部包含 6 个按钮，分别是【转到入点】按钮、【转到出点】按钮、【播放-停止切换】按钮、【从入点到出点播放视频】按钮、【循环】按钮和【录制】按钮，如图 12-107 所示。

图 12-107

在面板中单击【播放-停止切换】按钮，可以播放音频素材。

如果只想处理【时间线】面板中的部分序列，则需要先设置入点和出点，然后单击【转到入点】按钮，跳转到入点位置，接着单击【转到出点】按钮，则只混合入点和出点之间的音频。如果单击【循环】按钮，那么可以重复循环，这样就可以继续微调入点和出点之间的音频，而无须开始和停止重放。

12.4.6 【音轨混合器】面板菜单

介绍了【音轨混合器】面板的基本知识，用户应该对【音轨混合器】面板的组成有了一定了解。在【音轨混合器】面板中，单击面板右上角的三角形按钮，将弹出面板菜单，如图 12-108 所示。

图 12-108

下面介绍面板菜单中，各主要选项的含义。

➜ 显示/隐藏轨道：该选项可以对【音轨混合器】面板中的轨道进行隐藏或显示设置。选择该选项，或按【Ctrl+T】组合键，弹出【显示/隐藏轨道】对话框，如图 12-109 所示，在左侧列表框中，处于选中状态的轨道属于显示状态，未被选中的轨道则处于隐藏状态。

图 12-109

➜ 显示音频时间单位：选择该选项，可以在【时间轴】面板的时间标尺上显示出音频单位，如图 12-110 所示。

图 12-110

➜ 循环：选择该选项，则系统会循环播放音乐。

➜ 仅计量器输入：如果在 VU 表上显示硬件输入电平，而不是轨道电平，则选择该选项来监控音频，以确定是否所有的轨道都被录制。

➜ 写入后切换到触动：选择该选项，则回放结束后，或一个回放循环完成后，所有的轨道设置将记录模式转换到接触模式。

12.4.7 效果和发送选项

【效果】选项和【发送】选项出现在【音轨混合器】面板的展开视图中，要显示【效果】和【发送】选项，可以单击【自动模式】选项左侧的【显示/隐藏效果与发送】图标。要添加【效果】和【发送】，可以单击【效果选择】按钮▼和【发送分配选择】按钮▼。

1. 效果选择区域

在效果选择区域中，单击【效果选择】按钮▼，选择一个效果，如图 12-111 所示。在每个轨道的效果区域中，最多可以放置 5 个效果。在加载效果时，可以在效果区域的底部调整效果设置。

图 12-111

2. 效果发送区域

效果发送区域位于效果选择区域的下方，图 12-112 所示显示了创建发送的弹出菜单。发送允许用户使用音量控制按钮将部分轨道发送到子混合轨道。

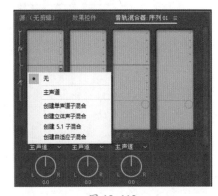

图 12-112

12.5 混合音频

通过【音轨混合器】面板可以制作出音频的混合效果。在制作混合音频时，可以为当前序列素材添加关键帧和特效。本节将详细介绍制作混合音频的操作方法。

12.5.1 设置【自动模式】

【音轨混合器】面板能够自动化调整音频轨道，并将这些调整保存为关键帧。在调整某个轨道后，可以重放音频序列并调整另一个轨道。为了记录使用关键帧所做的轨道调整，需要在【自动模式】下拉菜单中设置为【写入】【触动】或【闭锁】。在调整并停止音频播放之后，这些调整将通过关键帧反映在【时间轴】面板的轨道图形线中。图12-113所示为主音轨的【自动模式】菜单。

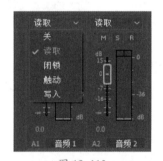

图 12-113

在【自动模式】菜单中，各选项的含义如下。

➥ 关：选择该选项，则可以在重放频道时无法听到原始调整的音频效果。

➥ 读取：选择该选项后，可以在重放期间，播放每个轨道的自动模式设置。

➥ 闭锁：选择该选项，可以保存调整，并在时间线中创建关键帧。

➥ 触动：选择该选项，可以在时间线中创建关键帧，并且在更改控件值时才会进行调整。

➥ 写入：选择该选项，可以立即将所做的调整保存到轨道，并在反映音频调整的【时间线】面板中创建关键帧。

12.5.2 实战：创建混合音频

实例门类	软件功能

在检查了自动化模式，并熟悉了【音轨混合器】面板后，可以进行混合音频的创建操作。具体操作方法如下。

Step 01 新建一个名称为【12.4.2】的项目文件和一个序列预设【标准48kHz】的序列。

Step 02 在【项目】面板中导入【音乐19】和【音乐20】音频文件，如图12-114所示。

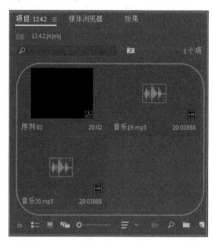

图 12-114

Step 03 选择新添加的音频素材，按住鼠标左键并拖曳，将其添加至【音频1】和【音频2】轨道上，如图12-115所示。

图 12-115

Step 04 在【时间轴】面板中选择【音频1】轨道上的音频素材，如图12-116所示。

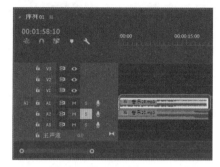

图 12-116

Step 05 在【效果控件】面板的【声道音量】选项区中，修改【左】和【右】参数均为5dB，添加一组关键帧，如图12-117所示。

图 12-117

Step 06 将时间线移至00：00：04：00的位置，在【效果控件】面板的【声道音量】选项区中，修改【左】和【右】参数均为-9dB，添加一组关键帧，如图12-118所示。

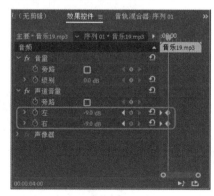

图 12-118

Step07 将时间线移至00：00：10：06的位置，在【效果控件】面板的【声道音量】选项区中，修改【左】和【右】参数均为7dB，添加一组关键帧，如图12-119所示。

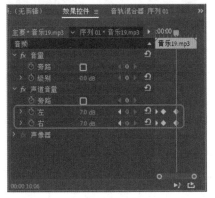

图 12-119

Step08 将时间线移至00：00：16：20的位置，在【效果控件】面板的【声道音量】选项区中，修改【左】和【右】参数均为-25dB，添加一组关键帧，如图12-120所示。

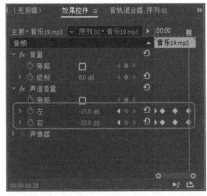

图 12-120

Step09 在【时间轴】面板中选择【音频2】轨道上的音频素材，如图12-121所示。

图 12-121

Step10 在【效果控件】面板的【音量】选项区中，修改【级别】参数为5dB，添加一组关键帧，如图12-122所示。

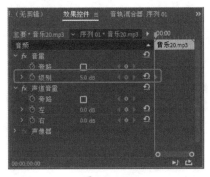

图 12-122

Step11 将时间线移至00：00：04：15的位置，在【效果控件】面板的【音量】选项区中，修改【级别】参数为-35dB，添加一组关键帧，如图12-123所示。

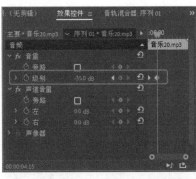

图 12-123

Step12 将时间线移至00：00：11：10的位置，在【效果控件】面板的【音量】选项区中，修改【级别】参数为15dB，添加一组关键帧，如图12-124所示。

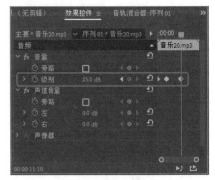

图 12-124

Step13 将时间线移至00：00：18：04的位置，在【效果控件】面板的【音量】选项区中，修改【级别】参数为-10dB，添加一组关键帧，如图12-125所示。

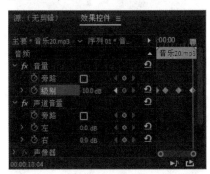

图 12-125

Step14 完成混合音频的创建，在【节目监视器】面板中，单击【播放-停止切换】按钮，试听混合音频效果。

12.6 在【音轨混合器】面板中应用效果

使用【音轨混合器】面板可以为音频轨道添加各种音频效果，还可以对音频效果进行移除与旁路操作。本节将详细介绍在【音轨混合器】面板中应用效果的操作方法。

12.6.1 实战：在【音轨混合器】面板中应用音频效果

实例门类	软件功能

在【音轨混合器】面板中，可以通过【效果区域】添加各种音频效果。具体操作方法如下。

Step❶ 新建一个名称为【12.5.1】的项目文件和一个序列预设【标准48kHz】的序列。

Step❷ 在【项目】面板中导入【音乐21】音频文件，如图12-126所示。

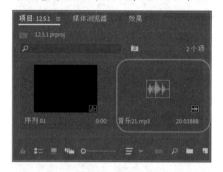

图 12-126

Step❸ 选择新添加的音频素材，按住鼠标左键并拖曳，将其添加至【音频1】轨道上，如图12-127所示。

图 12-127

Step❹ 选择音频素材，在【音轨混合器】面板中，单击【显示/隐藏效果和发送】按钮 ，如图12-128所示。

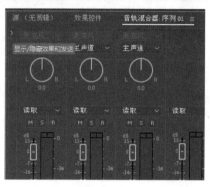

图 12-128

Step❺ 展开视图，在【效果选择】选项区中，❶单击第一个【效果选择】按钮 ，❷展开列表框，选择【振幅与压限】命令，再次展开列表框，选择【通道混合器】音频效果，如图12-129所示。

图 12-129

Step❻ 添加音频效果，并在【音轨混合器】面板中显示，如图12-130所示。

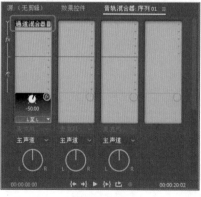

图 12-130

Step❼ 使用同样的方法，❶添加第

二个音频效果为【延迟】，❷并修改【延迟】参数为2秒，如图12-131所示。

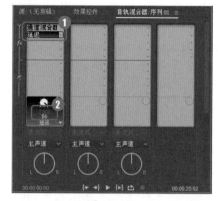

图 12-131

Step❽ 单击【显示/隐藏效果和发送】按钮 ，隐藏视图，修改第一个轨道的【自动模式】为【触动】，如图12-132所示。

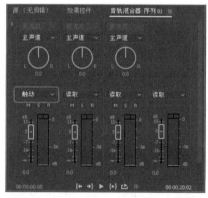

图 12-132

Step❾ 完成音频效果的应用，在【节目监视器】面板中，单击【播放-停止切换】按钮，试听应用的音频效果。

12.6.2 移除效果

在【音轨混合器】面板中，还可以根据需要将已经添加的音频效果进行移除操作。

移除效果的方法很简单，在【音轨混合器】面板中的【效果选择】选项区用，单击带音频效果选

项右侧的【效果选择】按钮，展开
列表框，选择【无】选项，即可移
除效果，如图12-133所示。

图 12-133

12.6.3 实战：使用【旁路】设置

实例门类	软件功能

使用【旁路】设置，可以关闭
或绕过一个效果。具体操作方法
如下。

Step01 新建一个名称为【12.5.3】的
项目文件和一个序列预设【标准
48kHz】的序列。

Step02 在【项目】面板中导入【音乐
22】音频文件，如图12-134所示。

图 12-134

Step03 选择新添加的音频素材，按
住鼠标左键并拖曳，将其添加至
【音频1】轨道上，如图12-135所示。

图 12-135

Step04 选择音频素材，在【音轨混合
器】面板中，单击【显示/隐藏效果
和发送】按钮，展开视图，在【效

果选择】选项区中，依次添加【高
通】【室内混响】和【消除嗡嗡声】
音频效果，如图12-136所示。

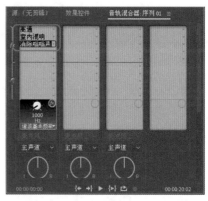

图 12-136

Step05 选择第二个【室内混响】音频
效果，然后在【室内混响】选项区
中，单击【旁路】按钮，即可使
用【旁路】设置，则【旁路】按钮上
显示一条斜线，如图12-137所示。

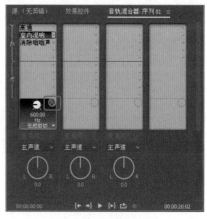

图 12-137

妙招技法

通过对前面知识的学习，相信读者朋友已经掌握了Premiere Pro 2020软件中的音频素材的添加与编辑技巧了。
下面结合本章内容，再给大家介绍一些实用技巧。

技巧01：处理音频顺序

因为所有控件都可以用于音
频处理，所以用户可能想知道
Premiere Pro 2020处理音频时的顺

序。例如，素材效果在轨道效果之
前处理，还是在轨道效果之后处理。
首先，Premiere Pro 2020会根据【新
建目录】对话框中的音频设置处理
音频。在输出音频时，Premiere Pro

2020可以按以下顺序进行。

➥ 第一步：使用Premiere Pro 2020
的【音频增益】命令调整音频增
益素材。

➥ 第二步：素材效果。

➥ 第三步：轨道设置，如【预衰减】效果、【衰减】效果、【后衰减】效果和【声像/平衡】效果。

➥ 第四步：【音轨混合器】面板中从左到右的轨道音量，以及通过任意子混合轨道发送到主轨道的输出。

技巧 02：设置静音轨道

使用【静音轨道】按钮 M 可以将选择的轨道上的声音效果设置为静音，具体操作方法如下。

Step 01 打开本书提供的【12.3.14】的项目文件。在【音频 1】轨道上选择音频素材，单击音频轨道上的【静音轨道】按钮 M，如图 12-138 所示。

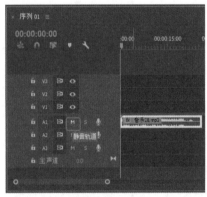

图 12-138

Step 02 完成音频轨道的静音操作，且【静音轨道】按钮呈高亮显示，如图 12-139 所示。

图 12-139

技巧 03：设置独奏声道

在【时间轴】面板中，单击【独奏轨道】按钮 S，可以只播放该轨迹上的音频。具体的操作步骤如下。

Step 01 打开本书提供的【12.5.1】的项目文件。在【音频 1】轨道上选择音频素材，然后单击【独奏轨道】按钮 S，如图 12-140 所示。

图 12-140

Step 02 完成音频轨道的独奏操作，且【独奏轨道】按钮呈高亮显示，如图 12-141 所示。

图 12-141

技巧 04：发送音频效果

在【效果发送】区域中，选择各种轨道选项，可以对音频效果进行发送。具体的操作步骤如下。

Step 01 打开本书提供的【12.5.3】的

项目文件。在【音轨混合器】面板中的【效果发送】选项区中，❶单击第一个【发送分配选择】按钮▼，❷展开列表框，选择【创建单声道子混合】选项，如图 12-142 所示。

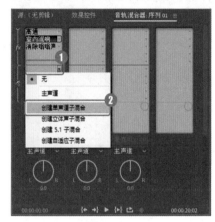

图 12-142

Step 02 添加发送效果，并修改【音量】参数为-35dB，如图 12-143 所示，完成音频效果的发送，在【节目监视器】面板中，单击【播放-停止切换】按钮，试听音频效果。

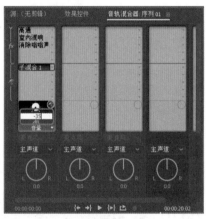

图 12-143

过关练习——为【金色童年】添加音频

实例门类	音频添加与编辑

本实例将结合新建项目、导入素材、添加过渡效果、添加音频素材、添加音频过渡和特效、设置音轨混合器等功能，来制作【金色童年】的项目文件，完成后的效果如图 12-144 所示。

图 12-144

Step01 新建一个名称为【12.7】的项目文件和一个序列预设【标准48kHz】的序列。

Step02 在【项目】面板中导入【儿童1】~【儿童4】图像文件，如图12-145 所示。

图 12-145

Step03 在【项目】面板中选择所有的图像素材，按住鼠标左键并拖曳，将其添加至【时间轴】面板的【视频1】轨道上，如图 12-146 所示。

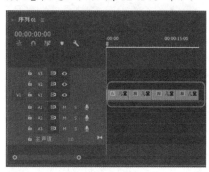

图 12-146

Step04 在【节目监视器】面板中，依次调整各图像的显示大小，如图 12-147 所示。

图 12-147

Step05 在【效果】面板中，①展开【视频过渡】列表框，选择【擦除】选项，②再次展开列表框，选择【棋盘擦除】视频效果，如图 12-148 所示。

图 12-148

Step06 按住鼠标左键并拖曳，将其添加至【视频1】轨道的【儿童1】与【儿童2】图像素材之间，如图 12-149 所示。

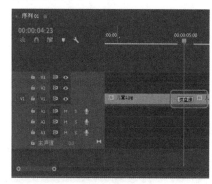

图 12-149

Step07 使用同样的方法，依次添加【风车】和【叠加溶解】视频过渡效果，如图 12-150 所示。

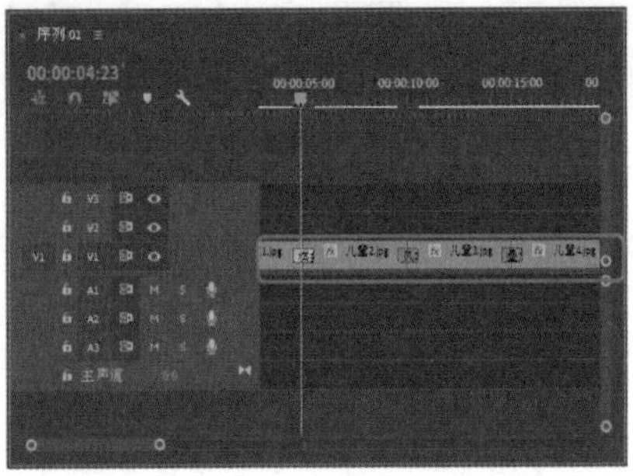

图 12-150

Step08 在【项目】面板中导入【音乐23】音频文件，如图 12-151 所示。

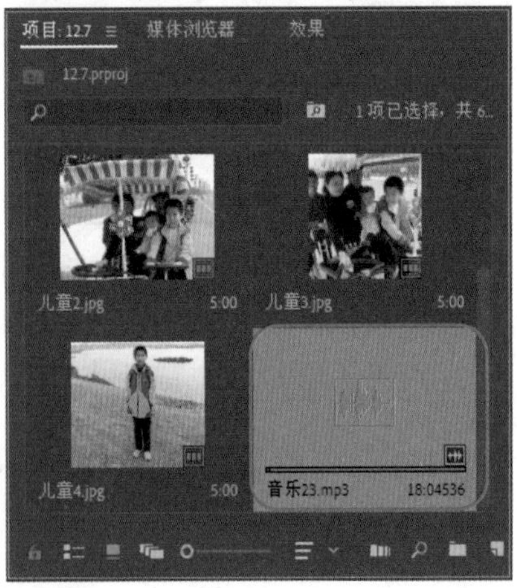

图 12-151

Step09 选择新添加的音频素材，按住鼠标左键并拖曳，将其添加至【音频 1】轨道上，并调整最末尾图像素材的时间长度，使其与音频素材的末尾一致，如图 12-152 所示。

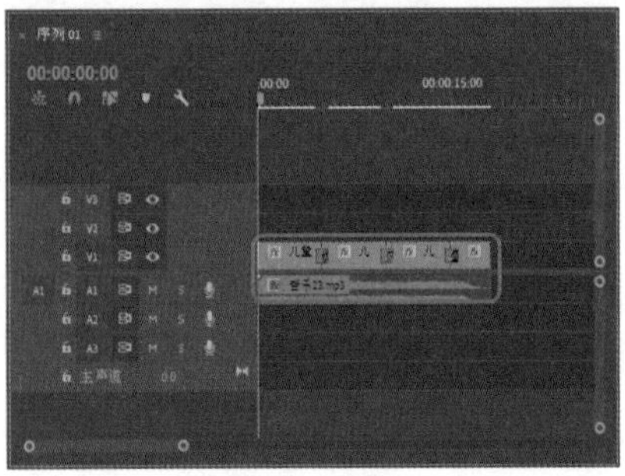

图 12-152

Step10 在【工具箱】面板中单击【剃刀工具】按钮，当鼠标指针呈形状时，在音频的中间位置处，单击鼠标左键，即可分割音频素材，如图 12-153 所示。

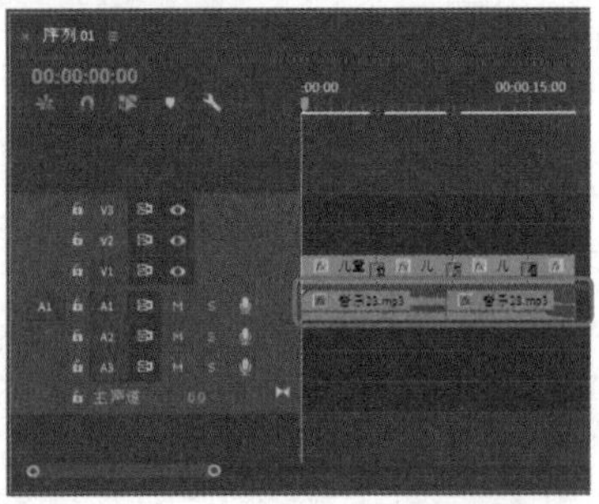

图 12-153

Step11 在【效果】面板中，❶展开【音频过渡】列表框，选择【交叉淡化】选项，❷再次展开列表框，选择【指数淡化】音频过渡效果，如图 12-154 所示。

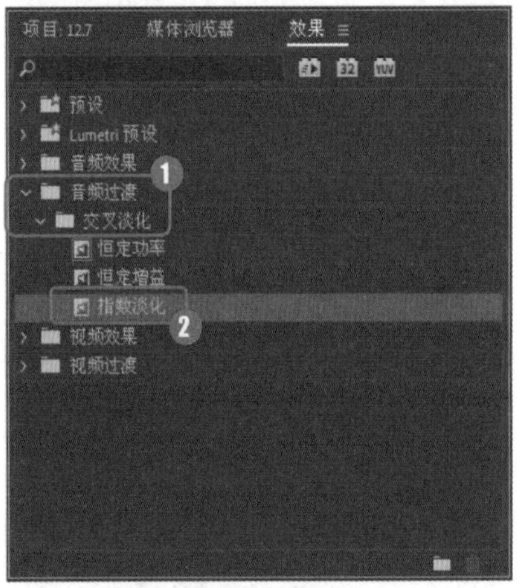

图 12-154

Step12 按住鼠标左键并拖曳，将其添加至第一个音频片段与第二个音频片段的中间位置处，如图 12-155 所示。

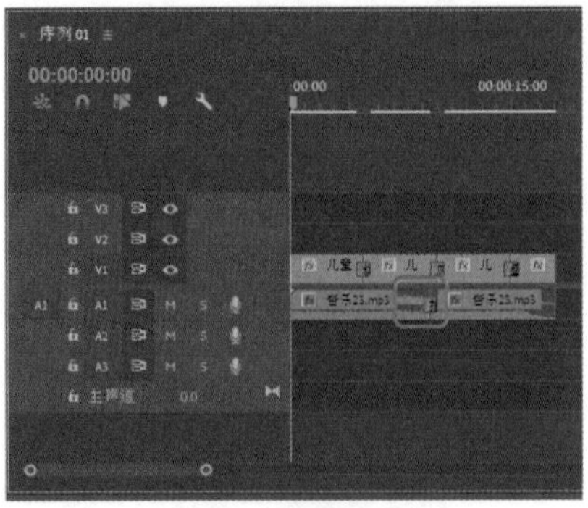

图 12-155

Step13 选择新添加的音频过渡效果，在【效果控件】面板中，修改【持续时间】为 00：00：03：00，如图 12-156 所示。

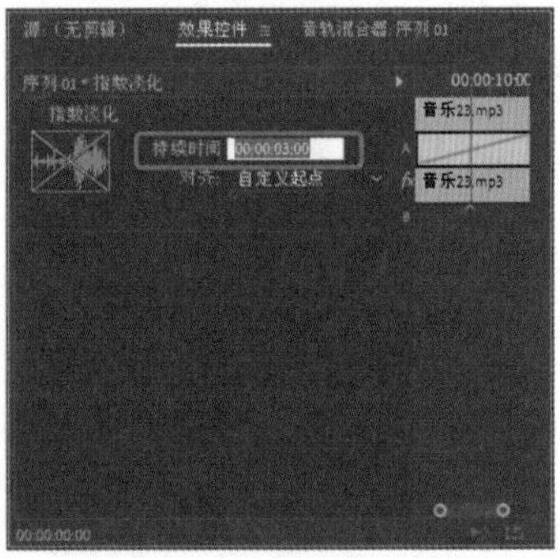

图 12-156

Step14 完成音频过渡效果的持续时间的修改，并在【时间轴】面板中显示，如图 12-157 所示。

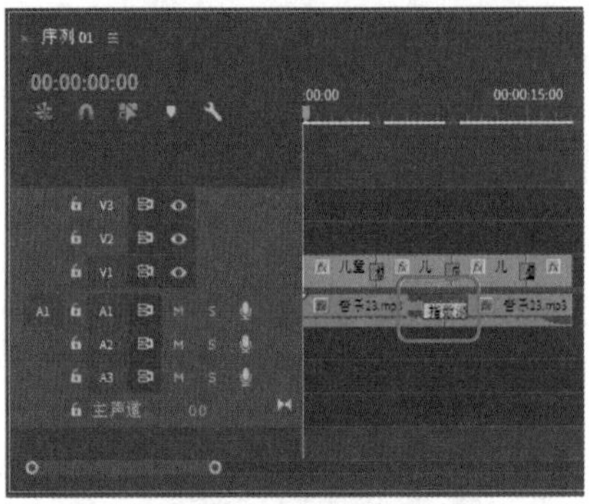

图 12-157

Step15 在【效果】面板中，展开【音频特效】列表框，选择【高音】音频效果，如图 12-158 所示。

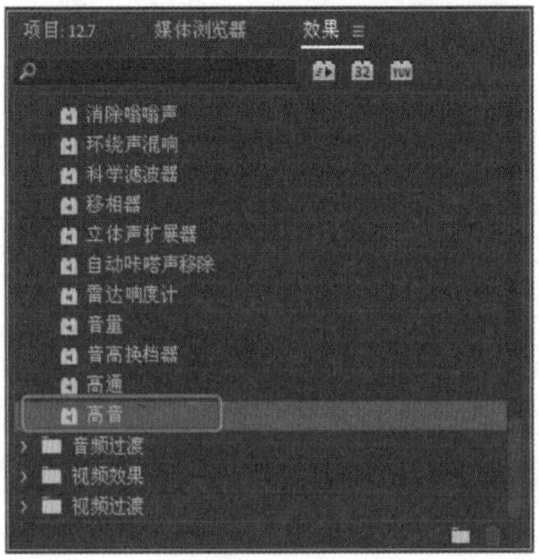

图 12-158

Step⑯ 按住鼠标左键并拖曳，将其添加至【音频1】轨道的左侧音频片段上，然后在【效果控件】面板的【高音】选项区中，修改【提升】参数为15dB，如图12-159所示，完成【高音】音频效果的添加。

Step⑰ 在【效果】面板中，展开【音频特效】列表框，选择【低音】音频效果，如图12-160所示。

图 12-159

图 12-160

Step⑱ 按住鼠标左键并拖曳，将其添加至【音频1】轨道的左侧音频片段上，然后在【效果控件】面板的【低音】选项区中，修改【提升】参数为-20dB，如图12-161所示，完成【低音】音频效果的添加。

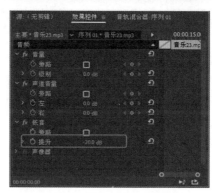

图 12-161

Step⑲ 选择音频素材，在【音轨混合器】面板中，单击【显示/隐藏效果和发送】按钮 ＞，展开视图，在【效果选择】选项区中，依次添加【降噪】【延迟】音频效果，如图12-162所示。

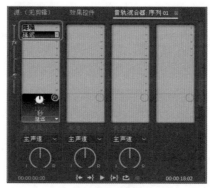

图 12-162

Step⑳ 在【音轨混合器】面板中的【效果发送】选项区中，❶单击第一个【发送分配选择】按钮 ▼，❷展开列表框，选择【创建立体声子混合】选项，如图12-163所示。

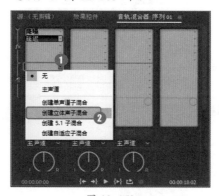

图 12-163

Step㉑ 添加发送效果，并修改【音量】参数为-18dB，如图12-164所示。

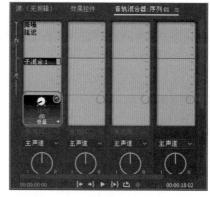

图 12-164

Step㉒ 完成音频效果的发送，在【节目监视器】面板中，单击【播放-停止切换】按钮，试听音频效果并预览最终的视频效果，如图12-165所示。

图 12-165

本章小结

　　通过对本章知识的学习和案例练习，相信读者朋友已经掌握 Premiere Pro 2020 软件中音频素材的添加与编辑技巧了。在制作好视频后，为视频添加音频素材，能让整个视频呈现得更加完美，为新添加的音频素材添加过渡和特效，再进行音频编辑，能使音频更加动听。

第13章 视频的设置与导出

➥ 视频的参数应该怎么设置？

➥ 影片导出参数有哪些，都应该怎么设置？

➥ 影视文件可以导出为哪些格式，都有什么区别？

➥ 项目中的章节标记应该怎么使用，有什么作用？

在 Premiere Pro 2020 中，当用户完成一段影视内容的编辑，并且对编辑的效果感到满意时，用户可以将其输出为各种不同格式的文件。学完这一章的内容，你就能掌握视频中视频素材的设置与导出技巧了。

13.1 视频参数的设置

在导出视频文件时，用户需要对视频的格式、预设、输出名称和位置及其他选项进行设置。本节将详细介绍视频参数的设置方法。

13.1.1 视频预览区域

视频预览区域主要用来预览视频效果，执行【文件】|【导出】|【媒体】命令，如图 13-1 所示。

图 13-1

打开【导出设置】对话框，如图 13-2 所示，在对话框的左侧为【输出预览】区域，该区域是文件在渲染时的预览窗口，分为【源】和【输出】两个选项。

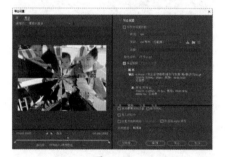

图 13-2

1.【源】区域

选择【源】选项时，进入【源】区域，在该区域可以对裁剪窗口中的素材进行裁剪操作。在裁剪素材时，可以直接单击预览窗口左上角的【裁剪】按钮，显示出裁剪框，通过调整裁剪框的大小，或者修改【左侧】【顶部】【右侧】和【底部】参数，完成图像的裁剪修改，如图 13-3 所示。

图 13-3

在裁剪【源】区域中的图像效果时，还可以直接单击【裁剪比例】下拉按钮 无 ，在展开的列表框中，选择裁剪比例进行裁剪即可，如图 13-4 所示。

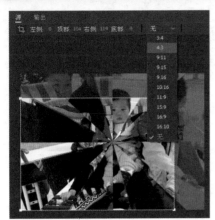

图 13-4

2.【输出】区域

选择【输出】选项时，可以进入【输出】区域。在【输出区域】的【源缩放】列表框中设置素材在预览窗口中的呈现方式，如图 13-5 所示。

图 13-5

13.1.2 参数设置区域

【参数设置区域】选项区中的各参数决定着影片的最终效果，用户

可以在这里设置视频参数。

用户在设置参数时，可以根据需要设置导出视频的格式，单击【格式】选项右侧的下三角按钮，弹出列表框，选择【MPEG4】格式即可，如图 13-6 所示。

图 13-6

用户还可以根据导出视频格式的不同，设置【预设】选项。单击【预设】选项右侧的下三角按钮，在弹出的列表框中选择相应选项即可，如图 13-7 所示。

图 13-7

在【导出设置】选项区中，各常用选项的含义如下。

➡【格式】列表框：在该列表框中可以设置视频素材和音频素材的文件格式。

➡【预设】列表框：在该列表框中可以选择视频的编码设置。

➡【保存预设】按钮🖳：单击该按钮，可以保存当前预设参数。

➡【导入预设】按钮：单击该按钮，可以安装所存储的预设文件。

➡【删除预设】按钮：单击该按钮，可以删除当前的预设。

➡【注释】文本框：在视频导出时所添加的注释。

➡【输出名称】选项区：用于设置视频导出的文件名及所在路径。

➡【导出视频】复选框：勾选复选框，可以导出影片的视频部分。

➡【导出音频】复选框：勾选该复选框，可以导出影片的音频部分。

➡【摘要】选项区：用于显示视频的输出、源等信息。

13.2 设置影片导出参数

当用户完成 Premiere Pro 2020 中的各项编辑操作后，即可将项目导出为各种格式类型的音频文件。本节将详细介绍影片导出参数的设置方法。

13.2.1 音频参数

Premiere Pro 2020 可以将素材输出为音频，音频参数的设置方法是：首先，需要在【导出设置】对话框中设置【格式】为【MP3】，并设置【预设】为【MP3 256kbps 高品质】，如图 13-8 所示。接下来，用户只需要设置导出音频的文件名和保存位置，单击【输出名称】右侧的相应超链接，弹出【另存为】对话框，设置文件名和储存位置，单击【保存】按钮，即可完成音频参数

数的设置。

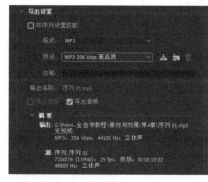

图 13-8

13.2.2 效果参数

用户还可以为需要导出的视频

添加各种滤镜效果，让画面效果产生朦胧的模糊或画面叠加效果等。设置滤镜参数的具体方法是：首先，用户需要设置导出视频的【格式】为【AVI】【预设】为【PAL DV】。接下来，切换至【效果】选项卡，勾选相应滤镜效果的复选框，再修改各参数值即可，如图 13-9 所示。

图 13-9

13.3 导出影视文件

随着视频文件格式的增加，Premiere Pro 2020 可以根据所选文件的不同，调整不同的视频输出选项，以便用户更为快捷地调整视频文件的设置。本节将详细讲解导出影视文件的操作方法。

★重点 13.3.1 实战：导出编码文件

实例门类	软件功能

使用【导出】功能可以导出编码文件，在导出编码文件后，可以防止出现播放视频设备不兼容及视频文件过大的情况。具体的操作方法如下。

Step 01 在欢迎界面中单击【打开项目】按钮，打开【素材与效果\素材\第 13 章】文件夹中的【13.3.1.prproj】项目文件，其图像效果如图 13-10 所示。

图 13-10

Step 02 ❶单击【文件】菜单，❷在弹出的下拉菜单中，选择【导出】命令，❸展开子菜单，选择【媒体】命令，如图 13-11 所示。

图 13-11

Step 03 打开【导出设置】对话框，❶在【导出设置】选项区中的【格式】列表框中，选择【H.264】选项，❷单击【输出名称】右侧的文本链接，如图 13-12 所示。

添加各种滤镜效果，让画面效果产生朦胧的模糊或画面叠加效果等。

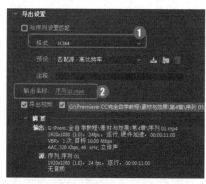

图 13-12

Step 04 打开【另存为】对话框，❶修改编码文件的保存路径，❷修改文件保存名称，❸单击【保存】按钮，如图 13-13 所示。

图 13-13

Step 05 完成输出名称的设置，在【导出设置】对话框的右下角，单击【导出】按钮，如图 13-14 所示。

图 13-14

Step 06 打开【编码 序列 01】对话框，开始导出编码文件，并显示导出进度，如图 13-15 所示，稍后完成编码文件的导出操作。

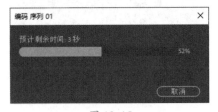

图 13-15

13.3.2　实战：导出 EDL 文件

实例门类	软件功能

　　EDL 是在编辑时由很多编辑系统自动生成的，并可保存到磁盘中。当在脱机/联机模式下工作时，编辑决策列表极为重要。脱机编辑下生成的 EDL 文件被读入联机系统

中，作为最终剪辑的基础。具体的操作方法如下。

Step 01 在欢迎界面中单击【打开项目】按钮，打开【素材与效果\素材\第 13 章】文件夹中的【13.3.2.prproj】项目文件，其图像效果如图 13-16 所示。

图 13-16

Step 02 ❶单击【文件】菜单，❷在弹出的下拉菜单中，选择【导出】命令，❸展开子菜单，选择【EDL】命令，如图 13-17 所示。

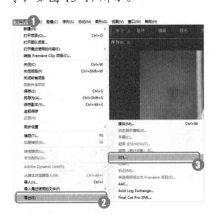

图 13-17

Step 03 打开【EDL 导出设置】对话框，❶勾选【使用源文件名称】复选框，❷单击【确定】按钮，如图 13-18 所示。

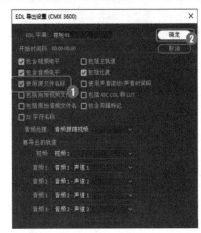

图 13-18

Step 04 打开【将序列另存为 EDL】对话框，❶修改保存路径和文件名，❷单击【保存】按钮，如图 13-19 所示，即可导出为 EDL 文件。

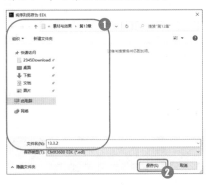

图 13-19

13.3.3　实战：导出 OMF 文件

　　OMF 文件类似于标准的 MIDI 文件，但是要比 MIDI 文件复杂得多。使用【导出】功能可以导出为 OMF 文件，具体的操作方法如下。

Step 01 在欢迎界面中单击【打开项目】按钮，打开【素材与效果\素材\第 13 章】文件夹中的【13.3.3.prproj】项目文件，其图像效果如图 13-20 所示。

图 13-20

Step 02 ❶ 单击【文件】菜单，❷ 在弹出的下拉菜单中，选择【导出】命令，❸ 展开子菜单，选择【OMF】命令，如图 13-21 所示。

图 13-21

Step 03 打开【OMF 导出设置】对话框，❶ 修改【采样率】为 96000、【每采样位数】为 24，❷ 单击【确定】按钮，如图 13-22 所示。

图 13-22

Step 04 打开【将序列另存为 OMF】对话框，❶ 修改保存路径和文件名，❷ 单击【保存】按钮，如图 13-23 所示。

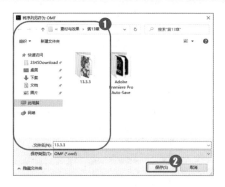

图 13-23

Step 05 打开【将媒体文件导出到 OMF 文件夹】对话框，开始导出为 OMF 文件，并显示导出进度，如图 13-24 所示。

图 13-24

Step 06 稍后将打开【OMF 导出信息】对话框，显示出 OMF 文件导出成功信息，单击【确定】按钮即可，如图 13-25 所示。

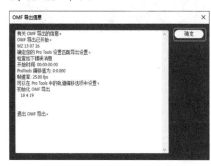

图 13-25

★重点 13.3.4　实战：导出 MP3 音频文件

实例门类	软件功能

　　MP3 格式的音频文件凭借高采样率的音质，占用空间少的特性，

成为目前最为流行的一种音乐文件。使用【导出】功能，可以导出为 MP3 音频文件，具体的操作方法如下。

Step 01 在欢迎界面中单击【打开项目】按钮，打开【素材与效果\素材\第 13 章】文件夹中的【13.3.4.prproj】项目文件，其图像效果如图 13-26 所示。

图 13-26

Step 02 ❶ 单击【文件】菜单，❷ 在弹出的下拉菜单中，选择【导出】命令，❸ 展开子菜单，选择【媒体】命令，如图 13-27 所示。

图 13-27

Step 03 打开【导出设置】对话框，❶ 在【导出设置】选项区中的【格式】列表框中，选择【MP3】选项，在【预设】列表框中选择【MP3 256 Kbps 高品质】选项，❷ 单击【输出名称】右侧的文本链接，如图 13-28 所示。

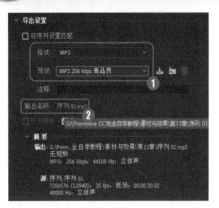

图 13-28

Step04 打开【另存为】对话框，❶修改 MP3 文件的保存路径，❷修改文件保存名称，❸单击【保存】按钮，如图 13-29 所示。

图 13-29

Step05 在【导出设置】对话框的右下角，单击【导出】按钮，打开【渲染所需音频文件】对话框，显示渲染进度，稍后将完成 MP3 音频文件的导出操作。

13.3.5 实战：导出 WMV 音频文件

实例门类	软件功能

WMV 是微软推出的一种流媒体格式。在同等视频质量下，WMV 格式的文件可以边下载边播放，因此很适合在网上播放和传输。使用【导出】功能，可以导出 WMV 音频文件。具体的操作方法如下。

Step01 在欢迎界面中单击【打开项目】按钮，打开【素材与效果\素材\第 13 章】文件夹中的【13.3.5.prproj】项目文件，其图像效果如图 13-30 所示。

图 13-30

Step02 按快捷键【Ctrl+M】，打开【导出设置】对话框，❶在【格式】列表框中选择【Windows Media】选项，在【预设】列表框中选择【HD 720p 25】选项，❷单击【输出名称】右侧的文本链接，如图 13-31 所示。

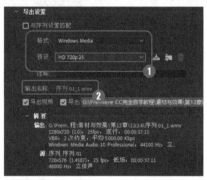

图 13-31

Step03 打开【另存为】对话框，❶修改 WMV 音频文件的保存路径，❷修改文件保存名称，❸单击【保存】按钮，如图 13-32 所示。

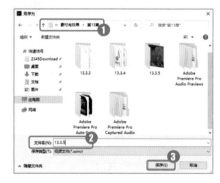

图 13-32

Step04 在【导出设置】对话框的右下角，单击【导出】按钮，打开【渲染所需音频文件】对话框，显示渲染进度，稍后将完成 WMV 音频文件的导出操作。

★重点 13.3.6 实战：导出动画 GIF 文件

实例门类	软件功能

GIF 是一种位图，比较适用于色彩较少的图片。使用【导出】功能，可以直接导出为 GIF 的动画格式文件。具体操作方法如下。

Step01 在欢迎界面中单击【打开项目】按钮，打开【素材与效果\素材\第 13 章】文件夹中的【13.3.6.prproj】项目文件，其图像效果如图 13-33 所示。

图 13-33

Step02 按快捷键【Ctrl+M】，打开【导出设置】对话框，❶在【格式】列表框中选择【动画 GIF】选项，❷单击【输出名称】右侧的文本链接，如图 13-34 所示。

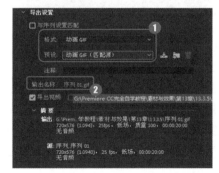

图 13-34

Step03 打开【另存为】对话框，❶修改 GIF 动画文件的保存路径，❷修改文件保存名称，❸单击【保存】按钮，如图 13-35 所示。

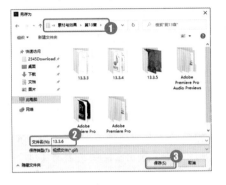

图 13-35

Step04 在【导出设置】对话框的右下角，单击【导出】按钮，打开【编码序列 01】对话框，显示渲染进度，稍后将完成 GIF 动画文件的导出操作。

13.3.7 实战：导出 AAF 文件

实例门类	软件功能

AAF 是一种用于多媒体创作及后期制作、面向企业界的开放式标准格式。使用【导出】功能，可以将项目文件导出为 AAF 文件，具体的操作方法如下。

Step01 在欢迎界面中单击【打开项目】按钮，打开【素材与效果\素材\第 13 章】文件夹中的【13.3.7.prproj】项目文件，其图像效果如图 13-36 所示。

图 13-36

Step02 ❶单击【文件】菜单，❷在弹出的下拉菜单中，选择【导出】命令，❸展开子菜单，选择【AAF】命令，如图 13-37 所示。

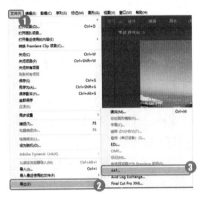

图 13-37

Step03 打开【AAF 导出设置】对话框，❶勾选【混音视频】和【启用】复选框，❷单击【确定】按钮，如图 13-38 所示。

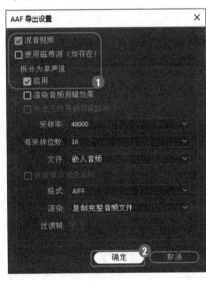

图 13-38

Step04 打开【将转换的序列另存为-AAF】对话框，❶修改文件名和保存路径，❷单击【保存】按钮，如图 13-39 所示。

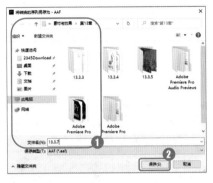

图 13-39

Step05 开始导出 AAF 文件，稍后将打开【AAF 导出日志】对话框，单击【确定】按钮，如图 13-40 所示，完成 AAF 文件的导出操作。

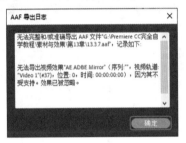

图 13-40

★重点 13.3.8 实战：导出图像文件

实例门类	软件功能

使用【导出】功能，可以将项目文件导出为静态的图像文件。具体的操作方法如下。

Step01 在欢迎界面中单击【打开项目】按钮，打开【素材与效果\素材\第 13 章】文件夹中的【13.3.8.prproj】项目文件，其图像效果如图 13-41 所示。

图 13-41

Step 02 按快捷键【Ctrl+M】，打开【导出设置】对话框，❶在【格式】列表框中选择【JPEG】选项，❷单击【输出名称】右侧的文本链接，如图 13-42 所示。

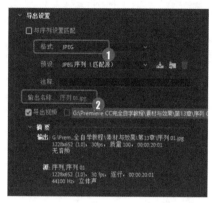

图 13-42

Step 03 打开【另存为】对话框，❶修改图像文件的保存路径，❷修改文件保存名称，❸单击【保存】按钮，如图 13-43 所示。

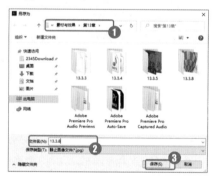

图 13-43

Step 04 在【导出设置】对话框的右下角，单击【导出】按钮，打开【编码序列 01】对话框，显示渲染进度，稍后将完成图像文件的导出操作。

★重点 13.3.9 实战：导出 AVI 视频文件

实例门类	软件功能

AVI 即音频视频交错格式，是将语音和影像同步组合在一起的文件格式。AVI 是视频文件的主流格式，这种格式的文件随处可见，比如一些游戏、教育软件的片头，多媒体光盘中，都会有不少的 AVI。使用【导出】功能，可以直接导出为 AVI 格式的视频文件，具体操作方法如下。

Step 01 在欢迎界面中单击【打开项目】按钮，打开【素材与效果\素材\第 13 章】文件夹中的【13.3.9.prproj】项目文件，其图像效果如图 13-44 所示。

图 13-44

Step 02 按快捷键【Ctrl+M】，打开【导出设置】对话框，❶在【格式】列表框中选择【AVI】选项，在【预设】列表框中，选择【PAL DV 宽银幕】选项，❷单击【输出名称】右侧的文本链接，如图 13-45 所示。

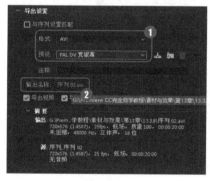

图 13-45

Step 03 打开【另存为】对话框，❶修改视频文件的保存路径，❷修改文件保存名称，❸单击【保存】按钮，如图 13-46 所示。

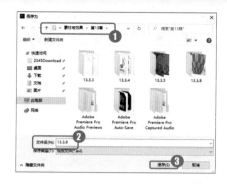

图 13-46

Step 04 在【导出设置】对话框的右下角，单击【导出】按钮，打开【编码序列 02】对话框，显示渲染进度，稍后将完成 AVI 视频文件的导出操作。

★重点 13.3.10 实战：导出 MPEG4 视频文件

实例门类	软件功能

MPEG4 视频文件可以将自然物体与人造物体相融合，因此也使其成为一种主流格式的视频文件。使用【导出】功能，可以直接导出为 MPEG4 格式的视频文件，具体的操作方法如下。

Step 01 在欢迎界面中单击【打开项目】按钮，打开【素材与效果\素材\第 13 章】文件夹中的【13.3.10.prproj】项目文件，其图像效果如图 13-47 所示。

图 13-47

Step 02 按快捷键【Ctrl+M】，打开【导出设置】对话框，❶在【格式】

列表框中选择【MPEG4】选项，❷单击【输出名称】右侧的文本链接，如图13-48所示。

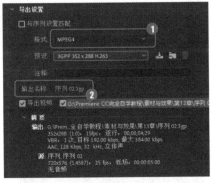

图 13-48

Step03 打开【另存为】对话框，❶修改 MPEG4 视频文件的保存路径，❷修改文件保存名称，❸单击【保存】按钮，如图13-49所示。

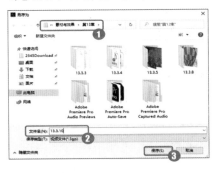

图 13-49

Step04 在【导出设置】对话框的右下角，单击【导出】按钮，打开【编码序列 02】对话框，显示渲染进度，稍后将完成MPEG4视频文件的导出操作。

13.4 使用章节标记

Premiere Pro 2020 的章节标记可以简化制作交互式DVD的过程，还可以用作导航链接目的地。因此，Premiere Pro 2020 的章节标记可以帮助用户在开发DVD项目时管理它。本节将详细讲解使用章节标记的操作方法。

★重点 13.4.1 实战：创建章节标记

实例门类	软件功能

可以在 Premiere Pro 2020 中创建章节标记。为了避免重设章节标记，最好在完成作品后再创建章节标记。具体操作方法如下。

Step01 新建一个名称为【13.4.1】的项目文件和一个序列预设【宽屏 48kHz】的序列。

Step02 在【项目】面板中导入【春暖花开】视频文件，如图13-50所示。

图 13-50

Step03 在添加的视频素材上按住鼠标左键并拖曳，将其添加至【视频1】轨道上，如图13-51所示。

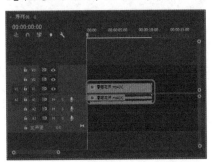

图 13-51

Step04 选择视频轨道上的视频素材，❶单击【标记】菜单，❷在弹出的下拉菜单中，选择【添加章节标记】命令，如图13-52所示。

图 13-52

Step05 打开【标记】对话框，❶修改【名称】和【注释】内容，❷单击【确定】按钮，如图13-53所示。

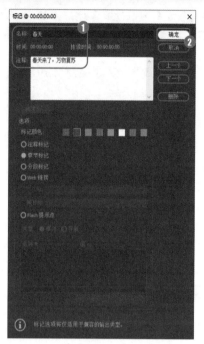

图 13-53

Step 06 完成标记的添加,并在【时间轴】面板中显示,如图 13-54 所示。

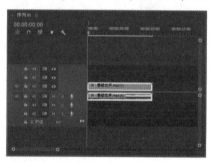

图 13-54

Step 07 使用同样的方法,在时间线 00:00:06:04 的位置处,创建一个章节标记,如图 13-55 所示。

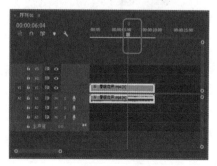

图 13-55

13.4.2 实战:使用章节标记

实例门类	软件功能

在创建章节标记后,可以对章节标记进行移动、编辑和删除操作。具体操作方法如下。

Step 01 在欢迎界面中单击【打开项目】按钮,打开【素材与效果\素材\第 13 章】文件夹中的【13.4.1.prproj】项目文件,其图像效果如图 13-56 所示。

图 13-56

Step 02 在【时间轴】面板中,单击第一个章节标记,按住鼠标左键并向右拖曳,如图 13-57 所示。

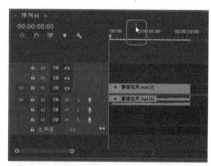

图 13-57

Step 03 至合适位置后,释放鼠标左键,完成章节标记的移动操作,如图 13-58 所示。

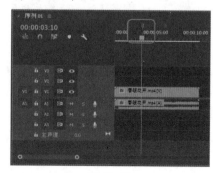

图 13-58

Step 04 双击第二个章节标记,打开【标记】对话框,❶修改【持续时间】为 00:00:02:00,❷单击【确定】按钮,如图 13-59 所示。

图 13-59

Step 05 完成章节标记的持续时间的调节操作如图 13-60 所示。

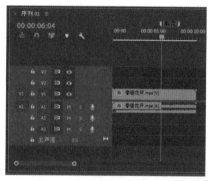

图 13-60

妙招技法

通过对前面知识的学习，相信读者朋友已经掌握了 Premiere Pro 2020 软件中的视频素材的设置与导出操作技巧了。下面结合本章内容，给大家介绍一些实用技巧。

技巧 01：保存元数据

在创建 MPEG 文件时，可以在【导出设置】对话框的下方，单击【元数据】按钮，如图 13-61 所示。

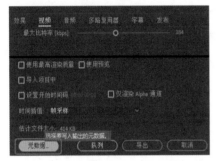

图 13-61

打开【元数据导出】对话框，如图 13-62 所示，在其中可以输入版权信息及有关文件的描述性信息。完成后单击【确定】按钮，即可将原数据嵌入该文件。

图 13-62

技巧 02：删除章节标记

在【标记】对话框中，可以对章节标记进行删除操作。具体操作方法如下。

Step 01 打开本书提供的【12.4.2】的项目文件。在【时间轴】面板中选择第一个章节标记，单击鼠标右键，在弹出的快捷菜单中，选择【编辑标记】命令，如图 13-63 所示。

图 13-63

Step 02 打开【标记 春天】对话框，单击【删除】按钮，如图 13-64 所示。

图 13-64

Step 03 即可删除章节标记，并在【时间轴】面板中显示，如图 13-65 所示。

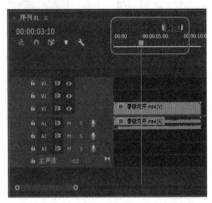

图 13-65

技巧 03：保存参数导出预设

使用【保存预设】功能，可以保存好参数的导出预设，以备以后使用。具体的操作步骤如下。

Step 01 打开本书提供的【12.4.2】的项目文件。按快捷键【Ctrl+M】，打开【导出设置】对话框，单击【保存预设】按钮，如图 13-66 所示。

图 13-66

Step 02 打开【选择名称】对话框，❶修改预设名称为【视频预设文件 1】，❷勾选【保存效果设置】和【保存发布设置】复选框，❸单击【确定】按钮，如图 13-67 所示，完成导出预设的保存操作。

图 13-67

本章小结

通过对本章知识的学习和案例练习，相信读者朋友已经掌握好Premiere Pro 2020软件中视频素材的导出技巧了。在制作好完整的视频效果后，需要将视频效果导出为各种不同格式的文件，以方便在各种移动设备、计算机设备中使用。

第 5 篇

实战应用篇

没有实战的学习只是纸上谈兵，为了让大家更好地理解和掌握学习到的知识和技巧，希望大家不要犹豫，马上动手来练习本篇中的这些具体案例制作。

第 14 章 片头动画——制作科技和企业片头

➡ 制作片头动画时需要注意些什么？

➡ 如何制作片头动画背景？

➡ 如何添加片头动画字幕？

➡ 如何给片头动画添加音效？

这一章，告诉你怎么制作片头动画。

14.1 制作片头动画时的注意事项

在制作各种片头动画视频效果时，需要注意以下事项。

1. 片头的主题设计

主题是片头动画所表现的中心思想，能够反映出该动画的定位、风格、内容、类型，以此来确定片头动画的整体风格。良好的片头必须做到主题明确突出，内涵丰富，展现时代精神，能被观众所理解和接受，吸引受众关注，对片头广告的推广宣传起到促进作用。

2. 片头的创意设计

主题决定创意，创意表现主题。片头动画的创意，就是用简洁而生动的电视画面语言，通过技术手段的处理，形成相关的情境和意境，吸引观众的注意。片头的

创意设计是电视栏目类的片头包装的核心元素，是提升片头辨识度的关键，只有视角独特，元素新颖，才能在众多的片头广告中脱颖而出。

3. 片头的创意表达

创意表达是将创意诉诸各种技术手段，以具体的声画元素的组合，表达片头动画主题。在片头中，片头动画 LOGO 的设计、色彩的搭配、构图的形式、动画的设计、文字的设计、声音与音效的选择等，都是具体的创意表达形式。片头包装中的色彩搭配要合理，构图要美观，动画要流畅，剪辑与音乐搭配要协调，才能更好地表达出创意效果。

14.2 制作科技片头动画

实例门类	图片处理 + 字幕制作类

科技片头是由背景素材+文字+音乐构成，这样才能完整地展示科技片头的内容。该效果一般用作高新科技公司和高科技内容的一个简短展示。本案例完成效果如图 14-1 所示。

本案例效果在制作时主要使用【亮度和对比度】和【颜色平衡】视频特效来调整画面的整体色调，然后使用【字幕】功能制作出科技片头的文字动画，最后通过【音乐编辑】功能加上音乐特效。

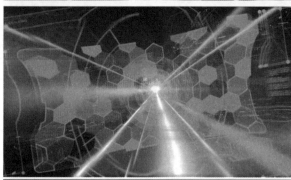

图 14-1

14.2.1 制作片头背景

制作片头背景的具体操作方法如下。

Step① 启动 Premiere Pro 2020，在启动界面中单击【新建项目】按钮，打开【新建项目】对话框，❶修改名称和位置，❷单击【确定】按钮，如图 14-2 所示，完成项目的新建。

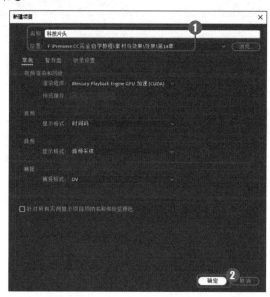

图 14-2

Step② 在【项目】面板的空白处单击鼠标右键，❶在弹出的快捷菜单中，选择【新建项目】命令，❷展开列表框，选择【序列】命令，如图 14-3 所示。

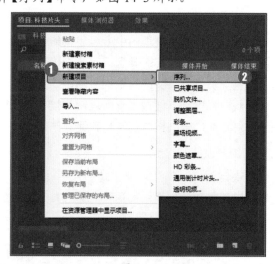

图 14-3

Step③ 打开【新建序列】对话框，❶在【可用预设】列表框中，选择【宽屏 48kHz】，❷修改【序列名称】为【总序列】，❸ 单击【确定】按钮，如图 14-4 所示，完成序列的新建。

图 14-4

Step ❹ 在【项目】面板的空白处单击鼠标右键，在弹出的快捷菜单中，选择【导入】命令，如图 14-5 所示。

图 14-5

Step ❺ 打开【导入】对话框，❶ 在对应的文件夹中选择需要导入的视频素材，❷ 单击【打开】按钮，如图 14-6 所示。

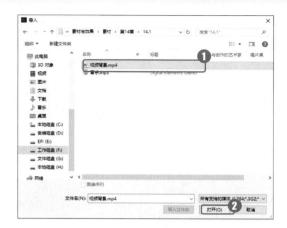

图 14-6

Step ❻ 将选择的视频素材添加至【项目】面板中，并在【项目】面板中显示，如图 14-7 所示。

图 14-7

Step ❼ 选择新添加的视频素材，按住鼠标左键并拖曳，将其添加至【时间轴】面板的【视频 1】轨道上，释放鼠标左键，打开【剪辑不匹配警告】提示对话框，单击【更改序列设置】按钮，如图 14-8 所示。

图 14-8

Step ❽ 完成序列的设置，并在【时间轴】面板中显示，如图 14-9 所示。

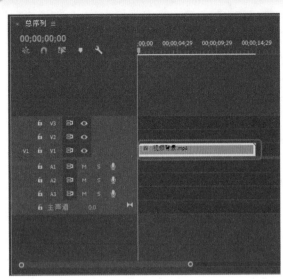

图 14-9

Step09 在【效果】面板中，❶展开【视频效果】列表框，选择【颜色校正】选项，❷再次展开列表框，选择【亮度与对比度】视频效果，如图 14-10 所示。

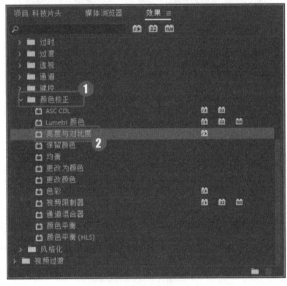

图 14-10

Step10 在选择的视频效果上，按住鼠标左键并拖曳，将其添加至【视频 1】轨道的视频素材上，释放鼠标左键，完成【亮度与对比度】视频效果的添加操作。

Step11 选择【视频素材】视频素材，在【效果控件】面板中的【亮度与对比度】选项区中，❶修改【亮度】参数为33，❷修改【对比度】参数为34，如图 14-11 所示。

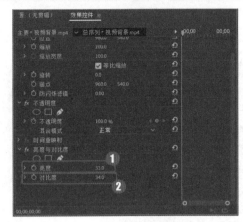

图 14-11

Step12 完成视频素材的亮度和对比度调整，并查看调整后的图像效果，如图 14-12 所示。

图 14-12

Step13 在【效果】面板中，❶展开【视频效果】列表框，选择【颜色校正】选项，❷再次展开列表框，选择【颜色平衡】视频效果，如图 14-13 所示。

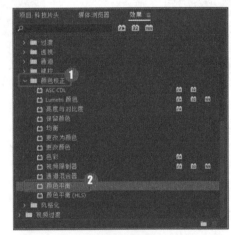

图 14-13

Step14 在选择的视频效果上，按住鼠标左键并拖曳，将其添加至【视频 1】轨道的视频素材上，释放鼠标左键，完成【颜色平衡】视频效果的添加操作。

Step⑮ 选择【视频素材】视频素材，在【效果控件】面板中的【颜色平衡】选项区中，❶修改【阴影红色平衡】参数为15、【阴影绿色平衡】参数为28，❷修改【中间调红色平衡】参数为-36、【中间调蓝色平衡】参数为14，如图14-14所示。

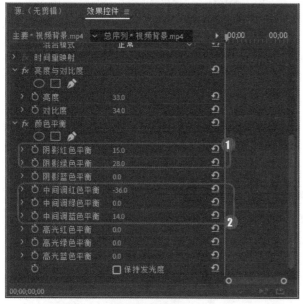

图 14-14

Step⑯ 完成视频素材的颜色平衡的调整，并查看调整后的图像效果，如图14-15所示。

图 14-15

14.2.2 制作片头字幕

制作片头字幕的具体操作方法如下。

Step① 在【项目】面板中的空白处，单击鼠标右键，❶打开快捷菜单，选择【新建项目】命令，❷再次展开列表框，选择【序列】命令，如图14-16所示。

图 14-16

Step② 打开【新建序列】对话框，❶在【可用预设】列表框中，选择【宽屏48kHz】序列，❷修改【序列名称】为【LOGO图像】，如图14-17所示。

图 14-17

Step③ ❶切换至【设置】选项卡，在【编辑模式】列表框中，选择【自定义】选项，❷修改【帧大小】参数为1000、【水平】参数为400，❸单击【确定】按钮，如图14-18所示。

图 14-18

Step 04 完成序列文件的新建，并在【项目】面板中显示，如图 14-19 所示。

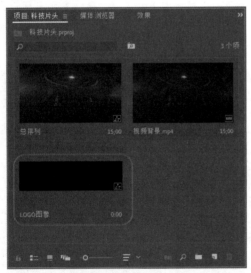

图 14-19

Step 05 双击新添加的序列，打开序列文件，在【工具箱】面板中单击【文字工具】按钮 **T**，如图 14-20 所示。

图 14-20

Step 06 当鼠标指针呈 **I** 形状时，在【节目监视器】面板中单击鼠标左键，显示文本输入框，输入文本【华信科技】，如图 14-21 所示。

图 14-21

Step 07 选择新输入的文本，在【效果控件】面板的【文本】选项区中，修改文本的字体格式和字体大小，如图 14-22 所示。

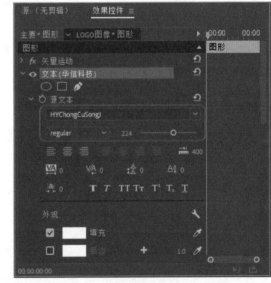

图 14-22

Step 08 在【效果控件】面板的【文本】选项区中，❶勾选【填充】复选框，❷然后单击其右侧的颜色块，如图 14-23 所示。

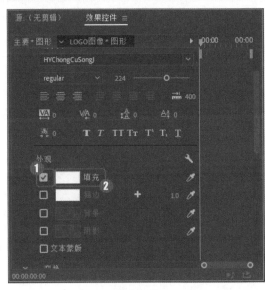

图 14-23

Step⑨ 打开【拾色器】对话框，❶修改 RGB 参数分别为 255、126、0，❷单击【确定】按钮，如图 14-24 所示。

图 14-24

Step⑩ 完成字幕填充颜色和格式的设置，然后在【节目监视器】面板中，移动字幕的位置，如图 14-25 所示。

图 14-25

Step⑪ 在【时间轴】面板的【视频 1】轨道上将自动添加一个字幕图像文件，单击鼠标右键，在弹出的快捷菜单中，选择【速度/持续时间】命令，如图 14-26 所示。

图 14-26

Step⑫ 打开【剪辑速度/持续时间】对话框，❶修改【持续时间】参数为 00：00：15：00，❷单击【确定】按钮，如图 14-27 所示。

图 14-27

Step⑬ 完成字幕文件的持续时间修改，如图 14-28 所示。

图 14-28

Step⑭ 关闭【LOGO 图像】序列文件，在【总序列】文件

的【时间轴】面板中，将时间线移至 00：00：08：17 的
位置，将【LOGO 图像】序列文件添加至【视频 2】轨道
上，并调整其持续时间长度，如图 14-29 所示。

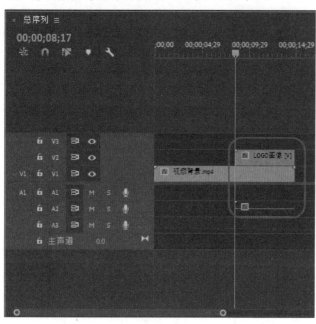

图 14-29

Step⑮ 选择新添加的序列文件，单击鼠标右键，在弹
出的快捷菜单中，选择【取消链接】命令，如图 14-30
所示。

图 14-30

Step⑯ 将序列文件中的视频和音频分离，并删除音频文
件，如图 14-31 所示。

图 14-31

Step⑰ 选择序列文件，将时间线移至 00：00：08：17 的
位置，在【效果控件】面板的【运动】选项区中，修改
【位置】参数为 945 和 502、【缩放】参数为 70、【旋转】
参数为-4°，然后单击【缩放】和【旋转】选项前的【切
换动画】按钮，添加一组关键帧，如图 14-32 所示。

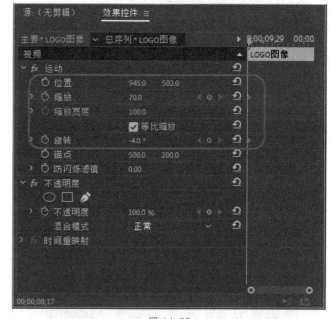

图 14-32

Step⑱ 将时间线移至 00：00：09：00 的位置，在【效果控
件】面板的【运动】选项区中，修改【旋转】参数为 0°，
添加一组关键帧，如图 14-33 所示。

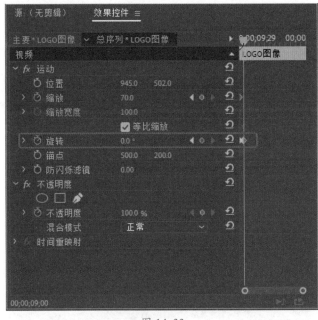

图 14-33

Step⑲ 将时间线移至 00：00：14：24 的位置，在【效果控件】面板的【运动】选项区中，修改【缩放】参数为 50，添加一组关键帧，如图 14-34 所示。

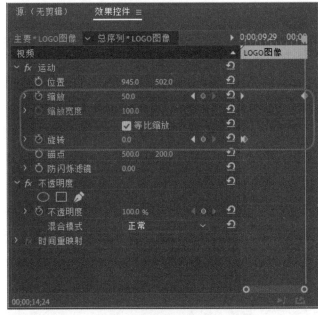

图 14-34

Step⑳ 在【效果】面板中，❶展开【视频效果】列表框，选择【扭曲】选项，❷再次展开列表框，选择【波形变形】视频效果，如图 14-35 所示。

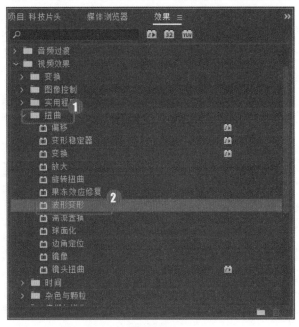

图 14-35

Step㉑ 按住鼠标左键并拖曳，将其添加至【视频 2】轨道的序列文件上，选择序列文件，在【效果控件】面板的【波形变形】选项区中，依次修改各参数值，添加一组关键帧，如图 14-36 所示。

Step㉒ 将时间线移至 00：00：08：23 的位置，在【效果控件】面板的【波形变形】选项区中，修改【波形高度】参数为 -25，添加一组关键帧，如图 14-37 所示。

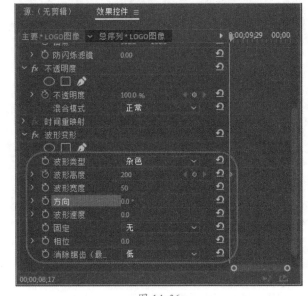

图 14-36

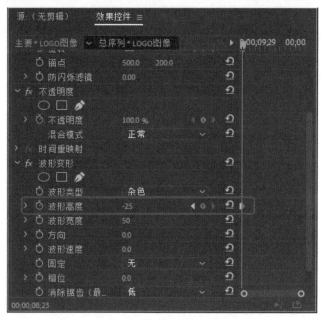

图 14-37

Step 23 将时间线移至 00：00：09：04 的位置，在【效果控件】面板的【波形变形】选项区中，修改【波形高度】参数为 0，添加一组关键帧，如图 14-38 所示。

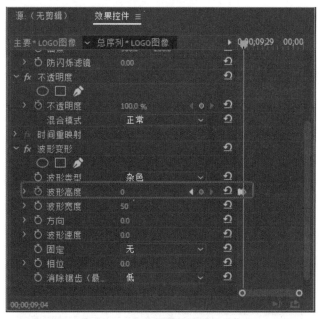

图 14-38

Step 24 在【效果】面板中，❶展开【视频效果】列表框，选择【键控】选项，❷再次展开列表框，选择【Alpha 调整】视频效果，如图 14-39 所示。

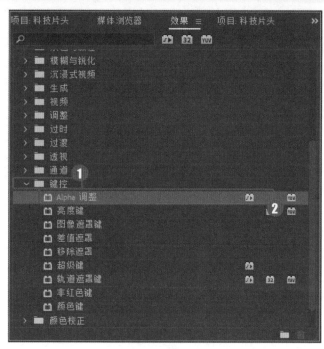

图 14-39

Step 25 按住鼠标左键并拖曳，将其添加至【视频 2】轨道的序列文件上，选择序列文件，在【效果控件】面板的【Alpha 调整】选项区中，修改【不透明度】参数为 0%，添加一组关键帧，如图 14-40 所示。

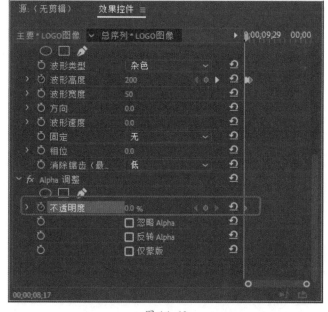

图 14-40

Step 26 将时间线移至 00：00：08：23 的位置，在【效果控件】面板的【Alpha 调整】选项区中，修改【不透明度】参数为 100%，添加一组关键帧，如图 14-41 所示。

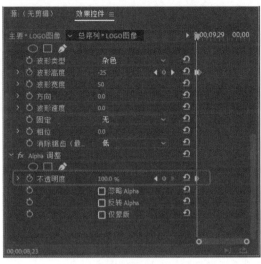

图 14-41

Step 27 ❶ 在菜单栏中单击【文件】菜单，在展开的菜单中，选择【新建】命令，❷ 展开子菜单，选择【旧版标题】命令，如图 14-42 所示。

图 14-42

Step 28 打开【新建字幕】对话框，❶ 修改【名称】为【字幕 01】，❷ 单击【确定】按钮，如图 14-43 所示。

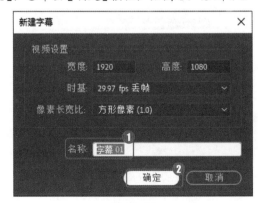

图 14-43

Step 29 打开字幕窗口，在【字幕】预览区中输入文本，如图 14-44 所示。

图 14-44

Step 30 选择新输入的文本，在【字幕】窗口的【属性】选项区中，修改【字体系列】为【华文中宋】，如图 14-45 所示。

图 14-45

Step 31 关闭【字幕】窗口，在【项目】面板中，将字幕文件添加至【时间轴】面板的【视频 3】轨道上，并调整其持续时间长度，如图 14-46 所示。

图 14-46

Step 32 择新添加的字幕文件，将时间线移至 00：00：

08：17 的位置，在【效果控件】面板的【运动】选项区中，修改【位置】参数为 845 和 652、【缩放】参数为 60、【旋转】参数为 -4°，然后单击【位置】【缩放】和【旋转】选项前的【切换动画】按钮，添加一组关键帧，如图 14-47 所示。

图 14-47

Step33 将时间线移至 00：00：09：00 的位置，在【效果控件】面板的【运动】选项区中，修改【旋转】参数为 0°，添加一组关键帧，如图 14-48 所示。

图 14-48

Step34 将时间线移至 00：00：14：24 的位置，在【效果控件】面板的【运动】选项区中，修改【位置】为 953 和 600、【缩放】为 40，添加一组关键帧，如图 14-49 所示。

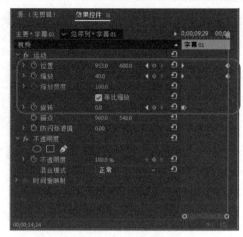

图 14-49

Step35 在【视频 2】轨道上，选择序列文件，单击鼠标右键，在弹出的快捷菜单中，选择【复制】命令，复制视频效果，如图 14-50 所示。

图 14-50

Step36 在【视频 3】轨道上，选择字幕文件，单击鼠标右键，弹出快捷菜单，选择【粘贴属性】命令，如图 14-51 所示。

图 14-51

Step 37 打开【粘贴属性】对话框，❶只勾选【效果】复选框，❷单击【确定】按钮，如图 14-52 所示，完成视频效果的粘贴操作。

图 14-52

14.2.3 制作片头音乐

制作片头音乐的具体操作方法如下。

Step 01 在【项目】面板中导入【音乐】音频文件，如图 14-53 所示。

图 14-53

Step 02 选择音乐文件，将其添加至【时间轴】面板的音频轨道上，并调整其持续时间长度，使其与视频素材的末端对齐，如图 14-54 所示。

图 14-54

Step 03 将时间线移至 00：00：11：17 的位置，选择音频素材，在【效果控件】面板中，单击【级别】左侧的【切换动画】按钮，添加一组关键帧，如图 14-55 所示。

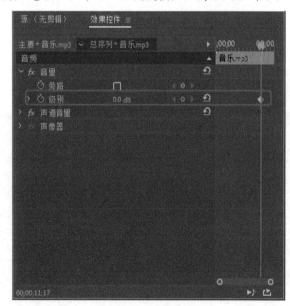

图 14-55

Step 04 将时间线移至 00：00：15：00 的位置，在【效果控件】面板中，修改【级别】参数为 -999，添加一组关键帧，如图 14-56 所示。

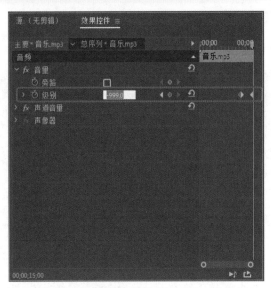

图 14-56

Step 05 展开音频轨道，查看音频素材上的关键帧效果，如图 14-57 所示，至此，本案例效果制作完成。

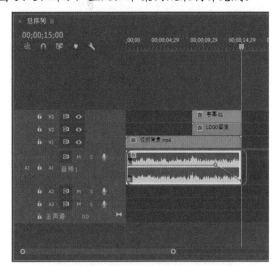

图 14-57

14.3 制作企业广告宣传片头

实例门类 | 视频特效 + 字幕编辑类

企业广告宣传片头主要用于宣传企业文化和精神信息，由背景素材+文字+音乐构成，能完整地展示出企业的文化。本案例完成效果如图 14-58 所示。

本案例效果在制作时主要使用【亮度校正器】和【卷积内核】视频特效来调整画面的整体色调，然后使用【字幕】功能制作出企业广告宣传片头的文字动画，并为文字动画制作出遮罩关键帧动画，最后加上音乐特效，完成整体效果的制作。

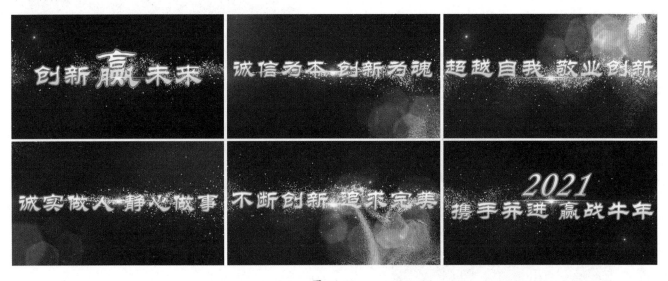

图 14-58

14.3.1 制作宣传片头背景

制作宣传片头背景的具体操作方法如下。

Step01 启动 Premiere Pro 2020，在启动界面中单击【新建项目】按钮，打开【新建项目】对话框，❶修改名称和位置，❷单击【确定】按钮，如图 14-59 所示，完成项目的新建操作。

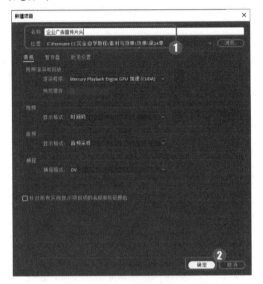

图 14-59

Step02 在【项目】面板的空白处单击鼠标右键，❶在弹出的快捷菜单中，选择【新建项目】命令，❷展开列表框，选择【序列】命令，如图 14-60 所示。

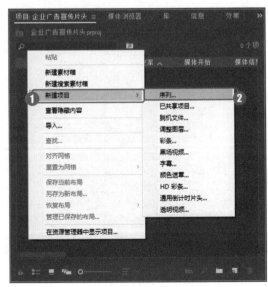

图 14-60

Step03 打开【新建序列】对话框，❶在【可用预设】列表框中，选择【宽屏 48kHz】序列，❷修改【序列名称】为

【序列 01】，❸单击【确定】按钮，如图 14-61 所示，完成序列文件的新建操作。

图 14-61

Step04 在【项目】面板的空白处双击鼠标左键，打开【导入】对话框，❶在对应的文件夹中选择需要导入的视频素材，❷单击【打开】按钮，如图 14-62 所示。

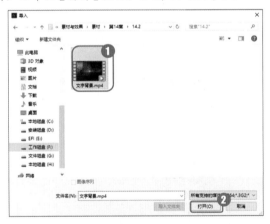

图 14-62

Step05 将选择的视频文件添加至【项目】面板中，如图 14-63 所示。

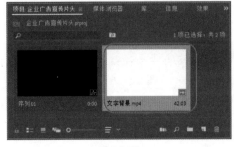

图 14-63

337

Step06 选择新添加的视频素材，按住鼠标左键并拖曳，将其添加至【时间轴】面板的【视频1】轨道上，释放鼠标左键，打开【剪辑不匹配警告】提示对话框，单击【更改序列设置】按钮，更改序列设置，完成视频文件的添加，如图 14-64 所示。

图 14-66

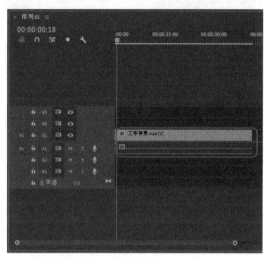

图 14-64

Step07 选择新添加的视频素材，单击鼠标右键，在弹出的快捷菜单中，选择【取消链接】命令，如图 14-65 所示。

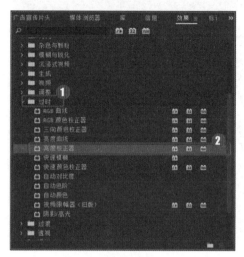

图 14-67

Step10 按住鼠标左键并拖曳，将其添加至【文字背景】视频素材上，选择【文字背景】视频素材，在【效果控件】面板的【亮度校正器】选项区中，修改各参数值，如图 14-68 所示。

图 14-65

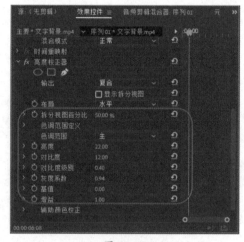

图 14-68

Step08 完成视频文件中的视频和音频的分离操作，然后将音频文件删除，如图 14-66 所示。

Step09 在【效果】面板中，❶展开【视频效果】列表框，选择【过时】选项，❷再次展开列表框，选择【亮度校正器】视频效果，如图 14-67 所示。

Step11 完成视频素材的亮度效果校正，并查看校正后的图像效果，如图 14-69 所示。

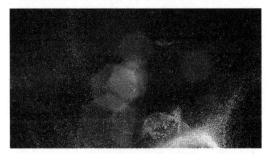

图 14-69

Step⑫ 在【效果】面板中，❶展开【视频效果】列表框，选择【调整】选项，❷再次展开列表框，选择【卷积内核】视频效果，如图 14-70 所示。

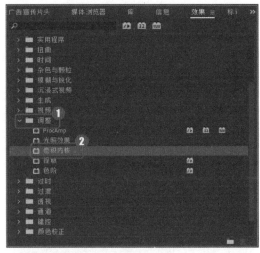

图 14-70

Step⑬ 按住鼠标左键并拖曳，将其添加至【文字背景】视频素材上，选择【文字背景】视频素材，在【效果控件】面板的【卷积内核】选项区中修改各参数值，如图 14-71 所示。

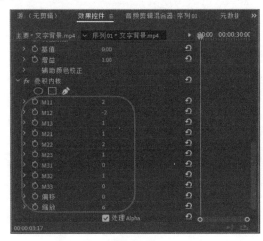

图 14-71

Step⑭ 完成视频素材的【卷积内核】效果的校正，并查看校正后的图像效果，如图 14-72 所示。

图 14-72

14.3.2 制作广告文字

制作广告文字的具体操作方法如下。

Step① ❶在菜单栏中单击【文件】菜单，在展开的菜单中，选择【新建】命令，❷展开子菜单，选择【旧版标题】命令，如图 14-73 所示。

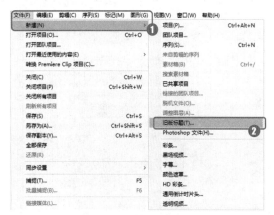

图 14-73

Step② 打开【新建字幕】对话框，❶修改【名称】为【文字 1】，❷单击【确定】按钮，如图 14-74 所示。

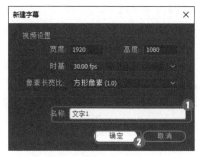

图 14-74

Step③ 新建一个字幕文件，并自动打开【字幕】窗口，在

【字幕预览区】面板中输入文字内容，如图 14-75 所示。

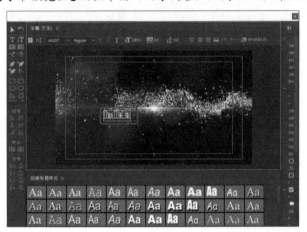

图 14-75

Step04 选择新添加的文字内容，在【字幕】窗口的【属性】选项区中，❶修改【字体系列】为【华文隶书】【字体大小】分别为 240 和 410，❷修改【字符间距】为 5，如图 14-76 所示。

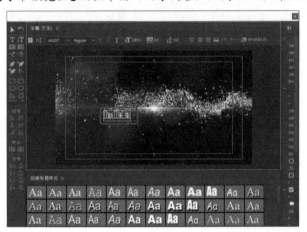

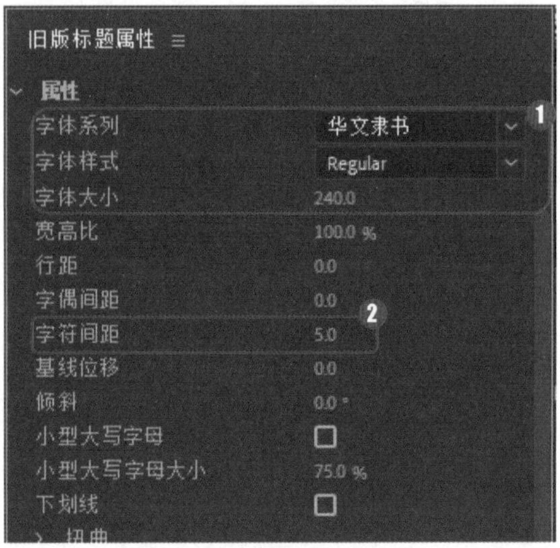

图 14-76

Step05 在【字幕】窗口的【填充】选项区中，❶修改【填充类型】为【四色渐变】，❷再依次修改 4 个颜色块的颜色参数，如图 14-77 所示。

Step06 在【字幕】窗口的【描边】选项区中，❶添加【外描边】选项，❷再依次修改各参数值，如图 14-78 所示。

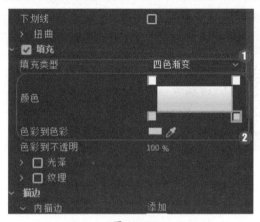

图 14-77

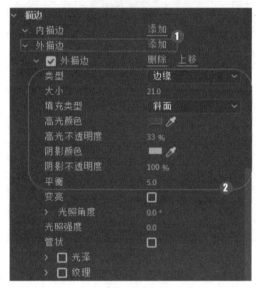

图 14-78

Step07 在【字幕】窗口的【阴影】选项区中，❶勾选【阴影】复选框，❷再依次修改各参数值，如图 14-79 所示。

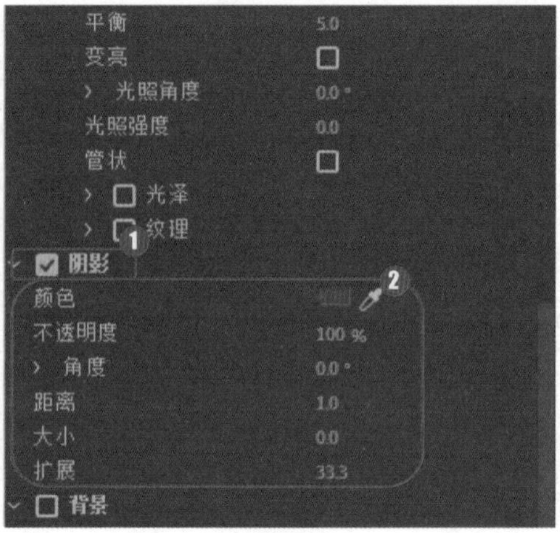

图 14-79

Step⑧ 完成文字属性的参数调整，并在【字幕】窗口的
【字幕预览】选项区中，将文字移动至合适的位置，如
图 14-80 所示。

图 14-80

Step⑨ 关闭【字幕】窗口，在【项目】面板中，选择【文字 1】字幕文件，如图 14-81 所示。

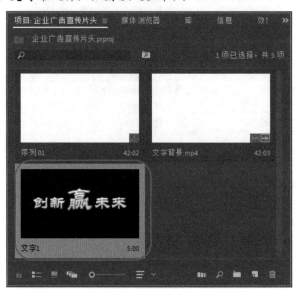

图 14-81

Step⑩ 将时间线移至 00：00：01：02 的位置，然后将选择的字幕文件添加至【视频 2】轨道上，并修改其持续时间为 5 秒，如图 14-82 所示。

Step⑪ 在【项目】面板中，选择【文字 1】字幕文件，执行【编辑】|【复制】命令，再执行【编辑】|【粘贴】命令，复制粘贴字幕文件，然后将字幕文件更改为【文字 2】，如图 14-83 所示。

图 14-82

图 14-83

Step⑫ 双击【文字 2】字幕文件，打开【字幕】窗口，❶ 删除原来的文字，重新输入新的文字内容，❷ 然后修改【字体大小】为 200，如图 14-84 所示。

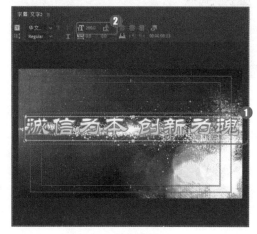

图 14-84

Step⑬ 在【项目】面板中，选择【文字 2】字幕文件，执行【编辑】|【复制】命令，再多次执行【编辑】|【粘贴】

命令，复制粘贴字幕文件，然后将字幕文件分别更改为
【文字3】~【文字8】，如图14-85所示。

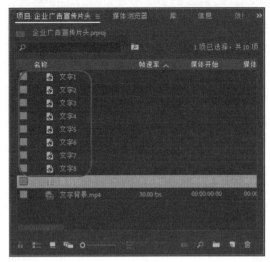

图 14-85

Step⑭ 依次双击复制后的字幕文件，打开【字幕】窗口，
修改相应的文字内容，如图14-86所示。

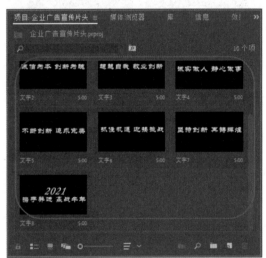

图 14-86

Step⑮ 将时间线移至00：00：06：22的位置，然后将【文
字2】字幕文件添加至【视频2】轨道上，并修改其持续
时间为3秒26帧，如图14-87所示。

Step⑯ 将时间线移至00：00：10：18的位置，然后将【文
字3】字幕文件添加至【视频2】轨道上，并修改其持续
时间为3秒23帧，如图14-88所示。

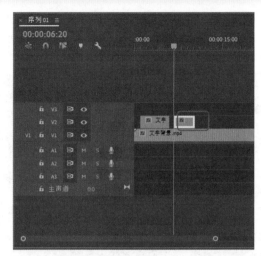

图 14-87

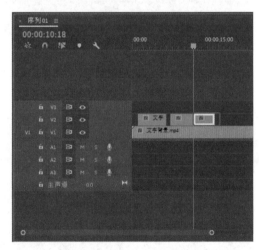

图 14-88

Step⑰ 将时间线移至00：00：15：12的位置，然后将【文
字4】字幕文件添加至【视频2】轨道上，并修改其持续
时间为3秒22帧，如图14-89所示。

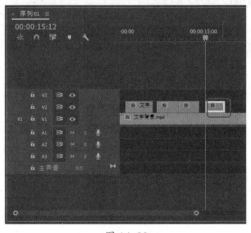

图 14-89

Step⑱ 将时间线移至00：00：19：19的位置，然后将【文字5】字幕文件添加至【视频2】轨道上，并修改其持续时间为3秒23帧，如图14-90所示。

图 14-90

Step⑲ 将时间线移至00：00：23：23的位置，然后将【文字6】字幕文件添加至【视频2】轨道上，并修改其持续时间为3秒22帧，如图14-91所示。

图 14-91

Step⑳ 将时间线依次移至00：00：28：01和00：00：31：24的位置，然后将【文字7】和【文字8】字幕文件添加至【视频2】轨道上，并修改其持续时间分别为3秒23帧和10秒8帧，如图14-92所示。

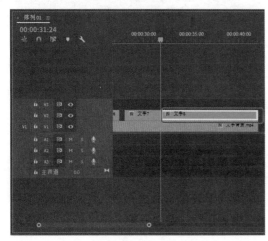

图 14-92

Step㉑ 选择【视频2】轨道上的【文字1】字幕文件，将时间线移至00：00：01：00的位置，在【效果控件】面板的【运动】选项区中，❶修改【缩放】为95，添加一组关键帧，❷在【不透明度】选项区中，修改【混合模式】为【变亮】，如图14-93所示。

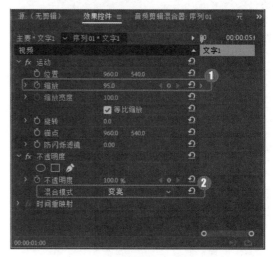

图 14-93

Step㉒ 将时间线移至00：00：05：05的位置，在【效果控件】面板的【不透明度】选项区中，修改【不透明度】参数为100%，添加一组关键帧，如图14-94所示。

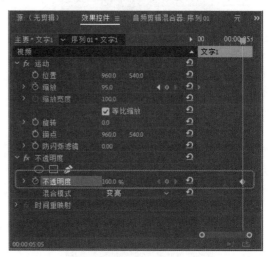

图 14-94

Step㉓ 将时间线移至00：00：06：00的位置，在【效果控件】面板的【运动】选项区中，❶修改【缩放】为105，添加一组关键帧，❷在【不透明度】选项区中，修改【不透明度】参数为0%，添加一组关键帧，如图14-95所示。

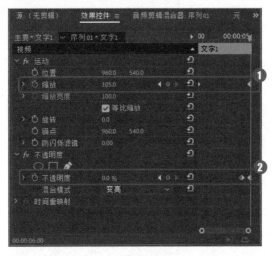

图 14-95

Step24 选择【视频 2】轨道上的【文字 1】字幕文件，执行【编辑】|【复制】命令，复制字幕文件，选择【文字 2】字幕文件，再执行【编辑】|【粘贴属性】命令，打开【粘贴属性】对话框，❶勾选【运动】和【不透明度】复选框，❷单击【确定】按钮，如图 14-96 所示，完成视频效果的粘贴操作。

图 14-96

Step25 使用同样的方法，依次为其他的字幕文件粘贴视频效果。

Step26 在【效果】面板中，❶展开【视频效果】列表框，选择【通道】选项，❷再次展开列表框，选择【设置遮罩】视频效果，如图 14-97 所示。

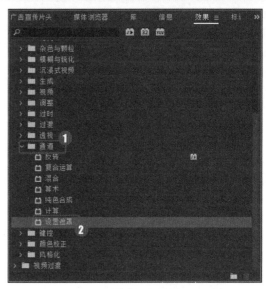

图 14-97

Step27 按住鼠标左键并拖曳，将其添加至【视频 2】轨道的【文字 1】字幕文件上，选择【文字 1】字幕文件，在【效果控件】面板的【设置遮罩】选项区中，单击【创建 4 点多边形蒙版】按钮■，如图 14-98 所示。

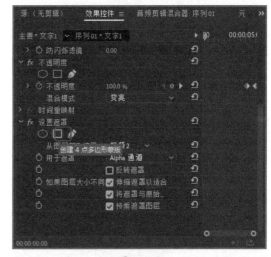

图 14-98

Step27 将时间线移至 00：00：01：02 的位置，在【节目监视器】面板中显示 4 点多边形蒙版图形，调整蒙版上的控制点，调整蒙版图形的大小和形状，如图 14-99 所示。

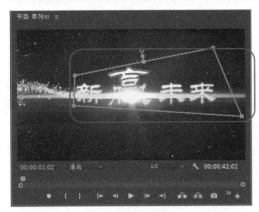

图 14-99

Step㉙ 在【效果控件】面板的【设置遮罩】选项区中，修改各参数值，然后单击【向前跟踪所选蒙版1个帧】按钮 ▶，添加一组关键帧，如图 14-100 所示。

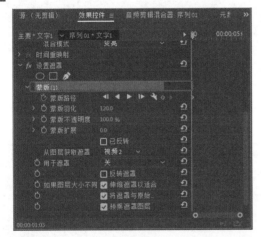

图 14-100

Step㉚ 将时间线移至 00：00：02：18 的位置，在【节目监视器】面板中调整蒙版上的控制点，调整蒙版图形的大小和形状，如图 14-101 所示。

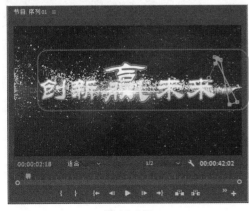

图 14-101

Step㉛ 在【效果控件】面板的【设置遮罩】选项区中，添加一组关键帧，如图 14-102 所示。

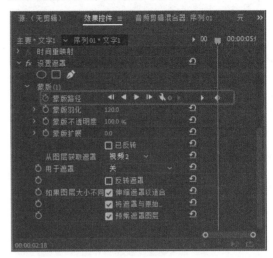

图 14-102

Step㉜ 完成关键帧动画的遮罩制作，并在【节目监视器】面板中，预览遮罩动画效果，如图 14-103 所示。

图 14-103

Step㉝ 使用同样的方法，为其他的字幕文件添加【设置遮罩】关键帧动画，并在【节目监视器】面板中，预览遮罩动画效果，如图 14-104 所示。

图 14-104

14.3.3 制作音乐效果

制作音乐效果的具体操作方法如下。

Step 01 在【项目】面板中导入【音乐】音频文件，如图 14-105 所示。

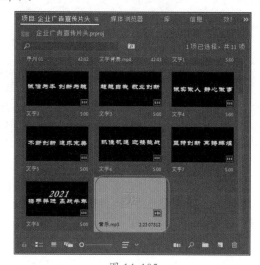

图 14-105

Step 02 选择音乐文件，将其添加至【时间轴】面板的音频轨道上，然后将时间线移至 00：00：27：00 的位置，如图 14-106 所示。

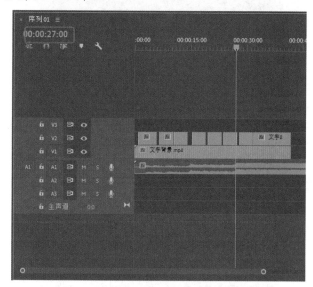

图 14-106

Step 03 单击工具箱中的【剃刀工具】按钮，在时间线 00：00：27：00 的位置，单击鼠标左键，分割音频素材，如图 14-107 所示。

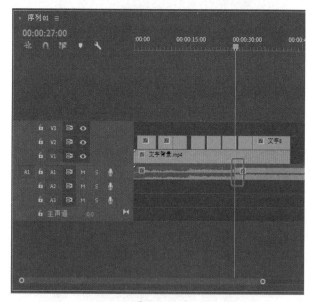

图 14-107

Step 04 删除左侧的音频素材，然后将右侧的音频素材移动至时间线的起始位置，并调整该音频素材的持续时间长度，如图 14-108 所示。

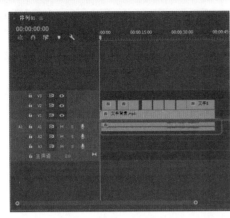

图 14-108

Step05 选择音频素材，在【效果控件】面板的【音量】选项区中，修改【级别】参数为-25dB，添加一组关键帧，如图 14-109 所示。

Step06 将时间线移至 00：00：01：11 的位置，在【效果控件】面板的【音量】选项区中，修改【级别】参数为 0dB，添加一组关键帧，如图 14-110 所示。

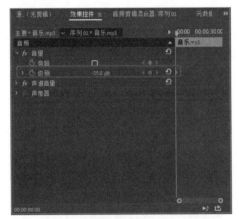

图 14-119

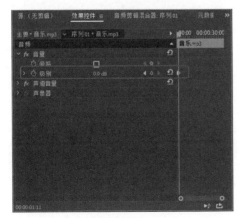

图 14-110

Step07 将时间线移至 00：00：40：00 的位置，在【效果控件】面板的【音量】选项区中，修改【级别】参数为 0dB，添加一组关键帧，如图 14-111 所示。

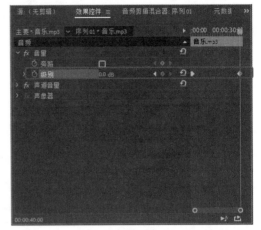

图 14-111

Step08 将时间线移至 00：00：41：20 的位置，在【效果控件】面板的【音量】选项区中，修改【级别】参数为-25dB，添加一组关键帧，如图 14-112 所示，至此，本案例效果制作完成。

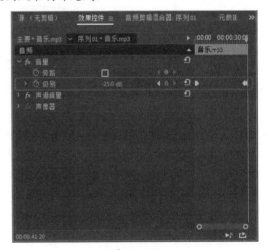

图 14-112

本章小结

　　本章模拟了两个片头动画的制作过程，分别介绍了通过制作片头、主体和片尾内容，完成一个整体宣传片头动画的制作。在实际工作中，你所遇到的工作可能比本章案例更为复杂，你也可以将这些工作进行细分，然后采用最好的解决方式来分批完成。

第15章 网络短视频——制作淘宝主图视频

➡ 淘宝主图视频有什么作用？

➡ 制作主图视频的具体流程是什么？

➡ 制作主图视频时需要注意些什么？

这一章，告诉你怎么制作主图视频。

15.1 案例背景介绍

实例门类	关键帧动画＋字幕动画制作类

淘宝视频主要用于主图、首页与详情描述中，不同区域的视频，视频制作效果也各不相同。

淘宝主图视频主要展示商品的特点、细节及新品上市、活动商品或爆款商品等。观看淘宝主图视频，可以帮助消费者快速了解商品信息，清楚哪些商品是爆款，且在做活动，值得购买。本案例完成效果如图 15-1 所示。

图 15-1

15.2 制作淘宝主图视频的注意事项

随着短视频领域的不断升温与巨大商业变现模式的明朗化，现在越来越多的淘宝商家都制作出了主图视频来吸引消费者的眼球。在制作淘宝主图视频时，需要注意以下几点。

1. 控制视频长度

做主图视频时尽量控制在 30 秒内，且将最重要的信息在前 10 秒展示出来，如果视频时间过长，则容易使消费者视觉疲劳。

2. 控制视频尺寸

视频最好采用 1:1 或 16:9 的尺寸，分辨率最好是 800 像素 × 800 像素，大于 800 的也可以，低于 800 的会比较模糊。

3. 只表达一两个卖点

一个淘宝主图视频中只需要表达一两个卖点，卖点表达得太多，会使得消费者只会记住视频前半段讲的，对于后半段就忘了或印象不深了，所以视频围绕着一两个卖点重点讲述才是明智的。

4. 视频要拍摄主推款

不是每一个产品都需要完善视频的，那些访客少、转化低，两个月都卖不了一件的没必要去弄，把精力和预算放在主推款上面就行。

15.3 制作淘宝主图视频

在制作淘宝主图视频时，首先需要添加图像素材，才能进行视频主体效果的制作。本节将详细讲解制作淘宝主图视频的具体方法。

15.3.1 添加图像素材

添加视频与图像素材的具体操作方法如下。

Step01 新建一个名称为【淘宝主图视频】的项目文件，在【项目】面板的空白处单击鼠标右键，❶在弹出的快捷菜单中，选择【新建项目】命令，❷展开子菜单，选择【序列】命令，如图 15-2 所示。

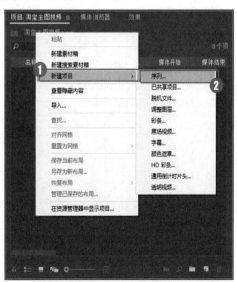

图 15-2

Step02 打开【新建序列】对话框，❶在【可用预设】列表框中，选择【宽屏 48kHz】选项，❷在【序列名称】文本框中输入【总合成】，如图 15-3 所示。

图 15-3

Step03 切换至【设置】选项卡，❶在【编辑模式】列表框中选择【自定义】选项，❷修改【帧大小】参数为 750、【水平】参数为 1000，❸单击【确定】按钮，如图 15-4 所示。

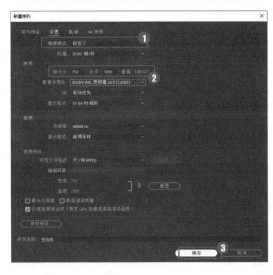

图 15-4

Step 04 完成序列文件的新建操作，并在【项目】面板中显示，如图 15-5 所示。

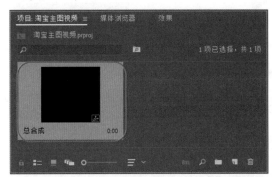

图 15-5

Step 05 在【项目】面板的空白处双击鼠标左键，打开【导入】对话框，❶在对应的文件夹中选择需要导入的图像素材，❷单击【打开】按钮，如图 15-6 所示。

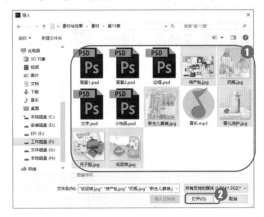

图 15-6

Step 06 将选择的图像文件添加至【项目】面板中，如图 15-7 所示。

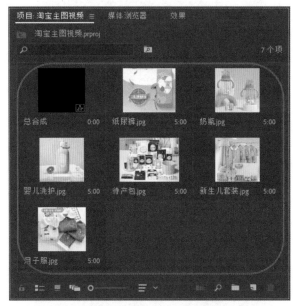

图 15-7

Step 07 在【项目】面板的空白处双击鼠标左键，打开【导入】对话框，❶在对应的文件夹中选择需要PSD格式的【文字.psd】图像素材，❷单击【打开】按钮，如图 15-8 所示。

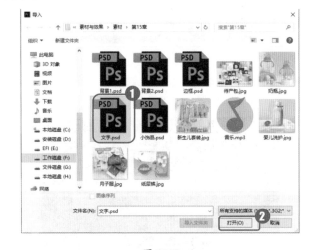

图 15-8

Step 08 打开【导入分层文件：文字】对话框，❶在【导入为】列表框中，选择【合并所有图层】选项，❷单击【确定】按钮，如图 15-9 所示。

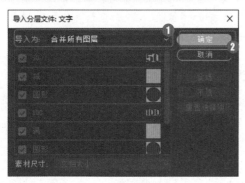

图 15-9

Step⑩ 即可将选择的 PSD 格式文件添加至【项目】面板中，如图 15-10 所示。

图 15-10

Step⑩ 使用同样的方法，将其他的 PSD 格式图像添加至【项目】面板中，如图 15-11 所示。

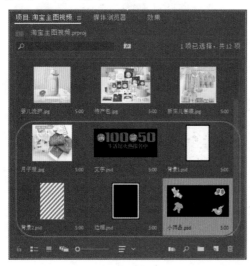

图 15-11

15.3.2 制作淘宝视频背景效果

制作淘宝视频背景效果的具体操作方法如下。

Step① 在【项目】面板中的空白处，单击鼠标右键，打开快捷菜单，❶选择【新建项目】命令，再次展开列表框，❷选择【颜色遮罩】命令，如图 15-12 所示。

图 15-12

Step② 打开【新建颜色遮罩】对话框，保持默认参数值设置，单击【确定】按钮，如图 15-13 所示。

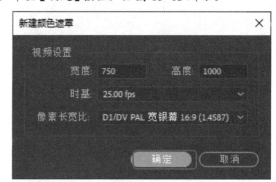

图 15-13

Step③ 打开【拾色器】对话框，❶修改 RGB 参数分别为231、102、145，❷单击【确定】按钮，如图 15-14 所示。

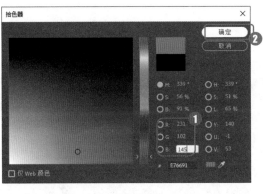

图 15-14

Step④ 打开【选择名称】对话框，❶修改【选择新遮罩的名称】为【粉色遮罩】，❷单击【确定】按钮，如图 15-15 所示，即可新建颜色遮罩。

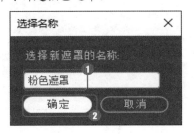

图 15-15

Step⑤ 在【项目】面板中选择新添加的彩色遮罩图形，按住鼠标左键并拖曳至【时间轴】面板的【视频 1】轨道上，然后调整新添加遮罩图形的持续时间为 12 秒，如图 15-16 所示。

图 15-16

Step⑥ 使用同样的方法，新建一个 RGB 参数均为 255 的白色遮罩图形，如图 15-17 所示。

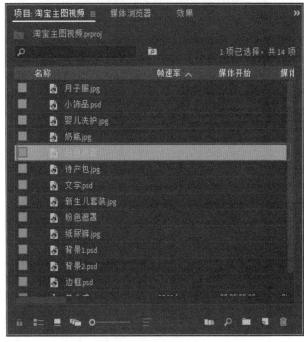

图 15-17

Step⑦ 在【项目】面板中选择新添加的【白色遮罩】图形，按住鼠标左键并拖曳至【时间轴】面板的【视频 2】轨道上，然后调整新添加遮罩图形的持续时间长度为 12 秒，如图 15-18 所示。

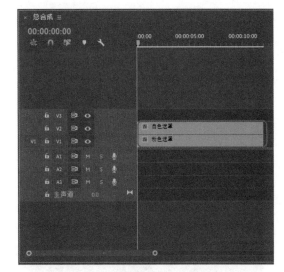

图 15-18

Step⑧ 选择【白色遮罩】图形，在【效果控件】面板的【运动】选项区中，修改【缩放】参数为 97，如图 15-19 所示。

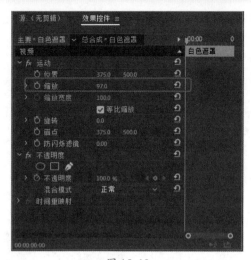

图 15-19

Step**09** 在"节目监视器"面板中查看缩放后的图像效果，如图 15-20 所示。

图 15-20

Step**10** 在【项目】面板中，选择【背景 2】图像文件，按住鼠标左键并拖曳至【时间轴】面板的【视频 3】轨道上，然后调整其持续时间长度为 12 秒，如图 15-21 所示。

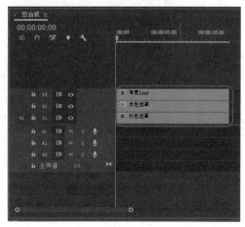

图 15-21

Step**11** 选择【背景 2】图像文件，在【效果控件】面板的【运动】选项区中，修改【缩放】参数为 23，添加一组关键帧，如图 15-22 所示。

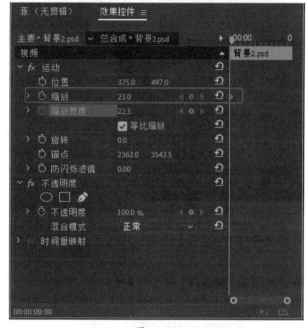

图 15-22

Step**12** 将时间线移至 00：00：11：17 的位置，在【效果控件】面板的【运动】选项区中，修改【缩放】参数为 26，添加一组关键帧，如图 15-23 所示。

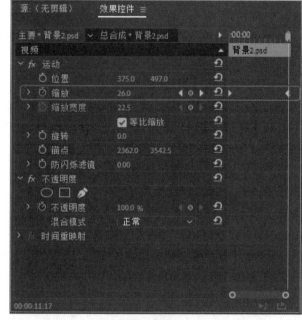

图 15-23

Step**13** 在【项目】面板中，选择【背景 1】图像文件，按

住鼠标左键并拖曳至【时间轴】面板的【视频4】轨道
上，然后调整其持续时间长度为12秒，如图15-24所示。

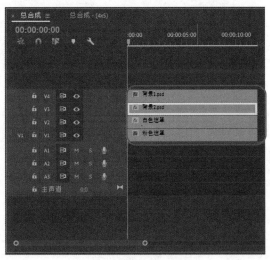

图 15-24

Step⑭ 选择【背景1】图像文件，在【效果控件】面板的
【运动】选项区中，❶取消勾选【等比缩放】复选框，❷修
改【缩放高度】参数为11.5、【缩放宽度】参数为23，如
图 15-25 所示。

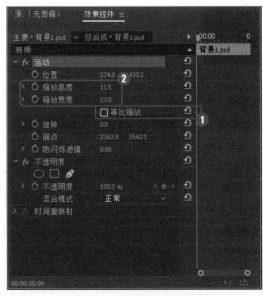

图 15-25

Step⑮ 完成图像大小的调整，并在【节目监视器】面板中
预览调整后的图像效果，如图15-26所示。

图 15-26

Step⑯ 在【项目】面板中选择【白色遮罩】图像，按住鼠
标左键并拖曳至【时间轴】面板的【视频5】轨道上，然
后调整其持续时间长度为12秒，如图15-27所示。

图 15-27

Step⑰ 选择【白色遮罩】图形，在【效果控件】面板的【运
动】选项区中，❶修改【位置】参数为373和1008，❷取
消勾选【等比缩放】复选框，❸修改【缩放高度】为30、
【缩放宽度】为101，如图15-28所示。

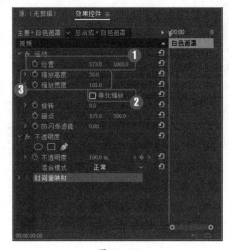

图 15-28

Step⑱ 完成图像大小的调整，并在【节目监视器】面板中预览调整后的图像效果，如图 15-29 所示。

图 15-29

15.3.3 制作淘宝视频主体效果

制作淘宝视频主体效果的具体操作方法如下。

Step① 在【项目】面板的空白处单击鼠标右键，❶在弹出的快捷菜单中，选择【新建项目】命令，❷展开子菜单，选择【序列】命令，如图 15-30 所示。

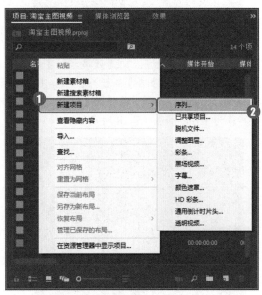

图 15-30

Step② 打开【新建序列】对话框，❶在【可用预设】列表框中，选择【标准 48kHz】选项，❷在【序列名称】文本框中输入【商品展示 1】，如图 15-31 所示。

图 15-31

Step③ 切换至【设置】选项卡，❶在【编辑模式】列表框中选择【自定义】选项，❷修改【帧大小】参数为 720、【水平】参数为 576，❸单击【确定】按钮，如图 15-32 所示。

Step④ 完成【商品展示 1】序列的新建，并在【项目】面板中显示，如图 15-33 所示。

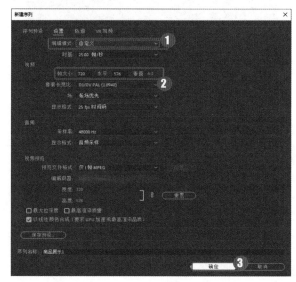

图 15-32

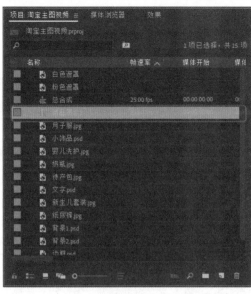

图 15-33

Step05 双击新创建的序列文件，打开【商品展示1】序列的【时间轴】面板，然后在【项目】面板中，选择【月子服】图像文件，将其添加至【视频1】轨道上，如图15-34 所示。

图 15-34

Step06 选择【月子服】图像，将时间线移至00：00：00：00 的位置，在【效果控件】面板的【运动】选项区中，修改【缩放】参数为178，添加一组关键帧，如图15-35 所示。

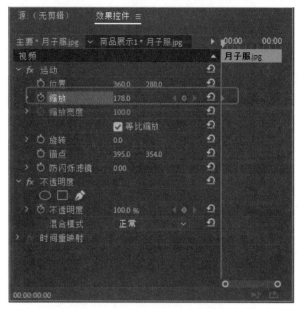

图 15-35

Step07 将时间线移至00：00：01：02 的位置，在【效果控件】面板的【运动】选项区中，修改【缩放】参数为148，添加一组关键帧，如图15-36 所示。

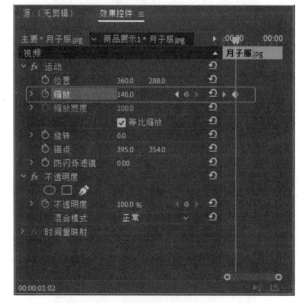

图 15-36

Step08 将时间线移至00：00：02：09 的位置，在【效果控件】面板的【运动】选项区中，修改【缩放】参数为115，添加一组关键帧，如图15-37 所示。

图 15-37

Step 09 将时间线移至 00：00：04：07 的位置，在【效果控件】面板的【运动】选项区中，修改【位置】参数为 360 和 347，修改【缩放】参数为 101，添加一组关键帧，如图 15-38 所示。

图 15-38

Step 10 在【项目】面板中，选择【边框】图像文件，将其添加至【视频 2】轨道上，如图 15-39 所示。

图 15-39

Step 11 选择【边框】图像素材，在【效果控件】面板的【运动】选项区中，修改各参数值，添加一组关键帧，如图 15-40 所示。

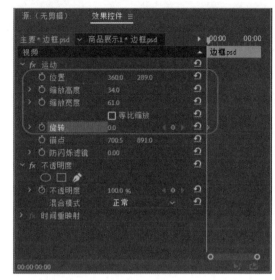

图 15-40

Step 12 将时间线移至 00：00：00：07 的位置，在【效果控件】面板的【运动】选项区中，修改【旋转】参数为 0.5°，添加一组关键帧，如图 15-41 所示。

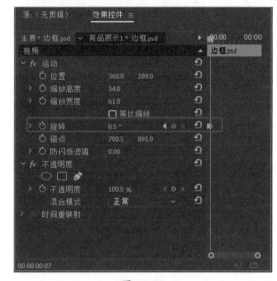

图 15-41

Step 13 将时间线移至 00：00：00：15 的位置，在【效果控件】面板的【运动】选项区中，修改【旋转】参数为 -0.5°，添加一组关键帧，如图 15-42 所示。

Step 14 在【效果控件】面板的【运动】选项区中，选择关键帧，单击鼠标右键，在弹出的快捷菜单，选择【复制】命令，复制关键帧，如图 15-43 所示。

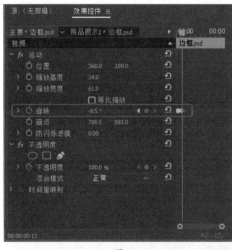

图 15-42

图 15-43

Step⑮ 将时间线移至 00：00：00：22 的位置，在【效果控件】面板的【运动】选项区中的空白处，单击鼠标右键，在弹出的快捷菜单中，选择【粘贴】命令，如图 15-44 所示。

图 15-44

Step⑯ 即可粘贴关键帧，使用同样的方法，多次粘贴关键帧，如图 15-45 所示。

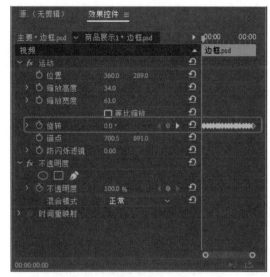

图 15-45

Step⑰ 在【节目监视器】面板中，预览关键帧动画效果，如图 15-46 所示。

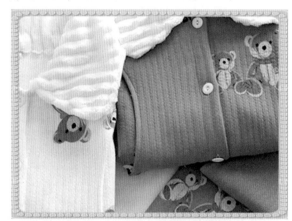

图 15-46

Step⑱ 在【项目】面板中选择【商品展示1】序列，执行【编辑】|【复制】命令，复制序列文件，多次执行【编辑】|【粘贴】命令，粘贴序列文件，然后更改粘贴后的序列文件名称，如图15-47所示。

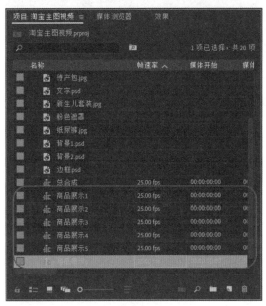

图 15-47

Step⑲ 在【项目】面板中选择【商品展示2】序列，双击鼠标左键，打开【商品展示2】序列文件的【时间轴】面板，在【项目】面板中，选择【待产包】图像文件，将其添加至【视频1】轨道上，并删除原有的图像文件，如图15-48所示。

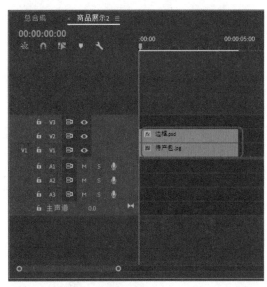

图 15-48

Step⑳ 选择【待产包】图像文件，在【效果控件】面板的

【运动】选项区中，依次修改【位置】和【缩放】参数值，添加多组关键帧，如图15-49所示。

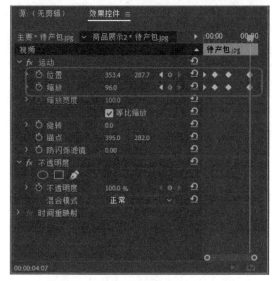

图 15-49

Step㉑ 在【项目】面板中选择【商品展示3】序列，双击鼠标左键，打开【商品展示3】序列文件的【时间轴】面板，在【项目】面板中，选择【奶瓶】图像文件，将其添加至【视频1】轨道上，并删除原有的图像文件，如图15-50所示。

图 15-50

Step㉒ 选择【奶瓶】图像文件，在【效果控件】面板的【运动】选项区中，依次修改【位置】和【缩放】参数值，添加多组关键帧，如图15-51所示。

Step㉓ 在【项目】面板中选择【商品展示4】序列，双击鼠标左键，打开【商品展示4】序列文件的【时间轴】面板，在【项目】面板中，选择【纸尿裤】图像文件，将其添加至【视频1】轨道上，并删除原有的图像文件，如图 15-52 所示。

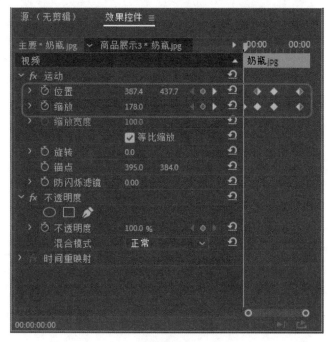

图 15-51

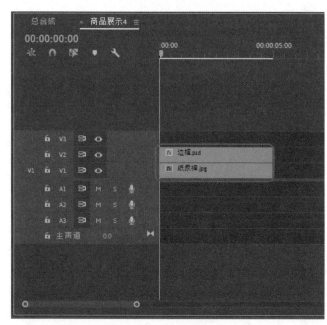

图 15-52

Step24 选择【纸尿裤】图像文件，在【效果控件】面板的【运动】选项区中，依次修改【位置】和【缩放】参数值，添加多组关键帧，如图 15-53 所示。

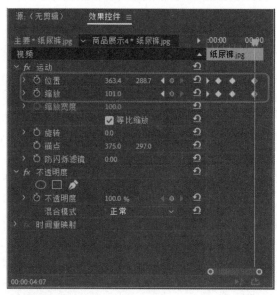

图 15-53

Step25 在【项目】面板中选择【商品展示5】序列，双击鼠标左键，打开【商品展示5】序列文件的【时间轴】面板，在【项目】面板中，选择【婴儿洗护】图像文件，将其添加至【视频1】轨道上，并删除原有的图像文件，如图 15-54 所示。

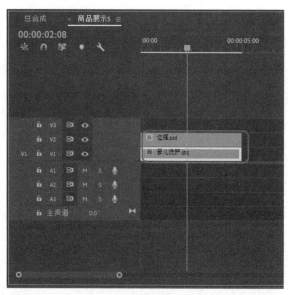

图 15-54

Step26 选择【婴儿洗护】图像文件，在【效果控件】面板的【运动】选项区中，依次修改【位置】和【缩放】参数值，添加多组关键帧，如图 15-55 所示。

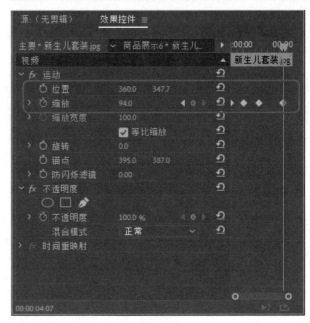

图 15-55

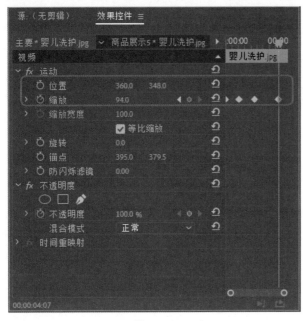

图 15-57

Step27 在【项目】面板中选择【商品展示6】序列，双击鼠标左键，打开【商品展示6】序列文件的【时间轴】面板，在【项目】面板中，选择【新生儿套装】图像文件，将其添加至【视频1】轨道上，并删除原有的图像文件，如图 15-56 所示。

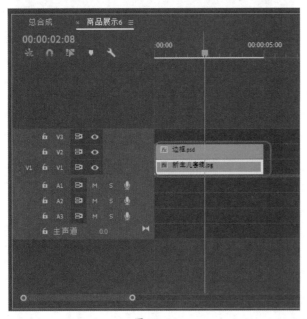

图 15-56

Step28 选择【新生儿套装】图像文件，在【效果控件】面板的【运动】选项区中，依次修改【位置】和【缩放】参数值，添加多组关键帧，如图 15-57 所示。

Step29 在【项目】面板中选择【商品展示1】序列文件，按住鼠标左键并拖曳，将其添加至【总合成】面板的【视频6】轨道上，修改其持续时间长度为2秒，并分离该序列文件中的视频和音频，删除音频文件，如图 15-58 所示。

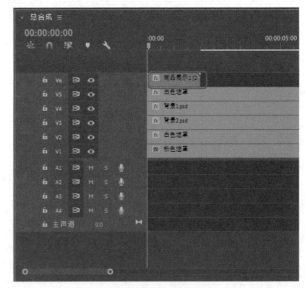

图 15-58

Step30 选择【商品序列1】文件，在【效果控件】面板的【运动】选项区中，修改【位置】参数为 -297.5 和 423，【缩放】参数为 120，添加一组关键帧，如图 15-59 所示。

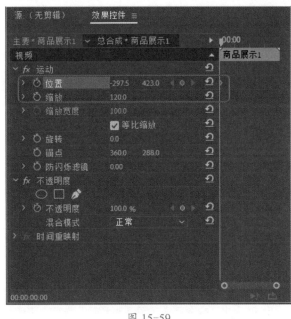

图 15-59

Step 31 将时间线移至 00：00：00：07 的位置，在【效果控件】面板的【运动】选项区中，修改【位置】参数为 -118.5 和 423，添加一组关键帧，如图 15-60 所示。

Step 32 将时间线移至 00：00：00：17 的位置，在【效果控件】面板的【运动】选项区中，修改【位置】参数为 211.5 和 423，添加一组关键帧，如图 15-61 所示。

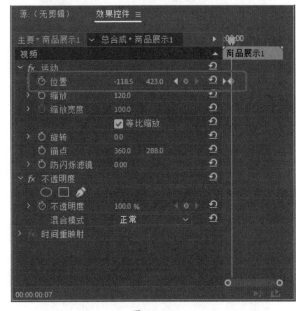

图 15-60

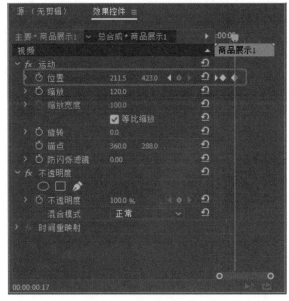

图 15-61

Step 33 将时间线移至 00：00：01：05 的位置，在【效果控件】面板的【运动】选项区中，修改【位置】参数为 370.5 和 423，添加一组关键帧，如图 15-62 所示。

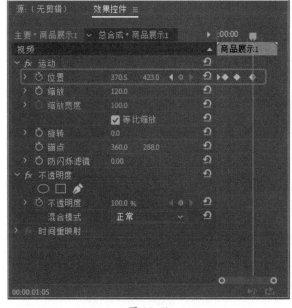

图 15-62

Step 34 将时间线移至 00：00：01：15 的位置，在【效果控件】面板的【不透明度】选项区中，修改【不透明度】参数为 100%，添加一组关键帧，如图 15-63 所示。

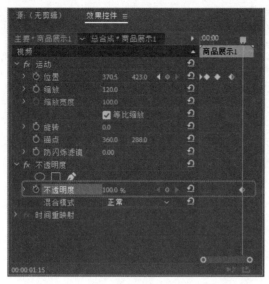

图 15-63

Step35 将时间线移至 00：00：01：24 的位置，在【效果控件】面板的【不透明度】选项区中，修改【不透明度】参数为 0%，添加一组关键帧，如图 15-64 所示。

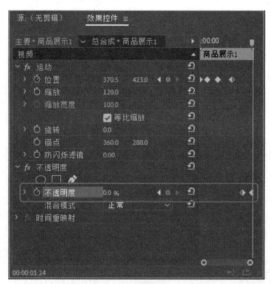

图 15-64

Step36 在【项目】面板中依次选择【商品展示 2】~【商品展示 6】序列文件，按住鼠标左键并拖曳，将其添加至【总合成】面板的【视频 6】轨道上，修改其持续时间长度为 2 秒，并分离该序列文件中的视频和音频，删除音频文件，如图 15-65 所示。

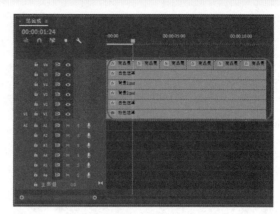

图 15-65

Step37 在【时间轴】面板中选择【商品序列 1】序列文件，执行【编辑】|【复制】命令，复制视频属性，依次选择【商品展示 2】~【商品展示 6】序列文件，再执行【编辑】|【粘贴属性】命令，打开【粘贴属性】对话框，在【视频属性】选项区中，❶勾选【运动】和【不透明度】复选框，❷单击【确定】按钮，如图 15-66 所示，完成视频属性的粘贴操作。

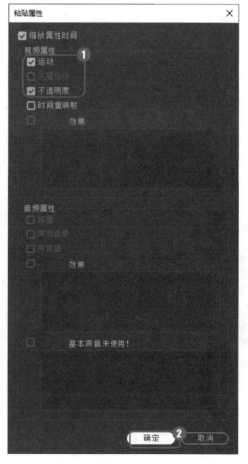

图 15-66

15.4　完善与导出淘宝主图视频

完成淘宝主图视频的主体效果的制作后，还需要为主图视频添加字幕和音乐，才能得到完整的主图视频，最后通过导出功能将主图视频导出即可。本节将详细讲解完善与导出淘宝主图视频的具体方法。

15.4.1　添加淘宝视频的字幕

添加淘宝视频的字幕的具体操作方法如下。

Step01 将时间线移至 00：00：00：00 的位置，单击工具箱中的【文字工具】按钮 **T**，在【节目监视器】面板中，单击鼠标左键，输入文本【母婴生活馆】，如图 15-67 所示。

图 15-67

Step02 选择新输入的文本，在【效果控件】面板的【文本】选项区中，❶修改字体格式为【方正粗宋简体】，❷修改【字体大小】为 108，如图 15-68 所示。

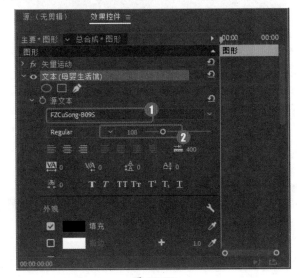

图 15-68

Step03 在【外观】选项区中，单击【填充】左侧的颜色块，打开【拾色器】对话框，❶修改 RGB 参数分别为 223、48、109，❷单击【确定】按钮，如图 15-69 所示，修改字体的填充颜色。

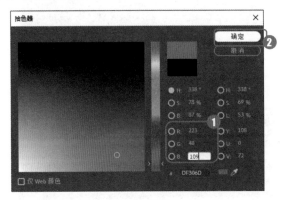

图 15-69

Step04 在【外观】选项区中，❶勾选【描边】复选框，修改其颜色的 RGB 参数均为 242，❷修改【描边宽度】参数为 17，如图 15-70 所示，修改字体的描边效果。

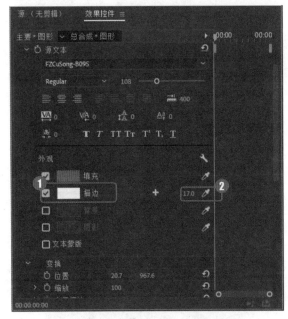

图 15-70

Step05 完成文本格式的修改，然后将文本移动至合适的位置，如图 15-71 所示。

图 15-71

Step06 在【时间轴】面板中，将自动显示字幕图形，并调整其持续时间长度为 12 秒，如图 15-72 所示。

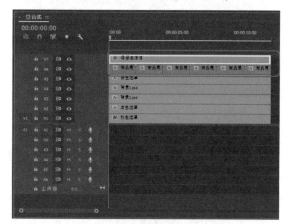

图 15-72

Step07 将时间线移至 00：00：00：00 的位置，选择新添加的字幕文件，在【效果控件】面板的【运动】选项区中，修改【旋转】参数为 1°，添加一组关键帧，如图 15-73 所示。

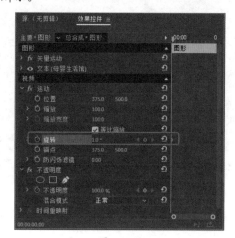

图 15-73

Step08 将时间线移至 00：00：00：13 的位置，在【效果控件】面板的【运动】选项区中，修改【旋转】参数为 -1°，添加一组关键帧，如图 15-74 所示。

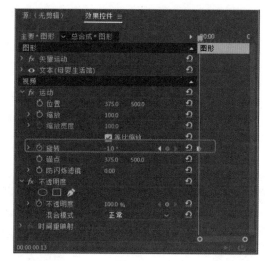

图 15-74

Step09 将时间线移至 00：00：00：17 的位置，在【效果控件】面板的【运动】选项区中，选择关键帧，单击鼠标右键，在弹出的快捷菜单中，选择【复制】命令，复制关键帧，如图 15-75 所示。

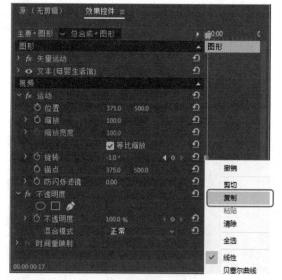

图 15-75

Step10 在【效果控件】面板的【运动】选项区中的空白处，单击鼠标右键，在弹出的快捷菜单中，选择【粘贴】命令，如图 15-76 所示。

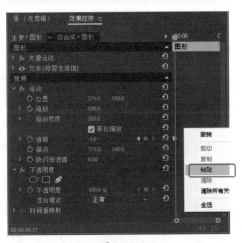

图 15-76

Step⑪ 即可粘贴关键帧，使用同样的方法，多次对关键帧进行复制和粘贴操作，如图 15-77 所示。

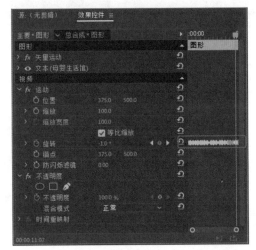

图 15-77

Step⑫ 在【项目】面板中选择【文字】图像文件，按住鼠标左键并拖曳，将其添加至【时间轴】面板的【视频 7】轨道上，并调整其持续时间长度为 12 秒，如图 15-78 所示。

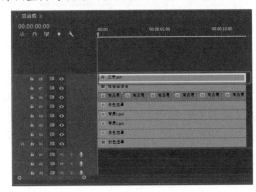

图 15-78

Step⑬ 选择【文字】图像文件，在【效果控件】面板的【运动】选项区中，❶修改【位置】参数为 553 和 924，❷修改【缩放】为 12，如图 15-79 所示。

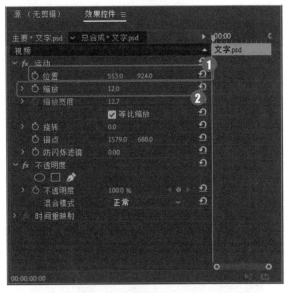

图 15-79

Step⑭ 继续选择【文字】图像文件，在【效果控件】面板的【运动】选项区中，修改【旋转】参数值，添加多组关键帧，如图 15-80 所示。

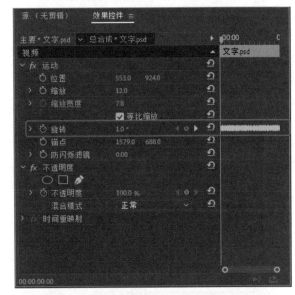

图 15-80

Step⑮ 在【节目监视器】面板中，预览修改后的【文字】图像的大小和位置效果，如图 15-81 所示。

图 15-81

Step⑯ 在【项目】面板中选择【小饰品】图像文件，按住鼠标左键并拖曳，将其添加至【时间轴】面板的【视频8】轨道上，并调整其持续时间长度为12秒，如图15-82所示。

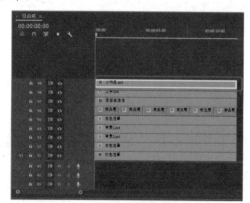

图 15-82

Step⑰ 选择【小饰品】图像文件，在【效果控件】面板的【运动】选项区中，❶修改【位置】参数为375和587，❷修改【缩放】为27，如图15-83所示。

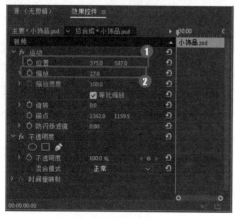

图 15-83

Step⑱ 继续选择【小饰品】图像文件，在【效果控件】面板的【运动】选项区中，修改【旋转】参数值，添加多组关键帧，如图15-84所示。

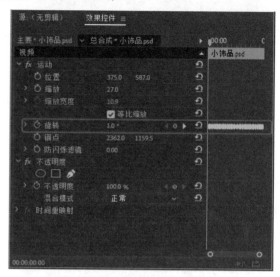

图 15-84

Step⑲ 在【节目监视器】面板中，预览修改后的【小饰品】图像的大小和位置效果，如图15-85所示。

图 15-85

15.4.2　添加淘宝视频的音乐

添加淘宝视频的音乐的具体操作方法如下。

Step① 在【项目】面板中，导入【音乐】素材，然后选择【音乐】素材，按住鼠标左键并拖曳，将其添加至【时间轴】面板的【音频1】轨道上，并修改其持续时间长度，如图15-86所示。

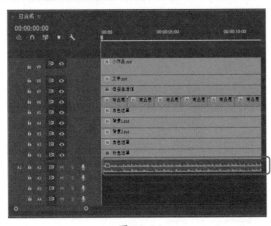

图 15-86

Step02 在音频轨道上按住鼠标左键并拖曳，展开音频轨道，如图 15-87 所示。

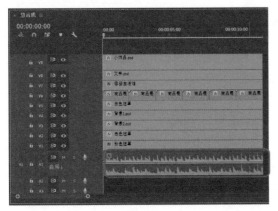

图 15-87

Step03 将时间线移至 00：00：00：18 的位置，在按住【Ctrl】键的同时，在时间线位置处，单击鼠标左键，添加一个关键帧，选择新添加的关键帧，按住鼠标左键并向下拖曳，使音频素材逐渐淡入，如图 15-88 所示。

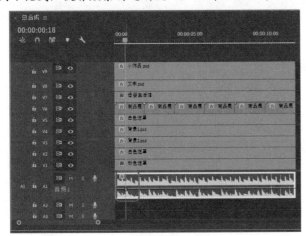

图 15-88

Step04 使用同样的方法，在音频素材的左侧，添加多个关键帧，并移动关键帧的位置，如图 15-89 所示。

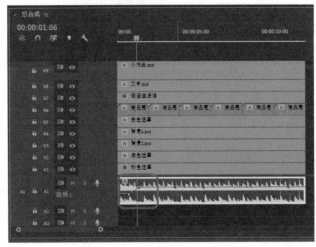

图 15-89

Step05 使用同样的方法，在音频素材的右侧，添加多个关键帧，并移动关键帧的位置，如图 15-90 所示，至此，本案例效果制作完成。

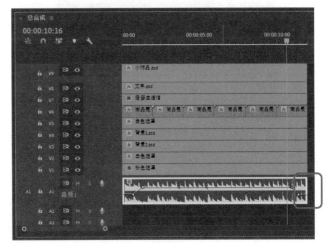

图 15-90

15.4.3 导出淘宝主图视频

导出淘宝主图视频的具体操作方法如下。

Step01 ❶单击【文件】菜单，❷在弹出的下拉菜单中，选择【导出】命令，❸展开子菜单，选择【媒体】命令，如图 15-91 所示。

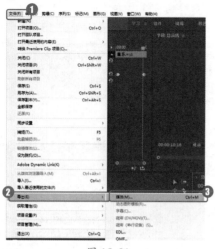

图 15-91

Step02 打开【导出设置】对话框，❶在【格式】列表框中选择【H.264】选项，❷在【预设】列表框中选择【匹配源-高比特率】选项，❸单击【输出名称】右侧的文本链接，如图 15-92 所示。

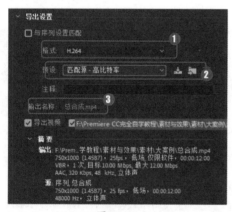

图 15-92

Step03 打开【另存为】对话框，❶修改MP4视频文件的保存路径，❷修改文件保存名称，❸单击【保存】按钮，如图 15-93 所示。

图 15-93

Step04 在【导出设置】对话框的右下角，单击【导出】按钮，打开【编码 总合成】对话框，显示渲染进度，稍后将完成MP4视频文件的导出操作。

本章小结

本章模拟了一个淘宝主图短视频的制作过程，分别介绍了制作淘宝主图视频中的视频主体效果、字幕和音乐等内容，使其组合成一个完整的短视频，然后将完整的短视频通过【导出】功能进行导出操作。

第16章 电子相册——制作旅游电子相册

➡ 电子相册的功能是什么？

➡ 制作电子相册时有哪些注意事项？

➡ 电子相册的制作步骤有哪些？

学完这一章，将会得到以上问题的答案！

16.1 案例背景介绍

> 实例门类 图片处理＋关键帧制作类

旅行中的风景、趣事数不胜数。带上家人去旅行时，用相机、手机、DV，将旅途中的美景、趣事拍摄下来，必将成为最快乐的事情。在 Premiere Pro 2020 软件中可将其编辑制作成旅途视频，分享或保留，延长这份快乐。

旅游电子相册往往用十分靓丽的风景作为表现重点，以美丽的画面、漂亮的字幕效果及搭配悠扬的背景音乐来吸引观众。在制作旅游电子相册之前，需要厘清大致的制作步骤，并掌握项目制作要点。本案例完成效果如图16-1所示。

图 16-1

16.2 制作电子相册时的注意事项

在制作电子相册类的视频效果时，需要注意以下事项。

1. 调整图片的统一尺寸

数码相机中拍摄出来的照片尺寸都非常大，如果不进行照片尺寸处理，直接将照片导入 Premiere 后，不仅会增大导出视频的容量，导出时也会自动压缩图片，从而降低图片的清晰度。为了避免这一问题，可以先使用图像处理软件调整图像的分辨率，然后将照片保存为最佳质量的 JPG 格式即可。

2. 添加文字说明

在制作旅游电子相册时，由于美景图片太多，为了清楚地分析出是哪些地方的美景，最好为每张旅游照片都添加文字说明，并写下想说的话，为电子相册增加创意效果。

16.3 制作电子相册

电子相册用于展示旅行途中的美丽风景。在制作电子相册时，可以先添加好视频和图像素材，再完成各旅游片段效果的制作。本节将详细讲解制作电子相册的具体方法。

16.3.1 添加视频与图像素材

添加视频与图像素材的具体操作方法如下。

Step01 新建一个名称为【旅游相册】的项目文件和一个序列预设【宽屏 48kHz】的序列。

Step02 在【项目】面板的空白处单击鼠标右键，在弹出的快捷菜单中，选择【导入】命令，如图 16-2 所示。

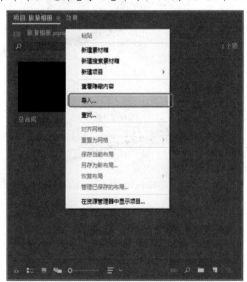

图 16-2

Step03 在【项目】面板的空白处双击鼠标左键，打开【导入】对话框，❶在对应的文件夹中选择需要导入的视频和图像素材，❷单击【打开】按钮，如图 16-3 所示。

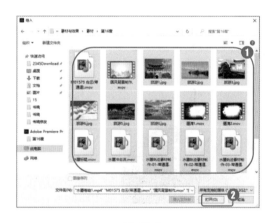

图 16-3

Step04 完成图像和视频素材的导入，并在【项目】面板中显示，如图 16-4 所示。

图 16-4

16.3.2 制作相册的主体效果

制作相册的主体效果的具体操作方法如下。

Step01 将时间线移至 00：00：04：00 的位置，在【项目】面板中，选择【国风背景制作】视频素材，按住鼠标左键并拖曳，将其添加至【视频1】轨道上，并修改其持续时间为41秒14帧，如图16-5所示。

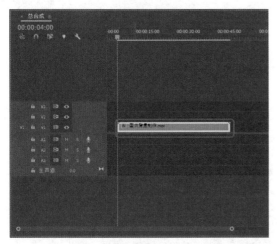

图 16-5

Step02 在【项目】面板的空白处单击鼠标右键，❶在弹出的快捷菜单中，选择【新建项目】命令，❷展开子菜单，选择【序列】命令，如图16-6所示。

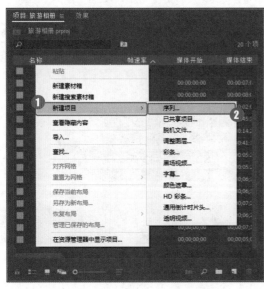

图 16-6

Step03 打开【新建序列】对话框，❶在【可用预设】列表框中，选择【DNX HQ 1080p 24】选项，❷在【序列名称】文本框中输入【图片1】，❸单击【确定】按钮，如图16-7所示。

图 16-7

Step04 完成序列文件的新建操作，并在【项目】面板中显示，如图16-8所示。

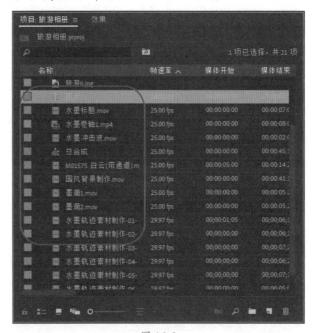

图 16-8

Step05 在【项目】面板中，选择【旅游1】图像文件，将其添加至【图片1】序列的【时间轴】面板的【视频1】轨道上，并修改其持续时间长度为8秒2帧，如图16-9所示。

图 16-9

Step 06 选择【旅游1】图像素材，在【效果控件】面板的【运动】选项区中，修改【缩放】参数为174，添加一组关键帧，如图 16-10 所示。

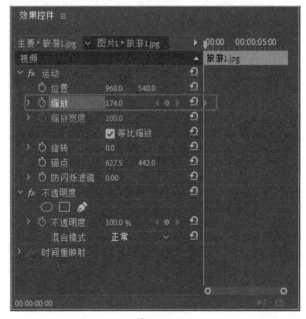

图 16-10

Step 07 将时间线移至 00：00：08：01 的位置，在【效果控件】面板的【运动】选项区中，修改【缩放】参数为156，添加一组关键帧，如图 16-11 所示。

图 16-11

Step 08 在【节目监视器】面板中，预览关键帧动画效果，如图 16-12 所示。

图 16-12

Step 09 在【项目】面板中选择【图片1】序列，执行【编辑】|【复制】命令，复制序列文件，多次执行【编辑】|【粘贴】命令，粘贴序列文件，然后更改粘贴后的序列文件名称，如图 16-13 所示。

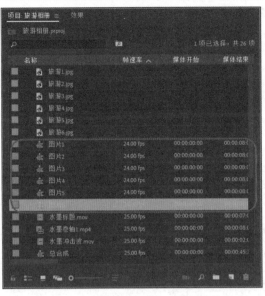

图 16-13

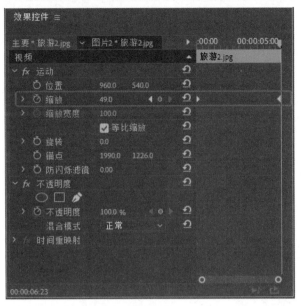

图 16-15

Step⑩ 在【项目】面板中选择【图片2】序列，双击鼠标左键，打开【图片2】序列文件的【时间轴】面板，在【项目】面板中，选择【旅游2】图像文件，将其添加至【视频1】轨道上，修改其持续时间长度为7秒，并删除原有的图像文件，如图 16-14 所示。

Step⑫ 在【项目】面板中选择【图片3】序列，双击鼠标左键，打开【图片3】序列文件的【时间轴】面板，在【项目】面板中，选择【旅游3】图像文件，将其添加至【视频1】轨道上，修改其持续时间长度为7秒，并删除原有的图像文件，如图 16-16 所示。

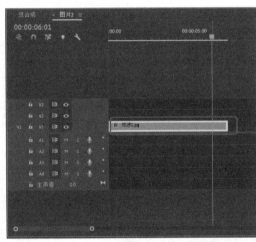

图 16-14

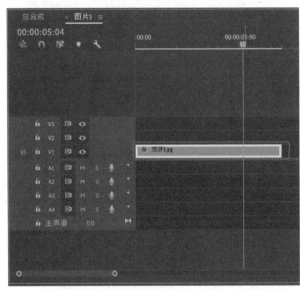

图 16-16

Step⑪ 选择【旅游2】图像素材，将时间线分别移至00：00：00：00和00：00：06：23的位置，在【效果控件】面板的【运动】选项区中，修改【缩放】参数分别为103和49，添加多组关键帧，如图 16-15 所示。

Step⑬ 选择【旅游3】图像素材，将时间线分别移至00：00：00：00和00：00：06：23的位置，在【效果控件】面板的【运动】选项区中，修改【缩放】参数分别为83和58，添加多组关键帧，如图 16-17 所示。

图 16-17

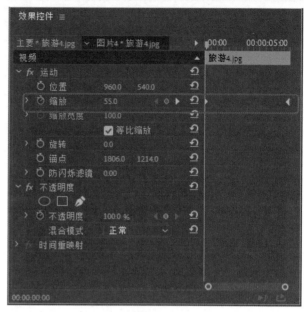

图 16-19

Step⑭ 在【项目】面板中选择【图片4】序列，双击鼠标左键，打开【图片4】序列文件的【时间轴】面板，在【项目】面板中，选择【旅游4】图像文件，将其添加至【视频1】轨道上，修改其持续时间长度为7秒，并删除原有的图像文件，如图 16-18 所示。

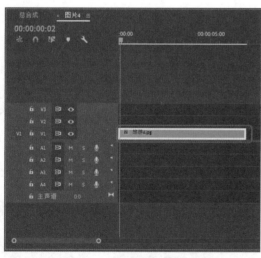

图 16-18

Step⑮ 选择【旅游4】图像素材，将时间线分别移至00：00：00：00 和 00：00：06：23 的位置，在【效果控件】面板的【运动】选项区中，修改【缩放】参数分别为70和55，添加多组关键帧，如图 16-19 所示。

Step⑯ 在【项目】面板中选择【图片5】序列，双击鼠标左键，打开【图片5】序列文件的【时间轴】面板，在【项目】面板中，选择【旅游5】图像文件，将其添加至【视频1】轨道上，修改其持续时间长度为7秒，并删除原有的图像文件，如图 16-20 所示。

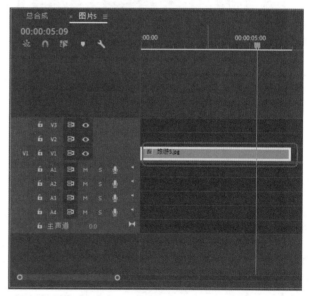

图 16-20

Step⑰ 选择【旅游5】图像素材，将时间线分别移至00：00：00：00 和 00：00：06：23 的位置，在【效果控件】面板的【运动】选项区中，修改【缩放】参数分别为115和66，添加多组关键帧，如图 16-21 所示。

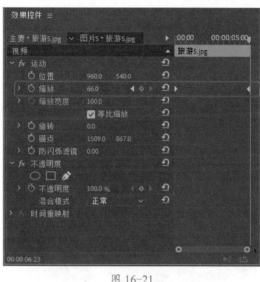

图 16-21

Step⑱ 在【项目】面板中选择【图片6】序列，双击鼠标左键，打开【图片6】序列文件的【时间轴】面板，在【项目】面板中，选择【旅游6】图像文件，将其添加至【视频1】轨道上，修改其持续时间长度为7秒，并删除原有的图像文件，如图16-22所示。

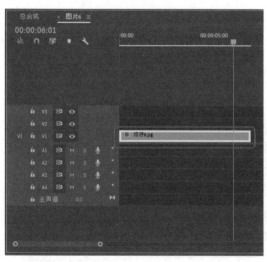

图 16-22

Step⑲ 选择【旅游6】图像素材，将时间线分别移至00：00：00：00和00：00：06：23的位置，在【效果控件】面板的【运动】选项区中，修改【缩放】和【缩放宽度】参数分别为143和105，添加多组关键帧，如图16-23所示。

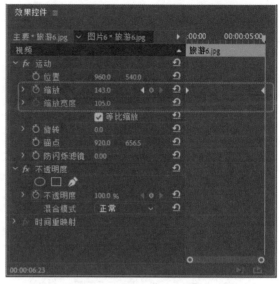

图 16-23

Step⑳ 将时间线分别移至00：00：04：00的位置，在【项目】面板中选择【图片1】序列文件，将其添加至【总合成】序列的【时间轴】面板的【视频2】轨道上，并修改其持续时间为6秒，如图16-24所示。

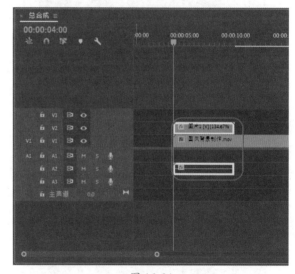

图 16-24

Step㉑ 选择【图片1】序列文件，单击鼠标右键，在弹出的快捷菜单中，选择【取消链接】命令，分离序列文件中的视频和音频素材，然后删除音频素材，如图16-25所示。

Step㉒ 选择【图片1】序列文件，❶在【效果控件】面板的【运动】选项区中，修改【位置】参数为828和540，❷在【不透明度】选项区中，修改【不透明度】参数为0%，添加一组关键帧，如图16-26所示。

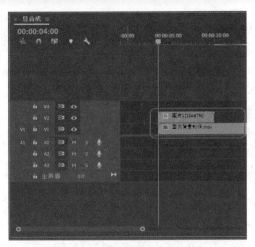

图 16-25

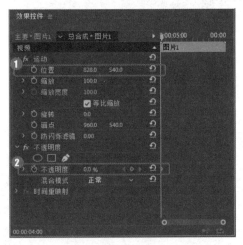

图 16-26

Step㉓ 将时间线移至 00：00：04：09 的位置，在【效果控件】面板的【不透明度】选项区中，修改【不透明度】参数为 100%，添加一组关键帧，如图 16-27 所示。

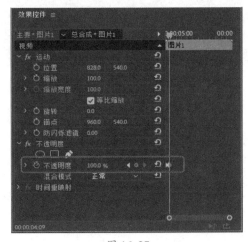

图 16-27

Step㉔ 将时间线移至 00：00：09：13 的位置，❶在【效果控件】面板的【运动】选项区中，修改【缩放】参数为 100，添加一组关键帧，❷在【不透明度】选项区中，修改【不透明度】参数为 100%，添加一组关键帧，如图 16-28 所示。

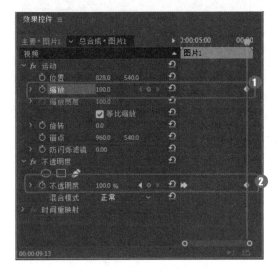

图 16-28

Step㉕ 将时间线移至 00：00：09：24 的位置，❶在【效果控件】面板的【运动】选项区中，修改【缩放】参数为 200，添加一组关键帧，❷在【不透明度】选项区中，修改【不透明度】参数为 100%，添加一组关键帧，如图 16-29 所示。

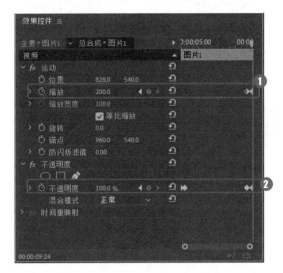

图 16-29

Step㉖ 在【效果】面板中，❶展开【视频效果】列表框，选择【透视】选项，❷再次展开列表框，选择【基本3D】视频效果，如图 16-30 所示。

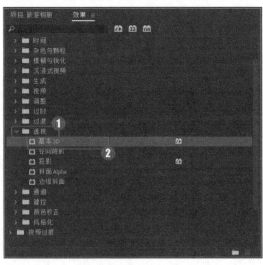

图 16-30

Step27 按住鼠标左键并拖曳，将其添加至【视频 2】轨道的【图片 1】序列文件上，然后选择【图片 1】序列文件，在【效果控件】面板的【基本 3D】选项区中，修改【与图像的距离】参数为 583，添加一组关键帧，如图 16-31 所示。

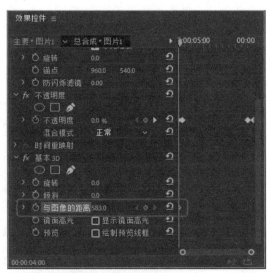

图 16-31

Step28 将时间线移至 00：00：04：09 的位置，在【效果控件】面板的【基本 3D】选项区中，修改【与图像的距离】参数为 0，添加一组关键帧，如图 16-32 所示。

Step29 将时间线移至 00：00：09：13 的位置，在【效果控件】面板的【基本 3D】选项区中，修改【与图像的距离】参数为 -5，添加一组关键帧，如图 16-33 所示。

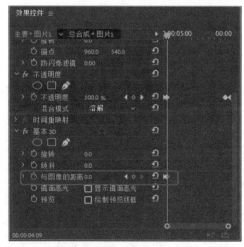

图 16-32

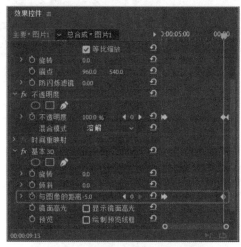

图 16-33

Step30 将时间线移至 00：00：09：24 的位置，在【效果控件】面板的【基本 3D】选项区中，修改【与图像的距离】参数为 -90，添加一组关键帧，如图 16-34 所示。

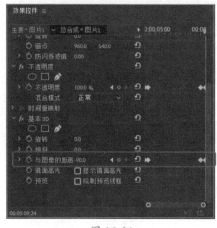

图 16-34

Step31 将时间线分别移至 00：00：04：00 的位置，在【项目】面板中选择【墨滴 1】视频文件，将其添加至【总合成】序列的【时间轴】面板的【视频 3】轨道上，并修改其持续时间为 6 秒，如图 16-35 所示。

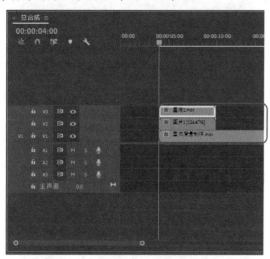

图 16-35

Step32 选择【图片 1】序列文件，执行【编辑】|【复制】命令，复制视频属性，选择【墨滴 1】视频文件，执行【编辑】|【粘贴属性】命令，打开【粘贴属性】对话框，保持默认参数设置，单击【确定】按钮，如图 16-36 所示，粘贴视频效果。

图 16-36

Step33 在【效果】面板中，❶展开【视频效果】列表框，选择【键控】选项，❷再次展开列表框，选择【轨道遮罩键】视频效果，如图 16-37 所示。

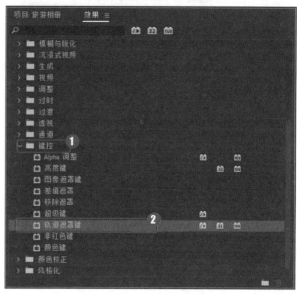

图 16-37

Step34 按住鼠标左键并拖曳，将其添加至【视频 2】轨道的【图片 1】序列文件上，然后选择【图片 1】序列文件，在【效果控件】面板的【轨道遮罩键】选项区中，❶修改【遮罩】为【视频 3】，❷修改【合成方式】为【亮度遮罩】，如图 16-38 所示。

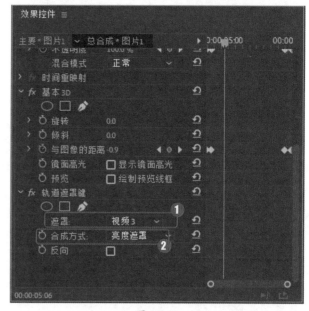

图 16-38

Step35 完成视频效果的添加与修改，并在【节目监视器】面板中预览调整后的图像效果，如图 16-39 所示。

图 16-39

Step36 将时间线移至 00：00：09：14 的位置，在【项目】面板中，依次选择【图片 2】序列文件和【墨滴 2】视频文件，将其分别添加至【视频 4】和【视频 5】轨道上，并调整其持续时间长度为 6 秒，分离视频和音频文件，删除音频文件，如图 16-40 所示。

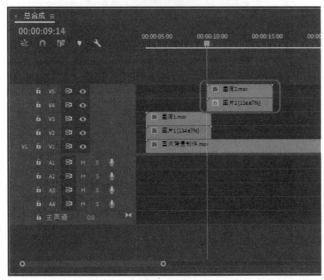

图 16-40

Step37 依次选择【图片 1】序列文件和【墨滴 1】视频文件，执行【编辑】|【复制】命令，复制视频属性，选择【图片 2】序列文件和【墨滴 2】视频文件，执行【编辑】|【粘贴属性】命令，打开【粘贴属性】对话框，保持默认参数设置，单击【确定】按钮，粘贴视频效果。

Step38 选择【图片 2】序列文件，❶在【效果控件】面板的【运动】选项区中，修改【位置】参数为 1054 和 540，❷在【轨道遮罩键】选项区中，修改【遮罩】为【视频 5】，如图 16-41 所示。

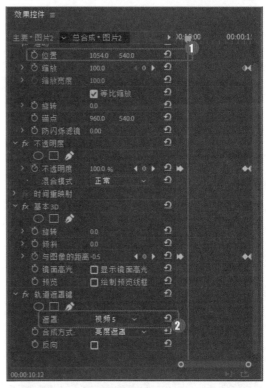

图 16-41

Step39 选择【墨滴 2】序列文件，在【效果控件】面板的【运动】选项区中，修改【位置】参数为 1054 和 540，如图 16-42 所示。

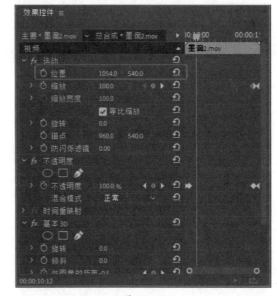

图 16-42

Step40 完成图像的调整与叠加，并在【节目监视器】面板中，预览调整后的图像效果，如图 16-43 所示。

图 16-43

Step 41 依次将时间线移至相应的位置，将【图片3】~【图片6】序列文件，以及【墨滴1】和【墨滴2】视频文件添加至各个视频轨道上，修改其持续时间长度均为6秒，然后对添加的文件进行视频效果的复制与粘贴操作，如图 16-44 所示。

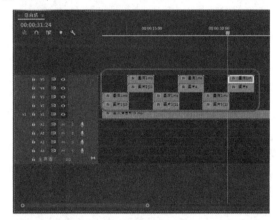

图 16-44

Step 42 在【时间轴】面板的任意视频轨道上，单击鼠标右键，在弹出的快捷菜单中，选择【添加轨道】命令，如图 16-45 所示。

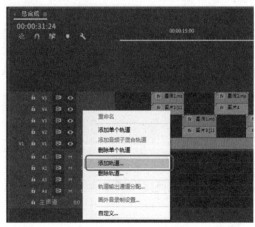

图 16-45

Step 43 打开【添加轨道】对话框，❶修改【添加】参数为

5，❷单击【确定】按钮，如图 16-46 所示。

图 16-46

Step 44 在【时间轴】面板中将添加5条视频轨道，如图 16-47 所示。

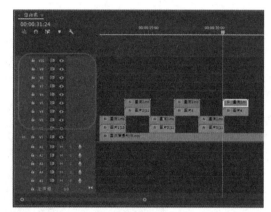

图 16-47

Step 45 将时间线移至00：00：00：00 的位置，在【项目】面板中选择【白云】视频文件，按住鼠标左键并拖曳，将其添加至【视频6】轨道上，修改其持续时间长度为7秒5帧，如图 16-48 所示。

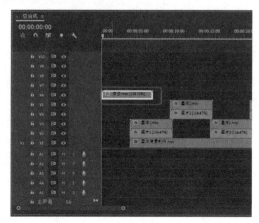

图 16-48

Step46 将时间线移至 00 : 00 : 00 : 00 的位置，在【项目】面板中选择【水墨卷轴 1】视频文件，按住鼠标左键并拖曳，将其添加至【视频 10】轨道上，修改其持续时间长度为 8 秒 4 帧，分离视频和音频文件，删除音频文件，如图 16-49 所示。

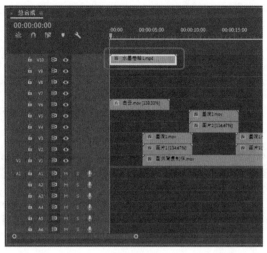

图 16-49

Step47 在【效果】面板中，❶展开【视频效果】列表框，选择【颜色校正】选项，❷再次展开列表框，选择【亮度与对比度】视频效果，如图 16-50 所示。

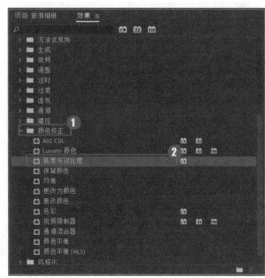

图 16-50

Step48 按住鼠标左键并拖曳，将其添加至【水墨卷轴 1】视频文件上，选择【水墨卷轴 1】视频文件，在【效果控件】面板的【亮度与对比度】选项区中，修改【亮度】和【对比度】参数均为 5，如图 16-51 所示。

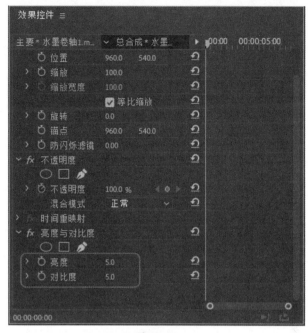

图 16-51

Step49 在【效果】面板中，❶展开【视频效果】列表框，选择【键控】选项，❷再次展开列表框，选择【颜色键】视频效果，如图 16-52 所示。

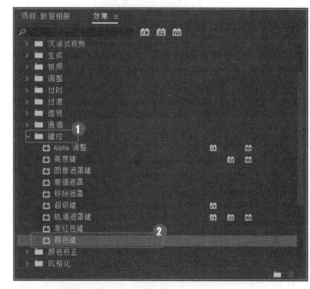

图 16-52

Step50 按住鼠标左键并拖曳，将其添加至【水墨卷轴 1】视频文件上，选择【水墨卷轴 1】视频文件，在【效果控件】面板的【颜色键】选项区中，❶修改【主要颜色】的 RGB 参数分别为 0、232、23，❷修改【颜色容差】为 163、【边缘细化】为 2、【羽化边缘】为 2，如图 16-53 所示。

Step 51 完成视频效果的添加与调整，并在【节目监视器】面板中，预览调整后的图像效果，如图 16-54 所示。

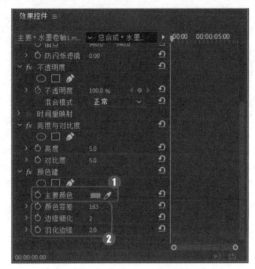

图 16-53

图 16-54

Step 52 将时间线移至 00：00：02：24 的位置，在【项目】面板中选择【水墨轨迹素材制作-01-带通道】视频文件，按住鼠标左键并拖曳，将其添加至【视频 7】轨道上，修改其持续时间长度为 6 秒 15 帧，如图 16-55 所示。

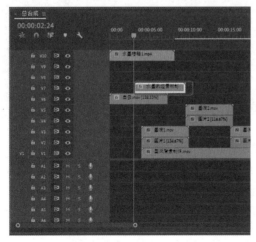

图 16-55

Step 53 使用同样的方法，将时间线依次移至相应的位置，在【项目】面板中选择【水墨轨迹素材制作-02-带通道】~【水墨轨迹素材制作-06-带通道】视频文件，按住鼠标左键并拖曳，将其添加至各个视频轨道上，修改其持续时间长度，如图 16-56 所示。

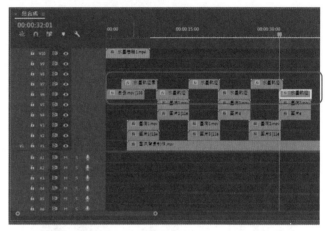

图 16-56

Step 54 将时间线移至 00：00：38：07 的位置，在【项目】面板中选择【水墨冲击波】视频文件，按住鼠标左键并拖曳，将其添加至【视频 2】轨道上，修改其持续时间长度为 2 秒 1 帧，如图 16-57 所示。

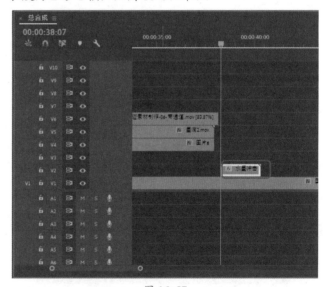

图 16-57

Step 55 选择【水墨冲击波】视频文件，在【效果控件】面板的【不透明度】选项区中，修改【不透明度】参数为 0%，添加一组关键帧，如图 16-58 所示。

图 16-58

Step 56 将时间线移至 00：00：38：10 的位置，在【效果控件】面板的【不透明度】选项区中，修改【不透明度】参数为 100%，添加一组关键帧，如图 16-59 所示。

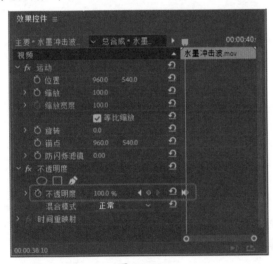

图 16-59

Step 57 在【节目监视器】面板中，预览添加的视频效果，如图 16-60 所示。

图 16-60

16.3.3 制作相册的字幕效果

制作相册的字幕效果的具体操作方法如下。

Step 01 在【项目】面板的空白处单击鼠标右键，在弹出的快捷菜单中，选择【新建项目】命令，展开子菜单，选择【序列】命令。

Step 02 打开【新建序列】对话框，❶ 在【可用预设】列表框中，选择【DNX HQ 1080p 24】选项，❷ 在【序列名称】文本框中输入【文字 1】，❸ 单击【确定】按钮，如图 16-61 所示。

图 16-61

Step 03 完成序列文件的新建操作，并在【项目】面板中显示，如图 16-62 所示。

图 16-62

Step04 在【项目】面板中，选择【水墨标题】视频文件，将其添加至【文字 1】序列的【时间轴】面板的【视频 1】轨道上，并修改其持续时间长度为 7 秒 3 帧，如图 16-63 所示。

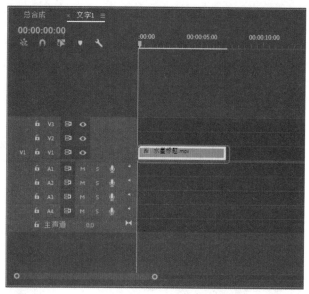

图 16-63

Step05 选择【水墨标题】视频文件，在【效果控件】面板的【运动】选项区中，修改【位置】参数为 1505 和 560、【缩放】参数为 80，如图 16-64 所示，完成图像显示大小的修改。

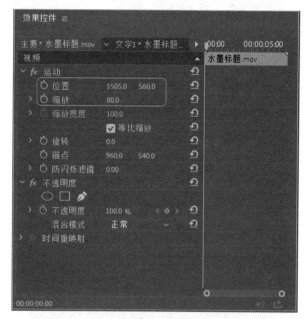

图 16-64

Step06 ❶在菜单栏中单击【文件】菜单，在展开的菜单

中，选择【新建】命令，❷展开子菜单，选择【旧版标题】命令，如图 16-65 所示。

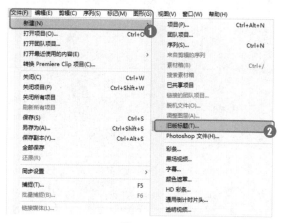

图 16-65

Step07 打开【新建字幕】对话框，❶修改【名称】为【文字 1】，❷单击【确定】按钮，如图 16-66 所示。

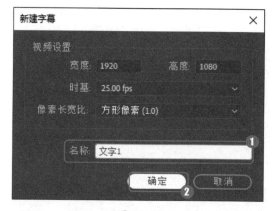

图 16-66

Step08 新建一个字幕文件，并自动打开【字幕】窗口，在【字幕预览区】面板中输入文字内容，如图 16-67 所示。

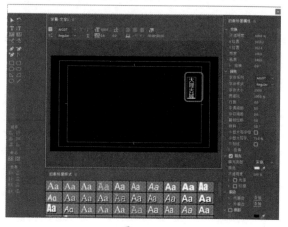

图 16-67

Step 09 选择新添加的文字内容，在【字幕】窗口的【属性】选项区中，❶修改【字体系列】为【方正正中黑简体】、【字体大小】为 140，❷修改【字符间距】为 5，如图 16-68 所示。

图 16-68

Step 10 在【字幕】窗口的【填充】选项区中，❶修改【填充类型】为【实底】，❷修改【颜色】的 RGB 参数分别为 255、1、1，如图 16-69 所示。

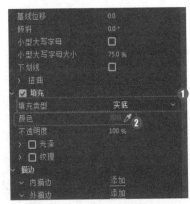

图 16-69

Step 11 在【字幕】窗口的【阴影】选项区中，❶勾选【阴影】复选框，❷再依次修改各参数值，如图 16-70 所示。

图 16-70

Step 12 在【字幕】窗口中的【工具箱】面板中，单击【垂直文字工具】按钮 ⅠT，在【字幕预览区】面板中再次输入文字内容，如图 16-71 所示。

图 16-71

Step 13 选择新添加的文字内容，在【字幕】窗口的【属性】选项区中，❶修改【字体系列】为【汉仪中宋简】、【字体大小】为 45，❷修改【行距】为 15、【字符间距】为 13，如图 16-72 所示。

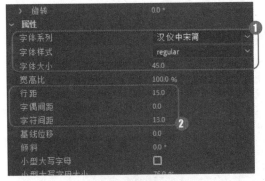

图 16-72

Step 14 在【字幕】窗口的【填充】选项区中，❶修改【填充类型】为【实底】，❷修改【颜色】的 RGB 参数均为 255，如图 16-73 所示。

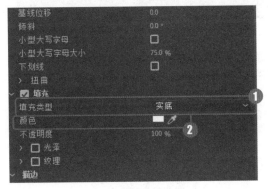

图 16-73

Step⑮ 在【字幕预览区】面板中，依次调整各字幕的位置，如图 16-74 所示。

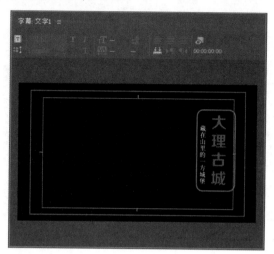

图 16-74

Step⑯ 关闭【字幕】窗口，在【项目】面板中，选择【文字 1】字幕文件，将其添加至【文字 1】序列的【时间轴】面板的【视频 2】轨道上，并修改其持续时间长度为 6 秒，如图 16-75 所示。

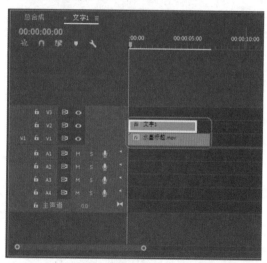

图 16-75

Step⑰ 在【效果】面板中，❶展开【视频效果】列表框，选择【透视】选项，❷再次展开列表框，选择【基本 3D】视频效果，如图 16-76 所示，按住鼠标左键并拖曳，将其添加至【文字 1】字幕文件上即可。

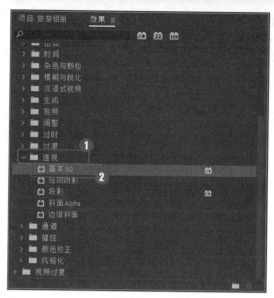

图 16-76

Step⑱ 在【项目】面板中选择【文字 1】序列，执行【编辑】|【复制】命令，复制序列文件，执行【编辑】|【粘贴】命令，粘贴序列文件，然后更改粘贴后的序列文件名称为【文字 2】，如图 16-77 所示。

图 16-77

Step⑲ 打开【文字 2】序列的【时间轴】面板，在【效果】面板中，❶展开【视频效果】列表框，选择【变换】选项，❷再次展开列表框，选择【水平翻转】视频效果，如图 16-78 所示，按住鼠标左键并拖曳，将其添加至【水墨标题】视频素材上，完成视频素材的水平翻转操作。

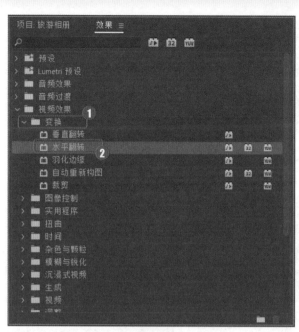

图 16-78

Step20 选择【水墨标题】视频素材，在【效果控件】面板的【运动】选项区中，修改【位置】参数为 330 和 500，如图 16-79 所示。

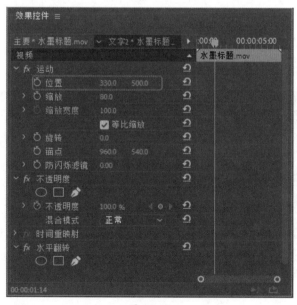

图 16-79

Step21 选择【文字1】字幕文件，执行【编辑】|【复制】命令，复制字幕文件，多次执行【编辑】|【粘贴】命令，粘贴字幕文件，然后更改粘贴后的字幕文件名称，如图 16-80 所示。

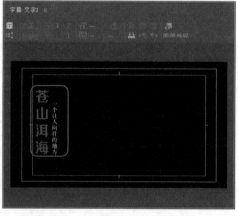

图 16-80

Step22 双击【文字2】字幕文件，打开【字幕】窗口，更改文字的内容与位置，如图 16-81 所示。

图 16-81

Step23 使用同样的方法，依次双击其他的字幕文件，在【字幕】窗口中依次修改其他的字幕内容，如图 16-82 所示。

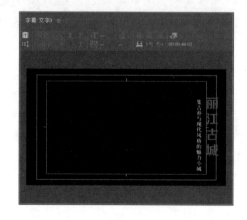

（a）

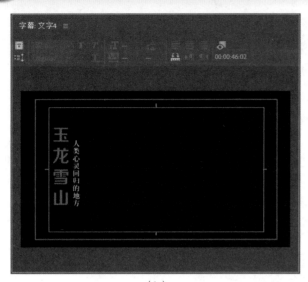

（b）

图 16-82

Step㉔ 打开【文字 2】序列的【时间轴】面板，在【项目】面板中，选择【文字 2】字幕文件，将其添加至【视频 2】轨道上，并删除【文字 1】字幕文件，如图 16-83 所示。

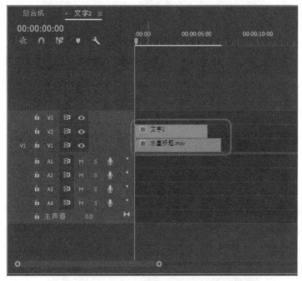

图 16-83

Step㉕ 依次选择【文字 1】和【文字 2】序列文件，执行【编辑】|【复制】命令，复制序列文件，多次执行【编辑】|【粘贴】命令，粘贴序列文件，然后更改粘贴后的序列文件名称，如图 16-84 所示，然后打开复制后序列文件的【时间轴】面板，更换字幕文件。

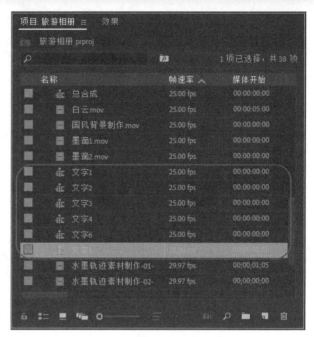

图 16-84

Step㉖ 切换至【总合成】序列的【时间轴】面板，将时间线依次移至合适的位置，在【项目】面板中，选择【文字 1】~【文字 6】序列文件，依次添加至【视频 8】和【视频 9】轨道上，调整其持续时间长度，并将【墨滴 1】和【墨滴 2】视频文件上的视频属性复制粘贴至各文字序列上，然后分离文字序列文件上的视频和音频，删除音频文件，其【时间轴】面板如图 16-85 所示。

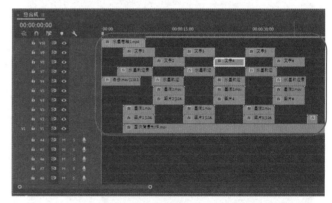

图 16-85

Step㉗ 打开【新建序列】对话框，❶在【可用预设】列表框中，选择【DNX HQ 1080p 24】选项，❷在【序列名称】文本框中输入【文字 7】，❸单击【确定】按钮，如图 16-86 所示，完成序列文件的新建操作。

图 16-86

Step28 在菜单栏中单击【文件】菜单，在展开的菜单中，选择【新建】命令，展开子菜单，选择【旧版标题】命令，打开【新建字幕】对话框，❶修改【名称】为【文字 7】，❷单击【确定】按钮，如图 16-87 所示。

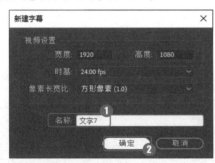

图 16-87

Step29 新建一个字幕文件，并自动打开【字幕】窗口，在【字幕预览区】面板中输入多个文字内容，如图 16-88 所示。

图 16-88

Step30 在【字幕预览区】面板中选择【七彩云南】文本，❶在【属性】选项区中，修改【字体系列】为【方正兰亭粗黑简体】、【字体大小】为 178，❷在【填充】选项区中，修改【颜色】的 RGB 参数均为 0，如图 16-89 所示。

图 16-89

Step31 在【字幕预览区】面板中选择【彩云之滇宣传】文本，❶在【属性】选项区中，修改【字体系列】为【方正准圆简体】、【字体大小】为 65，❷在【填充】选项区中，修改【颜色】的 RGB 参数均为 0，如图 16-90 所示。

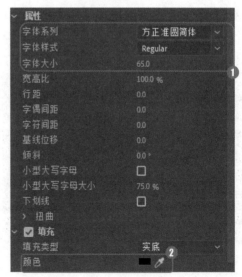

图 16-90

Step32 在【字幕预览区】面板中选择【等你来玩】文本，❶在【属性】选项区中，修改【字体系列】为【华文中宋】、【字体大小】为 59、【字偶间距】为 59，❷在【填充】选项区中，修改【颜色】的 RGB 参数均为 255，如图 16-91 所示。

图 16-91

Step③ 在【字幕】窗口的【工具箱】面板中，单击【直线工具】按钮✐，在【字幕预览区】面板中，按住【Shift】键的同时，按住鼠标左键并拖曳，绘制一条水平直线，如图 16-92 所示。

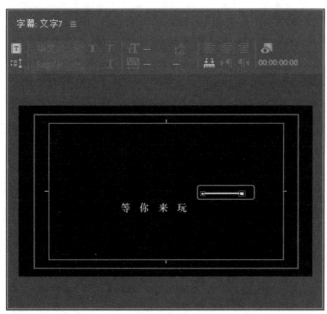

图 16-92

Step④ 选择新绘制的水平直线，❶在【变换】选项区中，修改【宽度】为 172，❷在【填充】选项区中，修改【颜色】的 RGB 参数均为 0，如图 16-93 所示。

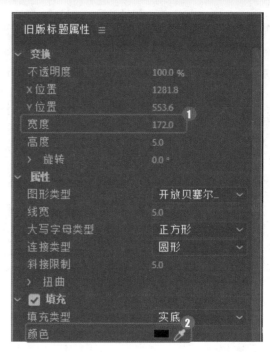

图 16-93

Step⑤ 完成水平直线的属性修改，选择新绘制的水平直线，单击鼠标右键，在弹出的快捷菜单中，依次选择【复制】和【粘贴】命令，复制粘贴一条水平直线，如图 16-94 所示。

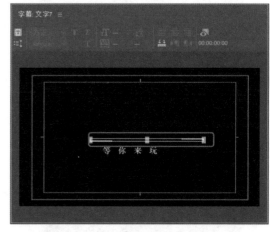

图 16-94

Step㊱ 在【字幕】窗口的【工具箱】面板中，单击【椭圆工具】按钮◯，在【字幕预览区】面板中，在按住【Shift】键的同时，按住鼠标左键并拖曳，绘制一个圆形，如图 16-95 所示。

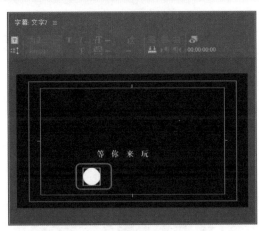

图 16-95

Step37 选择新绘制的圆形，❶在【变换】选项区中，修改【宽度】和【高度】均为86，❷在【填充】选项区中，修改【颜色】的RGB参数分别为255、0、0，如图 16-96 所示。

图 16-96

Step38 完成圆形的属性修改，选择新绘制的圆形，单击鼠标右键，在弹出的快捷菜单中，多次选择【复制】和【粘贴】命令，复制粘贴 3 个圆形，如图 16-97 所示。

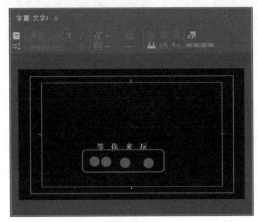

图 16-97

Step39 在【字幕预览区】面板中，依次选择文本和图形，调整文本和图形的位置，如图 16-98 所示。

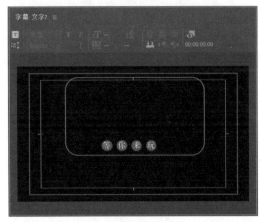

图 16-98

Step40 关闭【字幕】窗口，将【文字 7】字幕文件添加至【文字 7】序列文件的【时间轴】面板的【视频 3】轨道上，修改其持续时间长度为 7 秒 7 帧，如图 16-99 所示。

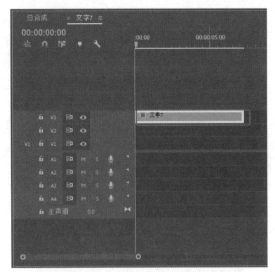

图 16-99

Step41 选择【文字 7】字幕文件，在【效果控件】面板的【运动】选项区中，修改【缩放】参数为 130，如图 16-100 所示。

图 16-100

Step42 将时间线移至 00：00：38：07 的位置，在【项目】面板中选择【文字7】序列文件，将其添加至【总合成】序列的【时间轴】面板的【视频2】轨道上，分离该序列文件中的视频和音频，然后删除音频素材，并修改其持续时间长度为 7 秒 7 帧，如图 16-101 所示。

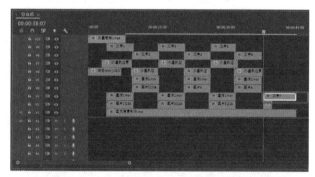

图 16-101

Step43 选择【文字7】序列文件，在【效果控件】面板中，修改【位置】参数为 1035 和 629、【缩放】参数为 0、【不透明度】参数为 0，添加一组关键帧，如图 16-102 所示。

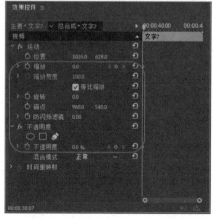

图 16-102

Step44 将时间线移至 00：00：38：17 的位置，在【效果控件】面板中，修改【缩放】参数为 100、【不透明度】参数为 100，添加一组关键帧，如图 16-103 所示。

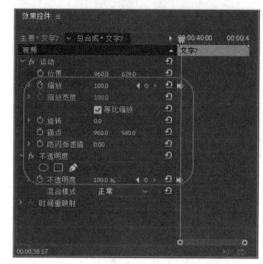

图 16-103

Step45 将时间线移至 00：00：45：07 的位置，在【效果控件】面板中，修改【缩放】参数为 90，添加一组关键帧，如图 16-104 所示。

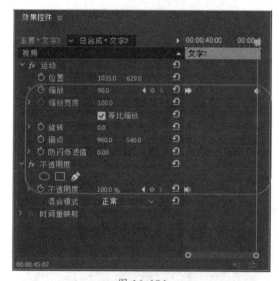

图 16-104

16.3.4 添加音频效果

添加音频效果的具体操作方法如下。

Step01 在【项目】面板的空白处双击鼠标左键，导入【音乐】音频素材，如图 16-105 所示。

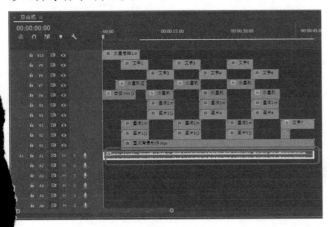

图 16-105

Step02 选择新添加的音频素材，按住鼠标左键并拖曳，将其两次添加至【时间轴】面板的【音频 1】轨道上，并修改其持续时间长度为 45 秒 14 帧，如图 16-106 所示。

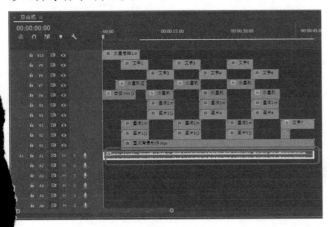

图 16-106

6.4 导出旅游电子相册

本节将详细讲解导出旅游电子相册的具体方法。

01 ①单击【文件】菜单，②在弹出的下拉菜单中，选择【导出】命令，③展开子菜单，选择【媒体】命令，如图 16-109 所示。

Step03 在【效果】面板中，①展开【音频过渡】列表框，选择【交叉淡化】选项，②再次展开列表框，选择【指数淡化】音频过渡效果，如图 16-107 所示。

Step04 按住鼠标左键并拖曳，将其添加至音频素材的结尾处，完成音频过渡效果的添加，如图 16-108 所示。至此，本案例效果制作完成。

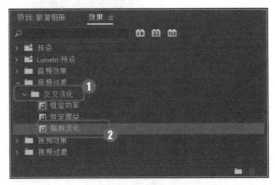

图 16-107

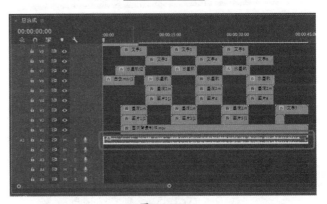

图 16-108

图 16-109

Step02 打开【导出设置】对话框，❶在【格式】列表框中选择【H.264】选项，❷在【预设】列表框中选择合适的选项，❸单击【输出名称】右侧的文本链接，如图 16-110 所示。

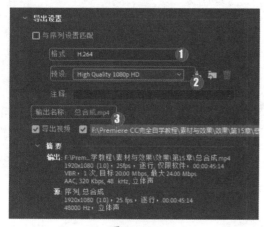

图 16-110

Step03 打开【另存为】对话框，❶修改 MP4 视频文件的保存路径，❷修改文件保存名称，❸单击【保存】按钮，如图 16-111 所示。

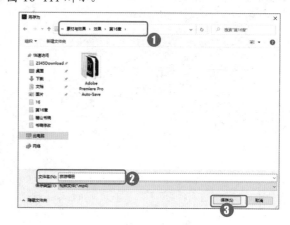

图 16-111

Step04 在【导出设置】对话框的右下角，单击【导出】按钮，打开【编码 总合成】对话框，显示渲染进度，稍后将完成 MP4 视频文件的导出操作。

本章小结

　　本章模拟了一个旅游电子相册的制作过程，分别介绍了制作电子相册中的各个旅游片段，然后组合成一个完整的电子相册视频。